本末文丛

任定成　主编

逻辑、方法与创新

张巨青　著

科学出版社

北　京

内 容 简 介

　　张巨青是新中国科学方法论研究的早期推动者和科学逻辑研究的早期倡导者，对类比、比较、辩证法与认识论和逻辑学的统一、科学理论的形成检验与发展、邓小平治国理念均有独到见解和系统阐述，其中关于假说的论文曾引起国家领导人重视。其研究工作散见于论文、专著、工具书和教科书中。本书汇集了作者在科学方法论、普通逻辑、辩证逻辑、科学逻辑，以及邓小平治国理念等领域的著述。

　　本书注重逻辑与科学的关系、逻辑的方法论功能，以及政治人物的思想方法与治国理念之间的联系，适合对逻辑学、科学哲学、科学方法论、邓小平思想研究感兴趣的读者阅读。

图书在版编目（CIP）数据

逻辑、方法与创新 / 张巨青著. —北京：科学出版社，2018.6
（本末文丛）

ISBN 978-7-03-057373-5

Ⅰ. ①逻… Ⅱ. ①张… Ⅲ. ①科技哲学–文集 Ⅳ. ①N02-53

中国版本图书馆 CIP 数据核字（2018）第 094525 号

责任编辑：刘　超／责任校对：彭　涛
责任印制：张　伟／封面设计：无极书装

科学出版社 出版

北京东黄城根北街 16 号
邮政编码：100717
http://www.sciencep.com

北京建宏印刷有限公司 印刷

科学出版社发行　各地新华书店经销

*

2018 年 6 月第 一 版　开本：720×1000　B5
2021 年 1 月第二次印刷　印张：27 3/4
字数：550 000

定价：180.00 元

（如有印刷质量问题，我社负责调换）

张巨青

《本末文丛》弁言

　　曾子曰，"物有本末，事有终始，知所先后，则近道矣。"意思是说，万物皆有其根基和枝末，万事均有其起点和终点，我们如果知道了事物的演化进程，也就明白其中的奥妙了。

　　我借用《大学》里的这句话，编辑一套丛书《本末文丛》，想要表达的意思是：我们既要举本统末，又要循末测本；知行之间，本末不可偏废。学问很多，一位学者可能专于举本，也可能长于循末，但举本能够统末或者循末能够测本，才能够有所贡献；书籍很多，一位读者某个时候能真正读懂一本本末贯通的书，就会有所收获。

　　我想通过这套丛书，邀请在某个领域有所积累的学者，把自己多年分散发表甚至尚未发表的论文、文稿、演讲稿、讲义、书稿专章、普及读物、书评、序言、回忆等，结为集子，奉献给感兴趣的读者。这样，作者可以总结自己的工作和思想，读者也可以通过文集了解作者面对某些问题是如何思考的，还可以借此建立自己对世界的理解、启发自己对相关问题的思考。由于收入《本末文丛》中的集子不是仅仅针对一个话题的专著，读者可以从头到尾系统地读，也可以从中选着读，这样比较轻松。

　　由于我自己的学术背景，收入《本末文丛》之中的书，都是从人文学和社会科学看待自然科学及技术，以及借用自然科学的理论和方法研究人文和社会现象的作品。作者们在不同时期会有不同的兴趣领域，但每位作者的活动总归会受限于他跳不出的边界，这就构成了他的集子的主题。这套丛书，就是为作者向读者奉献其经过总结和凝练的思想提供的一个场地。

任定成

2017 年 8 月 15 日

于纽约曼哈顿

学习张巨青先生的科学方法论

张巨青先生多次坚持让我为他的文集作序，我诚惶诚恐，但又不能违背先生意愿，左右为难。不过，在读者翻开这本集子的时候，先读一读他人阅读张先生文选的体会，也许不失为一件并非欠妥的事儿。我就斗胆写下这篇读后感，把它放在张先生的书中了。

我没做过张先生的研究生或者博士后，没机会在张先生从教的学校读过书，没听过张先生的课，没邀请张先生到我从教的学校做过学术报告。但是，我跟张先生学习的时间比较早。

45 年前我还不满 17 岁的时候，开始在大学里学化学，老是遇到观察、实验、事实、定律、机理、定则、原理、假说、理论之类的概念，可是化学教科书中和课堂上不讲这些一般概念。我的一位哲学老师讲课时总是列举自然科学的例子，我在他的课上才知道这些概念与逻辑和哲学有关联。也是从这位哲学老师的课程中，我知道龚育之老师写过一本《关于自然科学发展规律的几个问题》，于是从图书馆借来阅读，很有收获。接着，我通过《全国报刊索引》，查到了一些相关资料，就借阅一些报刊，阅读何祚庥、陈昌曙和张巨青三位前辈关于科学方法论的文章。当时没有复印机，我就用稿纸把其中的一些文章全文抄下来，反复阅读。

记得我抄写的张先生的文章有两篇，一篇是《论假说》，另一篇是《再论假说》。读了这两篇文章，总算明白了什么是假说以及假说是怎样形成和发展的，这两个一直让我困惑不解的问题。之后，为了弄清有效推理的规则，我借来了中国人民大学哲学系编写的形式逻辑教科书，系统读了几遍，再理解化学中的推理就容易多了。没想到的是，2001 年，我应龚鹏程校长之邀在台湾佛光人文社会学院（即现在的佛光大学）未来学研究所任教时，还接到了哲学研究所讲授普通逻辑课的任务，滥竽充数了一次。可以说，我的一点点儿普通逻辑知识，是从阅读张先生的文章开始的。

张先生长期担任武汉大学逻辑学教研室主任和西方哲学教研室主任，在中国逻辑学会创立了科学逻辑专业委员会并任主任、推动辩证逻辑专业委员会的工作并任副主任，积极参与中国自然辩证法研究会科技方法论委员会的组织领导工作并担任副主任，在普通逻辑和辩证逻辑领域发表了不少论文，后来在国内倡导科学逻辑和科学方法论研究，并从方法论的角度对邓小平的治国理念和实践尤其是科技、教育和人才思想开展研究，主持完成了国家哲学社会科学基金重点项目和国家教育委员会人文社会科学重点项目的研究，发表了很多有影响的论文和著作，获得了中国图书奖和国家教育委员会优秀教材奖。

除了自己独立开展研究和通过学术团体开展学术交流之外，张先生还组织跨机构的学者开展合作研究，在20世纪50年代至90年代的40年时间里出版了《逻辑问题研究》《辩证逻辑研究》《科学逻辑》《自然科学认识论问题》《辩证逻辑与科学方法论研究》《科学理论的发现、验证与发展》《逻辑学》《科学研究的艺术——科学方法导论》《辩证逻辑导论》《认知与方法丛书》《科学与哲学丛书》《邓小平科技思想及其应用：开创中国科技新世纪》等专著、教科书和丛书，过程中培养了一批学术人才。

编辑张先生的这部文集，是我系统阅读和整理他的研究工作的重要机会。在整理过程中，我发现其兴趣领域的变化大致经历了这样的轨迹：普通逻辑→辩证逻辑→科学方法论→科学逻辑→邓小平治国理念。他先是结合教学和逻辑知识的推广，对普通逻辑的一些问题阐发自己的看法，尤其是对类比推理和比较做了系统清晰的论述。而后，在国内学术界讨论辩证逻辑的潮流中，在梳理相关争论的基础上，试图对思维形式做出新的界定，阐释列宁关于辩证法、认识论和逻辑学统一的思想，揭示概念发展的辩证性质。后来，他在研究普通逻辑和辩证逻辑的基础上，进一步深化科学方法论的研究，对科学理论的形成、发展和检验做出了很系统的阐述。改革开放以来，他倡导科学逻辑的研究和教学，提出了科学逻辑的研究纲领。20世纪90年代，他组织队伍对邓小平治国理念和实践进行研究，特别是对邓小平的思想路线和方法及其人才、教育、科技思想的创新进行系统解读，撰写了专著，获得了学术奖励。

张先生原本是纯粹的逻辑学者，但他注重逻辑与科学的关系，注重逻辑的方法论功能。早期，在他不知情的情况下，其论文受到了政治领袖的注意。而年逾花甲之时，其研究则直接触及政治领袖的思想。他26岁在《光明日报》发表的《论假说》一文，不仅在学界影响广泛，而且受到毛泽东的重视。毛泽东阅读此文时做了多处圈点，并批示建议他人阅读。张先生年逾花甲之时，以自己的逻辑学和方法论特长，组织研究邓小平思想，这是他的研究生涯直接涉入治国思想的逻辑结果。张先生的研究风格，正合《本末文丛》的宗旨：既举本统末，又循末测本。相信读者通过阅读此书，一定会有不少收获。

为了便于读者阅读，我们在编辑此书的过程中对原文做了适当处理。第一，张先生在同一主题下发表过不少文本，我们在所选文章的首页下给出了相关主题的其他文本出处，有兴趣者可循此线索进一步查阅。第二，由于不同历史时期学术规范的变化，文中引用信息详略不同，格式大不一样，我们逐一核对了所有引用文献，给出了详尽信息，如发现有的文献有新版本（如马克思、恩格斯、列宁等人的著作的新译本），则全部更换为新版本，且统一了格式。第三，统一了全书所有术语和姓名（引文信息除外但做了说明），特别是姓名，首次出现时均注明了生卒年份，外国人还注明了原文及国内不同译法。第四，编制了人名索引和主题索引，其中人名索引尽量覆盖全书所有提到的人士。

　　我的两位博士研究生周芃君和徐光惠，不辞辛苦，在核实文献信息、统一姓名译法、编辑索引方面协助我付出了许多劳动，我在这里向她们表达谢意。

2017 年 10 月 6 日
于北京百望山下

目　　录

第一部　科学方法论

1　论假说：谈谈假说的一般特征
和它的形成*

　　只要自然科学运用思维，它的发展形式就是假说。一个新的事实一旦被观察到，先前对同一类事实采用的说明方式便不能再用了。从这一刻起，需要使用新的说明方式——最初仅仅以有限数量的事实和观察为基础。进一步的观察材料会使这些假说纯化，排除一些，修正一些，直到最后以纯粹的形态形成定律。如果要等待材料纯化到足以形成定律为止，那就等于要在此以前中止运用思维的研究，而那样一来，就永远不会形成什么定律了。

——恩格斯 [1] 493

一、什么是假说？

　　人类的任何活动都具有预定的目的。人类的活动——无论是改造世界的活动，还是认识世界的活动——都不是简单地取决于外界的消极过程，而是个积极能动的创造性过程。人在生产活动未开始之前，在劳动者的头脑中就预先构成了关于生产的过程及劳动结果的观念。同样地，人在真正确切地了解自然现象之前，在研究者的头脑中，就预先做出关于自然奥秘的猜测或新事实的预言。当然，这些猜测和预言是有不同的性质的：一种是愚昧无知的、神奇的猜想，它是以主观思辨与荒诞的臆造为基础；另一种是真正揭开自然本身内在秘密的猜想，它是以客观事实和科学的知识为基础。前者就是神话、迷信、宗教的观念，后者就是科学假说，即学者对未来的展望和预见以及科学幻想小说等。

　　假说是以已有的事实材料和科学原理为依据的，关于未认识事实——包括现象间的规律性联系、事物的存在或原因、未来事件的出现——的假定的解释。例

---

　　* 本文原载《光明日报》，1961 年 10 月 6 日。作者与本章内容相关的著述，请参见张巨青，"科学假说"，《自然辩证法百科全书》，北京：中国大百科全书出版社，1994 年，第 284—285 页；张巨青（主编），《普通逻辑》（第五版），上海：上海人民出版社，2011 年，第 330—340 页。

如：1844 年德国天文学家贝塞尔（Friedrich Wilhelm Bessel，1784—1846），研究天狼星在天空位置的变化，发现天狼星的运动具有周期性的偏差度，忽左忽右地摆动。为什么会这样呢？这在当时是个自然的秘密。贝塞尔根据有关天狼星的观测资料和万有引力定律，对天狼星位置的周期性摆动做出假定的解释。他认为天狼星应该有一个亮度较弱质量较大的伴星，它们围绕着共同的引力中心运行，随着伴星的位置不同，就使天狼星具有周期性的摆动现象。这就是贝塞尔所提出的假说。1862 年，新的大型望远镜制造出来了，天狼星的伴星就被天文学家看到了，以后根据星光的光谱，又进一步地证实了贝塞尔关于天狼星摆动现象的假说。

科学的假说具有以下的显著特点：①假说具有推测的性质。任何假说都是对外界各种现象的猜测，尚未达到确切可靠的认识，因而有待于证实。②假说具有事实和科学知识的根据。科学的假说是在真实知识的土壤中生长的，是人类智慧洞察自然能力的高度表现。科学假说与迷信无知的胡说是根本不同的。③假说是人的认识接近客观真理的方式。假说作为对各种未知事实的假定的解释，它是否把握了客观真理虽则尚属疑问，然而，假说是对自然现象有根有据的推测，从发展的眼光来看，假说的不断修正、补充和更新，会更多地、更正确地反映现实的某些方面，所以它是人的认识接近客观真理的方式。

二、假说是科学发展的形式

人的认识运动是从生动的直观到达抽象的思维。科学研究活动的进程是从感性经验搜集事实材料开始，而后到达理论思维，揭露现象间的规律性联系。假说是理论思维的一种形式，即从认识个别的事实导致认识现象间的规律性的形式（或者说途径）。科学认识的一般规律如下：人们在实践中经过实际调查（如观察，实验等），积累了一定的事实材料，然后进行研究，做各种推理，建立假说，形成理论观点，以说明各种事实，并从假说中引申出许多结果来与客观实际作对照。在检验假说的实践过程中又引起新的事实材料的积累。新事实的发现，或则证实原有假说，或则推翻原有的假说，这就必须重新提出另一假说，或则仅仅证实原有假说的一部分内容，这就必须修正原有的假说，如此循环往复，最后就导致科学定律和可靠理论的确立。这样的认识过程也就是反复地调查研究的过程，也就是从实践到理论，又从理论回到实践的反复过程。

概括地说，建立一种科学理论的基本步骤（或阶段）有：①搜集和积累事实材料；②形成和检验假说；③定律（原理）的确立和理论的系统化。

假说作为科学发展的形式，这不仅对于自然科学来说是普遍适用的，而且在社会科学中也广泛地应用假说。科学唯物史观的建立也经历过假说的阶段。列宁（Влади́мир Ильи́ч Улья́нов，1870—1924）在《什么是"人民之友"以及他们如何攻击社会民主党人？》一书中指出，马克思主义创造于 20 世纪 40 年代，阐述唯物史观的基本观点，最初也是作为假说提出的。他说：

> 社会学中这种唯物主义思想本身已经是天才的思想。当然，这在那时暂且还只是一个假设，但是，是一个第一次使人们有可能以严格的科学态度对待历史问题和社会问题的假设。[2] 108-109

接着列宁又指出唯物史观的学说已从假设转变为确实可靠的理论，他说："现在，自从《资本论》问世以来，唯物主义史观已经不是假设，而是科学地证明了的原理"。[2] 112

三、假说的内容结构

任何假说都是从一定的事实和科学知识出发，总结经验材料以形成理论观点。研究者必须整理和分析材料而做出推测，同时又回转过来对事实材料给予解释，甚至预言新的事实。例如关于行星起源陨石论的假说，苏联的施米特（Отто Юльевич Шмидт，1891—1956）院士说：

> 陨石论是从早已熟知的和现代科学所获得的大量事实总和中得出的结论。对于事实考察的结果，曾使康德与拉普拉斯确信：行星是在统一的过程中产生的。事实上，在行星的各种运动中有很多相似点：所有运动差不多都近于正圆形的，而且它们也差不多都是在同一个平面和同一个方向上发生的等。与此同时，还有重大的差别。例如，我们看到的行星是分成两类：接近太阳的行星类和远离太阳的行星类，……这些差别说明，在各种不同的条件下行星形成的统一过程有不同的表现。认识这一全部过程，揭露这些材料，解释一切被观察到的规律性的发生，说明相似点和差别点的原因，这就是宇宙起源论的任务。[3]

科学的假说包含有确实可靠的内容和真实性尚未判定的内容。因为假说作为根据已有的事实和原理而做出的猜测，一方面必须有可靠的知识作为基础，假说的猜测不是任意做出的，推测的或然性程度，首先取决于依据的事实和原理是否真实，如果假说失去了可靠知识作为基础，那么它在科学认识上也就失去了意义。另一方面假说的基本观念（核心）是真实性尚未判定的，假说的基本观念作为一种推测，可能包含着被事实推翻的论断。例如16世纪波兰的学者哥白尼提出太阳系的假说——"哥白尼体系"，他根据天文观测的资料，如关于行星的顺行和逆行等，认为地球和行星是绕太阳运行的，人们所看到的这种复杂的环形的行星运动，乃是我们在转动的地球上所见到的相对运动。"哥白尼体系"是以当时观测的天文资料作为基础，这些天文资料是可靠的知识。"哥白尼体系"的基本观念为：太阳是宇宙的中心，地球和其他的行星是按正圆形轨道绕着太阳运行。这些观念在当时是真实性尚未判定的。现在我们知道，在哥白尼假说的基本观念中，有真实的内容，如地球是转动的，而且地球和其他行星是绕太阳运行的等，但也有后来被推翻的论断，如行星运行的轨道是正圆形的，太阳是宇宙的中心等。

最后，我们还要明白，科学的假说是由一系列的概念、判断、推理构成的复杂系统。假说拥有数目众多的概念，而且它本身往往也即是一个新概念（新科学理论系统的缩影）的形成过程。假说所包含的多方面知识，存在于许多判断中。假说的形成、检验与发展的过程，只有通过许多的推理——类比、归纳、演绎——才能得到实现。所以，假说作为一种理论思维的形式，具有十分复杂的性质，表现为一种知识的体系。

四、假说与世界观

回顾一下科学发展史，非常清楚地表明各个假说对于世界观的依赖关系，以及不同的世界观通过假说所进行的斗争。例如天文学史上"托勒密体系"与"哥白尼体系"的斗争，生物学史上"目的论"与"进化论"的斗争……科学的史实说明，假说都是依赖于某种世界观的，同时又以它的具体内容维护着某种世界观。不管研究者是否自觉地意识到这点，但事情总是这样的。例如门捷列夫（Дми́трий Ива́нович Менделе́ев，1834—1907）的化学元素周期律的假说，就是不自觉地应用了从量转化为质的辩证法规律，同时反过来又是辩证法的自然科学基础之一。

为什么假说与世界观有着密切的关联呢？问题不单是每个假说的内容，总是直接地或间接地维护着某种世界观，而与另一种世界观相抵触，更为深刻的根源，应该从假说的根本性质中去寻找。假说是理论思维的一种形式，在这里，经验的方法是不中用的。正如恩格斯（Friedrich Engels，1820—1895）所说的，"但是理论思维无非是才能方面的一种生来就有的素质。这种才能需要发展和培养，而为了进行这种培养，除了学习以往的哲学，直到现在还没有别的办法。"[1] 435-436 理论思维要有思想方法的指导，即以某种世界观作为前提并受其支配。例如关于其他星球上有生命存在的假说，苏联费森科夫（В. Г. Хесенков）院士说：

唯物主义者认为，无论何处只要具备适当的条件，必然有生命产生，因为生命本是无机物的自然发展结果。从自然发展的观点看，只有这样的看法是正确的。唯心论者，则与此相反，是从偏颇的反科学的观念出发的，他们认为宇宙是按照一定的目的创造而成的，认为任何行星的使命，都是负荷生命，都是负荷人。[4]

事实说明，研究者受不同世界观的支配，其结果是形成内容不同的假说并相互进行斗争。当然，在同一世界观的指导下，也可能形成不同的假说，例如关于太阳系起源的假说，苏联学者费森科夫和施米特就有不同的具体说法，然而，他们在最根本性的问题上，在一般的方向上，彼此的观点是相互一致的，而不是相互对立的。

五、假说产生的根源

科学史表明，科学的假说一般是产生在以下这些场合：

（一）实践开辟了新的研究领域。人类实践的发展，不断地扩大了人的认识领域，这些新的研究领域是早先的科学知识尚未接触过的，或者接触得很少。对新研究领域所积累的有限事实，必须从事研究工作，创立假说给予解释。例如，近几年来人类的实践已进入征服宇宙空间的时代，苏联历次发射的宇宙飞船，积累了许多宝贵的资料，苏联学者根据这些资料，研究星际空间以及人在星际旅行的各种问题，相应地，他们就提出许多假说来。在开辟新研究领域的场合下而创立的假说，其特点是自成一个较小的、相对独立的系统，而这个系统往往即是科学发展中某一特殊新科目的萌芽。例如关于人体在超重和失重状态下的生理问题的假说，即将成为"宇宙医学"这门科学理论体系的雏形，又如关于其他行星上的植物的假说，即将成为"天文植物学"这门科学理论体系的雏形。

（二）原有的原理（或假说）与事实发生矛盾。随着人类社会实践的历史发展，当原有的理论与事实发生矛盾时，传统的观念就发生动摇，必须建立另一种假说去解释事实。例如，在科学史上，"燃素说"关于热的本质的解释，认为热是一种微质叫做"燃素"或"热素"，按照"燃素说"的结论，金属加热后重量之所以增加，是因为有许多"燃素"跑到金属里面去。可是后来的精密实验表明，事实上密闭容器里的金属加热后，称量整个容器的重量仍然不变，表明并没有什么"燃素"跑到里面去，这样就与"燃素说"发生了矛盾。对热的本质必须提出新的假说来说明，新假说认为热的本质是物质粒子的运动。在原有的理论与事实发生矛盾的场合下而创立的假说，其特点是内容与原有的理论不一致，至少有一部分说法是与传统观念相抵触的。换句话说，必须与传统观念（至少是部分地）决裂。原有理论与事实的矛盾以及新假说的创立是认识发展中的转折点，往往使科学取得极可观的进展。

（三）理论系统（关于客观现实特定领域的描绘）存在着某方面的缺陷。当现有的科学理论系统不够完善，还需要填补系统里的空白点时，研究者不是停顿思想的研究工作，而是通过假说的形式来尝试解决。例如近代力学从伽利略，开普勒（Johannes Kepler，1571—1630）到牛顿，发展成为古典力学的理论系统——牛顿系统，它描绘宏观世界，在实际应用上是极为广泛而且又是极为成功。在牛顿系统里包含着一个相对的原理——位置的相对，动的相对。牛顿力学定律在一个惯性系统中是有效的，在另一个对于前者以均一、速度运行的惯性系统中，也是有效的。但是牛顿系统有个理论上的缺陷，即没有最后的严格的惯性系统（标准参考系），整个问题是在于怎么区别相对的运动和"绝对"的运动？于是牛顿及以后一两个世纪的学者，认为空间本身可用来做标准参考系，空间被设想为神秘静止的物理实体，叫作"以太"。同时由于光学和电磁学的发展，也设想有种传播光波和电磁波的空间介质，这样就创立了"以太"的假说。在理论系统存在着某方面的缺陷（与为了填补这种缺陷）的场合下而创立的假说，其特点就是内容与原有的理论相一致，并暂被纳入现有的理论系统中。

总之，科学的假说是在一定的场合下创立的，有其客观的必要性与根据。在我国过去旧学术界里，很多人不认清这一点，因而受到买办学者胡适（1891—1962）所宣扬的实用主义方法论的毒害，胡适方法论即"大胆的假设，小心地求证"，认为假说的创立是完全取决于人的主观性，是从思想的"疑难"开始的，而且非常的神秘。他说："在临时思想的时候，是不可以强求的，是自然涌上来的，如潮水一样，压制不住的。"[5] 这种唯心主义、神秘主义的论调是彻头彻尾反科学的。科学史表明，假说不是从人的欲望出发任意创立出来的，任意的"假说"不会对科学的发展做出贡献，相反地，往往把研究者引入歧途。

六、形成假说的步骤

假说的形成方式是复杂多样的。就古典的假说与现代的假说来看，或者就不同科学部门的假说来看，它们形成的具体方式都是有极大的不同。比如说，古典的假说（像古希腊的原子论）与直观性的联系比现代的假说多些，而现代的假说（像量子力学、相对论）比古典的假说抽象性较高，与数学工具的联系较紧些。不同性质的假说，其形成的具体途径是区别很大的，但就它们的共同点：一般的情景而论，假说的形成大致有两个基本的步骤，或者说经历两个基本阶段。

（一）先根据为数不多的事实材料和科学原理，通过思维的加工（主要是推理），而做出初步假定。

这个阶段有如下一些主要特点：

1）研究者的注意力集中于分析最主要的事实。例如早先提出火星上存在着生命的假定，分析的主要事实就是看见火星上有几何状的运河网，于是设想这是火星上居民所开辟的灌溉系统；又如早先提出的特殊相对论这个假说，分析的主要事实就是迈克尔逊-莫雷的试验，即光的速度不因地球运动而变化，爱因斯坦设想这是由于空间和时间的相对性。为什么研究者最初总是注意分析最主要的事实？因为认识合乎规律的过程，就是先集中精力去解决主要的矛盾，这是认识进一步发展的前提。

2）类比和归纳的作用较为突出。例如早期的"光波动说"——惠更斯的波动理论，光波在"以太"中的传播，是与声波在空气中的传播进行类比而制定的；又如十九到二十世纪初的原子论，微观世界的结构是与宏观世界的结构进行类比而制定的。为什么在形成假说的最初阶段里，类比和归纳的作用是较为突出？因为从认识的客体方面来说，客观现实的事物现象并非杂乱无序的，它们有着不同性质的关联，也有不同程度的类同；再从认识的主体方面来说，人们必须根据已知的图景去设想（推测）未知的图景，否则就会变为纯思辨的虚构。

3）初步的假定具有显明的尝试性和暂时性。因为初步的假定不但是个未展开的简单观念，而且研究者往往从不同的角度出发，可能提出的初步假定就不是单一的，例如教育工作者进行改革学制的工作，往往是先考虑了好几个初步的假定，比如小学和中学十年一贯制、九年一贯制等。研究者必须经过反复周密的考察（调查研究），才能选定一个在他看来是理由最充分的假定。

（二）从始初的假定观念出发，经过事实材料和科学原理的广泛论证，充实成为一个结构稳定的系统。

这个阶段有如下一些主要特点：

1）以始初的假定观念为中心，广泛地综合解释已有的事实材料。例如苏联施密特院士的行星起源假说，他从陨石论出发，把所要解释的太阳系构造的基本事实综合为四组：A 组——行星轨道规律，B 组——行星距离规律，C 组——行星分为两类，D 组——角动量的分配。另外他还举出 20 世纪天文学所发现的一些新材料，主要是关于银河系的运动及星际的气体——尘埃物质宇宙云。又如达尔文的进化论假说，他从自然选择的观念出发，综合地解释他在贝格尔舰旅行期间所搜集的材料。建立任何假说的理论系统，都经历过广泛地综合和解释事实材料的工作。只是广泛的范围或程度有所不同而已。

2）演绎论证的作用较为突出。一个假说系统的确立既然要以广泛的事实作基础并对它做出解释，那么与此相连的必须应用多方面的知识作演绎的论证，也即是充实假说的理论内容。例如普朗克关于量子的假说，由数学方法发现每一量子所带的能量 $E=hv$（E 为能量，v 为放射的频率，h 为普朗克常数）；又如爱因斯坦在建立相对论的理论系统时，他应用荷兰物理学家洛伦兹（Hendrik Antoon Lorentz，1853—1928）的转换公式（表示在运动系统中观察的距离和时间，与在相对静止系统中观察的距离和时间的关系），光速保持不变，按照每一个参考系的速度来改变时间与距离的一切量度。爱因斯坦又把质量相对的原则通过数学演绎得出 "$E=MC^2$"（E 为能量，M 为质量，C 为光速）这一公式。对科学的假说来说，从始初阶段的初步假定，只有经过论证充实其理论内容，才能发展成为一个相对完整的系统，而在这个过程中，演绎的作用是非常突出的。

3）预言未知的事实或新现象。关于现象间规律性联系的假说还要预言未知的事实或新现象。例如爱因斯坦的相对论假说，他在 1912 年根据他的空间曲度理论，光受重力场的影响是走曲线途径的，所以星光经过太阳重力场必向内屈折，他预测星光经过太阳附近的偏差度为 1.75 秒；又如达尔文关于人类起源的进化假说，根据人是由类人猿进化的，他当时预言地壳里有类人猿的遗骸。

关于假说形成后一阶段的特点问题，我们只能粗略地讨论以上一些。

假说的形成过程具有复杂的性质，没有什么固定死板的公式。所以，我们关于假说形成过程两个阶段的划分，也只是具有相对的意义。我们考察的主要对象是近代科学中关于现象间规律性联系的假说，因为这些假说无论从内容或从形态来说都是比较典型的，考察这些典型物，能使我们对假说的形成问题有个较为充分的了解。

七、形成假说应该注意的事项

根据假说这种理论思维形式的特点，形成假说应该注意以下的事项：

（一）必须以正确的思想方法——唯物辩证法作指导。方法是我们达到认识客观真理的指导原则，它统帅我们的一切研究活动。只有方法正确，才能达到认识客观真理这一目的。辩证法是自然、社会和思维本身所固有的最一般规律，辩证的方法是总结人类全部思想史和科学史而制定的唯一正确的方法论。恩格斯说：

每一个时代的理论思维，包括我们这个时代的理论思维，都是一种历史的产物，它在不同的时代具有完全不同的形式，同时具有完全不同的内容。……然而对于现今的自然科学来说，辩证法恰好是最重要的思维形式，因为只有辩证法才为自然界中出现的发展过程，为各种普遍的联系，为一个研究领域向另一个研究领域过渡提供类比，从而提供说明方法。[1]436

科学史表明，研究者由于世界观方法论的局限，影响他在假说中做出本来是可以避免的谬误论断。例如牛顿受形而上学世界观的影响，在他的天体力学中竟假定了神秘的"第一推动力"。

（二）必须以事实作根据，但也不能等待事实材料的全面系统积累。任何假说都必须有事实的根据，在科学研究上不见得每个假说都能转变为可靠的理论，但是在科学史上就是那些内容虚假的假说，也是有一定的事实材料作为出发点，否则不能看作是科学发展中的假说，仅仅是怪诞的空想而已！例如亚里士多德关于地球是宇宙中心的假说，这是个谬误的观念，但是他当时也是从观察一些实际情况出发的，他看到物体堕落的时候，总是以从上朝下的方向进行，即他认为朝向宇宙的中心——地心，另外他认为如果地球是运行的，那么就会引起星辰可见位置的移动——"视差动"，而当时又没有人能看出"视差动"，这也成为亚里士多德"地静说"的出发点之一。凡科学研究中形成的假说，都是根据当时人们所掌握的某些事实材料出发。伟大的学者巴甫洛夫（Иван Петрович Павлов，1849—1936）说："事实就是科学家的空气。没有事实，你们永远也飞腾不起来。"[6]在科学研究上，尽管做出的推测并不都能切合实际情况，但这和无事实根据的瞎猜胡说——如"太阳明早从西边出来"——是根本不同的，也和占星术——无事实根据的迷信预测，如以流星来预言人物的死亡，也是根本不同的。

事实根据是形成假说的基础和出发点，这是非常重要的方面，但是我们也不要等待到事实材料全面系统的积累之后，才提出假说。因为这样就意味着停顿我们的思想研究工作，实际上科学也就无法发展或发展的速度会延缓下来。我们知道，门捷列夫提出元素周期律的假说时，20世纪60年代已知的元素只有63种，但门捷列夫并不是等待着化学元素的全部发现，而是提出了假说，并在元素周期表上留出空白格，事先预言了未知元素的存在及其性质。在此之前，大部分元素的发现都是偶然的，而1869年提出元素周期律的假说后，才开始系统地探索新元素，门捷列夫的假说对化学的发展有多么深远的意义！

（三）必须运用科学原理，但不要被传统观念所束缚。形成假说是认识的扩大与深化的过程，科学的假说不能与科学中已经证实的定律相矛盾，而恰好相反，应当运用和遵循科学的原理。另一方面，我们也要了解，认识的本身是个辩证的过程，许多现有的原理并非完美无缺的，特别是已有的原理与事实发生矛盾时，表现出已有的原理是有弊病的。但是传统观念是一种习惯势力，往往不是容易突破的，这样形成假说就需要有革新的勇气，敢于提出和坚持新的观点，许多伟大的思想家都是这样的。例如哥白尼提出"太阳中心说"，达尔文提出"进化论"，这在当时都是富有革命性的，至于马克思（Karl Marx，1818—1883）和恩格斯创立的马克思主义，那就更不必说了，这是人类思想史上最伟大的革命变革。就现代自然科学方面来看，20世纪初爱因斯坦提出相对论的假说，一般人听了后简直莫名其妙，什么长度因运动而缩短等，然而相对论的假说恰恰是运用已有原理而又不受传统观念束缚的产物。德国卓越的理论物理学家普朗克说：

> 广义相对论和狭义相对论所包含的相对概念刚向物理学家提出时诚然是十分新奇而富于革命性的。但有一个事实始终没有变，即它所提出的论断和批驳都不是为了反对显著的、公认的和业经证实的物理学定律，而只是反对某些观点。这些观点虽然根深蒂固的，但除开习惯以外并没有得到更有凭据的承认。[7]

（四）必须综合地解释已发现的有关事实。形成假说是为了揭露现象间的规律性联系，对各种有关的事实给予正确的解释。如果形成的假说无法解释有关的事实，那么这样的假说是毫无意义的，它对科学的发展是不起作用的。假说对有关事实的解释方面，要做到完满无缺是很难的，但是遵循如下一些原则确是必要的：首先，对某些一直令人感到十分奇妙的现象，应该特别力求做出成功的、完满的解释。例如爱因斯坦的普遍相对论，它非常成功地解释了一个古老的疑难，这就是水星的奇怪行动。水星不像其他行星循着椭圆轨道有规则地运行，它总要偏离轨道，虽然每年偏离轨道的度数极为微小，但是逐年叠加。天文学家一直无法理解水星椭圆轨道的偏离现象。爱因斯坦提出普遍相对论后，根据他的重力（空间曲度）理论，星体决定其附近空间的几何学性质，在重力场中物体运行的途径，是被这个重力场的几何学性质所决定，空间是随重力场的强弱而变化的。由于太阳的重力场有相当的强度，而水星运行的轨道与太阳最接近，水星体小又有极大的速度，所以就使得水星的整个椭圆轨道，缓慢地绕着太阳旋转，经计算速度为三百万年一周。普遍相对论成功地解释了水星椭圆轨道的旋转现象。其次，对事实的解释不应该是牵强附会的。例如有人根据火星上有高级生物存在的假说，硬要把通古斯陨石解释为从火星上发射到地球来的，着陆时遇难的宇宙飞船。再次，如果对少数个别的有关事实，还不能做出完满的解释，可以等待进一步研究，不一定就立即怀疑或否定假说本身的价值。例如早期基督教为了反驳地球是球形的说法，要求解释"对跖人"（住在地球反面的人）如何可能，神甫拉克丹西非难说："难道真有这样的疯子，竟会认为有头朝下脚朝上走路的人，竟会认为花草和树木从上往下长，而雨和雹从下向上降落"。在当时的认识水平解释这种事实的确不是很容易的，但地球是球形的说法，毕竟还是符合客观实际的。

（五）必须包含有可在实践中检验的结论。假说虽是推测，而且可以做出当时异乎寻常的结论，但必须能够在实践中进行检验，否则就不是科学的假说，而是神话式的空谈。例如达尔文的进化论，说人类是由猿人进化来的，这个论断在当时是十分令人惊奇的，但是他预言地壳中有类人猿的遗骸，这是可在实践中检验的。1891年荷兰医生杜步亚在爪哇岛的地层中，发现了一副头盖骨，大腿骨和几枚牙齿，证实了达尔文关于类人猿遗骸的结论。

（六）必须结构简明。假说的基本观念组成它的核心，假说内容的复杂程度如何应该依据研究对象的性质，凡是多余的不必要的东西都应排除于结构系统之外。形成假说时从原始形态至完成形态是个充实内容的过程，往往容易拌杂许多无关的材料或某些内容缺乏有机的联系，所以应该注意洗清和精炼内容，结构力求简明。

（七）必须同对立的假说进行斗争。真理只能是一个，当研究者创立某个假说时，必定是认为它比另一些与之相对立的假说理由更为充分，那么就应该指出对立的假说为什么不可靠，此外还应该估计到来自对立假说方面的非难。例如苏联施米特院士创立的行星起源假说，除了考虑到古典的太阳系起源假说外，还考虑到目前在西方流行的太阳系起源假说。

（八）如果出自研究工作的实际需要，可以创立几个假说等待验证。在试验的研究活动中，我们常常需要创立几个假说，相应地经过不同方式的实验，使我们的主观认识逐步地接近于客观的真理。这样的假说一般还不具有严整的系统，但也是为了揭示现象间的规律性联系。在其他的某些场合下，也有同时创立几个假说待证的。例如医学上关于复杂病情的诊断，往往一时难于做出判断，医生就提出几个假说待证，通过化验或透视等来检查之后，才做出实然性的判断。

假说的理论是科学方法论中的一个主要内容，探讨假说问题无论对于认识论来说或者对于逻辑学来说，都具有十分重大的意义，然而我们在这方面的工作过去还做得很不够。本文提出一些不大成熟的见解，供给大家研究时作些参考，如有欠妥之处，请读者加以批评和指正。

参 考 文 献

[1] 恩格斯，《自然辩证法》，载中共中央马克思恩格斯列宁斯大林著作编译局编译，《马克思恩格斯文集》第 9 卷，北京：人民出版社，2009 年。

[2] 列宁，《什么是"人民之友"以及他们如何攻击社会民主党人？》，载中共中央马克思恩格斯列宁斯大林著作编译局编译，《列宁全集》第 1 卷，北京：人民出版社，1984 年。

[3] O·施米特，《地球和行星起源问题》，周亮动译，载《学习译丛》，1952 年，第 2 号，第 2—30 页。

[4] 费森科夫，吉霍夫，《论火星上是否有生命》，宋惕冰译，北京：科学出版社，1956 年，第 2 页。

[5] 胡适，《胡适文存》第一集，北京：首都经济贸易大学出版社，2013 年，第 24 页。

[6] 巴甫洛夫，《给青年们的一封信》，陈昌浩译，《中国青年》，1952 年，第 22 期，第 2 页。

[7] 普朗克，《从近代物理学来看宇宙》，何青译，北京：商务印书馆，1959 年，第 40—41 页。

2 再论假说：谈谈假说的验证与发展*

在《论假说：谈谈假说的一般特征和它的形成》一文里，论述了假说的一般特征和它的形成问题。本文将要探讨有关假说的验证和它的发展问题，并附带地对假说间的关系，假说与科学理论的联系，作些简略的说明。

一、假说的真理性及其标准

假说是一种特别复杂的反映形式，科学的假说不是人们任意臆构出来的，它至少包含有一部分确实可靠的知识，这是指作为科学假说的基础（或根据），乃是一些可靠的事实材料和真实的科学原理。然而假说的基本观念，即它的核心，不过是人们所做出的推测，还不一定是现实的确切反映。假说的价值如何，最重要的是取决于作为假说核心的基本观念的真理性，以及这些基本观念揭示客观规律的深刻程度。

假说反映客观现实的特点是高度主观的能动作用，这种反映是个曲折的、创造性的过程，因而，对待假说（特别是构成假说核心的基本观念）的真理性，不能采取简单化的态度。人们通过假说形式所做出的推测，往往既有部分的内容真实，又有部分的内容虚假。内容全真的却不多。认识与科学理论的进展，绝大多数不是沿着直线式的途径，所以，考查一个假说的真理性，我们应该善于具体地分析它的具体内容。特别是对那些刚刚提出的假说，不能简单地全给以肯定或者全给以否定，这样才能真正达到去伪存真的目的。

假说真理性的标准是什么呢？假说的真理性不依赖于人们的主观信仰或社会公认，也不依赖于它能否作为某种方便的手段或所谓"言之成理"。认识的真理性是主观与客观的符合，对于假说的真理性来说，也是如此。因而假说的真理性，只有在主观与客观的相互作用中，才能得到验证，而主观与客观的相互作用是在人类的社会实践过程中。可见，除了实践以外，没有其他的东西能够作为假说真

---

* 本文原载《光明日报》，1962 年 3 月 2 日。作者与本章内容相关的著述，请参见张巨青，"科学假说"，《自然辩证法百科全书》，北京：中国大百科全书出版社，1994 年，第 284—285 页；张巨青（主编），《普通逻辑》（第五版），上海：上海人民出版社，2011 年，第 340—345 页。

理性的标准。

假说的真理性标准包括哪些实践活动？必须明白，研究者除了考虑在实验室等场合下的活动以外，更要重视整个社会的实际生产活动。比如说，验证遗传学方面的假说，农业的生产实践就具有最重大的意义，无论是米丘林学派的遗传学说，还是摩尔根学派的遗传学说，都要以农业中的实际生产活动来验证。我们还要明白，作为假说真理性标准的实践，不仅是指人类以后的实践，而且也包括人类以往的实践。关于人类以往的实践也是假说真理性的标准，这并不难于理解。试想一下，为什么说在形成假说时，假说的内容不应该与确切查明的事实材料或业已证实的原理相矛盾，其道理恰好就在这里。然而，人类以后的实践，由于它具有更高的水平，所以它对于验证假说的真理性就更为重要。

二、假说验证的过程

假说的验证是个过程。如果细致地分析一下这个验证的过程，在某种意义上，可以说它并不是从假说创立之后才开始的。研究者形成假说的过程，随时都要求助于实践，即每当形成一个新观念时，往往都是与经验事实反复地对照，以及通过实践（观察、实验等）来检查，许多假说之所以能够包含有真理性的认识，跟上述这些活动是紧密关联的。可见，假说的个别内容的局部验证，并不全是在整个假说创立之后才开始的。但是，假说创立以后的验证过程是具有决定意义的，只有在整个假说创立之后，人们才对假说的真理性给予全面的、严格的验证。毛泽东同志说：

> 许多自然科学理论之所以被称为真理，不但在于自然科学家们创立这些学说的时候，而且在于为尔后的科学实践所证实的时候。[1]292-293

为了全面地严格地验证假说的真理性，这就必须通过如下的途径：

首先，从假说的基本观念引申出关于事实的结论来。显然，这是个逻辑推演的过程，可以用公式来表示为："如果 A 则 B"。在这里 "A" 表示假说的基本观念，"B" 表示关于事实的论断。如果假说的基本观念（A）是真实的，那么由此逻辑地推演出的结论（B）也必然是可靠的。"A" 可以是假说基本观念的某一部分，也可以是假说的基本观念的整体。"B" 可能是关于已知事实的论断（即解释已有的事实材料），也可能是关于未知事实的论断（即预言未知的事件）。

然后，通过生活实践检查从假说基本观念引申出来的结论的可靠性。这可以是经验的直接证明，也可以是经验的间接证明。例如，根据地球为球形的假说，必然引申出以下这个结论：如果我们自地球上某一地点出发，保持同一方向往前旅行，总有一天会回到当初出发的地点。要检查这个论断的可靠性，人们可以做一次世界旅行，从经验中得到直接的证实。另如现代许多关于太阳系起源的假说，它们通常可以引申出关于地球的年龄（比如说，施米特院士的假说估算地球年龄为 60 亿～70 亿年），要检查这些论断的可靠性，就不可能用经验直接证实，因为人类迄今的历史，在地球的年龄中只不过是占一个很短促的时期，所以只有通过经验间接证明的方式。我们根据天然放射性元素铀裂变为铅的历史过程，从岩层中测定铀铅的数量，就可以推算出岩层的年龄，这种方法叫作铀法。人们通过铀法以经验间接证明的方式，大致地验证关于地球年龄的论断。

人们在验证假说的过程中，应该明白如下两点：

1）最重要的不在于从假说核心的某个侧面（基本观念的一部分），引申出关于事实的结论，最重要的是在于从假说的整个核心（基本观念的整体），引申出关于事实的结论，如果从假说的整个推测内容所引申出来的结论是可靠的，那么这对于提高整个假说的或然性，就具有真正的决定意义。

2）最重要的不在于引申出对已知事实进行解释性质的结论，例如根据牛顿万有引力假说，解释涨潮和退潮的现象，最重要的是在于引申出对前所未知的现象，做出预言性质的结论。例如在 18 世纪，由克莱（Alexis Clairaut，1713—1765）、拉朗德（Joseph Lalande，1732 —1807）和勒波特（Nicole-Reine Lepaute，1723—1788）三位法国数学家组成的一个团队，就根据牛顿万有引力假说，经过大量的计算工作，预先确定了哈雷彗星的出现日期[2]。

三、假说验证的复杂性

假说验证的复杂性是由认识和实践的辩证性质所决定的。从认识的辩证性质来看，人们通过假说这种形式去认识世界，往往是真实的与谬误的交错在一起。同时假说又是人的认识从相对真理走向绝对真理的阶梯。从实践的辩证性质来看，人类的实践是不断变化发展的，实践标准既是绝对的，又是相对的。人类的实践是唯一能够验证假说的真理性，但是实践又是社会具体历史时期的，具有历史的局限性。上述这一切都使假说的验证复杂化了。以下我们就分别地从几个方面来说明假说验证的复杂性：

1）假说验证的方式多种多样。如果我们比较具体地考察不同的假说时，那么将会看到：对于不同性质的假说，其检验的具体方式是有所不同的。比如说验证一个天体起源演化的假说和验证一个植物生理问题的假说，它们的方式就有很大的差别。对于一个天体起源的假说，我们不能以直接的观察或实验加以验证，只能根据天文观测的资料，检查假说的理论内容是否能够解释这些事实，是否与恒星系那些已被人们认知的实际情况相符合。对于植物生理问题的假说来说，如光合作用的假说，我们是以直接的观察或实验来精确地验证，特别是现在应用"示踪"原子做实验。假说验证的具体方式不同，一方面是由于假说的性质（取决于研究的对象和任务）不同，另一方面是由于科学技术的水平不同。而后面这点说明验证一个假说的方式，并非固定不变的，随着科学和技术的发展，对某个特定假说的验证方式也必须相应地发展。

2）假说验证的完成是个历史的过程。假说不是一下子就被证实或否定的，它是历史地完成的。因为个别的事实只能证实假说的部分内容，要验证假说的全部内容尚待其他事实的发现，因而必须经历一段历史时期。例如哥白尼的太阳系假说，它的验证是经历了几百年的时期。在科学上有许多假说还远远地跑在技术的发展水平前面。例如，关于火星上有无生命的问题，早已提出了假说，然而要真正彻底地验证这些假说，只有在人类的科学技术实现了星际旅行的基础上才能完成。对于验证假说来说，麻烦的事情还在于：检验的过程往往做得不精密、不严格，人们当时并未发觉所产生的差错，要等到后来再做检验时，才被纠正过来。例如 17 世纪的化学家波义耳（Robert William Boyle，1627—1691），他以这样的实验去证明"燃素"的假说，他把容器里的金属加热，经过观测金属加热后的重量是增加了，波义耳认为加热时"燃素"穿过容器到了金属里，因而重量增加了。波义耳没有估计到瓶里一部分气体和炽热的金属相化合，在瓶塞打开的时候，外界的空气就补充进去。到 18 世纪，罗蒙诺索夫（Михаил Васильевич Ломоносов，1711—1765）校验了波义耳这个实验，他在加热后不打开瓶塞，而把金属和瓶子一起称量，结果是重量不变，证明并没有什么"燃素"钻入瓶中和金属化合。所以，到了 18 世纪，"燃素说"就被推翻了。

3）关于"决定性实验"的问题。在科学史上，关于同一问题的研究常有两个不同假说的争论。两个对立的假说不可能都是真理，真理只有一个，所以人们很关心如何从两个对立的假说中，选取一个而抛弃另一个，他们采用了这样的方式，先从两个对立的假说中引申出两个彼此恰好是相互矛盾的论断，然后通过实验检查这两个相互矛盾的论断，哪个是正确的，哪个是不正确的，从而就肯定一个假说，而否定另一个假说。如 A、B 为两个彼此争执的假说，我们通过一些推演的步骤，从 A 假说引申出 P 的结论，从 B 假说引申出非 P 的结论。然后设法做个能够检查 P 和非 P 的可靠性的实验，这种实验就被叫作"决定性实验"，因为它"决定"了两个对立假说争论的胜负。例如关于生命起源的问题，在 17 至 18 世纪，自然发生论（化生说）认为生物是可以随便从无生物中产生的。由于事实与这些观点毕竟是矛盾的，当时就引起激烈的争辩。到 19 世纪，学者们已不再相信高等生物可以自然发生的观点。但是，微生物是否也像高等生物一样，有它们一定的祖先？微生物是否必须由种子生成？这个问题又有"自然发生说"与"种生说"的争论。1862 年法国微生物学家巴斯德（Louis Pasteur, 1822—1895）做了以下的实验，用天鹅颈瓶装容易腐败的养液，煮沸后静放着，结果养液清洁透明不腐败，即没有微生物发生，因为养液煮沸就杀死了瓶内的生物种子，同时瓶颈细长向下弯曲，外界空气中的微生物种子就不能进入养液。巴斯德以这个实验去否定自然发生说，并肯定种生说。对于"决定性实验"，我们必须正确地估价它的意义。"决定性实验"不可能一劳永逸地、完全地证实（或推翻）整个假说的理论内容。个别的孤立的实践行动，不足以验证整个假说的真理性，同时应该看到对于同一的实验，往往人们还可以有不同的理论解释。然而，上述这些并不排斥个别实验的突出意义，对于假说的局部的验证，某一个别实验是能够起决定性作用的。所以，关于生命是否自然发生的争论，恩格斯曾指出：

> 巴斯德的实验在这个方向上是无用的：对那些相信自然发生的可能性的人来说，他单凭这些实验室还决不能证明自然发生的不可能；但是这些实验室很重要的，因为这些实验对这些有机体、它们的生命、它们的胚种等等提供了许多说明。[3]

　　4）假说验证的相对性。那些作为理论系统（学说）的假说，其验证不可能是绝对地完全的，因为人类的具体实践总是不完备的，带有历史的局限性。科学史上常常会有这种情形，某些假说包含有局部的真理，或者说它的部分内容是正确的，但是由于时代的技术实践水平不够高，就曾经一度（或者不止一次地）被人们判定为谬误的思想，它们的真实性，只有在往后更高的技术实践水平上，才能够被证实。例如：关于一种化学元素可以转变为另一种化学元素的思想，早先化学家和物理学家鉴于中世纪"炼金术士"长期的失败经验，因而就认为这是个既谬误又可笑的想法。的确，当化学从中世纪"炼金术"的许多糊涂观念底下解放出来，这是多么巨大的进步。但是化学家们根据以往历史的实践经验，就认为一种元素绝不可能转变为另一种元素，这又是对人类以往社会具体实践的历史局限性，还缺乏估计或估计得不足。在人类进入原子能时代，技术实践已经发展到相当高度的水平，关于一种元素可以转变为另一种元素的思想，毫无疑问，其真实性在今天的核子物理实验中已充分证实了。由此可见，历史的实践只是从一定的方面，在一定的确切程度上检验了假说的真理性。具体实践的不完备，表明实践所验证过的假说理论内容，还只是相对的真理，只是客观世界的近似正确的反映。

5）假说的验证与反动阶级偏见的影响。考察人的认识活动不能脱离人的社会性。在历史上，有许多谬误的假说早已被事实所推翻，然而由于反动阶级的偏见，它们还能继续流传相当长的时期。而科学中那些富有革命性的新假说，却遭到攻击和歪曲。例如在教会统治时期，只有维护神权、宗教教义的论说，才能得到教会势力的允许、赞美和支持。凡是与宗教"圣经"相抵触的科学假说，都毫无例外地遭到教会势力的非难和禁止。我们知道，哥白尼的"太阳中心说"、塞尔维特（Michael Servetus，1509/1511—1553）的"血液循环论"、达尔文的"进化论"等，当时都被教会宣布为"邪说"，甚至连这些学说的支持者伽利略、布鲁诺（Giordano Bruno，1548—1600）、开普勒、赫胥黎（Thomas Henry Huxley，1825—1895）等也受到教会的迫害和咒骂。可是这些新假说的证实与胜利，是与反动阶级偏见的阻挠，进行着长期的艰苦的斗争才取得的。至于社会科学方面的情形，那就更不必说了。

四、假说发展的基础和动力

假说创立之后，人们不但给予它全面的、严格的验证，与此同时，假说也在发展着。假说的理论内容既然只是客观的近似反映，还是不完备的、不够深刻的认识，甚至还包含有很多错误的认识，那么，假说的内容就不应当是固定不变的，假说的发展乃是认识合乎规律地运动的表现。毛泽东同志说：

> 不论在变革自然或变革社会的实践中，人们原定的思想、理论、计划、方案，毫无改变地实现出来的事，是很少的。这是因为从事变革现实的人们，常常受着许多的限制，不但常常受着科学条件和技术条件的限制，而且也受着客观过程的发展及其表现程度的限制（客观过程的方面及本质尚未充分暴露）。在这种情形之下，由于实践中发现前所未料的情况，因而部分地改变思想、理论、计划、方案的事是常有的，全部地改变的事也是有的。即是说，原定的思想、理论、计划、方案，部分地或全部地不合于实际，部分错了或全部错了的事，都是有的。[1] 293-294

人类的实践是假说发展的基础，假说是随着实践的发展而发展的。假说的发展，大致是由以下两方面的因素促成的：

第一，在实践的发展过程中，人们发现了假说的理论内容与事实有矛盾，或根据原有的内容不能解释新事实，于是假说的理论内容，或则加以修正，或则整个推翻，重新提出另一个假说。

第二，在实践的发展过程中，人们积累了大量的新材料，于是必须从理论上给予概括和总结，从而假说的内容就得到丰富和具体化。

总之，假说发展的动力是来自主观与客观的相互印证、相互作用。

假说的发展，从狭义说，仅指单一假说自身的历史演化。从广义说，它还包括假说更替的历史过程，即：通过不同假说的斗争和更替，直到真正地揭露了自然的规律。

五、假说的个体发展

假说个体的历史发展，往往不是由创立者一人来实现的，甚至也不单纯是由某个研究领域的科学工作者来实现的。一个假说理论内容的发展，往往反映了若干研究领域的工作成果。例如达尔文"进化论"的发展，反映了古生物学、胚胎学、生理学、人类学、地质学、农学（耕作学、畜牧学）、医学等部门的工作及其成果。

各个假说发展的具体方式，不会是同一个模样的。但是，概括起来，各个假说自身的发展，不外是如下这些情景：

1）方面不断增多，内容不断丰富。假说最初创立的时候，一般是为了回答当时实践和科学研究中直接提出的少数问题，它的内容和涉及的方面都是极有限的。假说创立以后，随着实践的发展，和愈来愈多的科学研究工作的参与，于是它所涉及的方面就愈来愈广泛，内容也就愈来愈丰富。例如普朗克创立"能量子"的假说，他当时是以这个假说去解释"空窖辐射"，以后人们又把普朗克的"能量子"假说应用于其他的方面：光电效应、比热、电离作用、化学反应等，逐渐地就发展成为一整套的理论，叫作"量子论"；又如魏斯曼（August Weismann，1834—1914）在 1892 年提出"种质学说"，认为生物体是由种质和体质组成的，种质是生殖细胞，其中染色体是遗传的基础。这种早期的染色体遗传假说，经过后来孟德尔（Gregor Johann Mendel，1822—1884）的豌豆遗传实验，约翰逊（Wilhelm Ludvig Johannsen，1857—1927）的菜豆纯系实验和摩尔根（Thomas Hunt Morgan，1866—1945）的果蝇遗传实验等工作，早期染色体遗传假说的内容，就不断地得到丰富，摩尔根在早期染色体遗传假说的基础上，综合了孟德尔的遗传原理（分离规律、自由组合规律）、约翰逊关于基因型和表现型的区别等方面的观点，发展成为一整套的理论，叫作"基因学说"。

2）修订假说的原有内容。一个假说刚提出时，往往包含有许多谬误的或不确切的内容，所以在假说创立以后，经历过一段验证的过程，它的谬误因素就必须清洗出去，同时使其观点和结构更为精确，从对现实的不确切的反映到比较确切的反映。拿"哥白尼体系"的假说作为例子来看。1543年哥白尼的《天体运行》一书问世，哥白尼所提出的宇宙图景为：①一切天体和它们运动的轨道有着一个共同的中心；②太阳是整个宇宙的中心；③地球的中心就是地球物质重力中心和月球轨道的中心；④地球到太阳的距离同地球到恒星的距离比起来是极其微小的；⑤天穹的视运动是地球昼夜自转的结果；⑥太阳的视运动是地球绕太阳运动的结果，行星的逆行和停留也是地球运行的结果。无疑地，哥白尼在当时创立这个假说是英明的、革命性的思想，但是也存在着很多的缺点。以后布鲁诺就修订了哥白尼的假说，他认为太阳不是宇宙的中心，宇宙没有中心，是无限的。所有的恒星也是像太阳那样巨大，而且以很高的速度运行着。宇宙间有无数绕太阳运行的行星体系，还有许多行星上有生物栖居。哥白尼当初认为行星是按正圆形的轨道绕太阳运行的，后来开普勒修改了哥白尼这个观点，证明行星的运行轨道是椭圆形的，太阳位于椭圆的焦点之一。之后，牛顿发现万有引力并建立天体力学的理论，他认为行星、卫星、恒星的相互吸引，影响了天体运行的轨道，由于摄动的缘故，行星的轨道不但不是正圆形，而且也不是成规则的椭圆形，而是相当复杂的曲线形。这样，牛顿又把"哥白尼体系"的观点与结构更进一步精确化。

六、假说之间的关系

在考察假说个体发展的同时，我们还必须看到假说之间的关系。假说的数目极多，并不是任何假说之间都存在有某种联系，都值得我们探究。有很多的假说，可以说它们彼此之间是各自独立而互不相涉的。例如：生物学上的"化生说"与牛顿的"万有引力"假说，就是各自独立而互不相涉的。可是，在另一些假说之间，情况则不是这样，它们之间存在着或多或少的、这种性质的或那种性质的联系，我们对此才给予研究。

许许多多假说之间的具体关联，我们不可能而且也没有必要在此一一加以阐述。对于科学方法论来说，它的主要着眼点，是研究假说之间关系的最一般性质。假说间关系的最一般性质有两种类型，即亲邻关系和对立关系。

1) 所谓假说间的亲邻关系，就是指两个假说的根本观念，彼此是相互依存、相互支持的。

如果某个假说的根本观念是另一个假说的理论基础，换句话说，另一个假说是由这个假说所派生的，那么可以说这是"母子关系"。例如贝塞尔关于天狼星有个伴星的假说，当时是以牛顿的万有引力假说作为理论依据的。又如先前关于陨石里有活的细菌或生物孢子的假说，是以泛因子论的假说作为根据的。

如果某个假说的内容能够对另一个假说的根本观念产生支持的作用，更确切地说，如果某个假说的若干内容，它们可以被另一个假说所吸收，给另一个假说增强生命力，那么可以说这是"结缘关系"。例如关于地壳下层岩浆运动的假说，它给大陆漂移假说提供了有力的支持。1915 年魏格纳发表了大陆漂移假说，他认为原始的大陆是个整体，后来原始大陆出现裂缝，继之漂浮游移成为现今的几个大陆（几个大洲）。魏格纳当时认为原始大陆的破裂和移动，是由于地球的自转和潮汐的力量，随着科学的发展，人们发现这个力量不足以造成大陆的漂移。往后魏格纳假说的拥护者，吸收了关于地壳下岩浆这个假说的内容，认为漂移大陆的巨大力量是由地壳下岩浆的运动而产生的，这样又支持了魏格纳假说的根本观念——大陆漂移。

2）所谓假说间的对立关系，就是指两个假说的根本观念，彼此间有一部分或者全部是相互排斥、相互抵触的。例如"地静说"与"地动说"就是两个对立关系的假说。

对立关系的假说必然引起斗争，这是整个认识历史过程的辩证性质的具体表现。假说之间的争论与辩驳，对于假说的发展，认识的深化来说，具有极为深刻的意义。

七、假说的斗争与更替

假说的发展不是各个孤立地进行的，它们在斗争中发展，又在发展中进行斗争。而就整个认识的历史来看，表现为一连串新旧假说更替的过程。例如关于太阳系行星起源的假说，从古典的假说发展到现代的假说，一直存在着"灾变说"和"星云说"的斗争。人类以往对于行星起源的科学认识史，基本上就是这两类假说的斗争与更替的历史过程，主要的轮廓如下：布丰（Georges-Louis Leclerc，Comte de Buffon，1707—1788）的灾变说——康德和拉普拉斯的星云说——张伯伦（Thomas Chrowder Chamberlin，1843—1928）和穆尔顿（Forest Ray Moulton，1872—1952）的星子说（新的灾变论）——秦斯（James Jeans，1877—1946）的灾变说——施密特的陨石说（新的星云说）。

假说之间的斗争是个复杂的过程，并有各种不同的前途和结局，这也就使假说的更替过程有着不同的方式。假说之间的斗争与更替不外是以下这些情景：

1）对立的两个假说，其中的一个驳倒了另一个。这种情形在两个新旧假说之间是最常见到的，往往是新假说战胜了旧假说，否定了传统的陈旧观念。例如天文学史上，哥白尼的"太阳中心说"战胜了托勒密的"地球中心说"，陈腐的"托勒密体系"被"哥白尼体系"所替代。

2）对立的两个假说都含有局部的真理，各自仅认识到研究对象的不同侧面，彼此交战的终局是形成一个内容统一完整的新学说。例如在物理学史上，关于光本性的"粒子说"与"波动说"的斗争，最后的结局是现代"量子论"的确立。"量子论"包容了"粒子说"和"波动说"各自具有的局部真理，但是"量子论"不是简单地重复"粒子说"和"波动说"的某些正确内容，它是一个与经典理论不同的新观念。

3）对立的两个假说都是歪曲地反映现实，斗争的结局是同归于尽，它们的基本内容都被全新的假说所否定。例如生物学史上关于胚胎的理论，有"卵原论"与"精原论"之间的斗争。"卵原论"认为每一个有机体都是在卵子内就以最小的胚的形式预先形成。"精原论"认为每一个有机体都是在精子内就以最小的胚的形式预先形成。无论"卵原论"或"精原论"都是错误的，属于预成论的观点。所以后来都被全新的假说"渐成论"所否定，"渐成论"认为有机体是在胚的发育过程中从新形成的，并不是在卵子内或精子内就以最小的胚的形式预先形成。

从前面的讨论中，我们可以看出，假说的个体发展以及不同假说之间的斗争与更替，是科学发展的普遍形式，因而根据人类的认识史和科学史制定假说发展的理论，对于人们的认识与科学研究活动具有重大的方法论意义。

八、假说与科学理论的差别

我们这里所说的"科学理论"，是指正确地反映客观现实的理性知识，而不是泛指每门科学研究活动中所产生的理论或学说。

假说与科学理论是必须加以区别的，否则就会导致"公说公有理，婆说婆有理"，取消了真理的客观性。任何否认假说与科学理论存在着差别的观点，都是反科学的倾向。假说是一种推测，它不仅是尚未证实的，而且并非所有的假说都能被证实，也并非假说的所有内容都能被证实，人们所做的推测常常是错误的。与此不同，科学理论是经过实践的验证、业已判明为确实可靠的知识。所以假说与科学理论的差别为：①假说的理论内容不一定是客观的正确反映，而科学理论是客观的正确反映；②作为假说可以是尚未经过实践的全面验证，而作为科学理论必定是经过实践的全面验证。

然而，从人类认识的辩证过程来看，假说与科学理论的差别又是相对的。假说虽然是一种推测，但是它能够正确地反映现实，假说的真实内容经过实践的证实就是科学的理论。而科学理论也是一种相对的真理，它只能近似地反映现实，或多或少地包含有不确切的成分在内。例如牛顿的古典力学，在广泛的实践过程中被证实为可靠的知识，早已是科学的理论了。然而，经典力学也只是近似地反映现实，以"质量"这个概念来说，在经典力学中，质量是一个表示物体的量，它和重量不同，不依赖于物体与引力中心的距离而变化，质量是自身恒等不变的，事实上，物体的质量不是不变的，它与物体的运动速度有关，只是因为物体的运动速度不大时，这个变化是很小的，我们可以略去不计。所以古典力学的"质量"观是第一级真理，它反映了不甚深刻的本质，换句话说，古典力学的"质量"观对于现实的反映还是不够确切的。而现代量子力学的"质量"观对于现实的反映是比较确切的，但是也不能看作是最后的绝对真理。

概括地说，假说与科学理论的差别是相对的，但是假说与科学理论存在着差别，这又是绝对的。

九、假说向科学理论的转化

假说如何转化为科学理论，这个问题必须以历史的眼光来看待。对于探讨自然规律性的假说（它本身是个理论体系）来说，不是仅仅由个别实践行动的验证，就一下转变为科学的理论，它必须经受人类历史实践长期的考验。因为从假说基本观念引申出来的关于个别事实的结论，即使某个结论是符合事实的，但是假说的理论内容却未必是全合乎客观的实际，以公式表明即："如果 A 则 B"，当"B"真时，"A"却未必真。[①]假说转化为可靠的理论不是一瞬间发生的，而是逐步地完成的。

对于探讨自然规律的假说来说，它要完成向科学理论（科学的原理、定律）的转化，应该具备以下的条件：

1）驳倒关于同一问题其他假说中的对立观点。这是一个最起码的条件，因为真理只能是一个，如果其他假说中的反对观点未能判明是谬误的，那么这个假说也就无权宣告自己的观点是一定正确的。但是，驳倒了现有其他假说中的反对观点，这个假说还未必就能成为科学理论。也许它自己也同样是包含着错误，真理尚待新的假说来发现。例如在天文学史上，许多关于天体起源的假说常是如此。所以我们说这不过是一个起码的条件。假说要转化为科学理论，还应该具备另外

---

① 这里的"A"表示假说的基本观念，"B"表示从假说基本观念引申出来的关于事实的论断。

的条件。

2）假说的理论内容，不但能够解释有关的已知事实，而且根据它所能做出的预测都与实际情况相符合（或极为接近）。如果是根据假说的整个内容，做出人们很难意料到的预言，如果这种预言与实际情况相符合的话，那么，这不仅是提高了假说的或然性，而且就在一定程度上被证实了，这样假说就迅速地转化为科学理论。例如，爱因斯坦的普遍相对论，它也曾经预测一个人们没想到的现象，相对论认为光受重力场的影响，是走曲线路程的，依照这个理论，星体光线经过太阳的重力场必向内屈折，这时地球上的人观察这些星体的影像比一般的可见位置向外偏移些。1912 年爱因斯坦就计算了这个观察的偏差度数，预测挨近太阳的星体，其位置偏差 1.75 秒。因为平常白昼看不见星，只有等待日食时依据照相的结果来考查。到 1918 年 5 月 29 日日食照相的结果，表明星体光线的偏差平均为 1.61 秒，这和爱因斯坦的预测相切合，有力地证明了广义相对论。

3）在广泛的实际应用中获得成功。这是使假说转化为科学理论最有决定意义的条件。大家知道，不仅科学的理论总是为实践服务的，而且鉴定某种理论是否为科学，归根结底，也是取决于它在广泛的实际应用中能否成功。

试回顾一下牛顿的古典力学在 17 至 19 世纪间，它是如何由假说转化为科学理论。德国著名的理论物理学家普朗克，对此曾有过概括的说明，他说：

> 牛顿运动定律进一步应用后所获得的成功，证明它不但是某些自然现象的新描述方式，而且也代表着对实际事物的理解上一个真正的进步，它比克普勒的公式更准确。例如，它可以计算出地球绕太阳的椭圆形轨道由于木星周期地接近而受到的干涉，在这一点上公式和测量的结果正好符合；不仅如此，它另外还把彗星、双子座等天体的运动都包括在内了，这些完全超出了克普勒定律的范围。然而牛顿理论最直接而完满的成功，还是由于它应用到地球上面所发生的运动时才得到的。在这种情形下，它所得到关于地心引力、摆的往复运动等的数字规律和伽利略事先从量度上发现的定律完全一致；同时，许多在其他方式下没法解释的现象，如潮汐、摆平面的转动、旋转轴的旋进等，它都能解释。[4]

诚然，到了 20 世纪，牛顿古典力学遇见了不少困难，然而，它并不失去科学理论的地位，只是表明人们应当以历史的辩证观点去观察问题，这就是说，即使假说已转化为科学理论，但是整个说来，仍然还是未完全地反映现实的相对真理，假说转化为科学理论，并不意味着人们可以把这些知识僵化。反过来说，人们也不要因为科学理论只是近似地反映着现实，是相对的真理，于是就否认科学理论和假说的差别，认为所有科学理论都不过是一些当前最为完满的假说。这种观点实质上就是否定假说能够转化成为真正的具有客观内容的科学理论。

参 考 文 献

[1] 毛泽东，《实践论》，载《毛泽东选集》第 1 卷，北京：人民出版社，1991 年。

[2] P. Lancaster-Brown，*Halley & His Comet*，1985，Dorset and New York: Blandford Press，pp.84-85.

[3] 恩格斯，《自然辩证法》，中共中央马克思恩格斯列宁斯大林著作编译局编译，北京：人民出版社，2015 年，第 286 页。

[4] 普朗克，《从近代物理学来看宇宙》，何青译，北京：商务印书馆，1959 年，第 29 页。

3　现代西方科学方法论的概况[*]

巡视现代西方科学方法论的演变,乍看起来宛如一个令人眼花缭乱的万花筒:派系丛生,内容殊异而又变幻不定。但就它发展的基本趋势而言,却可概括为先后提出的三大模型,即预设主义的逻辑模型、相对主义的历史模型以及逻辑与历史结合的模型。正是由于这三种基本模型的互相反射与折射,并以不同的强度投射出来,才构成了现代西方科学方法论不断嬗变的画面。现代西方科学方法论的演变,经历着一个从预设主义的逻辑模型到相对主义的历史模型、又从相对主义的历史模型到逻辑与历史结合的模型的基本过程。这一转变过程是通过各个不同的方法论流派彼此竞争来实现的。逻辑实证主义和证伪主义,坚持预设主义时的逻辑模型;历史主义则提出了相对主义的历史模型;鉴于这两种方法论模型的演化,实际上都已陷入了困境,拉卡托斯与夏皮尔(Dudley Shapere,1928—2016)又创造了逻辑与历史结合的模型。这三种模型构成了当代西方科学方法论最基本的思潮,考察它们的兴衰、竞争与演变的具体表现,人们可以从中获得不少方法论的启迪。

一、对科学方法的一种经久不衰的根本信念
——预设主义的逻辑模型

20世纪20年代由维也纳学派所倡导的逻辑实证主义,它是20世纪上半叶在西方最为流行的正统的科学方法论。逻辑实证主义的主要代表人物有卡尔纳普、赖欣巴哈和亨普尔等。当时,经典力学面临危机,相对论、量子力学刚刚诞生。与此相似的是,逻辑实证主义也明显地表现出世纪之交的思想特征。就它接受传统观念的影响而言,最突出的表现是逻辑实证主义对传统的预设主义方法论观点的继承。

---

* 本文原载张巨青等著《逻辑与历史》,杭州:浙江科学技术出版社,1990年,第4—28页。作者与本章内容相关的著述,请参见《华南师范大学学报(社会科学版)》,1997年第6期,第1—10页。

传统的科学方法论都有一种根本的信念，即探讨人类的科学事业总要预先设定某种谈论科学的"元"概念，或科学推理的形式，或评判理论的标准，这些东西在科学研究活动中自身是独立的，它们决不因为科学理论的演变而需要修改或受到拒斥。这种观点被称为预设主义的观点。

西方科学方法论的预设主义观点，最早来自古希腊学者柏拉图（Πλάτων，公元前 428/427 或公元前 424/423—公元前 348/347）的学说。柏拉图预设了永恒不变的"理念"的存在。

在近代，预设主义观点的代表人物是康德。康德预设了先验的悟性范畴，认为正是这些先验的东西规定了人类的科学知识，而这些先验的悟性范畴自身则不会随着科学知识的发展而有所改变。

逻辑实证主义者的预设主义观点，则直接来自罗素（Bertrand Russell，1872—1970）和维特根斯坦（Ludwig Wittgenstein，1889—1951）。罗素提出了"逻辑是哲学的本质"这一命题，认为"纯粹的逻辑是独立于原子事实之外的"，"纯粹的逻辑和原子事实是两个极端，一个是完全先天的，一个是完全经验的"。维特根斯坦提出了"逻辑的先天性的实质在于我们不能非逻辑地思考"的观点，因此，他认为不是事实去规定逻辑，而是逻辑去规定事实。显然，罗素和维特根斯坦都预设了"超验的"或者"先天的"逻辑。

逻辑实证主义继承和发展了它的思想先驱罗素与维特根斯坦的预设主义观点，并把预设主义推广到科学的元概念、逻辑规则和方法。

逻辑实证主义提出了科学概念与"元科学概念"严格区分的主张。逻辑实证主义预设了独立的元科学概念的存在，预设了元科学概念和科学方法的不变性。逻辑实证主义者提出：像"力""质量""加速度""催化剂""基因"等概念是在"科学内部出现的"概念，可以叫作科学概念；而像"定律""理论""假说""说明""确认""证据""观察"等概念则是"用来谈论科学"的概念，因此，可以叫作元科学概念。于是，对于像"F=ma 是一条科学定律"这样一个科学命题，就可以分解为科学的概念（"F""m""a"）和元科学的概念（"科学定律"）这样两个组成部分。在科学研究活动中，科学概念是可以不断更新的，而像"说明""理论"等元科学概念的含义，却是固定不变的。因此，元科学概念对于科学概念保持着中立，不受科学概念及科学理论发展变化的影响，元科学概念的意义笼罩着永恒的光环，它们独立于科学活动的历史变迁。

逻辑实证主义关于科学概念与元科学概念的严格区分，依赖于科学-元科学的截然分明的划界，依赖于科学理论与科学方法论的严格区分。逻辑实证主义者主张：科学方法论与科学理论是彼此独立的。尽管科学理论的经验内容是不断变化的。但是，科学推理和理论和评价标准却是不变的。哪怕是在科学研究中出现了全新的方向，也不可能对科学理论的评价标准有什么影响。这是一种规范的逻辑方法论，它不仅对一切学科的理论都适用，而且在科学理论发展的各个不同的历史时期，都是保持不变的。因此，人们可以找到一种关于科学方法的最后的正确说明，这种说明不会也不应该被未来的科学理论所更改。

从上述的基本预设出发，逻辑实证主义又引申出以下两个具体的预设：即预设了观察语言与理论语言的严格区分，预设了科学发现范围与辩护范围的严格区分。

逻辑实证主义者认为，在科学理论的结构中有两种不同的语言（而不是同一种语言的两种不同的用法）：一种是观察语言，它使用那些标志可观察属性的名词，用来描述可观察的事物或事件；另一种是理论语言，它使用理论性的名词，用来指称一般来说是不可观察的或非观察的对象。而这两种语言是可以并且应该严格地区分开来的。

逻辑实证主义还进一步主张科学发现范围和辩护范围的严格区分。科学方法论从古代到近代，一直关心以下两个问题：第一个问题是，科学知识是怎样产生的？怎样从一些基本陈述出发，经过一定的程序，形成假说，并上升到内容越来越丰富的理论？这个问题就是科学理论发现的问题。第二个问题是，构成一个科学理论的基础是什么？一个科学理论到底在多大程度上得到了作为基础的证据的支持和确认？这个问题就是科学理论的辩护问题。也就是说，直到近代为止，科学方法论都是以研究发现的逻辑和辩护的逻辑为己任的。但是，逻辑实证主义认为，不存在"发现的逻辑"，只存在"辩护的逻辑"。科学发现范围，是科学家在产生新理论、新观念时所发生的心理过程，这个过程是非逻辑的。科学观念的提出全凭天才、灵感、想象和机遇性，那是心理学家、社会学家和历史学家研究的问题，而不是科学方法论者的任务。科学辩护范围是指科学家产生新理论、新观念之后，事实证据对它的支持程度，这是对科学理论的验证，这个过程是规范性的、逻辑的。这是科学方法论者研究的对象。而科学理论的辩护过程，乃是用许许多多关于个别的事实命题（观察陈述）去论证一个普遍性的理论命题（理论陈述），这是一个归纳的过程，使用的是归纳确证法。这样，在逻辑实证主义者看来，科学方法论一直所关心的两个问题就只剩下一个问题：它只研究业已完成的知识产品的逻辑结构与评价。科学方法只是辩护的方法，而归纳确证法就是科学理论辩护的唯一的方法。

综上所述，逻辑实证主义所提出的科学方法论模型，是一个以科学方法不变性为基础的预设主义逻辑模型。这个模型在逻辑实证主义那里富有自己的具体特点，明显地表现为预设了三大区分：科学概念与元科学概念的严格区分、观察语言与理论语言的严格区分以及发现范围与辩护范围的严格区分。

在当代西方科学方法论的舞台上，坚持预设主义逻辑模型的流派，还有波普尔（Karl Popper，1902—1994）①的证伪主义方法论。

波普尔证伪主义早在 20 世纪 30 年代就已提出，但直到 50 年代才取得了与逻辑实证主义相抗衡的地位。波普尔证伪主义从它问世之日起，就以与逻辑实证主义相对立的面目出现：与逻辑实证主义者倡导证实相反，波普尔倡导证伪，否认证实；与逻辑实证主义者只注重对科学知识结构的静态研究相反，波普尔注重对科学知识增长的动态研究，等等。波普尔称他的观点是与逻辑实证主义根本对立的，并把自己看成为反逻辑实证主义的斗士。但是，逻辑实证主义者对波普尔证伪主义的反应却与波普尔的自我感觉有所不同。譬如卡尔纳普就认为，波普尔的观点与他们的观点之间的分歧，只是逻辑主义的内部分歧，而不是逻辑主义与非逻辑主义的外部分歧。究竟应该怎样看待这种值得玩味的现象？应该说，从实证主义的意义上，波普尔证伪主义与逻辑实证主义是根本对立的；而从逻辑主义的预设意义上，两者却是一致的。它们所提供的科学方法论模型，都是属于预设主义的逻辑模型。

波普尔证伪主义同样认为观察陈述是评价科学理论的基础，认为评价一个理论的根本要求就在于找出科学理论与观察陈述之间的逻辑关系：

> 一个科学家，不论是理论家还是实验家，总是逐步提出陈述或陈述系统，然后一步一步加以检验。特别是在经验科学的领域中，他构造假说或理论系统，并通过观察和实验，用经验检验它们。[1]

这就是波普尔在其成名著作《科学发现的逻辑》的第一章中的开场白。可见，波普尔在把经验证据作为评价科学理论好坏的基本标准这一点上，与逻辑实证主义是一致的。

波普尔证伪主义也主张发现范围与检验范围的严格区分。他同样把科学发现的范围划给心理学、社会学去研究，认为科学方法论研究证伪的问题。这种证伪方法就是演绎证伪法。波普尔认为，运用演绎证伪法，科学知识的发展就不再像逻辑实证主义所主张的那样，只是一种真命题的累积和递加，而是旧的科学理论被它所不能解释的反例（否定的证据）所证伪，从而用一个新的理论来代替它，如此不断地循环往复，就形成了科学理论的动态发展过程。波普尔关于科学知识

---

① 亦译波普、波珀。

发展的动态研究与逻辑实证主义关于科学理论结构的静态分析有很大的区别，但由于波普尔仍然只是从预设方法不变的观点去探讨和总结科学发展的合理性，因此，他所建立的规范的标准的方法论，也是属于预设主义的逻辑模型。

波普尔所提供的证伪主义方法论，就其预设主义的特征而言，与逻辑实证主义是大致相同的。预设主义逻辑模型的基本特征是方法的规范性、唯一性和不变性。

预设主义逻辑模型与实际的科学活动之间存在很大的差距。然而，预设主义者反倒认为科学家的实际科学活动往往是不合理的。他们认为，需要考虑的并不是科学方法论应该从实际的科学活动中汲取些什么，而是科学家的活动应该遵循科学方法论的规则。因此，预设主义者所提供的科学方法论，就像是一张普罗克拉提床，而实际的科学活动则沦落为俘虏：床的长短决不依俘虏个子的高矮而改变，而俘虏的个子却必须适应于该床的长短——嫌矮了就把他拉长，太长了就把他的脚剁去一截。

由于预设主义的逻辑模型严重地偏离了科学史的实际，以其为准则势必对科学理论做出严重错误的评价，因此，这种过分理想化与简单化的模型就受到了越来越多的批评。到 20 世纪 60 年代，它逐渐地衰落了，代之而起的是相对主义的历史模型。

二、向正统观点的挑战——相对主义的历史模型

预设主义逻辑模型所面临的一系列困难，促使人们转向寻找新的科学方法论模型。这种革新性探索，便导致创建相对主义的历史模型。提倡相对主义历史模型的主要代表人物是库恩（Thomas Samuel Kuhn，1992—1996）[①]和费耶阿本德（Paul Feyerabend，1924—1994）[②]。他们从对科学的经验基础的怀疑，转而认为观察依赖于理论；从对科学合理性、进步性的怀疑，转而主张对科学采用社会心理学的非理性解释；从对存在着普遍适用的规范标准的怀疑，转而采用相对主义的多元方法论。

库恩与费耶阿本德针对预设主义逻辑模型的基本纲领，向正统的观点发起了全面的挑战。

第一，向基础主义发起挑战。预设主义者特别是逻辑实证主义者认为，观察语言对于各种理论都是保持中立的，将"观察名词"和"理论名词"严格加以区

---

① 亦译孔恩。
② 亦译法伊尔阿本德。

分。因此，任何理论都可由观察的经验证据给予验证。波普尔的证伪主义也认为：只有经验陈述才是科学理论的判据，理论是被经验判据所证伪的。因此，他们都强调了科学理论是以经验为判据的。库恩与费耶阿本德首先就科学的经验基础问题向正统观点进行挑战。他们认为，不存在中立的观察语言，观察总是要受到理论的渗透和污染的，任何观察都会因理论的转换而导致不同的结果。因此，观察陈述不能成为科学理论的基础。

他们还认为，当传统观点把科学理论的评价建立在经验证据和科学理论的逻辑关系上时，就已经犯了一个根本的错误：忘记了历史。传统观点忽视了科学理论乃至本体论或形而上学对于经验的影响。与古典归纳主义者和逻辑实证主义者（即现代归纳主义者）所一直认为的情景相反，16～17 世纪的科学革命并不是在培根的归纳法指导下发生的。近代的科学史实表明，并不是观察决定了理论，支配科学理论的不是经验陈述，而是高层的背景理论，或是科学家的世界观。因此，在评价一个科学理论时，仅仅考虑经验证据与科学理论之间的逻辑关系，那是远远不够的。这种逻辑关系对于科学理论的评价并不起多少重要的作用。如以另外一些东西作为评价根据，也许会比这种逻辑关系更为根本。对于库恩来说，这就是范式；而在费耶阿本德看来标准或根据则完全取决于评价者本人。

第二，向规范的、一元的方法论观点发起挑战。预设主义者都相信：在理论的历史演变中，存在着方法的不变性。正是这种方法的不变性，才使得科学成为可以理解的、合理的。他们认为，从古希腊时代直到现在，科学家在评价科学理论时所用的方法论标准并没有发生多大变化，这种方法论标准是完全规范的和逻辑的。当这种规范的方法论标准与科学史或科学家的实践发生冲突时，不是要求方法论的规则应去符合科学史或科学家的实践，而是要求科学家的行为应符合科学方法论的规则。因此，预设主义者所关心的乃是科学史和科学理论的"逻辑重建"。库恩与费耶阿本德则向这种方法不变性的传统观点提出了挑战。他们反对预设主义者只关心科学理论的逻辑结构、科学推理的逻辑形式这种倾向。他们认为，重要的东西不是科学的形式而是其内容，科学方法论的规则和标准都是随着科学内容的变化而变更的。显然，他们所强调的是科学方法的"历史再现。"

第三，向科学发展的合理性观点发起挑战。在向传统观点的挑战中，库恩提出了他的著名的"范式"（paradigm）转换论。他认为科学发展的模式如下：前科学—常规科学—科学危机—科学革命—新的常规科学……。在库恩看来，科学发展就是从一种科学研究传统过渡到另一种科学研究传统，常规科学的研究活动是由范式来指导的。不同的范式规定着不同的常规活动，科学革命其实就是范式的转换。库恩认为，科学的发展是通过常规活动和非常规活动的互相交替、循环往复来实现的。常规科学阶段表现为科学知识的积累，这个时期的科学家从当时公认的"范式"出发，孜孜不倦地从事着"解决疑难的活动"，从而使原有的范式得到进一步的阐明的扩展；科学革命阶段表现为，人们普遍拒斥原有的范式，与新的范式被普遍接受。常规科学与科学革命的相互交替，则构成了科学的发展变化。

历史主义的另一位代表人物费耶阿本德则更为极端地提出了多元主义的方法论。费耶阿本德认为，科学理论并不像波普尔所主张的那样，一遇到反例就会被证伪。他主张坚持和发展不同的理论而使理论增多。费耶阿本德的增生原理（principle proliferation）不仅建议发明其他新的理论，而且要防止被反驳的理论消失。因此，无论是逻辑实证主义的科学累积的发展观，还是证伪主义的科学不断革命的发展观，甚至是库恩的科学累积与革命交替循环的发展观，都是错误的。科学知识的发展，既不是新理论包容旧理论，也不是新理论取代旧理论，而是"观点的增多"，理论的增多。因此，费耶阿本德认为：为了发展科学，并不需要也不可能有普遍有效的方法；所有的方法都有它的局限性，留下的唯一规则是"怎么都行"。这就是他从科学理论的韧性原理（principle of tenacity）和增生原理出发，而导向多元主义的方法论。

库恩与费耶阿本德在对传统观点的挑战中处处标新立异，几乎在一切方面反预设主义的观点而行之。他们提出的相对主义的历史模型具有如下特征：

一方面，他们强调历史，强调历史的事实和材料，力图使自己的科学观符合科学史的实际。他们主张从科学的历史出发，而不是从预设的规范标准出发；他们把研究"科学应该是什么"转变为研究"科学本身是什么"。他们还引进了社会学和心理学的观点，强调了科学家个人和集团的能动作用，从而极大地拓宽了对于科学方法的视野。同时，由于他们的研究占有丰富的科学史事实，所以他们对传统观点的批评是强有力的。

另一方面，他们却在强调历史时抛弃了理性。他们完全否定规范的方法论，甚至完全否认科学理论的评价具有客观的和合理的标准，宣扬非理性主义，以致陷入了相对主义的泥淖。

库恩从他的新旧范式"不可通约性"（incommensurability）走向相对主义。库恩认为，科学的演变是通过范式转换来实现的。而范式的转换是科学家信仰的转变。随着这种转变，科学家评估理论的价值标准也将一道发生变化。也就是说，不同的范式有着不同的评价标准。由于评价标准被蕴涵于范式之中，人们对范式的选择就必定是任意的。总之，不存在超范式的仲裁者。因此，在库恩看来，虽然新旧范式的转换可以导致科学的演变，但这种演变是否能把科学引向真理却是很值得怀疑的："科学家并没有发现自然界的真理，他们也没有愈来愈接近于真理。"[2]

费耶阿本德主要是从他的多元主义方法论走向相对主义的。逻辑实证主义坚持证实方法，波普尔主张证伪方法，他们都是方法论的一元论者。费耶阿本德则主张，科学理论和科学方法在任何时期都是多元的，任何方法在任何时候都是有用的，这就是"怎么都行"，因而也就没有什么规范的方法论可言。所以，他提出"反对方法"的口号，反对在科学研究活动中需要规范性的标准，主张非理性主义和"无政府主义认识论"。费耶阿本德曾经这样来表述自己的思想：

> 一个科学家如果对最多的经验内容感兴趣，想尽可能多地理解其理论的各个方面，他就将采取一种多元主义的方法论；他将把理论同别的理论而不是同"经验""数据"或"事实"相比较；他将试图改善而不是抛弃那些看来在竞争中失败的观点。因为，他需要用以继续论争下去的那些替代理论也可以获自过去。事实上，它们可以获自一切能寻觅到的地方——获自古代神话和现代偏见；获自专家的冥思苦想和怪癖者的幻想。为了改善一门科学的最新的和最'高级的'阶段，要利用它的全部历史。一门科学的历史，它的哲学和这门科学本身之间的隔阂现在已化为烟云，科学和非科学之间的隔阂也是这样。[3]

费耶阿本德的这一极端结论确实是令人吃惊的：科学和迷信，原来势不两立的对立物竟然全被混淆起来了；科学理论和科学方法整个都被笼罩在怀疑主义和非理性主义的迷雾之中。正因如此，相对主义的历史模型必然把科学方法论引到了近乎毁灭的境地。

三、从极端的困境中解脱出来——逻辑与历史结合的模型

相对主义的历史模型重视汲取科学史研究的新成果，强调历史上曾出现过的不同类型的科学、不同类型的科学方法和不同类型的合理性标准。他们认识到科学的变革是非常深刻的，不仅是科学内容发生变革，而且科学方法和评价标准也发生了变革。因此，他们断言预设主义的逻辑模型所虚构的唯一的科学方法和普遍适用的合理性标准是不存在的。他们反对"逻辑的重建"，转而主张"历史的再现"，以此去描述不同历史时期的科学内容的变化，科学方法的变化，以及合理性

标准的变化，这就是他们关于科学方法的相对主义的历史模型。由于历史模型阐述了众多的科学研究的案例和丰富的科学史内容，因此他们对预设主义逻辑模型的批判产生了深远的影响。但是，相对主义的历史模型只是向人们宣告：不同类型的科学、不同类型的科学方法和不同类型的合理性标准之间是"不可通约的"；而并没有告诉人们：为什么在科学的发展中，这个类型的理论取代了另一个类型的理论，为什么科学方法会发生变化，以及为什么新的合理性标准取代了旧的标准，如此等等。

如前所述，当代西方科学方法论仿佛处于这样一种两难境地：或者选择预设主义的逻辑模型，肯定科学的合理性，而不顾科学史的实际情况，或者选择相对主义的历史模型，面向科学变革与科学方法变化的实际，而放弃科学的合理性。逻辑主义与历史主义的争执好像是水火之间难以相容。但是，人们既不能接受一个脱离科学史和科学发展实际的理论模型，也不能接受一个否定科学合理性的理论模型。

西方科学方法论的新近发展，力图从上述这种困境中解脱出来。人们尝试开辟一条不同于逻辑主义和历史主义的中间途径。拉卡托斯和夏皮尔所提出的学说就是如此。

拉卡托斯通过他的科学研究纲领方法论，具体地构想了一个多元理论系列历史竞争的合理性模式。

拉卡托斯认为科学的事业是一种理性的事业。他的出发点是：利用历史主义的某些长处来弥补逻辑主义的不足，从而维护科学的合理性。逻辑主义学派主张科学发展过程的合理重建，但他们忽视科学史的实际；历史主义学派注重科学发展的历史再现，但他们否定科学发展的合理性。拉卡托斯则希望把这两者即"逻辑的重建"和"历史的再现"结合起来。他引用康德的名言以表明自己的方法论观点："没有科学史的科学哲学是空洞的；没有科学哲学的科学史是盲目的。"[4] 129 拉卡托斯以科学研究纲领方法论对波普尔的逻辑重建方法做出了改进。他把证伪主义分为朴素的证伪主义和精致的证伪主义两种，认为前者是错误的而后者是正确的。拉卡托斯的科学研究纲领方法论，可以看成是对波普尔证伪主义的发展。在波普尔那里，理论的单位是单个的，容易被经验事实所驳倒，因而理论显得很脆弱；拉卡托斯吸取了关于理论具有"韧性"的观点，提出受检验的理论是一个整体结构，它是由一系列理论组成的科学研究纲领。这一整体结构是由硬核、辅助保护带以及方法论机制等组成，因此就具有相当的韧性，有能力抵御经验事实的挑战。科学研究纲领的方法论机制包括正面启发法——它指示理论应该做什么；反面启发法——它指示理论不应该做什么。科学研究纲领方法论的正面启发法和反面启发法，使整个理论体系不断得到调整、发展，不会轻易地被证伪；所以拉卡托斯的科学研究纲领方法论改进了波普尔证伪主义的理论。

拉卡托斯也用科学研究纲领方法论对库恩的历史再现方法作了限制，把科学的进步看作是具有合理性的。拉卡托斯科学研究纲领的"硬核"概念是受库恩"范式"这个概念的启发而提出的。但库恩的"范式"是一种心理信念，而拉卡托斯的"硬核"则是理性的事业——科学探索活动的产物。在库恩那里，对科学理论进行评价是与观察和实验所获得的经验事实无关的，范式的转换，就像是一种宗教的改宗。因此，他否认科学变革的合理性。拉卡托斯虽然反对波普尔的一次性证伪观点，把经验事实对理论的判决无限期地延长了，他论证了理论能够在"反常"的海洋里继续发展，科学家可以置这些"反常"于不顾，但是，他也肯定了经验事实是科学争论的"公共的裁判者"。他认为，当科学理论受到反常事实的挑战时，尽管"硬核"不会轻易地被触动，但必须调整硬核的保护带——辅助假说来保卫硬核。拉卡托斯还进一步强调在科学变革中科学预见力所起的决定性作用。他指出，彼此竞争的研究纲领有进步的和退化的。一个研究纲领在理论系列上是进步的，那么它必须是富有预见力的。如果这些科学预见被经验所验证了，那么这个研究纲领就不仅是在理论上进步的，而且也是在经验上进步的。因此，所谓科学理论的竞争、科学的变革，实际上就是旧纲领由于缺乏预见力而退化，新纲领由于富有预见力而进步，从而由进步的研究纲领替代退化的研究纲领。这种替代，不仅事实上是进步的，而且从预见力这一评价标准上看来，也是合理的。拉卡托斯特别强调了他自己的科学发展观与库恩的非理性主义科学发展观的区别，他认为应当"把科学革命描绘成合理的进步，而不是宗教的皈依"。[4]4 由于拉卡托斯的科学研究纲领方法论从一开始就是为了改进和发展波普尔的证伪主义而提出的，更由于拉卡托斯有着强烈的拯救科学方法论的使命感，他把科学方法论看作为关于"科学理论的合理评价"和关于"进步的标准的学科"，因此，拉卡托斯所提供的方法论具有较强的逻辑主义色彩。

在拉卡托斯之后，夏皮尔提出了关联主义方法论，他构想了一个科学合理性的进化模式。

夏皮尔的出发点与拉卡托斯不同，他不是为了改进预设主义的逻辑模型或相对主义的历史模型而去探讨科学的合理性问题。夏皮尔清楚地认识到，传统方法论的主要病症就在于沿袭了从柏拉图、康德到早期维特根斯坦的预设主义观点。预设主义把某些方法论标准和规则看成是先天的，它们构成了科学恒常不变的特征和本质，规定了科学研究活动的条件，并成为划分科学与非科学的根据，等等。然而，这种关于方法论规则和标准的不变性观念，现在由于历史主义者的有力挑战而发生动摇了。夏皮尔也同样清楚地认识到，相对主义的历史模型在反对传统观点时向着相反的方向走得太远了。历史主义者鉴于不仅科学内容在变化，而且科学方法、推理规则也在变化，它就进一步完全否认这些发展变化的合理性，因而得出了非理性主义的和相对主义的结论。夏皮尔既对科学方法论的传统观点——预设主义的逻辑模型持着批判的态度，又与走极端路线的历史主义者分道扬镳。他颇为高明地指出，相对主义的历史模型由于否认科学的进步与其合理性，因而也与预设主义的逻辑模型一样，背离了科学的实际，使科学方法论走进了死胡同。

夏皮尔选择了一条不同于上述两种极端走向的中间途径。他的目标在于：通过批判地分析预设主义逻辑模型和相对主义历史模型，提供一种既能避免预设主义、又能避免相对主义；既能说明科学进步的合理性、又能说明这种合理性标准发生变化的方法论。

夏皮尔围绕着科学认识的合理性这个中心的课题，研究以下三个问题：为什么科学知识是客观的？为什么即使科学发展的合理性标准发生了变化，科学的进步也仍然是可能的，并且是可以衡量的？以及为什么不仅科学的辩护，而且科学的发现也都是理性的？

第一个问题：为什么知识是客观的？逻辑主义者相信科学知识是客观的，但是，他们对此是以中立的观察语言作保证的；历史主义者认为"观察渗透理论"，因此，科学知识没有客观的基础。而夏皮尔认为：既不是"中立"的观察语言，也不是"范式"或"高层背景理论"构成了科学的基础。构成科学知识基础的是包括了观察陈述和理论在内的背景知识。但是，并非把观察陈述与理论简单地联结在一起就构成了背景知识，它还必须满足以下三个条件：①它必须是成功的；②没有特殊的、令人信服的理由对它怀疑；③与那些把它作为"背景知识"或"理由"的具体研究领域（"信息域"）相关联。夏皮尔认为，基于"成功性""无可怀疑性"和"相关性"这三个条件之上的科学知识，就能够被看成是"背景知识"，或"科学信念"，或"理由"，因而也能被说明为客观的。

第二个问题：为什么即使科学发展的合理性标准发生变化，科学的进步也仍然是可能的并且是可以衡量的？预设主义的逻辑模型在承认科学知识发展变化的同时，追求科学方法与理论评价标准的不变性，他们是方法论的绝对主义者。相对主义的历史模型虽然正确地指出：科学知识的发展变化要波及科学方法的发展变化，甚至衡量科学变化的合理性标准本身也是发展变化的。但是，怎样来衡量这种评价标准本身发展变化的合理性呢？历史主义者认为"范式"是不可通约的，只有依靠科学共同体（库恩的观点）或科学家个人（费耶阿本德的观点）来裁决，这种裁决是武断的和任意的，因此没有评价科学进步的最终标准。历史主义者的这种看法导致非理性主义的科学发展观。他们是方法论的相对主义者。夏皮尔反对这两种极端的倾向，即绝对主义的倾向和相对主义的倾向。他认为，科学中的一切都可变。因此，科学方法论的规则，评价科学理论的标准，也是可变化的。但是，科学方法论规则与评价标准并不是置于科学之上或远离科学之外而独立的，它们是由"背景知识""科学信念"或"理由"所塑造的。因此，它们是科学活动的一部分。这样，夏皮尔就把科学方法论规则、评价标准等"内在化"于科学发展的过程中了。从而使科学理论的评价和科学理论的发展成为一个自助自主的过程。在这一过程中，科学评价标准不是自己纠正自己，也不是靠另外一个"超验的高层标准"来纠正自己，而是在更高阶段上通过发展了的知识来纠正自己。也就是说，科学知识的发展变化与科学方法的发展变化是互相作用、互相影响、互相关联的。正是由于这种关联的存在，使得在科学知识发展的不同时期，在不同的合理性标准之间，仍然可以找到一条相互关联的"推理链"，使不同的科学知识之间，不同的评价标准之间，成为可以比较的，因而是可以给予合理地说明的。夏皮尔指出：

> 尽管在一个时期内被当作合理的科学理论、问题、解释、考虑可能会极为不同于另一时期当作合理的理论、问题等，但常常有联结两套不同标准的发展链条，通过这链条可以找出两者之间的合理演化。[5]

第三个问题：为什么科学发现与科学辩护一样，都是理性的？预设主义逻辑模型的一个教条是"发现范围"与"辩护范围"的严格区分。科学发现过程没有统一的、普适的逻辑规则可循，因而是没有合理性可言的。相对主义历史模型虽然抨击了这一教条，但结果是使发现和辩护都成了没有合理性的。夏皮尔认为，虽然没有发现的逻辑，但理论发现并不因此就不能像理论辩护那样接受方法论和认识论的分析。他赞同"发现之友"的口号，没有发现逻辑的发现方法论是存在。

综上所述，夏皮尔的关联主义方法论，对预设主义的逻辑模型与相对主义的历史模型都做了相当严厉的批评，他在肯定科学理论与科学方法发生历史变化的同时，努力探求科学理论与科学方法的发展变化的客观性和合理性，因而就在一定程度上巧妙地选择了一条既可避免走向预设主义极端，又可避免走问相对主义极端的新径。沿着这个方向进行探索，即把继承理性主义传统和联系科学史实际这两个方面相结合，当代西方科学方法论就可能出现一个具有辩证倾向和比较诱人的前景。

参 考 文 献

［1］波珀，《科学发现的逻辑》，查汝强，邱仁宗译，北京：科学出版社，1986 年，第 1 页。

［2］库恩，《必要的张力》，范岱年，纪树立，罗慧生等译，北京：北京大学出版社，2004 年，第 265 页。

［3］法伊尔阿本德，《反对方法——无政府主义知识论纲要》，周昌忠译，上海：上海译文出版社，2007 年，第 24—25 页。

［4］拉卡托斯，《科学研究纲领方法论》，兰征译，上海：上海译文出版社，2016 年。

［5］Thomas Nickles（ed.），*Scientific Discovery，Logic，and Rationality: Proceeedings of the Guy L. Leonard Meorial Conference in Philosophy，University of Nevada，Reno，1978*，Boston Studies in the Philosophy of Science Vol. 56，Dordrecht/Boston/Landon: D. Reidel Pub. Co.，1980，p.68.

4 当代西方科学方法论研究趋势*

当代西方对于科学方法沦的研究，可说是派别林立，众说纷纭。我们认为，其发展的基本趋势大致如下。

一、从静态的研究到动态的研究

进入 20 世纪之后，在以相对论和量子力学为标志的新物理学的鼓舞下，人们不仅对科学知识愈益重视，而且，对科学方法的重视和研究也达到了前所未有的程度。20 世纪 30 年代初期，逻辑经验主义在英美哲学界占据了主导地位。它的主要目标，是试图对科学知识的结构和科学研究的方法进行逻辑分析。在他们看来，所有可以称得上知识的理论，都必须是能够由经验加以检验的，否则，就是没有意义的。据此，他们力图说明科学理论和直接经验之间的联系，亦即探讨科学理论的逻辑结构，以表明科学理论是如何得到或可以得到经验检验的。

"两层语言模型"是逻辑经验主义对科学理论结构的主要看法。在这种模型中，科学语言被截然划分为两种，即观察语言和理论语言。观察语言是由描述可观察对象（如压力、颜色等）的陈述构成的；理论语言是描述不可观察对象（如基因、夸克等）的陈述构成的。在观察语言和理论语言之间，还有一个用于解释的语义规则系统。该系统相当于一组词典条目，把观察词汇和理论词汇联结起来，从而使理论词汇及整个理论语言得到经验的解释。通过语义规则，由理论陈述能够演绎出可以由经验直接加以检验的观察陈述，这样，理论语言就有了经验的基础。不过，在理论语言中，还有相当一部分理论词汇没有相应的语义规则，须通过理论公设（即公理）与其他理论词汇联结起来，从而形成一张纵横交错的理论语言之网，语义规则就像是几根固定在观察语言基础上的杆子，从下面把这张网支撑起来。这就是"两层语言模型"所描绘的科学理论的结构。

对于这个结构，人们自然会提出这样的问题：在什么条件下，这张网才能被安全地固定呢？我们怎样才能知道在理论网络和观察平面之间必须具有的足够数

---

* 本文与陈晓平合撰，原连载《光明日报》，1985 年 4 月 29 日、5 月 13 日和 5 月 27 日。

量和足够强度的联结杆呢？逻辑经验主义者认为，只要有一个适当的确证理论即归纳逻辑，就能够对这个问题做出令人满意的回答。根据卡尔纳普的看法，归纳逻辑是一种关于理论和证据这两种语句之间的逻辑关系的概率演算系统。在这个系统中，人们只需对这两种语句进行语义分析而无须考察经验事实，便可精确地计算出一个理论陈述相对于一个或一组观察陈述的逻辑概率或确证程度。不难看出，这种归纳逻辑实质上是试图对理论的静态结构做出某种定量分析。卡尔纳普宣称，他的这种归纳逻辑能为人们评价和选择科学理论提供有效的工具。但是，他所描述的科学进程，不过是一个所谓真实可靠知识不断积累的渐进过程。

　　以波普尔为首的证伪主义学派首先把注意力从科学理论的静态结构转向科学发展的动态过程。在他们看来，科学的实际进程并不像逻辑经验主义者所描述的那样，而是旧科学理论被证伪和淘汰，并由新理论取而代之的不断革命的过程。波普尔关于科学发展的观点可以概括为如下的公式：问题→猜测→证伪→新问题→新猜测→新证伪→……。在他看来，科学始于问题，这些问题与宇宙的某些行为或性质有关。提出一个理论，只是科学家们为解决协定的问题与解释宇宙而自由创造的尝试性猜测。这种猜测一旦被提出，就要受到观察和实验的严峻检验，经不起检验的猜测就被证伪和淘汰。随后又产生了新的问题，于是科学家们又提出新的猜测或假说，接着又对其进行新的批判和检验。当一个假说能成功地经受广泛而严峻的检验时，它就被人们接受下来了。不过，这种接受只是暂时的，它必将面临进一步的严峻检验，直到它最终又被证伪和淘汰。

　　波普尔主张摈弃归纳逻辑，断言归纳逻辑完全不能为评价科学理论的优劣提供恰当的标准，因而，它根本不能对科学发展提供正确的说明。波普尔认为，科学的目的不在于获得真实可靠的理论，而在于知识的增长和理论内容的不断丰富。在他看来，追求理论的真实可靠性与追求理论内容的丰富性，这两者是互不相容的。一个理论的内容越丰富，它的概率就越低，反之，一个理论的概率越高，它的内容就越贫乏。例如，牛顿力学远远不如"我的手有五个手指"这类不足挂齿的所谓真理来得可靠，它只不过是一种可被否证的猜测。正因为如此，波普尔学派所注重的不是对理论的证实，而是对理论的证伪。他们的最高方法论原则是竭力使科学理论面临被证伪的可能。他们自信，这条规则是关于科学发展的动力学，遵守这条规则将导致科学事业的不断发展。

二、从规范性的研究到描述性的研究

　　逻辑经验主义的科学逻辑，其基本点是主张存在着一种不依赖理论语言的观察语言，这种观察语言是稳定和中立的，从而成为人们评价或选择科学理论的坚实的经验基础。波普尔虽然批判逻辑经验主义者追求知识确实性的"归纳主义幻想"，但他在强调经验对理论的证伪作用时，所论述的评价标准也是以公认的经验为前提的。由于逻辑经验主义和波普尔学派都主张可以立足于一个普遍公认的经验基础之上，所以，他们都认为自己所提出的方法论规则是普遍有效的，是任何一个科学家在从事科学研究时都应当遵守的逻辑规范。他们的这种规范方法论观点，被人们称为"逻辑主义"。

后来逻辑主义受到了库恩、费耶阿本德，汉森（Norwood Russell Hanson，1924—1967）、图尔敏（Stephen Toulmin，1922—2009）等"历史主义"者的强烈批评。历史主义者最为有力的论据，就是那些能够说明经验词汇的"意义可变性"的科学史实例。例如，费耶阿本德指出，在牛顿力学中，"长度"是独立于信号速度、引力场和观察者运动状态的，而在相对论中，"长度"却是依赖于信号速度，引力场和观察者运动状态的，"经典的长度"和"相对论的长度"是不可比较的两个概念。据此，历史主义者的结论是：观察词汇的意义取决于人们用以指导观察对象的理论，因此，相应于背景理论的变化，观察词汇的意义以及整个观察报告都会发生变化。这样一来，逻辑主义的稳定不变和中立的经验基础就被动摇了。

历史主义者虽然像证伪主义者一样注重科学发展的动态研究，但是，他们并不打算为科学发展提供一套固定不变的方法论规则。例如，库恩把科学发展的历史看作是"常规科学"时期和"科学革命"时期不断交替的过程。在常规科学时期，科学从由当时公认的"范式"出发，孜孜不倦地从事着"解决疑难的活动"，从而使原有的范式得到进一步的阐明和扩展。在科学革命时期，由于无法解决的反常现象不断增多，科学家们不满足于原有的范式而创立新的范式，于是，不同范式之间的竞争随之产生，直到新的范式被普遍接受，从而进入一个新的常规科学时期。库恩十分强调，新旧范式是不可比较的，范式的更替是科学家信仰的转变，评估理论的价值标准也随之发生变化。因此，不存在任何普遍有效的逻辑标准。

在反逻辑主义的思潮中，费耶阿本德的观点最为极端。他直言不讳地宣称："一个科学家不仅是理论的发明者，而且是事实、标准、合理性形式的发明者，一句话，是整个生活方式的发明者，只有那些能够理解这一切发明细节的人才能够理解他们的工作"。因此，费耶阿本德否定任何具有规范性的方法论，而主张"无政府主义认识论"。

总之，历史主义者的基本主张，是以对科学历史的具体描述来取代规范方法论的逻辑准则。

三、探索逻辑与历史相统一的新趋向

历史主义者合理地看到，科学的发展不仅包括人们对自然界看法的改变，而且包括科学的观念、方法、价值标准以及科学推理过程的一切要素的演变。然而，历史主义者却由此得出在不同的理论之间不可以进行比较的极端结论。费耶阿本德甚至宣称，科学活动的唯一"规则"是"怎么都行"，库恩也认为，所谓科学的"进步"，只不过是效忠于新范式的科学家集团的自诩。这样一来，科学进步的连续性、客观性和合理性就被否定了。因此，许多科学哲学家把历史主义的这种倾向指责为"非理性主义"或"相对主义"。并且试图在逻辑主义和历史主义之外另辟新径。

在与科学史密切结合的规范方法论中，最为引人注目的大概要算拉卡托斯的"科学研究纲领"了。拉卡托斯主张评价的单位不是单个的理论，而是理论的系列。如果一系列有着共同"硬核"的理论 T_1，T_2，……T_n，其中每一个理论比起它的前一个理论有着更丰富的内容，并且那些超过前者的内容已经得到经验的确证的话，那么，这个理论系列便构成了"进步的问题转换"，于是，我们就把这一理论系列作为一个进步的研究纲领加以肯定。反之，如果一个理论系列构成"退化的问题转换"，那么，我们就把它作为一个退化的研究纲领加以否定。一方面，这个方法论要求人们历史地评价一个科学理论，以便于一个新理论能够在"反常的海洋"里成长，只要它能实现着进步的问题转换（与之不同，逻辑主义者特别是波普尔学派认为，科学理论一遇反例就被证伪，这与科学的历史事实是不相符合的）。另一方面，这个方法论力图为一个研究纲领取代另一个研究纲领提供合理的说明。这样，拉卡托斯的科学研究纲领方法论就在一定程度上把逻辑规范与历史事实两者联系起来了。

新历史主义者夏皮尔则认为，虽然一切方法论规则都会随着理论内容的变化而变化，但这并不导致科学发展的间断。因为，在方法论规则与理论内容之间存在着某种相互制约的反馈机制，这就构成了不同方法论规则之间以及不同科学理论之间的发展链条。在他看来，科学的合理性标准是同发展着的科学理论一道"合理地演化"着的。

赫斯（Mary Hesse，1924—2016）认为，科学家集团并非任何时候都明确自己所使用的方法论规则。例如，当麦克斯韦宣称，他的电磁理论是从实践中"推演"出来的时候，却没有充分注意到存在于自己思想中的类比推理的因素。因此，我们应当注重的是科学家集团方法论的"批判性历史"，而不是纯粹的描述性历史；

这种批判性历史的可能性表明，"并不存在一个用历史事例检验被提议的逻辑的简单过程——逻辑和实例的关系将是相互比较和相互纠正的关系"。

目前，科学方法论的研究正沿着历史与逻辑统一的方向迅速发展，并且出现了一些引人注目的新势头。在此值得一提的是研究归纳逻辑局部化的倾向。所谓归纳逻辑的局部化，就是撇开对科学发展的总体评价，而在不同程度上接受当时已经得到公认的科学理论和科学信念，并且以此为基础，来解决那些在具体研究中出现的有关知识评价的合理性问题。这样做的目的是使归纳逻辑更加符合科学研究的实际历史。例如，莱维（Isaac Levi，1930—）、欣蒂卡（Jaakko Hintikka，1929—2015）和科恩（Laurence Jonathan Cohen，1923—2006）等人的归纳理论都在不同程度上具有这样的特征。此外，越来越多的科学哲学家重视对科学发现逻辑方法的研究，强烈批评那种长期流行的以为发现范围内不存在逻辑联系的见解。比如，1980 年出版的由尼克尔斯主编的两卷论文集《科学发现、逻辑与合理性》[1]《科学发现：个案研究》[2] 等都鲜明地表现出这种倾向。

目前，他们关注和争论的主要问题是：知识发展的模式或程序是什么，是否存在评价科学进步或理论发展的逻辑标准，以及这些标准的普遍特征是什么，等等。可以说，迄今为止，尚未出现一个较为令人满意和切实可行的科学方法理论。然而，透过各派学说激烈论争的局面，我们应当看到，任何片面极端的见解都将不可避免地陷入困境，而任何进步的发展都是朝向辩证思考方式接近。正是后者才显示出当代西方关于科学方法论研究的进步趋势。

参 考 文 献

[1] Thomas Nickles（ed.），*Scientific Discovery，Logic，and Rationality: Proceeedings of the Guy L. Leonard Meorial Conference in Philosophy，University of Nevada，Reno，1978，*Boston Studies in the Philosophy of Science Vol.56，Dordrecht/Boston/Landon: D. Reidel Pub. Co.，1980.

[2] Thomas Nickles（ed.），*Scientific Discovery，Case Studies: Guy L. Leonard Meorial Conference in Philosophy，1st，University of Nevada，Reno，1978，*Boston Studies in the Philosophy of Science Vol.60，Dordrecht/Boston: D. Reidel Pub. Co.，1980.

5　当代西方科学方法论发展的新特点[*]

　　20世纪西方科学方法论，经历了从预设主义逻辑模型到相对主义历史模型，又对相对主义历史模型逻辑与历史相结合的模型。这些转变，反映了当代西方科学方法论日益趋向于科学的实际发展相一致。以往极端的逻辑主义使科学方法论与科学史相脱离，极端的历史主义又对科学史和科学实践做出非理性主义的描述。而逻辑与历史相结合的模型则代表了一种新的动向。尽管在当代西方科学方法论的舞台上，不同流派，不同方法论观点的竞争和辩论还要继续下去，但逻辑与历史相结合的模型将成为一种最有前途的思潮。这种趋势确是越来越明朗了。

　　费耶阿本德曾经认为：科学方法论是"一门有伟大过去的科学"，其隐含真正意思却是：科学方法论是："一门没有未来的科学"。在费耶阿本德看来，这是注定了的。因为他认为在科学研究中除了"怎么都行"以外，没有任何规范性的、合理性的规则可言，规范的方法论不是推动科学前进的工具，反而是束缚科学发展的枷锁。因此，他认为这样一种"有伟大的过去"的方法论学科理应死亡，是没有未来前途的。20年过去了，与费耶阿本德的谶言所诅咒的相反，当代科学方法论经历了预设主义和非理性主义的各种思潮冲突之后，变得更有作为，呈现出一种新的格局，并具有一些引人注目的比较重要的特点。

　　早在1969年，西方科学方法论者在伊利诺大学召开了一个科学哲学会议，批判了库恩与费耶阿本德的非理性主义与相对主义的方法论思想，从而导致了"新历史主义"学派（相对于库恩、费耶阿本德等人"老历史学派"而言）的崛起，强化了科学方法论中的逻辑与历史相结合的研究方向。1978年，西方科学方法论者又在内华达召开了会议，进一步拓展了自伊利诺大学会议以来沿着"新方向"发展的研究途径。当代西方科学方法论的发展具有以下鲜明的新特点。

一、建立新的发明主义纲领

　　科学发展作为科学方法论的重要内容之一，在19世纪以前是不成问题的。但

是，从赖欣巴哈对"发现过程"和"证明过程"的割裂开始，"科学发展"与"科学证明"的严格区分就成为预设主义的逻辑模型的一个重要的方面。这一区分导致了如下的结果：认为科学方法论只要研究科学证明的过程就行了，而科学发现是非理性的，无逻辑可言，无方法可循。这样，科学发展竟被排除在科学方法论的研究领域之外。

然而，在科学方法论中力图为科学发展的研究保留地位的努力并未从此消失。汉森探索科学发现的模式就是一个较为突出的表现。进入 20 世纪 70 年代以后，随着"新历史主义"学派的崛起，科学发现重新成为科学方法论研究的一个重点。夏皮尔、尼克尔斯和麦克劳林（R. McLaughlin）等人对科学发现的方法论机制进行了探讨并导致新的发明主义纲领的建立。

例如，新发明主义代表人物麦克劳林从以下三个方面分析科学发现与科学证明之间的区别和联系：第一，在实际的科学研究中，发现和证明总是前后相继的，只有当假说被发现出来之后，才能对它进行证明或评价。第二，在发现和证明中，各处包含的程序有一些是同构的。第三，从方法论上看，一方面，对发现的研究有助于证明过程的理性重构，要建构一个合理的证明过程，就必须首先研究发现过程；另一方面，证明过程的理性重建的合理程序有助于重建发现过程，可以对发现过程进行逻辑解释。新的发明主义纲领的显著特色是：不再把发现与证明截然分开，注意到发现与证明之间既互相区别，又互相联系，两者处于互相交叉的关系；既承认发现是理性的过程，又肯定发现之中有许多非逻辑的因素。总之，科学发现受到重视并得到认真研究，这是当代西方科学方法论发展趋势的特点之一。

二、深化对科学合理性与进步性的研究

库恩开创的历史主义学派主张结合科学史实际研究科学方法，这已成为一股不可逆转的潮流。但是，库恩、费耶阿本德等老历史主义者的研究结论却远离实际，走向相对主义、非理性主义乃至方法论的无政府主义，这些都激起新历史主义学派的反对。复兴科学方法论的理性主义方向，努力探讨科学的合理性与进步性，这将成为当代西方科学方法论发展趋势的另一个特点。

夏皮尔对科学合理性的颇有辩证倾向的说明，在当代西方科学方法论的研究中有其深刻的影响。而劳登（Larry Laudan，1941—）、麦克劳林和赫斯等人对科学进步的研究也相当引人注目。1977 年，劳登发表了《进步及其问题》一书，以较为丰富的史料，系统地阐述了他的科学进步观。他改造了库恩的"范式"与"不可通约"论，肯定科学在不断进步，强调理论发展的连续性。劳登科学进步观的基本特征在于他把"科学进步"与"问题"及"解决问题"联系起来。"问题"是劳登科学方法论的核心概念。他把问题区分为"经验问题"和"概念问题"；认为科学理论始于新问题的提出，科学的进步应该用"解决问题的效率"来衡量。他说："科学进步的充分必要条件，即在任何领域中，各个科学理论的更替，能够显示出解决问题的效率的提高。"[1]

但是，劳登的科学进步观是建立在非实在论之上的，因此，他关于科学进步的合理性观点缺乏一种坚实的基础。这种非实在论观点，也遭到许多人的反对。夏皮尔、麦克劳林、赫斯与萨普（Frederick Suppe，1940）等人都坚持科学实在论观点（具有唯物主义的倾向），并以此为基础，建立和发展他们的科学合理性与进步性的观点。麦克劳林认为，科学的根本目的在于逐步接近客观真理，在于力图理解客观实在的本质与规律；他认为科学的进步是一个多因素的复杂系统，"解决问题的效率"不能作为科学进步的唯一评估方法；赫斯则强调科学理论必须反映客观真理，有其客观的对应物和指称性，并且应该以此作为理论评价的决定性的标准。有时，一个理论"解决问题的能力"比另一个理论强，但其真值不一定更高。因此，"解决问题的能力"虽可以作为衡量科学进步的辅助标准，但不可以作为决定性的标准。

三、扩展对科学推理与逻辑方法的研究

充分利用逻辑学的成果，是西方科学方法论的一个重要特征。逻辑实证主义以数理逻辑和归纳法为基本手段，波普尔证伪主义则一味强调假说演绎法。库恩的"范式转换方法论"以"范式"为"最基本的概念系统"，从中演绎出学科的具体理论，为科学规定研究方向、原理和方法，强调的也是演绎法。这种侧重演绎的倾向，在新的形势下继续以不同的形式出现，如麦克斯韦的"形而上学蓝图论"，可以说是对库恩的"范式论"的修改和发展，都是以一套对世界的最基本的看法作为出发点而演绎出各个局部的理论的。拉卡托斯的科学研究纲领方法论，注意到波普尔对归纳法的全盘否定所造成的困难，重新给归纳法以相当的地位。但是，上述各种科学方法论的逻辑推理模式，不是演绎法，就是归纳法。新历史主义学派对逻辑方法的应用，也力图突破传统的格式。早在 20 世纪 50 年代，汉森就用"观察渗透理论"这一观点去为溯因法提供认识论基础。夏皮尔的"域"论，则使这种溯因法与类比法紧密地结合起来，并在对科学发明和科学证明的"推理链"的研究中，提出了以类比为主的溯因推理模式，从而进一步明确了溯因法在科学研究中的应有地位。他强调了溯因法与类比法的创造性作用。所以，在新阶段的特点是，科学方法论除了研究演绎法和归纳法之外，对溯因法、类比法等的研究将占有显要的地位。

　　展望未来，当代西方科学方法论在发展的道路上，还会面临种种难以克服的困难，甚至还可能出现荆棘丛生的局面，因为大多数西方学者未能自觉地应用唯物辩证法。但是，无论就其探讨科学理论的发展、科学理论的评价与科学知识的增长来看，都将会有新的理论发展。当代西方各种方法论流派之间的对抗和竞争无疑将继续下去，而较有魅力的也许是富有逻辑色彩的"新历史主义"，或是富有历史色彩的"新逻辑主义"。它们将在较大的程度上倾向于辩证法。如果我们赞同科学方法论作为"元理论"也是可通约的，也是可以评价的，而且其发展也是具有合理性的，那么我们不妨说：可以预料，最富有内容、最富有启发力、最富有解题效率的研究纲领或研究传统，将是逻辑与历史统一的、动态开放的模型。或许这将促进人们对自己正在从事的科学理论研究或科学方法研究做出的深刻的反思。

参 考 文 献

[1] Larry Laudan, *Progress and Its Problems*. California/Berkeley:Univ. of California Press，1977，p.68.

6　历史主义方法论*

　　历史主义对科学方法的研究是立足于对科学史的研究，注重探讨科学发展的实际进程。历史主义认为科学方法不是统一的、固定不变的，而是随着科学理论的更替历史地演变的。因此，科学方法是多元的而不是一元的。如果说逻辑主义研究的是"科学家应当干什么"，那么历史主义研究的是"科学家实际在干什么"。因此，历史主义的方法论是描述性的而不是规范性的。

　　历史主义方法论以其丰富的历史感、生动的整体感、灵活的应变感以及一系列标新立异的革新观点，向科学方法论的传统观点进行了有力的挑战，并在现代西方学术界风靡一时。历史主义者对预设主义方法论的批评可以说是横扫一切而影响深远的。历史主义者指出：科学史的研究表明，科学并不具有普遍适用的方法；在科学的发展变化中，不仅科学的实质内容在发生变化，而且科学方法、推理规则以及用来讨论科学的概念都在变化，甚至于用来判定所谓科学的"理论"或"说明"等的标准也在变化，科学中没有不变的东西。然而，也因为它只重视历史，不重视逻辑，只注重描述，不注重规范，以及它的非理性主义和极端的相对主义，因而遭到了严厉的批评，以至它未能成为当代西方科学方法论的主流。

　　历史主义方法论的主要代表人物是库恩与费耶阿本德。尽管两人在某些观点上以及在风格上相去甚远；但是，就他们的基本观点而言，他们都是对科学持着极端相对主义的观点。库恩的观点可称为"范式转换论"；费耶阿本德的观点可称为"极端的多元主义方法论。"

一、"范式"转换论

（一）库恩——生平与著作

　　托马斯·S.库恩 1922 年 7 月 18 日生于美国辛辛那提城。他曾就学于哈佛大学、剑桥大学和麻省理工学院。1943 年毕业于哈佛大学物理系，获物理学学士学

　　* 本文原载张巨青等著，《逻辑与历史》，杭州：浙江科学技术出版社，1990 年，第 107—167 页。

位，1946 年获文学硕士学位，1949 年获物理学博士学位。学位论文是关于理论物理学的，在撰写博士论文期间，库恩钻研了科学史，研究了伽利略、牛顿以及亚里士多德等人的力学理论，开始对科学的性质、方法和动力形成一些新的看法。他获得博士学位后，在哈佛大学校长 J.B.康南特（James Bryant Conant，1893—1978）的引导下，转向科学史的研究，并同时注重科学哲学的研究。这样，他先从物理学转到科学史，后又转到科学哲学。研究领域的转变，使他能够在多学科的土壤中汲取丰富的营养，并在理论上有所建树。

虽然库恩本人一再声称他是科学史家，不是哲学家。但是，他却是以自己在科学史和科学哲学方面的显著成就而闻名于世的。库恩以其科学史的创造性研究为依据，有力地批驳了逻辑主义的科学观，而代之以一种范式转换的科学观。

在批判逻辑实证主义和波普尔证伪主义的同时，库恩创建了历史主义学派。他经历了 15 个春秋的精心研究而写成的仅 10 万字的小册子《科学革命的结构》，于 1962 年发表，在整个欧美哲学界产生了巨大的反响。在这本书中，库恩"勾画出一种大异其趣的科学观，它能从研究活动本身的历史记载中浮现出来。"[1] 1 库恩跨越了科学哲学和科学史以及社会学之间的鸿沟，把科学史研究成果和社会学研究方法引进了科学哲学，从而在科学观与方法论上完成了一次"范式的转换"。

库恩的代表作是《科学革命的结构》这本小册子，它给库恩的历史主义理论奠定了基石。库恩的其他著作有：《哥白尼革命：西方思想发展中的行星主义学》（1957），《必要的张力》（1977）和《黑体理论和量子不连续性，1894—1921》（1978）等。

（二）何为"范式"？

"范式"是库恩理论的中心概念，库恩曾经这样说过，范式是他《科学革命的结构》一书中除文法上的虚词之外，用得最多的一个词："范式，第 1～172 页，处处可见"①这个概念是如此的重要，以致我们可以把他的理论用"范式转换"来称谓。然而，在库恩理论的所有概念中，也许"范式"这个概念是最富有弹性的，甚至是用得最混乱的。夏皮尔曾不无讽刺地说过：范式这个概念的神秘性、感染力和说服力就在于这一概念的极度混乱。英国科学哲学家，细心挑毛病的玛斯特曼（Margaret Masterman，1910—1986），曾列举了库恩在《科学革命的结构》一书中关于范式的各种不同的解释，竟然多达 21 种；尽管如此，库恩的"范式"概念，还是迅速地传播开来，产生了极大的影响。到 1965 年，《科学革命的结构》

---

① 库恩的《科学革命的结构》1962 年英文初版全书共 172 页。

的发表还不过三年，"情况已经达到了这样一种程度，特别是在新兴学科里，现在通行的是'范式'而不是'假说'"。[2] 75

"范式"这个概念是库恩独创性研究的产品，它集科学理论、方法和研究主体的心理特质这三者于一体。"范式"的含意是多方面的。

第一，"范式"指置于科学技术发展历史背景中的某一时代的科学理论和科学理论系统。范式这个概念包含了传统科学方法论所讲的理论，但它又不只是一个单纯的理论或理论系列。范式一方面反映了各门科学所"共有的符号概括"，即它包括了用符号形式表述的科学定律、定理等的概括。例如 F＝ma（牛顿力学第二定律），这是牛顿力学里的符号概括，它构成了牛顿力学范式的一部分。而麦克斯韦方程式则构成了经典电磁理论范式的一部分；另一方面，范式是提供给人们解题的模式。库恩使用"范式"一词，首先是想用来表示"问题解答的范例"，意指学生在实验室中，在教科书练习题中和在考试中所遇见的那一种解答问题的标准例子。因此，范式包括了把基本的定律、定理和假设应用到各种不同情况中去的标准方法和典范。例如，牛顿力学范式包括了把牛顿力学的各种定律应用到行星运行、钟摆、台球冲撞等现象上去的方法。此外，运用基本定律于实际研究的实验技术、仪器的制造和使用仪器的技术也包括在范式之内。比如，牛顿力学范式用于天文学，包括研制各种合格的望远镜，使用这些望远镜的技术以及对望远镜收集到的资料加以校正的各种技术。因此，"范式"这个概念，较"理论"或"假说"等概念，内涵要丰富得多，外延要宽广得多。库恩说：范式这个术语

> 意欲提示出某些实际科学实践的公认的范例——它们包括定律、理论、应用和仪器在一起——为特定的连贯的科学研究的传统提供模型。这些传统就是历史学家们在"托勒密天文学"（或"哥白尼"天文学）、"亚里士多德动力学"（或"牛顿动力学"）、"微粒光学"（或"波动光学"）等标题下所描述的传统。[1] 8

作为一种特定时期的科学研究传统和特殊的成就，许多科学名著都起过范式的作用。亚里士多德的《物理学》、托勒密的《至大论》、牛顿的《原理》和《光学》、富兰克林（Benjamin Franklin，1706—1790）的《电学》、拉瓦锡（Antoine-Laurent de Lavoiser，1743—1794）的《化学基础论》以及赖尔（Charles Lyell，1797—1875）的《地质学原理》——这些著作都在一定时期内为某一学科的发展规定了方向，为以后几代的工作者的研究活动提供了基本理论、基本观点和基本方法，也为他们提供了如何研究和解决问题的模型或典范。

第二，"范式"还包含了世界观。范式还是一种"看问题的方法"。用范式作

指导去进行科学研究，它包含着这样一些或明或暗的前提：什么是构成宇宙的基本实体？它们之间怎样相互作用？又怎样同感官相作用？对这样一些实体提出什么问题才算合理等。这样一幅总的世界图景，它作为世界观影响着科学家们。例如，19世纪的科学家们共同承认，世界由物质组成，物质是微粒，它们按力的作用在时空中运动。因此，支配着他们研究活动的世界观是"应该把整个物理世界解释为按照牛顿运动定律在各种力的影响下运转着的机械系统。"所以，在库恩的理论中，形而上学不仅不被排斥在科学的大门之外，而是被郑重地请了进去，作为范式的深层结构起到了中心的作用。库恩在《对批评的答复》一文中说过："我同意玛斯特曼女士对《科学革命的结构》一书中'范式'的看法：范式的中心是它的哲学方面。"[2] 315 显然，库恩是重视形而上学的作用的。

第三，范式指"科学共同体"。库恩说过：在《科学革命的结构》"这本书里，'范式'一词无论实际上还是逻辑上，都很接近于'科学共同体'这个词[1] 10-11"。

> 一种范式是、也仅仅是一个科学共同体成员所共有的东西。反过来说，也正由于他们掌握了共有的范式才组成了这个科学共同。[3] 288

"要把'范式'这个词完全弄清楚，首先必须认识科学共同体的独立存在。"[3] 288

"科学共同体"是库恩用来说明范式的一个重要概念，这个概念的特定含义是：在科学发展的某一特定历史时期，某一特定研究领域中持有共同的基本观点、基本理论和基本方法的科学家集团。集团的形成，这与成员经历了相同的教育和业务的传授，以及吸收了相同的技术文献和获得了相同的学科训练有关。科学家集团可以是一个无形的或者有形的学派。库恩认为，从范式的产生来看，最初往往是个人灵机一动，甚至是"神秘莫测"的产物："有时出现在午夜，出现在一个深为危机所烦恼中科学家的脑海里。"[1] 77 但是，通过充分交流、讨论，它在以后的竞争中取得了科学家集体的信任而成为这一集体的共同信仰。所以，"科学尽管是由个人进行的，科学知识本质上却是群体的产物"。[3] X 由于引入了"科学共同体"这一概念，就给范式注入了活力。范式的产生、形成、发展，直至危机、转换，无一不与科学共同体成员的创造、拥护、信奉、怀疑以及叛离活动相联系的。库恩的范式概念具有心理学、社会学的特征，这与他把科学共同体引进范式是分不开的。

库恩为了消除人们对范式概念的误解，在《再论范式》一文中，他使用了"专业母体"这个概念，即"范式"应被看作是由某一专业的科学工作者共同掌握的有待进一步发展的基础，这样就进一步突出了范式作为科学共同体行动纲领的意义。

把"科学共同体"引入范式概念，这也是库恩的科学观与逻辑实证主义和波普尔证伪主义的科学观之间的重大区别。无论是逻辑实证主义还是波普尔证伪主义，它们的科学观只是对科学知识的结构或发展作逻辑分析，只是对人们的认识对象（自然界客体）、认识的工具（科学仪器），认识的成果（理论假说）进行考察，而从不对科学认识的主体——科学家及其集团的活动进行研究。波普尔甚至提出，科学有自己的发展逻辑，科学知识是客观知识，而客观知识是没有主体的。因此，在波普尔的认识论中，理论一旦被科学家构造出来后，主体就不再有地位了。库恩把"科学共同体"这个概念引进范式，力图把科学研究的客体和主体统一起来，熔于一炉，即给予科学某种社会学的说明。

总的说来，库恩刻画的"范式"是一个具有层次结构的、多方面功能的范畴：范式作为一种理论与世界观，是一种信仰，是科学家用于观察世界的理论框架；范式作为范例和模型，是科学家解决难题的方法、准则，规定解题的方向；范式的主体，则是"科学共同体。"

（三）范式的形成和发展：从前科学到常规科学

以"范式"这个概念为中心，库恩提出了一个科学发展的动态的模式。这个发展模式的结构可表示如下：

前科学—常规科学—科学革命—新的常规科学
（范式前）（范式后）（范式转换）（新范式）

即在每门学科形成之前有个前科学时期，而在学科形成之后，其发展便是个常规科学与科学革命互相交替的过程。科学发展的历史就是范式的建立和转换的历史，前科学是没有范式（范式前）的时期，科学革命则是一种范式被另一种范式替换的时期。因此，这个模式可叫作"范式转换模式"。在科学发展的历史进程中，最为重大的转折点即：从前科学（范式前）到常规科学（范式后）的转变和从旧范式到新范式的转变。

从范式前时期到范式后时期的转变，是科学发展历史进程的第一个重大转折。库恩认为，范式是一门学科成为科学的必要条件。任何一门学科在没有形成共同信仰的范式之前，众说纷纭，无所适从，就谈不上是一门真正的科学。范式的出现，才标志着一门学科进入了成熟的科学时期。库恩说：

在我正文里刚概括的那种变更使我感到在描述一个科学专业成熟时，要用到"范式前时期（pre-paradigm period）"和"范式后时期（post-paradigm period）"。……在大多数学科发展的早期阶段，都具有存在许多竞争学派的特征。后来，一个杰出的科学成就统一了整个学科，这个变化对那些后来仍然作为共同体的成员来说，提供了强大得多的专业研究的行为准则。[2]365（该页注①）

在库恩看来，各门学科发展的早期都经历过前科学（范式前）时期，像亚里士多德以前的动力学，阿基米德以前的静力学，布莱克（Joseph Black，1728—1799）以前的热力学，燃素说以前的化学，赫顿（James Hutton，1726—1797）以前的地质学，都处于范式前时期即前科学时期。库恩认为，迄今为止，社会科学中的许多学科，如政治学，经济学或社会学等，由于它们仍然是各派学说对立，观点五花八门，说法莫衷一是，并没有一个统一的范式，因此仍处于范式前时期，仍属于前科学阶段。

前科学时期的特点是：研究活动提出众多相互竞争的学说，每一个学说都以很不相同的方式研究着相同的题材。他们对所从事专业的基本原理分歧对立，争论不休，以至于详细的专业研究工作无法进行。在这种情形下，在这个领域里有多少人在工作几乎就有多少种理论。比如，牛顿以前的光学就是这样。那时，整个光学研究没有一定的方向和组织。关于光的性质的见解不仅众说纷纭，而且互相冲突：有的把光看作是物体和眼睛之间介质的变化，有的把光看作是从物质客体发射出来的粒子，还有人认为光是介质和眼睛发射物的相互作用，如此等等。直到18世纪牛顿的"微粒说"问世，为光学提供了第一个范式，才使"光是粒子"的观点在当时从事光学研究的科学家中占了统治地位。这样，光学也就从范式前时期进入范式后时期，即进入常规科学时期。"取得了一个范式，取得了范式所容许的那类更深奥的研究，是任何一个科学领域在发展中达到成熟的标志。"[1]9

从范式前时期到范式后时期，从前科学时期到常规科学时期，对这个重大转折如何给予判别呢？库恩认为，对这种转折的性质是可以有比较客观的标准来确定的。这些标准共有四点：

第一，是卡尔爵士的划界标准。不具备这一条则没有一个领域可以是潜在的科学。对某类自然现象一定要从该领域的实践中来进行具体的判断。第二，对某些有影响的次一级现象，为了成功地判断它们，判断的任一步骤都必须保持前后的连贯①。第三，判断的方法必须要有理论上的根据。理论无论如何抽象，都要同时能论证这些判断方法，能对其有限的成功进行解释，并在精确性和广泛性两方面提出的改善的手段。最后，改进判断方法肯定要向传统挑战，这需要最高的才干和对事业的忠诚。[2]330-331

---

① 托勒密天文学总是在公认的误差范围内预言行星方位的，而志趣相投的占星术传统除了潮汐和平均月周之外，是不可能事先说明什么预言可能对，什么预言可能错。

显然，库恩是把一门学科有了能够一贯地做出成功预测的理论，并且能够不断地改进预测的技术作为学科走向成熟和形成范式的主要标志。

一门学科有了范式后，这门学科就进入了常规科学时期。在常规科学时期，科学家就根据范式而进行具体的研究工作。因为范式代表着已经取得的并被普遍承认的成就，这种成就"空前地吸引一批坚定的拥护者，使他们脱离科学活动的其他竞争模式。""无限制地为重新组成的一批实践者留下有待解决的种种问题。"[1] 8 这样，范式把人们引进到常规科学的新天地，却又把人们限制在这个新天地中。

常规科学时期，

> 科学家不是革新者，而是解决疑难的人，他所集中注意的疑难，恰恰是他相信在现有科学传统范围中既能表述，也能解决的。[3] 230

库恩认为，在常规科学时期，科学家们不会把研究的方向指向对现行范式的破坏。恰恰相反，他们会心安理得地在范式的指导下，把对疑难问题的求解作为常规科学的主要内容。并且他们相信，他们在科学研究中碰到的难题，是早就由范式规定好了的，因此也一定是能在范式指导下获得解决的。当然解难题的具体方法并不是现成的，这就需要依靠科学家的卓越才能了。

库恩的"疑点"与波普尔的"问题"是有区别的。波普尔的"问题"，是科学发展的起点，是科学不断革命的一个环节；而库恩的"疑点"，其本质是在常规科学范围内解决的疑难问题。因此在波普尔那儿，问题的出现，矛头必将对准旧理论，目的在于把旧理论推翻而用新理论替代它；而对于库恩，在常规科学时期，运用范式来解决疑难问题，如果失败，科学家还不会把矛头指向范式，而只能怀疑自己的解题才能和智力。因为，范式就像工具一样，"只能怪干的人，不能怪人的工具。"[3] 267 所以库恩说：

> 常规科学工作者必须不断地检验他凭他的机智猜的谜底究竟怎样。但这知识检验他自己的猜想。如果经不起检验，应受指责的也只是他个人的能力，不是今天的整个科学体系。[3] 265

在常规科学时期，科学家的"释疑"活动是为实现范式的最初纲领而进行的廓清战。它大致包括：①增加观测事实与在范式基础上的计算相符的精确程度（如行星位置、大小、周期；光谱强度等）；②扩展范式范围，以包括其他现象；③确定普遍常数（如引力常数，阿伏伽特罗数）；④用公式进一步明确表达范式的定量规律（如电的库仑定律、波义耳定律等）；⑤判明那一种方式把范式应用于新领域

更令人满意。[1]21-24

　　大致说来，在常规科学时期，科学家"释疑"的"任务之一就是要扩展现有实验和理论的范围和精度，还要使实验和理论更加匹配。"[2]331范式给科学家规定了研究的方向，但同时也给科学家提供了大量的甚至是无限的有待解决的问题。根据范式来解决范式所规定的问题，丰富范式的内容，完善范式的结构，这是常规科学的第一个任务。这时的科学家就像是一个"力图阐明地图的地形细节，而事先已知地图的重要轮廓"的人那样，集中研究的目光，深入地研究自然界的局部，使科学研究从定性阶段向定量阶段发展。他们不断地改进观察与实验手段，使事实与范式的预言相符合；确定常数和定量表达式；为范式的应用寻找辅助说明理论，等等。从而，在整个"科学共同体"的努力下，使范式的应用范围不断得以扩充，范式的精确程度也不断得以提高，使范式逐步完善起来。因此，库恩认为，一个在常规科学条件下工作的科学家，他首先要处理的是范式的内部如在观察方面，在计算方面，或在数据分析方面所出的差错，这些差错都是常规差错，能够及时加以更正，从而使实验、观察与范式更匹配。例如，在波动力学诞生以后的年代中，科学家们持续不断地检查原子光谱和分子光谱，同时又为预测复杂光谱做出理论上的近似设想，这就是科学家们在波动力学范式范围内企图核查现有理论和现有观察，并使两者愈来愈趋于一致的努力的一个例子。另一个事例，是牛顿定律用于天文学预言时所遇到的问题，它更富有启发性。在牛顿时代，为了根据牛顿万有引力定律去计算太阳系中当时已知的六大行星（地球、金星、木星、水星、火星、土星）和月球的运行轨道，就要设计和解答一些从来未曾得到过精确解答的数学问题。为了得到能够求解的方程，牛顿不得不做出简化的假定：每个行星都只受到太阳的吸引，而月球只受到地球的吸引（事实上这些天体是彼此互相吸引的）。利用这个假设，牛顿就能推导出开普勒定律，而这正是支持牛顿理论的一个非常有说服力的证据。不幸的是，通过望远镜的观察，行星运行的实际轨道与开普勒定律预言的数学计算的轨道，有着十分明显的偏离。为了用牛顿理论去说明这些偏离，就有必要计算出行星"摄动"的某些数值来。这些"摄动"是由行星之间相互作用而产生的，而这种相互作用恰恰在最初从牛顿理论推导开普勒定律时被略去了。把这些"摄动"计算出来，反而能更好地显示出牛顿理论的精确性。牛顿本人对太阳引起月球轨道的"摄动"做出了第一个粗略的估计，而18世纪和19世纪的一些伟大的数学家，包括欧拉（Leonhard Euler，1707—1783）、拉格朗日（Joseph-Louis Lagrange，1736—1813）、拉普拉斯（Pierre-Simon Laplace，1749—1827）和高斯（Johann Carl Friedrich Gauss，1777—1855）在内，改进了牛顿的计算方案，并且对各个行星的"摄动"作了较精确的计算，从而使牛顿力学范式更趋精确、更加完善。

在常规科学时期，科学家"释疑"的

> 任务之二是要消除这样两种冲突：不同的理论在其发挥作用的过程中的冲突；
> 同一种理论派作不同用场的种种方法之间的冲突。[2]331

在范式主宰下的常规研究，往往遇到一些反常现象。根据范式来解决"反常"是常规科学的第二任务。"反常"是库恩提出来的一个新概念，它后来成为科学方法论中表示经验事实和理论相冲突这种关系的一个重要概念。所谓"反常"就是与范式的预期不相符合的现象，或是用范式无法做出解释的现象。在范式形成的初期，一个范式会遇到很多反常是不稀奇的。例如，哥白尼"日心说"刚创立时，当时未能观察到"恒星视差"，这是与"日心说"的预测不相符合的"反常"现象，而"塔的问题"也是"日心说"无法解释的"反常"现象。

"恒星视差"指的是这样一种情况：按照"日心说"的预测，由于地球每年绕太阳公转一周，因此，站在地球上的人在冬天和夏天所观察到的某一恒星的方位——视位置，就应该发生相应的变化，这种变化就叫作"恒星视差"。但"日心说"发表后，当初丹麦天文学家第谷·布拉赫（Tycho Brahe，1546—1601）用当时最灵敏的仪器进行观察，也未能观察到视差现象。所谓"塔的问题"指的是这样一种情况：按照"日心说"，地球每天自转一周。因此，地球表面上任何一点在很短时间内都将运动很大一段距离。这样，如果有一块石头从塔顶上落下来，在石头下落的过程中，由于地球自转的缘故，塔将随地球的转动而离开原来的位置，因此，下落的石头应该落在距塔基相当远的地面上。可是，实际上人们所看到的却是石头落在塔基旁。在哥白尼时代，"日心说"无法解释这种现象。

面对这些"反常"，在"日心说"范式下工作的哥白尼派的科学家们，他们相信"日心说"范式有能力解决这些反常。这时科学家要做的事情是从分析这些反常现象出发，努力"消化反常"，他们就要

> 对这个反常区域或多或少地扩大进行探索，直到把范式理论调整到使反常的
> 东西成了预期的东西为止。[2]331

当然，即使在范式已经规定了解题方向的情况下，解难题的具体方法都不是现成的，它需要有卓越才能的科学家，凭着捍卫和发展范式的巨大热情，才能依据范式的指导来消化这些反常。

综上所述，在库恩看来，在常规科学时期，科学家的主要工作是"释疑"。而释疑就是解决范式所规定的问题和范式遇到的反常。"释疑"的成功，能丰富范式

的内容，完善范式的结构，提高范式的解题能力，并且做出许多新的发现。所以，"这些疑难的求解绝不是平庸的活动"[2] 331，而是进一步开拓范式，使科学得以扎扎实实发展的重要的研究工作。常规科学时期，"科学知识稳定地扩大和精确化"，因而是科学的"一个渐进发展时期"，常规科学代表着科学知识的积累和增加。

库恩认为，"释疑"活动不仅是常规科学的本质特点，也是科学与非科学的划界标准。科学史表明，每当一门科学从前科学时期转向常规科学时期，同时也就是由批判性讨论转向解决疑难问题的活动。用"释疑"标准和波普尔的"可检验性"（可证伪性）标准相比，库恩认为，"释疑"作为划界标准更合适，更明确。"正是常规科学而不是非常规科学，最能把科学同其他事业区分开来"[2] 7，"要是没有任何疑难要解决，那所干的也决非科学"。[2] 11 库恩以天文学和占星术作比较：在天文学研究中，一个天文学家、的预言如果失败，那么他还有希望矫正误差并对其计算给以核实。也许是数据错了，也许是观察出了毛病，等等。这些都提出了一大堆计算上和仪器方面的疑难。这就需要作些理论与技术的调整，或是处理偏心圆、等距偏心等，或是对天文技术作更基本的改进。1000 多年来，这些都是理论上、数学上和仪器上的疑难，它们一起构成了天文学的研究传统。但占星术却没有这种"释疑"传统。占星术的失败并不导致疑难，因为这些失败总是可以随意给予解释的，并且也没有一个占星术士会因预言的失败而努力探讨如何去改进占星术的传统。事实上，占星术从来就不具有天文学那样的解决疑难的传统。这样看来，我们之所以把天文学叫作科学，而不把占星术也叫作科学，并不是由于占星术缺少可检验的证据，而是它缺乏一种天文学那样的"释疑"传统。

由于在常规科学时期科学家的基本任务是根据范式来解决难题，因此，科学家一方面对范式保持着坚定的信仰，另一方面，对反常现象的存在和继续出现并不过分介意。但是，当着科学家们根据范式消化某些反常总是无法取得成功时，当着这种反常不断增多，并且频率不断加大时，就会有少数几个科学家开始对范式本身产生怀疑，因而范式的权威也就开始动摇了，接着范式将日益陷入"危机"。这时，一场发明新范式、更换旧范式的科学革命的风暴就要到来了。

（四）范式的转换：科学革命

范式陷入"危机"有征兆吗？库恩认为，在常规科学条件下工作的科学家，要区别一般的对反常解题的失败与范式危机，并不是很容易的。因为科学家对范式的深信不疑使他们变得十分有耐心，他们在无法解决疑难问题和消化反常时，常常宁愿过久地等待出现新成就，而不轻易放弃他们早先所信奉的范式。"他们将会设计出大量的阐释并对他们的理论作特色性修改，以消除任何明显的冲突。"[1] 67 范式先前的巨大成功总是迫使他们鞭笞自己：难题的未能解决、反常的未能消化只在于自己的无能，而不是范式的过错。所以，他们往往把反常放在一边，先去解决另一些可解决的难题。但是，范式的危机终于变得明朗起来。下面几种情况可以作为征兆：被认为特别严重的一种情况是，如果范式遇到的反常被看作是对范式基本原理的打击，如迈克尔逊-莫雷实验，测不到"以太风"的存在，这与牛顿力学的基本概念"绝对空间"发生了冲突，这一冲突又总是得不到解决；再一种情况也被认为是严重的：一个范式遇到的反常对某种迫切的社会需要构成了重大问题，这将对改革范式形成巨大的压力。如在文艺复兴时期，由于改进历法和扩大对外贸易等社会需要的压力，加深了托勒密天文学范式的危机感。最后，反常数量增多，当然是构成范式危机的一个明显的因素。如在托勒密天文学范式的后期，为了解释"地心说"所遇到的种种反常，增设的本轮和均轮已经多达 200 多个，使托勒密体系变得愈来愈烦琐，但反常却仍然有增无已：一个反常被增添的本轮或均轮消除了，却又冒出一大堆新的反常来。

危机不仅表现在范式的"客体"上，也反映在范式的主体之中。当反常终于被认为构成某一范式的严重威胁时，一个"明显的事业上不安全"时期就开始了。危机给科学共同体带来了分裂，

> 科学家面临反常或危机，都要对现存范式采取一种不同的态度，而且他们所做的研究的性质也将相应地发生变化。相互竞争的方案的增加，做任何尝试的医院，明确不满的表示，对哲学的求助，对基础的争论，所有这一切都是从常规研究转向到非常研究的征兆。[1]78

范式的定向作用在危机时期变得无效了，科学家的研究工作变得愈来愈类似于前科学时期各学派互相竞争的情景。因此，创造新范式，更替旧范式，就成为一种必要。"危机的意义就在于，它指示出更换工具的时机已经到来了。"[1]65 如果说，在常规科学时期，科学家是一个地地道道埋头具体研究工作的科学家，那么，在科学革命时期，科学家就变得更像一个哲学家。只有那些能站在哲学高度分析旧范式危机的人，才会下定决心抛弃旧范式创造新范式。库恩说："在公认的危机时期，科学家们常常转向哲学分析，以作为解开他们领域中的谜的工具。"[1]75

科学革命是怎样进行的呢？库恩认为，常规科学时期，科学的发展是局部性的，因此，它表现为知识的积累和增加，范式的修正和完善；而科学革命的发展是全局性的，因此，它表现为知识的突变和飞跃，整个范式的转换。科学革命不可能在范式的某个局部发生，虽然可能先在某些局部已经有了革命的征兆。真正算得上革命变革的，如从亚里士多德力学到牛顿力学，从托勒密天文学到哥白尼

天文学，从燃素说到氧化说等等，变革必然是整体的。

库恩曾以自己研究亚里士多德力学的一段经历作为例子：1947 年夏天，他作为一个带着接受了牛顿物理学思想的人开始接触亚里士多德的物理学著作。他很快发现，亚里士多德这个古希腊最伟大的思想家，几乎是根本不懂力学，而且是一个相当蹩脚的物理学家。他感到亚里士多德的奇异天才在力学和运动理论上是完全被遗弃了，这已经是很令人惊奇的了。更使他惊奇的是，亚里士多德的物理学著作（今天看来是如此之蹩脚），在他逝世之后的许多世纪之中，居然还受到人们的推崇。这是怎么回事呢？库恩经过反复的冥思，终于得出了这样一个结论：亚里士多德派物理学家用来分割和描述现象世界的方式与牛顿派物理学家完全不同。亚里士多德物理学用其特定方式把现象世界的许多片断连成了一个完美的整体，从而构成了亚里士多德力学的范式。而这个整体在建立牛顿力学的过程中，必须先予分解、散裂，并且加以重新改造，才能构造出牛顿力学的范式。因此，牛顿派物理学家，如不从亚里士多德力学范式内部各片断的联系来看亚里士多德物理学，是无法读懂它的。与此相关，在这种整体性的变化中，范式的一些基本概念的含义和指称，它的模型、比喻或类比的作用也发生了变化，这些变化也许是更深刻的，更本质的。举个例子来说，亚里士多德物理学是性质物理学，"性质"是亚里士多德物理学的中心概念，性质无处不在，一切物质都浸透了诸如热、湿、色之类的性质，从而赋予这类实体以个体特征。变化是通过性质的变化而非物质的变化，是通过从一个给定的物质中去掉一些性质，并用别的一些性质替代而发生的。这与牛顿力学范式的看法迥然不同。在牛顿力学派的物理学中，物体是由物质粒子构成的，它的种种性质是由这些粒子的组成、运动以及相互作用的方式所决定的。循此前进，两个范式的许多概念的含义和指称也大有差异。比如"运动"这个概念，在牛顿力学里所赋予的全部内容，就是指物体位置的变化。在亚里士多德力学中，位置的变化只是运动的一种类型，运动的其他类型还包括生长（橡树种子萌芽为橡树），温度的改变（对于一个铁棒的加热），以及一些别的更一般的性质的变化（从生病到康复的转变）。在亚里士多德力学范式中，作为变化的"运动"这个概念，它和"性质"概念被看作是深深地相互依赖的。只有从这样结合的角度来思考，才能了解亚里士多德的物理学。而以牛顿力学范式替代亚里士多德力学范式，则必须先打碎这种联结方式，把各个片断按另一种联结方式重新建构起来。譬如，依牛顿力学之见，运动与物体不可分，而不再是运动与性质不可分。

总之，科学革命的变化是整体性的。在革命变化中，整个概念、定律系统是一次性地被抛弃和一次性地引入的，人们不可能抛弃其中一部分而留下另一部分。

有时看起来仿佛是留下的部分，其实已根本地改变了其意义和指称（如上述"运动"这个概念），它们已经在新的范式里重新给予定义和划定范围了。进而，在更深层的意义上，涉及模型、比喻或类比的改变。

值得一提的是，由于库恩在科学发展的动态模型中，引进了"科学共同体"作为范式的主体，因此，他也把研究主体的思维方式作为己任。这是库恩理论的一个特色。库恩认为，必须在继承传统和变革范式，在收敛性思维和发散性思维之间保持"必要的张力"。"张力"一词的含义，在物理学中是指液体在一定条件下，其内部的各部分之间的一种相互牵引力，在库恩这儿则指在继承和变革之间，在收敛性思维和发散性思维之间要保持的一种必要的平衡力。

库恩认为，在常规科学期间，科学家的思维方式的主要特征是收敛性的："常规研究，甚至即使是最好的常规研究，也是一种高度收敛的活动"。[3]224收敛性思维方式是和"科学共同体"在范式指导下工作，在范式规定的范围里发扬科学传统并取得科学进步相一致的。收敛性思维具有保守性，而这正是维护和发展范式所需要的，也是科学家集中注意力研究较深奥的问题所需要的。只有这样，才能在常规科学的研究中取得较大的成功。

发散性思维是科学变革中的思维。这种思维方式的特点是思想活跃、开放，反对偶像崇拜，敢于抛弃旧观念。科学的发现和发明，范式的发明和选择，都需要有发散性思维：

> 如果不是大量科学家具有高度思想灵活和思想开放的特性，就不会有科学革命，也很少有科学进步。[3]224

库恩认为，哥白尼、达尔文、爱因斯坦等人都是具有发散性思维方式的代表人物。

但是，库恩认为，无论就科学共同体而言，还是就科学家个人而言，要取得科学成就和推动科学发展，都必须既具有发散性思维的能力，又具有收敛性思维的能力。因为"科学研究只有牢固地扎根于当代科学传统之中，才能打破旧传统，建立新传统"。[3]224于是，库恩就得出了一个耐人寻味的结论：由"收敛式思维"和"发散式思维"形成的互相牵引的"张力"，决定着范式的发展和更替，决定着科学的进化和革命。

科学革命是科学发展进程中的第二种重大转折，这种转折以危机为其前兆，以旧范式的抛弃（旧科学共同体的瓦解）和新范式的接受（新科学共同体的形成）而告完成："一个新范式往往是在危机发生或被明确地认识到之前就出现了"[1]74，而"拒斥先前已接受的理论之判别行动，总是同时伴随着接受另一个理论的决策"[1]66 所以，科学革命意味着范式的转换、科学共同体的重建。经过一场科学革命，新的范式诞生并形成新的科学共同体，科学家们又以新的范式进行定向，又在新范式的指导下心安理得地做局部性的深奥的科学研究工作，科学便进入了一个新的常规研究时期。所以，一门科学在进入常规科学以后，从此它就依照：

常规科学—科学革命—新的常规科学

（已有范式）（范式转换）（新范式）

这样的模式不断地循环发展了。

（五）范式的"不可通约性"

科学革命导致了新范式代替旧范式。新范式由于能消化旧范式无法消除的反常，其解题能力比旧范式强，因此显示出科学在进步。但是，这种进步意味着什么？是否意味着新范式比旧范式优越？是否意味着科学家离真理更近了？库恩的回答是否定的。他认为，没有理由说新范式一定较旧范式优越，没有理由说范式的转换意味着更接近于真理。在当代科学方法论所共同关心的理论评价问题上，库恩极为反常地，提出了新旧范式"不可通约"，即不可比性的观点，从而成为当代西方科学方法论中非理性主义和相对主义的代表。

库恩认为，新旧范式之间是"不可通约的"，或者说不可比较的。

首先，这是因为在科学革命时期，新旧两个范式处于对峙之中，这时并没有客观的标准给科学家以明确的规定，使他们非选择某一范式不可（库恩认为，这一点与从范式前时期到范式后时期不同，评价前科学到常规科学的进步是有客观标准的）。虽然对范式的选择也可以考虑诸如"精确性、一致性、广泛性和有效性"之类作为衡量的"标准"，但不同的科学家对上述"标准"，总有不同的理解和不同的取舍，因而也就使这些标准失去了客观性。特别是，当用这些标准对两个竞争的范式进行评价时，不同的标准之间往往会相互冲突。譬如，拿哥白尼时代的哥白尼天文学范式与托勒密天文学范式为例来看，哥白尼天文学范式在简单性和精确性上胜后者一筹。但托勒密天文学范式则在一致性（与当时的亚里士多德力学一致）和广泛性上胜过前者。库恩特别注意到，新范式在取代旧范式之初，往往会出现这样的情况：当时新范式所能说明的经验内容往往比旧范式少，这就是所谓"库恩损失"。由于存在着"库恩损失"，新旧范式之间的优劣就更难以简单地评判了。因此，对范式的选译，并不是依据客观的标准，而是主观的："在范式选择中就像在政治革命中一样，不存在超越相关共同体成员间的共识的标准。"[1] 81

简单性、精确性以及同用于其他专业的理论的一致性对科学家来说都是有意

义的价值，但……团体的意见一致才是至高无上的价值。[2] 26-27

其次，范式的接受也不是理性的。习惯于在旧范式下生活的人，哪怕旧范式陷入很深的危机，哪怕新范式已经显示出很强的解题能力，他们也是不会轻易放弃旧范式和接受新范式的。他们对于旧范式的信赖，就像是一群虔诚的教徒一样。有些科学家宁愿做旧范式的殉葬品，也不愿皈依新范式。如普里斯特利（Joseph Priestley，1733—1804）至死不接受氧化说，凯尔文（William Thomson 1st Baron Kelvin，1824—1907）至死不接受电磁理论等。而提出新范式与接受新范式的大多是科学共同体中的年轻人或新成员。他们受旧范式的影响较少，在危机来临时容易对旧范式产生怀疑，并敢于发起挑战。一旦新范式提出来时，他们又以宗教徒似的热情为它进行宣传，劝说别人放弃旧范式，接受新范式。所以，从旧范式到新范式的转变，不是靠理性的力量来论证和说服的，而是靠宗教般的狂热宣传来影响和改变人们的信仰，这犹如一种"宗教的改宗"。库恩引用普朗克（Max Karl Ernst Ludwig Planck，1858—1947）的话说：

> 一个新的科学真理的胜利并不是靠使它的反对者信服和领悟，还不如说是因为它的反对者终于都死了，而熟悉这个新科学真理的新一代成长起来了。[1] 127

所以，库恩认为：范式的转变"有时要花一代人的时间"。[1] 127 最后，范式的不可比性也是与科学革命时范式转换的基本特征相联系的。科学革命导致科学知识的发展，这种发展是整体性的，或者说，范式的转换意味着一种整体性的转换。通过这种转换，范式所包括的内容发生了根本的变化，范式作为模型，它以独特的方式指称和看待自然物，所以，新旧两个范式，在客体内容上是不可比的。

> 虽然革命前后所使用的大多数符号仍在沿用着，例如力、质量、元素、化合物、细胞，但其中有些符号依附于自然界的方式已有了点变化。因而，我们说相继的理论是不可通约的。[2] 358

范式的主体内容，即信奉不同范式的"科学共同体"也是不可比的。信奉旧范式和信奉新范式的科学家因其世界观不同，因此看世界的眼光也不同：同是看日出，托勒密派天文学家看到的是太阳从东方升起，哥白尼派天文学家看到的则是地平线向下滚动；同是金属煅烧后变重的现象，普里斯特列看到的是具有负重量的燃素，而拉瓦锡则看到了金属与氧的化合，等等。科学家范式的转变，意味着科学家世界观的转变。因此，范式转换后的科学家就能在以前看过的地方"看到新的不同的东西。这就好像整个专业共同体突然被载运到另一个行星

上去"。[1] 94

　　库恩还用格式塔心理学的实验来说明这一点。如给接受实验的对象看一幅图（参见图 1），并对他说："这是一只鸭子"，受试者就会从图中认出鸭子来；假如再告诉他："这是一只兔子"，受试者经过短暂的组合方式的转换，就能从中认出兔子来，而原来的"鸭子"，则仿佛看不见了。库恩认为，用不同范式看世界的科学家，就像在不同概念的指导下看"鸭-兔"图的人一样，在旧范式下科学家看到的是"鸭子"，在新范式下科学家看到的却是"兔子"。从旧范式到新范式的转换是科学家信仰的一种"格式塔"式的转换，即完形的整体的转换，"鸭子与兔子"的转换。

图 1　"鸭-兔"图

　　库恩认为，既然范式的转换意味着科学家世界观的转变，因此，科学家（以及史学家、方法论者们）在评价范式优劣时是离不开"范式"的。如果任何人"想找到一种逻辑准则"来判定范式的优劣，就要充分运用这种准则，而"要充分运用这种准则，却又必须预先规定一种理论"。[3] 279 因此，在理论选择中没有超范式的准则，实际上是有一种范式就有一种评价的准则。

　　库恩的范式不可比性观点到后来则有所变化。一方面，他到后来主要强调新旧范式语言的变化，把新旧范式的不可通约性主要说成是"科学语言的不可通约性"或"不可译性"；另一方面，他觉得要用"部分交流"来代替范式的"不可通约"。他说：

　　"现在……我已相信不可通约性和局部交流问题可采取另一处理方式。不同理论（或不同范式，按这个词的广义而言）的拥护者各自说着不同的语言，即表达不同认知承诺的语言，以适应于不同的世界。因此，他们把握彼此观点的能力，不可避免地要受到转译过程和确定参照物的不完善性的限制"[3] XII

这是库恩的非理性主义和相对主义受到严厉的批评后，他所做的某种让步的表现。

二、极端的多元主义方法论

（一）费耶阿本德——生平与著作

  逻辑实证主义和波普尔证伪主义都是方法论的一元论者。库恩则主张科学方法在特定的常规时期内是一元的，而就不同的范式而言，方法则是多元的。由于库恩认为科学的发展是从一种常规科学（范式）向另一种常规科学（范式）的转换。所以，他认为在某一个特定的常规时期，科学方法是一元的。而费耶阿本德则与众不同，他提出一种多元主义的方法论。

  保尔·费耶阿本德出生于奥地利的维也纳，第二次世界大战期间在维也纳应征入伍，并因此受伤跛足。战后，他在魏玛学院学过戏剧，1947 年进入维也纳大学攻读历史学、物理学和天文学。这时，他和战前维也纳学派成员克拉夫特（Victor Kraft，1880—1975）一起研究哲学，1951 年获哲学博士学位。后去美国向维特根斯坦求教，由于维特根斯坦逝世，费耶阿本德转而成为波普尔的学生。此后，他主要是遵循波普尔的理论批判逻辑实证主义的方法论；同时，孕育着他那独具个性的方法论思想。20 世纪 50 年代末，他的立场转向批判波普尔，他反对波普尔追求普遍适用的方法论标准的思想和朴素的证伪主义，同时也发扬了波普尔的批判精神。费耶阿本德和拉卡托斯同为波普尔的学生，因此在方法论上彼此互相影响，譬如都承认理论的韧性和增生等，但在理性主义问题上，费耶阿本德的观点与拉卡托斯不同，而走向了非理性主义的极端。费耶阿本德的方法论与库恩相近，两人同时提出了"不可通约"论，但他又是对库恩常规科学的一个坚决的批评者。费耶阿本德几乎批评了当代西方科学方法论中的一切代表人物和一切科学方法准则。他以传统理性主义方法论的掘墓人的姿态，宣扬"科学哲学是一门有伟大过去的科学，又是一门没有未来的科学"。他反对一切方法论的规范标准，他觉得也许真可以派得上用场的标准，则只有这么一条："怎么都行"。这使他在现代西方科学方法论中独树一帜。然而，从总的倾向和基本特征看，费耶阿本德的多元主义方法论乃是历史主义的极端派。由于他把库恩关于范式蕴含的方法是可变换的、多元的以及理论的转换和替代是非理性的思想，推广到科学发展的一切时期和一切方面，从而成为历史主义中极端非理性主义的和极端相对主义的一翼。

  费耶阿本德的代表作是《反对方法——无政府主义知识论纲要》（1975），该书被认为是继库恩 1962 年出版的《科学革命的结构》一书之后，引起广泛注意和争论的一本著作。其他的著作还有《实在论和工具主义——评事实支持逻辑》

（1964），《自由社会中的科学》（1978），《实在论、理性主义和科学方法》以及《经验主义问题》等。

费耶阿本德先后在英国的伯里斯托尔大学、德国的柏林自由大学、美国的加州伯克利大学和耶鲁大学任教，并曾任加州伯克利大学的科学史和科学哲学系主任。

（二）理论多元论：韧性原理与增生原理

费耶阿本德对科学方法的研究，开始于用证伪主义观点来批判逻辑实证主义，而崛起于用历史主义观点批判波普尔的朴素证伪主义。

波普尔的朴素证伪主义认为，理论是能被与之相矛盾的事实陈述所证伪的，理论一经证伪就应抛弃。费耶阿本德反对这种简单化的证伪观点。他认为，即使理论与经验事实相冲突，即使理论处于"反常"的海洋之中，科学家在一定时期也应置大量反常于不顾而坚持一种理论。费耶阿本德把这种做法叫作"韧性原理"：

> 我要把从大量理论中挑选一个的忠告——它指望导致最富成果的结晶和信奉这一个理论，即便它遭遇的那些困难相当可观也罢——称作韧性原则（principle of tenacity）。[2]276

为什么明知理论与经验事实有冲突还要继续坚持呢？费耶阿本德指出，这是因为：第一，

> 理论有能力发展，因为它们能得到改进，也因为它们最终能容纳其最初形式完全不能为它们所解释的那些困难。[2]277

费耶阿本德赞同库恩以下的观点，认为应该把理论的形成和发展看成是一个历史过程。理论最初总是不完善的，是有着许多问题待解决的。随着理论的发展和完善，它可以适应起初不能解释的那些反例。而这就需要对理论的信任。第二，

> 过分依赖实验结果是完全不明智的……，不同的实验人员犯的错误也各有不同，通常要花相当的时间才能使所有的实验产生共同点。[2]277-278

由于实验结果的可错性，因此不能过分相信实验的结果。第三，

> 最重要的一点是：理论直接同"事实"相比较，或同"证据"相比较——这几乎就是子虚乌有的事。什么算作是相关的证据，什么又不算，这通常取决于理论以及其他主体，可以方便地称这些主体为"辅助科学"。这样一些辅助

科学能在推导可检验陈述过程中起到附加前提的作用。但它们也能使观察语
言本身受影响——提供用来表述实验结果的那些概念。[2] 278

这就是说，"事实"难于直接与理论相比较，一个"事实"是否意味着对理论的反
驳和证伪，不仅取决于理论本身，还取决于许多相应的辅助科学。但这两者往往
是不协调的。所以遇到一个反例，就不见得一定是所选择的那个理论出了毛病。
费耶阿本德举例说，如第谷没有观察到哥白尼预见到的恒星视差就不是由于哥白
尼理论的错误，而是观察手段和光学理论（如望远镜视力）等还没有达到一定的
水平。根据韧性原理，理论面对反例时不是被抛弃，倒是要促使科学家坚持理论
而"发展方法，容许他们在面对那些清晰而不含糊的反驳事实时仍能保存自己的
理论。"[2] 278-279 对于费耶阿本德来说，"事实"与理论不一致，绝不是抛弃理论的
一个理由，而是发展更多的理论的原因。当理论 T 遇到反例时，

> 我们能使用其他一些理论，T′、T″、T‴等，它们强调指出 T 的困难，而同时
> 答应提供它们解决的手段，所以，"我们必须得准备接受一个增生原则
> （principle of pro1iferatiom）。"[2] 279

为了解决理论 T 的困难，便引进 T′、T″、T‴等，作为 T 的发展，以消除反例。
结果，理论愈来愈多，这就是理论的增生原理。

费耶阿本德认为，增生原理是加速科学革命的好办法。理论的增生不但能对
原有理论提供更多的外部批判标准，而且有利于理论互相之间暴露各自的弱点。
例如托勒密天文学碰到了困难，但托勒密派天文学家无法在托勒密天文学内部认
识它、解决它，他们不知道毛病的根源何在？"不识庐山真面目，只缘身在此山
中"。然而当哥白尼理论作为与托勒密天文学相冲突的一个理论增生出来以后，它
不仅成为托勒密天文学的一个外部批判力量，还在以后（与伽利略力学相结合）
揭示了托勒密-亚里士多德体系的病根所在：托勒密天文学依赖于亚里士多德力学
对它的解释，如"塔的问题"按亚里士多德力学的解释是支持托勒密天文学的。
一旦亚里士多德力学被伽利略宣布为错误的，则托勒密天文学的问题就变得明显
了。又如在 19 世纪末，物理学中至少有三种不同的理论观点：一种是牛顿力学的
机械论观点；另一种是热力学的统计观点；第三种是在法拉第和麦克斯韦的电动
力学中含蓄地表述的电场的概念所隐含的观点。正是由于这三种不同理论观点的
相互竞争作用，导致了经典物理学的垮台，要是没有以麦克斯韦理论为一方，以
牛顿力学为另一方的那种紧张状态的话，孕育相对论的那种环境也是不会产生的。

费耶阿本德的韧性原理和增生原理，看起来有点像是库恩的常规科学和科学

革命。但是费耶阿本德明确说明：决非如此。库恩的常规科学与革命科学的区分是僵硬的、截然分明的。在常规科学时期，一个范式称霸，具有独裁性。在革命科学时期，多个范式竞争，才具有一定的自由。或者说，库恩认为科学发展在常规时期是理性的（但因此付出了牺牲自由竞争的代价），在革命时期才是非理性的。费耶阿本德称库恩的这种观点是一种"羞羞答答"的非理性主义。他认为，他提出的韧性原理和增生原理，一方面，它们是完全反独裁的。

> 增生就意味着根本无须压制甚至是人脑中稀奇古怪的产品。每个人都能培育自己的爱好，而被设想为是一种批判事业的科学将会从这样一种活动中受惠。韧性，就意味着人们不只是被鼓励去培育自己的爱好，而要进一步发展它们，提高它们，借助于批判（包括同现有竞争者的比较）而达到一个更高的阐述水平，因而就能提高它们捍卫更高意识水平的能力。[2]286

另一个方面，它们又是同时起作用的。这两个原理贯穿了科学发展的整个历史进程，科学任何时候都表现出它的韧性，又不断地在增生。只不过到了革命时期。人们才特别关注到增生原理而已。费耶阿本德据此批判库恩的"常规科学"思想。他指出，库恩认为在"常规科学"时期，理论（范式）只有韧性没有增生；到了科学革命时期，理论才有增生，这是自相矛盾的，不符合实际的。因为

> 库恩所维护的东西，首先，断言理论不能被驳倒，除非借助于竞争者。其次，断言在摒弃范式的过程中增生也起一种历史作用。范式终被摒弃是因为竞争者放大现存反常的那种方式。最后，库恩指出了在一个范式的全过程中处处存在反常。[2]281-282

在费耶阿本德看来，既然如此，那就不可能有"常规科学"。因为按照库恩的逻辑：科学革命是由反常引起的，而在范式的历史上始终有反常，因此，这就隐含着科学革命随时都有可能爆发。这样一来，"常规科学"的稳定性也就大成问题了。库恩也许会辩解说：反常不是总是引起革命，反常必须到一定数目才会引起革命。那么好吧：请告诉这一数目是多少呢？这显然是库恩所无法说清楚的。实际的情况应该是：

> 增生在革命之前就已经到来了，而且有助于导致革命。但是这就意味着他原来的那种论述是错误的。增生不是始于一次革命，它先于革命。而只要有点想象力，还有那么点历史研究就知道，增生不仅是紧紧走在革命前面，而且它还一直在革命前面。科学，正如我们所知，它不是常规时期和增生时期的

一种暂时的连续更替，而是两者的并列存在。[2] 287-288

这样一来，"库恩暂时分成增生时期和一元论时期的考虑就彻底蛋了。"[2] 283

韧性原理告诉人们，科学家为了坚持和发展理论，哪怕在理论遇到了十分明显的不一致事实时，也不应放弃理论，这是合情合理的；增生原理告诉人们，为了消除这种不一致，消化这种反常，科学家必须创造新的理论，以此来作为旧理论的一个替身，这也是合情合理的。因此，科学的发展，不是要用新理论来取代旧理论，而是要允许各种不同的理论并存，科学知识应该是"各种知识越来越增长的海洋"。这就是费耶阿本德从韧性原理和增生原理出发，必然到达理论多元论的结论。

根据费耶阿本德的观点，理论在任何时候都是多元的。因此只有理论多元论，才是符合科学发展的实际情况的。他认为，以往的科学方法论，无论是逻辑实证主义、朴素证伪主义还是库恩的范式转换论，它们共同的毛病就是所谓的"一致性条件"，即理论一元论。他们都规定：一旦理论被牢固地确立以后，就只能保留一个单独的理论。就连库恩也认为，"实际工作的科学家将把经验上可能的替代理论撇开，专心致志于一个理论"。[4] 15 这就是说，在常规科学时期，理论是一元的。而当已经有了一个牢固确立的理论而再找出新的假说时，就要求"新假说必须同这种理论相一致。"费耶阿本德对此加以批判，他说：

一致性条件要求新假说符合于公认的，这是没有道理的，因为，它保留的是旧的理论，而不是较好的理论。同充分确证的理论相矛盾的假说供给我们的证据，是用任何别的方法都得不到的。理论的增生是对科学是有益的，而齐一性则损害科学的批判力量。[4] 12

他举例说：事实上许多新的假说并不求与已有的公认理论一致。譬如牛顿理论与伽利略自由落体定律、开普勒定律在逻辑上并不一致，统计热力学与热力学理论的第二定律在逻辑上也并不一致，等等。费耶阿本德还认为，"一致性条件"会禁锢科学家的思想，束缚他们的创造精神。"齐一性还危害个人的自由发展"，[4] 12 "一个浸没在对单一理论的沉思中的大脑，甚至连该理论的最触目惊心的弱点也是不会注意到的"。[5] 224 所以，无论从科学家思维的发展，还是从科学本身的发展看，"理论和形而上学观点的多元主义不仅对于方法论来说是重要的"。[4] 29

（三）多元主义方法论："怎么都行"

费耶阿本德不仅用理论的多元论来反对理论的一元论，也用方法论的多元论来反对方法论的一元论。费耶阿本德认为，逻辑实证主义信奉方法论的一元论，认为唯一正确的是归纳方法论；而波普尔证伪主义也信奉方法论的一元论，认为唯一正确的是演绎方法论，甚至库恩信奉的也还是方法论的一元论，因为他要求科学家在常规科学时期保持一种收敛性思维，坚持"释疑"的传统，把"释疑"传统看作是区分科学与非科学的唯一标准①。他认为，一元主义方法论的信奉者（包括库恩在内）都要求用一套固定的规范去发展科学，这是一种可怕的教条。而费耶阿本德则要求彻底摒弃一切教条。他要求：

> 一个科学家如果对最多的经验内容感兴趣，想尽可能多地理解其理论的各个方面的，他就将采取一种多元主义的方法论。[4] 24

根据这种多元主义方法论，科学家对于竞争理论的态度将采取和上述教条主义者完全不同的态度。他不会抛弃那些看来在竞争中已经失败的观点，也不会把科学理论当作自我封闭的偶像，而把科学理论看作为一个开放的系统，因而这个理论可以从各种各样的观点中汲取营养。包括古代的神话，现代的偏见，专家的创造，狂人的奇想，等等。总之，人类文化思想发展的全部历史，都要给予利用。科学与非科学的界限是不存在的。

　　费耶阿本德还对一元主义方法论逐个加以批判，以此进一步论证多元主义方法论。首先，他批判了逻辑实证主义的归纳方法论。他指出，逻辑实证主义把归纳法当作唯一正确的科学方法，而归纳法却是成问题的。归纳法的病根在于这样的规则：

> 理论的成果是由"经验""事实"或"实验结果"来度量的。[4] 7

但是，这条规则是不合理的。因为，科学史上几乎没有任何理论是同事实完全一致的，要求同已知事实相一致的理论，将会使我们没有一个理论。因为

> 一个理论和"资料"之间的一直支持该理论（或让情势保持不变）……没有一个有意义的理论会同期领域中的一切已知事实都一致。①没有一种理论曾经（在估算误差的范围之外）与可得到的证据恰相一致……②理论同（与观察相对的）事实相符合，只能达到一定的程度。真的，如果发现有一种理论完善地表达着全部事实，那倒要使人人大吃一惊的。[4] 7-9

既然归纳法要求是不合适的，是违反实际的，因此也可以用反归纳法：

---

　　① 费耶阿本德一般地认为，库恩主张方法论上的一元论还是多元论，居于"模棱两可"，但这种"模棱两可"给人们的影响却是导致走向理论的一元论，而这正是方法论一元论的必然结果。

与之相应的"反规则"则劝导我们引入和制定与得到充分确证的理论以及（或者）充分确凿的事实不一致的假说。它劝导我们反归纳地行事。[4] 7

这就是说，反归纳法要求人们构造出更多的竞争理论来。因此，反归纳法实质上是费耶阿本德多元主义方法论换一个角度的说明。

其次，费耶阿本德又批判了波普尔证伪主义方法论。他认为，他的反归纳法也是针对证伪主义的。因为当证伪主义要求拿"经验"与"理论"相比较，并且主张当两者冲突时要放弃理论，这就犯了和逻辑实证主义相同的错误：

> 我们应当发明一个新概念体系，它悬而不决，或者同极其精心地确立的观察结果相冲突，反驳最可能的理论原理，并引入不能构成现存知觉世界的组成部分的知觉。这一步又是反归纳的。因此，反归纳总是合理的，总是有成功的机会。[4] 10

他不同意把证伪看作唯一正确的科学方法。他说："理论的更换并非总是由于证伪"。"我们要测试的理论内容和我们对虚假实例的判断不像严格证明理论虚假那样具有独立性。"[6] 28 所以，在费耶阿本德看来，证伪主义主张通过证伪，由一个新理论（和旧理论不能解释的事实一起）淘汰一个旧理论的方法论也是很成问题的。

费耶阿本德认为，无论是逻辑实证主义的一元方法论还是波普尔证伪主义的一元方法论都不符合科学史的事实，因此它们只能给科学的发展帮了倒忙。

> 总之，无论考察什么场合，无论考察什么例子，我们都看到，批判理性主义的原则（认真看待证伪；增加内容；避免特设性假说；"要老实"——不管这意味着什么；如此等等），更不必说逻辑经验主义的原则（要精确；把你的理论建基于测量；避免含糊不稳定的思想；如此等等）对过去的科学发展作了不恰当的说明，并且有可能阻碍科学的发展。它们所以对科学作了不恰当的说明，是因为科学远比其他方法论图像来得"邋遢"和"非理性"。它们所以有可能阻碍它，是因为如我们已看到的，使科学变得比较"理性"和比较精确的尝试必定会消灭科学。[4] 154-155

费耶阿本德还把库恩的"范式转换"方法论也当作方法论上的一元主义进行批判。他说，库恩主张"科学是一种历史传统"，"造成存在一种关于科学的普遍有效的理论的印象"。[6] 30 他坚决反对库恩关于存在着常规科学的观点，他利用自己发明的韧性原理和增生原理，以及使这两个原理同时相互作用的观点，反驳库恩关于

常规科学的观点和科学发展的模式。他嘲笑说：库恩的

> 这个模型：常规科学—革命—常规科学—革命，等等。其中，专业上的愚蠢行为又周期性地被哲学上的进发所代替，而回到一个"高级水平"。……这样看来，库恩的见解就不仅在方法上站不住脚，而且在历史上也难以成立吧！[2]283

通过对上述种种关于方法一元论的批判，费耶阿本德的目的在于亮出自己的多元主义方法论。

> 于此显见，关于一种固定方法或者一种固定理性的思想，乃建基于一种非常朴素的关于人及其社会环境的观点。有些人注视历史提供的丰富材料，不想为了满足低级的本能，为了追求表现为清晰性、精确性、"客观性"和"真理"等的理智安全感，而使之变得贫乏。这些人将清楚地看到，只有一条原理，它在一切境况下和人类发展的一切阶段上都可以加以维护。这条原理就是：怎么都行。[4]6

费耶阿本德用"怎么都行"来表白自己的方法论，确实是不同凡响的，也引起众多的评论甚至误解。他自己是这样说的，"怎么都行"并不是要反对任何方法，反倒是允许使用各种不同的方法；"反对方法"不是要反对一切方法，而只是反对那种主张普遍性标准的一元主义方法论。"怎么都行"也不是用一种新方法来取代以往的方法，而只是表明一切方法和规则都有一定的适用范围，都具有局限性："我的意图不是用另一组一般法则来取代另一组法则。我的意图倒是让读者相信，一切方法论，甚至最明白不过的方法论都有其局限性"。[4]11

> "怎么都行"强调了这样一种思想：科学家的研究工作不需要方法论者来指手画脚，科学家依靠自己的研究活动来创造合理的方法："一个科学家，或者就这件事而论，任何解决问题者，并不像一个小孩那样，要等候方法论者爸爸或理性主义者爸爸给他提供一些规则，他不依靠任何明显的规则而行动，并且以他的行动构成合理性，否则科学就从来不会出现，科学革命就从来不会发生"。[7]

费耶阿本德"怎么都行"的多元主义方法论是彻底的，没有界线的。他把科学看作一种"无政府主义的事业"；因此，它不需要理性主义王国的官吏们来限定它，给出理性主义的界限来。恰恰相反，费耶阿本德认为不管是科学的还是非科学的，理性的还是非理性的，政治的还是文化的，只要能用来推动科学的发展，

知识的增多，都可以作为方法来使用。他甚至认为，为了发展科学，推动科学革命，首先必须把非理性主义请进来：

> 显然，对新思想的归顺将不得不借助论证以外的手段促成。它的实现将不得不依赖非理性的手段，诸如宣传、情感、特设性假说以及诉诸形形色色偏见。我们需要这些"非理性手段"来维护新思想，它们在找到辅助科学、事实和论据之前只是一种盲目的信仰，在那之后，才转变成可靠的"知识"。[4]130-131

费耶阿本德还举出许多他认为是依靠非理性方法来推动科学发展的例子：当哥白尼提出一种新的宇宙学说时，他没有追随他的科学前辈，而是追随了像菲洛劳斯（Philolaus，约公元前 470—约公元前 385）这样一个狂热的毕达哥拉斯主义者，他采纳和继承了后者的观点而没有顾及任何科学方法论的清规戒律。力学和光学得益于工匠，医学得益于接生婆和女巫。费耶阿本德还举出中国发展中医的例子来说明国家的干预有时能有力地促进科学：

> 当中国的共产党人不屑于专家们的危言耸听而命令在大学和医院恢复中医时，引起了世界的一片哗然，似乎科学在中国要遭到毁灭了。然而事实正好相反。中国的传统科学得到了发展，西方科学还从中学到了不少东西。[8]

费耶阿本德不仅把一些非理性的东西如宗教的、社会的、心理的东西，引进科学方法论中来，而且还要把理性主义从科学方法论中排除出去。他认为理性主义作为方法论的要素已经过时，

> 在那些时代，甚至在比较晚近，在现代科学兴起及其 20 世纪修正期间，理性女士曾是一个美丽的、帮助人的（尽管偶尔有点专横）研究女神。今天，她的哲学追求者（或者我们是否应确切地说是拉皮条者？）已使她成为一个"女人"，即一个唠唠叨叨、老掉了牙的老妪。[6]25

看来，费耶阿本德在批评库恩的"羞羞答答"的非理性主义之后，公然赤裸裸地提倡非理性主义了。

（四）理论的比较评价

在上面的叙述中，费耶阿本德对他的历史主义同行——库恩，似乎总是采取一种咄咄逼人的批评态度。的确，他不喜欢库恩那种给科学"开方法论处方"以及对科学进行纯粹"描述"所采取的模棱两可的暧昧态度，他也讨厌库恩的"常规科学"所需要的那种"一本正经的献身和呆滞的风格"。他提出极端的理论多元

论与多元主义方法论，正是针对着库恩在这些问题上所表现的懦弱。他觉得在这些问题上库恩宣扬非理性主义和相对主义还不够。但是，一旦涉及科学理论的选择与评价问题，也即一旦触及这样一个基本问题：

> 现在我们到了一个决定性的时刻——从某些标准转到其他标准这是怎么实现的?更为特别的是，在革命的期间我们的标准发生了什么事?[2]293

费耶阿本德又成为库恩的志同道合的与谦虚的伙伴了。他称赞库恩以其所发现的"库恩损失""不可通约性"等开辟了理论评价的非理性主义道路。无论是批评库恩还是赞扬库恩，对于费耶阿本德来说，在逻辑上是始终一贯的：科学的发展是非理性的，并且科学理论的评价也是非理性的。

在理论选择与评价问题上，费耶阿本德认为理论的评价既没有一成不变的方法，也不可能有客观性的标准；相互竞争的理论（从实在论的观点来看）是"不可通约"的，不可比较的。

第一，两个互相竞争的理论，往往在经验内容的丰富性上是难于比较的。根据传统的观点，似乎科学的进步就表现为一种"中国套箱"式的归化。即认为从旧理论发展到新理论，是由一个包含内容较少的理论发展到一个包含内容较多的理论，而且旧理论的全部内容将被新理论所包容，就像一个较小的箱子放入到一个较大的箱里一样。譬如，从伽利略理论到牛顿理论以及到爱因斯坦相对论的发展，可以这样来看：牛顿理论是比伽利略理论较大的一个"套箱"，它包容了伽利略理论的全部内容；而相对论又是比牛顿理论更大的一个"套箱"，它能包容伽利略理论和牛顿理论的全部内容，如此等等。费耶阿本德认为上述这种观点是错误的。事实上，从说明内容的多少来看，新理论和旧理论相比，往往是有得有失的。

> 新理论虽然经常都比它们的前者更好、更详细，但不是总能富足到对付前者已经给予确切而又精确回答的一切问题。知识的增长，或说得更明确些，一个内容广泛的理论被另一个所代替，有得也有失。[2]297

有时甚至还会出现这样的情况：由于新理论刚提出不久，较为稚嫩，不如旧理论发达与成熟，因而它的解释成果和预测成果可能反而比较少。这种新理论和旧理论相比，在说明内容上有得有失，有时甚至可能减少的现象，是库恩首先指出来的，因此被叫作"库恩损失"。费耶阿本德充分肯定"库恩损失"这种情况的存在，并认为正由于存在着"库恩损失"，就使理论的比较成为一个难题。如果，拿哥白尼时代的哥白尼天文学理论与托勒密天文学理论作一番比较就不难发现：托勒密的"地心说"，不能很好地说明天体运行情况，因此它的说明与人们在实际航海中观察到的结果不同；这一点，采用哥白尼"地动说"就能得到简单而较好的说明。但是，如同前面已经提到过的那样，哥白尼"地动说"在当时也不能说明诸如"塔的问题"之类的现象。而对于这一点，从托勒密的"地心说"看来是不言而喻的，它对"塔的问题"（依靠亚里士多德力学等）所做的说明与人们日常的感知完全一致，等等。在这种说明内容有得有失的情况下，人们就难以恰当地评价两个竞争理论究竟何者为优，何者为劣了。

第二，即使比较两个竞争理论在说明内容的丰富性上是能鉴别的，或者预设为能被鉴别的，但仍然不可能合理地做出评价。这是因为观察总是受理论"污染"的缘故。观察是否真正支持一个理论，不是由事实本身的"确凿性"来决定的，而是受理论、特别是受决定评价者世界观和自然观的那种"高层的背景理论"所决定的。因此，这种评价只能是因人而异的、主观的、没有理性标准可言的。

费耶阿本德认为，观察证据的性质是由理论对证据的解释来决定的。他赞同由汉森提出并为许多科学方法论者（波普尔、库恩，拉卡托斯等）所认同的"观察渗透理论"的观点。他主张，一切证据都是受评价者的世界观或自然观的影响而彻底地渗透理论的。他说："一个理论所以可能同证据不一致，并非因为它不正确，而是因为证据是已被玷污了的。"[4] 43

> 一个科学家实际驾驭的材料，他的规律，他的实验结果，他的数学技术，他的认识论偏见，他对待自己接受的理论的荒谬推断的态度，在许多方面都是不确定的、含混的，而且从未同历史背景完全分离的。这个材料总是受到他所不知道的原理的玷污。[4] 42-43

既然证据受理论污染，因此，要对竞争理论进行评价，就必须考虑除了竞争理论和证据之外的其他一些相干的理论。费耶阿本德认为与竞争理论相干的理论即"高层背景理论"，并认为这种高层背景理论会决定证据具有何种性质。比如，在哥白尼时代，当用亚里士多德力学来对"塔的问题"做出解释时，这一现象就支持托勒密的"地心说"而反对哥白尼的"日心说"。反之，当伽利略以运动相对性与惯性原理对"塔的问题"做出不同的解释时，这个证据则转变成为支持"日心说"的证据。所以，在理论比较评价中，由于观察受理论"污染"，具有不同的世界观或自然观的人，对同一个证据会有不同的解释。因此，理论的评价就必然是缺乏客观标准的。

费耶阿本德追随库恩"不可通约"的观点。他说：

> 对前后相继的范式做出评价是很难的，它们可能是完全不可通约的，至少就

常用的比较标准而言是这样的。[2] 297

费耶阿本德不仅完全赞同库恩"不可通约"的观点，还有兴趣争论关于"不可通约"这一术语的发明权。"不可通约"这个术语于 1962 年同时出现在库恩的《科学革命的结构》和费耶阿本德的论文《解释、还原和经验论》之中，这并非是偶然的巧合，而是从极端相对主义观点所必然导出的逻辑结果。

费耶阿本德指出：公认的理论评价观认为两个先后相继的理论，其"内容类"（或"结果类"）在意义上一定是相通的，对理论所包含的概念、陈述必定可以有一个"统一的解释"（借助于定义或相关的假说把意义从观察语言传递到理论语言，通过"翻译"等）。然而，这种看法常常是难于满足的。经常碰到的情况倒是：两个理论由于基本概念、基本陈述在意义上的实质性差异，就使它们的"内容类"明显地不可比（当人们对理论作一种实在论的而不是工具主义的解释时）。对此，费耶阿本德曾用图 2 所示的两组图式进行说明：

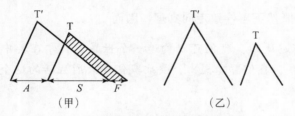

图 2　费耶阿本德的两组图式

公认的图式如图 2（甲）所示：T 被 T'所取代。T'解释了为什么 T 失败的地方 T'也失败（F）；T'还解释了为什么 T 至少部分是成功的（S）；并做出了另外的预见（A）。而根据"不可通约"的观点，竞争理论之间"内容类"的比较是不可能的。因为两者没有任何继承性和连续性可言。因此，费耶阿本德说：如图 2（乙）"所示，涉及'内容的类'的比较现在看来是明显不可能的。例如，不可能说 T'比 T 更接近真理或更远离真理。"[2] 298

费耶阿本德又用下面的几个公式表示竞争理论的"不可通约性"：
① "T'不可能包含 T（T'是 T 的后继者）；
② 不能根据 T'来解释 T；
③ T 不能被还原（归结）为 T'。"[5] 228

这几个公式表明，竞争理论之间不可能在逻辑上是一致的，它们在内容上也没有继承性或连续性。

费耶阿本德把牛顿力学和相对论作为两个先后相继的理论而它们在概念、陈述等内容上"不可通约"的例子。他提出，譬如，牛顿力学的长度概念和相对论的长度概念是不可通约的。在牛顿力学中，长度是独立于信号速度、引力场和观察者运动的。而在相对论中，长度是一种其值依赖于信号速度、引力场和观察者运动关系的。从牛顿力学到相对论的过渡包含着时空概念意义的根本变化。可以说，在"相对论的长度"这个概念中牵涉到一种在"牛顿力学的长度"这个概念中不存在的、甚至被根本排斥的要素。所以，两者是"不可通约"的，无法比较。

既然竞争理论之间"不可通约"，也就不可能有统一的评价标准。在这种情况下，对理论的评价只能采取"自评"而不是"公议"的办法了：

> 不可通约的理论就可以通过参照它们各自相应的经验而被驳倒（然而，在缺少可通约的供选择对象时这些反驳是相当弱的）。它们的内容不能加以比较，也不可能对逼真性做出判断。[2]307

在他看来，科学既然不再导致走向真理，因而

> 科学不是不可避免的，我们可以构造一个世界，科学在其中不起任何作用（这样一个世界，我们冒昧提出，要比我们今天所生活的这个世界更令人愉快）。[2]308

这里说的不仅是一个科学与非科学不加区分的世界，而且是一个不要科学的世界。难怪他说："一旦不可通约性这一事实得到理解，被认真地加以对待，那就条条道路通罗马了"。[2]309 否定理性，推崇信仰，贬低科学，赞扬宗教，这就是费耶阿本德宣扬极端的非理性主义的最终结束。原来，"反对方法"的归宿就是用不着科学，这岂不发人深思？！

参 考 文 献

［1］库恩，《科学革命的结构》，金吾伦，胡新和译，北京：北京大学出版社，2012 年。

［2］伊姆雷·托卡托斯，马斯格雷夫，《批判与知识的增长》，周寄中译，北京：华夏出版社，1987 年。

［3］库恩，《必要的张力》，范岱年，纪树立，罗慧生等译，北京：北京大学出版社，2004 年。

［4］法伊尔阿本德，《反对方法——无政府主义知识论纲要》，周昌忠译，上海：上海译文出版社，2007 年。

［5］Paul Feyerabend, "Reply to Criticism", in Robert S. Cohen and Marx W. Wartofsky（eds.）, Boston Studies in the Philosophy of Science, Vol. 2, In Honour of Philipp Frank, Proceedings of the Boston Colloquium for the Philosophy of Science，1962–1964，New York: Humanities Press，1965.

［6］保罗·费耶阿本德,《经验主义问题》,朱萍,王富银译,南京：江苏人民出版社,2010 年。

［7］Paul K. Feyerabend，From Incompetent Professionalism to Professionalized Incompetence: The Rise of a New Breed of Intellectuals，*Philosophy of the Social Sciences*，1978，Vol.8，No.1，p.43.

［8］P·费耶阿本德,《抵御科学、捍卫社会》,朱约林译,《自然科学哲学问题丛刊》,1986 年,第 2 期,第 20—21 页。

第二部 普通逻辑

7 逻辑是历史发展的科学*

恩格斯说:"关于思维的科学,也和其他各门科学一样,是一种历史的科学,是关于人的思维的历史发展的科学。"[1] 436

逻辑是一门研究思维及其规律的科学,也是一门非常古老的科学。逻辑的理论并非是一成不变的"永恒真理",逻辑的类型也不是唯一的。大体说来,既有形式逻辑及其扩展的科学方法论,又有辩证逻辑。它们都是源远流长,相对独立地发展的。

一般认为古希腊的伟大思想家亚里士多德(Aristotélēs,公元前 384—前 322)是逻辑科学的创始人。由亚里士多德创立的逻辑的第一种类型,后来被康德(Immanuel Kant,1724—1804)称之为形式逻辑。可是,康德本人并没有说明为什么把它叫作形式逻辑。按照亚里士多德的做法,下列这些命题:

"每个人都是有智慧的。"

"所有葡萄树都是宽叶植物。"

"任何鸟都是有翼的。"

可以确认它们有相同的形式,即:

"所有……都是……。"

依此看来,命题含有两种成分:一种成分是固定不变的,今天我们把它叫作"逻辑常项";另一种成分是可变的,今天我们把它叫作"逻辑变项",可用字母来表示。比如:

"所有 S 是 P。"

在这个式里,"所有"和"是"是命题的逻辑常项,而"S"和"P"是命题的逻辑变项。亚里士多德的逻辑就是这样研究命题形式的。而且他考察命题形式是为了解决推论的正确性问题,即弄清从某种形式的前提可以得出何种形式的必然结论。例如,只要我们能够断定:

"所有 M 是 P",

"所有 S 是 M",

---

* 本文原载《江汉论坛》,1980 年第 6 期,第 51—55 页。作者与本章内容相关的著述,请见中国辩证逻辑研究会(编),《辩证逻辑研究》,上海:上海人民出版社,1981 年,第 10—30 页。

那么，我们也就能够做出必然的结论：

"所有 S 是 P"。

换句话说，"所有 M 是 P"和"所有 S 是 M"蕴含着"所有 S 是 P"。现在，较多的逻辑学者倾向于如下这种解释：

> 亚里士多德的逻辑，或者更确切地说，由亚里士多德奠定基础的逻辑，就其仅仅涉及形式，或更严格地说，仅仅涉及完善的形式来说，是一种形式逻辑。[2]9

须知形式逻辑自身也经历过巨大的演变。自从莱布尼兹（Gottfried Wilhelm Leibniz，1646—1716）提出逻辑数学化的革新思想以后，形式逻辑就开始由古典的形式发展到新的形式——数理逻辑。为了建立一种能同数学相媲美的逻辑，那就必须像数学那样用符号作运算，不仅逻辑变项要用符号表示，而且逻辑常项也要用符号表示。换句话说，只有用一种人工语言（符号系统）来代替思想的自然语言时，逻辑的数学化才能实现。数理逻辑就是以这种逻辑斯蒂（logistic）的形式出现的，它比古典的形式逻辑更精确、更严密。在现代，形式逻辑又有更多的新成果而继续向前发展。康德认为自亚里士多德以来，"逻辑已不能再前进一步"[3]，这个说法实在是太武断、太固执了。

随着近代精密自然科学的兴起和急剧发展，经验科学的方法论问题则愈来愈引人关注。近代提倡研究科学方法的先驱者是培根（Francis Bacon，1561—1626），以后又有不少逻辑学家在传统逻辑的基础上，将研究的兴趣朝向归纳法和与之相关的经验科学方法论。这就在逻辑上开创了一个新的研究方向。

> 在古代逻辑中固然也时常谈到"方法""方法论"，但人们最多只限于讨论一些一般命题。穆勒第一次作了科学的方法论的详细的陈述，并且详尽地考虑了各种科学，自然科学和人文科学。可能引起不少矛盾，但逻辑也总之很正确地有了一个新的广阔的工作园地。[4]

从此，逻辑的第二种类型也就逐步地发展和壮大，这类科学方法的逻辑并无公认一致的、比较确定的研究范围。穆勒（John Stuart Mill，1806—1873）的归纳逻辑只不过是古典形式的经验科学方法论。而沿着这种新逻辑的研究方向继续前进时，就出现了现在所说的"科学的逻辑"，或"科学发现的逻辑"，或"科学方法论"，或"科学论"，等等。尽管名称繁多，实则属于同一类型的逻辑。可以说，科学方法的逻辑是一种非形式的逻辑，至少得说它是形式逻辑向非形式逻辑的扩展。下面这种见解颇有几分道理："我们把'科学论'的概念作为形式的和非形式的逻辑的上位概念，其定义是：最广义的获得科学认识的工具的理论。"[2] 19 这里不妨联想一下，当今我国高等学校讲授的"形式逻辑"（也许称为"普通逻辑"更为恰当），这门课程的内容尽管分量不算多，但也带有形式逻辑扩展的色彩，包含着非形式逻辑的东西。

自然有人问道："什么'非形式的逻辑'？！什么'科学方法的逻辑'？！岂不就是辩证逻辑吗？"我们的回答是否定的。诚然，辩证逻辑是一种非形式的逻辑，而且也是关于科学方法的理论。就最广泛、最一般的意义而言，无论形式逻辑或非形式逻辑，凡逻辑都是关于科学方法的理论，因为逻辑"教给我们在一切科学中进行思考的方法"[托马斯（Thomas Aquinas，约 1225—1274）语]。问题的症结不在这里，却在于如何看待那种从形式逻辑扩展而来的狭义的"科学方法的逻辑"（或称"科学发现的逻辑"，或称"科学逻辑"。名称与用词的问题，并不是这里所要争议的）。须知，科学的认识活动是历史发展的，科学的研究方法也有发展水平的差异。用德国古典哲学的术语来说，悟性（或译知性）的活动与理性（辩证思维）的活动两者不同：前者的基本特点是局部地、固定地、分隔地、抽象地认识被研究的对象；后者的基本特点是整体地、流动地、统一的、具体地认识被研究的对象。从形式逻辑扩展而来的"科学方法的逻辑"（狭义的）是悟性的逻辑，并不是辩证逻辑。辩证逻辑是理性的逻辑。恩格斯曾经指出：一切知性活动，归纳、演绎、分析、综合等。

> 所有这些行为方法——从而普通逻辑所承认的一切科学研究手段——在人和高等动物那里是完全一样的。它们只是在程度（每一运用的方法的发展程度）上有所不同。只要人和动物都运用或满足于这些初级的方法，那么这种方法的基本特点对二者来说就是相同的，并导致相同的结果。相反，辩证的思维——正因为它是以概念本身的本性的研究为前提——只对于人才是可能的，并且只对于已处于较高发展阶段上的人（佛教徒和希腊人）才是可能的，而其充分的发展还要晚得多，通过现代哲学才能达到。虽然如此，早在希腊人那里就已取得了巨大的成果，那些成果深远地预示了以后的研究工作。[1] 485

一旦涉及辩证法领域，那么头等重大的问题就是：果真有运动吗？什么是运动？古希腊的思想家对此进行过长期而激动人心的论争。艾奥利亚学派的哲学家芝诺（Zeno of Elea，约公元前 490—约前 425）认为：从感觉上说，感官确信有运动，但从思维上说，运动是不可理解的，并不是真实存在的。他对运动提出过四个反驳。前三个反驳都是建立在空间和时间可无限分割的基础上的。简略说明如下：

1）二分说。向一个目的地运动的物体，为了要走完这全部路程，首先必须走

完一半。然而要走完这路程的一半，又必须经过这一半的一半，如此类推，以至无穷。由此可见，

> 每一个量——每一时间和空间总是有量的——又可以分割为两半；这种一半是必须走过的，并且无论我们假定怎样小的时间，总逃不了这种关系。运动将会是走过这种无穷的时点，没有终极；因此运动者不能达到他的目的地。[5] 312-313

2）阿基里斯（Achilles）追不上龟。阿基里斯是古希腊传说中的英雄，行走如飞，为什么追不上慢走的乌龟呢？

> 追赶者需要（一定的）时间，才能"达到被追赶者于这一个时间开始时出发之处"。当第二个达到第一个动身的地方时，第一个已前进了一步，留下一段新的空间，这又需要第二个费一部分时间才能走过；依此递推，以至无穷。[5] 318

设追赶者距被追赶者十丈远，而且行走的速度为被追赶者的十倍。当追赶者跑过这十丈距离时，那么被追赶者就前进了一丈。接着，当追赶者跑过这一丈的距离时，那么被追赶者又前进了一尺。再接着，当追赶者跑完这一尺距离时，那么被追赶者又前进了一寸。如此下去，被追赶者永远仍是在前面。

3）飞矢不动：飞矢的体积占有一定的空间，而且它在每一瞬间每一时刻都是占有相同的空间。这一瞬间或那一瞬间同样是一个"此刻"，这一点或那一点同样是一个"此处"。

> 凡是永远在此处在此刻的东西就是静止的。换言之，关于飞矢也同样可以这样说：它是永远在同一空间和同一时间内；它不能超出它的空间，它不能占据一个别的，亦即较大的或较小的空间。[5] 321

综上所述，芝诺的疑难就在于发现了运动本身含有矛盾，因而就以为运动是不可能的，不真实的。传说芝诺由于这个发现而非常兴奋，立即跑到哲学家第欧根尼（Diogenēs，约公元前 412—前 324）那里去诉说，第欧根尼被芝诺的论证所激动，他一言不发地站起来，走来走去，试图用步行来反驳芝诺的论证，用行动来表明运动是真实存在的。其实，芝诺从未否认过作为"感觉的确实性"的运动，问题是怎样来理解运动。第欧根尼用步行来反驳芝诺的论证，并不能解决芝诺的疑难。列宁指出："问题不在于有没有运动，而在于如何用概念的逻辑来表达它。"[6] 216

如何理解运动呢？如何用概念的形式来表达运动呢？概括地说，"运动是（时间和空间的）非间断性与（时间和空间的）间断性的统一。运动是矛盾，是矛盾的统一。"[6] 217 换句话说，运动就是"物体在同一瞬间既在一个地方又在另一个地方，既在同一个地方又不在同一个地方。这种矛盾的连续产生和同时解决正好就是运动。"[7] 广而言之，任何变化都是"有"与"无"的统一，存在与非存在的统一。毫无疑问，应当探讨这种运动——矛盾（对立面统一）的逻辑，即辩证法逻辑。

如果以为芝诺的疑难只不过是纯粹无聊的诡辩，那实在是大错特错了。如果把芝诺的疑难作为出发点，进行勘测和钻探，那么就会取得令人赞叹不已的成就。正如恩格斯说过的那样，以概念（当然也包括"运动"这个概念）本性的研究为前提的辩证思维，"早在希腊人那里就已经取得了巨大的成果，那些成果深远地预示了以后的研究工作"。黑格尔（Georg Wilhelm Friedrich Hegel，1770—1831）在《哲学史讲演录》一书中给予芝诺很高的评价："芝诺的特点是辩证法"，"他是辩证法的始祖"。列宁把这些话摘录进《哲学笔记》，对此是很重视的。

为什么芝诺对运动疑惑不解呢？这是因为他发现了运动自身的矛后（间断性与非间断性之间的矛盾）。他的错处不在于发现矛盾，只在于从发现矛盾而走向否认运动的可能性。为什么会产生这样的错误呢？这绝不是偶然的，而有其深刻的认识根源。列宁说：

> 如果不把不间断的东西割断，不使活生生的东西简单化、粗糙化，不加以割碎，不使之僵化，那么我们就不能想象、表达、测量、描述运动。思维对运动的描述，总是粗陋化、僵化。不仅思维是这样，而且感觉也是这样；不仅对运动是这样，而且对任何概念也都是这样。[6] 219

芝诺把活生生的运动过程分割为无穷的部分并给予孤立的考察，正是这种思维（"悟性"）方法使他以为运动是不可能的。黑格尔也说过：

> 造成困难的永远是思维，因为思维把一个对象在实际里紧密联系着的诸环节彼此区分开来。思维引起了由于人吃了善恶知识之树的果子而来的堕落罪恶，但它又能医治这不幸。[5] 320-321

如果人们能把运动作为完整的过程并统一起来考察的话，那么就会认识到正是运动自身的矛盾才使运动成为可能。不是矛盾使运动不可能，而是只有辩证地思维才能理解运动。

迄今，人们愈来愈看清了希腊哲学家探讨运动问题的深远意义，而且更加懂得了德国古典哲学探讨"悟性"与"理性"两个不同认识阶段的积极意义。

如果辩证逻辑只是哲学家们书斋里谈论的东西，或者辩证逻辑与其他科学理论的发展互不相干的话，那么，它顶多是"哲学博览会"上的一件"艺术珍品"而已。哲学家们讨论运动时，需要辩证地思考，用概念的形式理解运动的本质即："不间断性与间断性的统一"（矛盾对立面的统一），那么，科学家们是否也需要这样思考问题呢？人们不妨回顾一下近代物理学对于光的本质的论争。以牛顿（Isaac Newton，1642—1726）为代表的一派认为光的本质是微粒（间断性的），提出"粒子说"；以惠更斯（Christiaan Huygens，1629—1695）为代表的另一派认为光的本质是波（非间断性的），提出"波动说"。按照经典物理学的眼光，如果光是粒子（间断的），那就不可能是波（非间断的）。如果光是波（非间断的），那就不可能是粒子（间断的）。

> 在经典物理中，一束光和一束电子是根本不相同的。前者是一束经由空间的某一方向传播的电磁波；物质并没有动，变化的仅是电磁场在空间的状态。与之相反，一束粒子则由实在的物质以一个个小单元笔直地向前运动组成；它们之间的差异犹如湖面上的波动与一群沿着同一方向游动的鱼。因此，当物理学家发现电子束有波性，而光束又有粒子性的时候，还有什么事情比这更使他们吃惊呢？[8]

物理学家发现光量子的二象性（间断性与非间断性的子盾），犹如芝诺发现运动自身中的矛盾一样地感到迷惑。于是物理学家们面临着这样的抉择：是死死抱住经典物理学的观念不放呢？还是抛弃经典物理学的陈旧观念呢？出路则在于后者，承认光既具有粒子性又具有波动性，它的本质就是粒子与波两者矛盾的统一。科学理论的发展表明了：

> 人的概念不是不动的，而是永恒运动的，相互过渡的，往返流动的；否则，它们就不能反映活生生的生活。对概念的分析、研究，"运用概念的艺术"（恩格斯），始终要求研究概念的运动、它们的联系、它们的相互过渡。[6]213

可以说，量子力学创立的本身就是对辩证思维的证认。这恰好启示着人们：现代科学的发展，迫切需要辩证逻辑啊！

同样的，艺术理论也是迫切需要辩证思维的。比如说，有篇文艺评论写道："绿——那是旺盛的生命力和强烈感情的色彩"，这样抽象地陈述绿色的象征意义对不对呢？诚然，生机勃勃的植物世界大多是绿色的。因而，断言绿色是生命的象征的确有几分道理，但不是全面的道理。试看一下彩色影片《画皮》：魔鬼的绿色面孔，荒郊破庙墨绿的夜色，那将有何种感受呢？难道绿色不也是阴森恐怖、毫无生机和冷酷无情的"色彩"与象征。如果我们给予全面考察，那就不难发现：无论哪一种色彩，都不是只能固定地象征着某一方面的意义，而不能象征着与之对立方面的意义。这个理论问题也和运动问题、光的本性问题一样，需要辩证地思考才能解决。

总之，关于辩证思维的逻辑理论，是哲学与各门专门科学发展的必然产物，是对世界认识的历史的总结。辩证逻辑就是研究人们在认识真理的过程中思维运动发展的形式及其规律。或者说，辩证逻辑就是关于辩证思维的形式及其规律的学说。

参 考 文 献

[1] 恩格斯，《自然辩证法》，载中共中央马克思恩格斯列宁斯大林著作编译局编译，《马克思恩格斯文集》第 9 卷，北京：人民出版社，2009 年。

[2] 亨利希·肖尔兹，《简明逻辑史》，张家龙译，北京：商务印书馆，1977 年。

[3] 康德，《纯粹理性批判》，蓝公武译，上海：上海三联书店，2011 年，第 8 页。

[4] 泰奥多尔·齐亨，《逻辑学教程》，见王宪钧等编译，《逻辑史选译》，北京：生活·读书·新知三联书店，1961 年，第 110 页。

[5] 黑格尔，《哲学史讲演录》第 1 卷，贺麟、王太庆等译，北京：商务印书馆，2013 年。

[6] 列宁，《哲学笔记》，载中共中央马克思恩格斯列宁斯大林著作编译局编译，《列宁全集》第 55 卷，北京：人民出版社，1990 年。

[7] 恩格斯，《反杜林论》，载中共中央马克思恩格斯列宁斯大林著作编译局编译，《马克思恩格斯文集》第 9 卷，北京：人民出版社，2009 年，第 127 页。

[8] 韦斯科夫，《二十世纪物理学》，杨福家、汤家镛、施士元、倪光炯、张礼译，北京：科学出版社，1979 年，第 28 页。

8　谈谈形式逻辑的对象和意义*

毛主席号召我们学点逻辑，人们自然会提出如下两个问题：①逻辑是门怎样的科学？②为什么我们要学习和研究逻辑？本文的目的是要阐明这两个问题。为了能够更好地说明逻辑的对象和意义，我们先讨论一下认识和思维。

认识是客观物质世界在人们意识中的反映过程。认识是一个复杂而又统一的过程，列宁以认识史的概括为依据，曾指出："从生动的直观到抽象的思维，并从抽象的思维到实践，这就是认识真理、认识客观实在的辩证途径。"[1] 142 在这里无论是生动的直观（认识的感性阶段），还是抽象的思维（认识的理性阶段），都是有着多种的反映形式。认识的感性阶段是由感觉、知觉、表象构成的，认识的理性阶段是由概念、判断、推理构成的。

感觉、知觉、表象是属于认识的感性阶段。它们都是客观对象的直观映象。人们对现实的认识并不停留于此，必须上升到认识的更高阶段——抽象思维和理论。毛主席说：

> 感觉到了的东西，我们不能立刻理解它，只有理解了的东西才更深刻地感觉它。感觉只解决现象问题，理论才解决本质问题。[2] 286

思维是对现实的概括的、间接的反映过程。思维反映现实是通过概念、判断、推理来进行的，概念、判断、推理是思维的基本形式。概念的形成过程、判断的形成过程、推理的过程，就是思维的过程。

从生动的直观到抽象的思维是认识从现象到本质的深化过程。抽象思维不仅比感知更深刻地认识现实，而且还能了解那些为感性知识所无法把握的东西，例如"价值""光速"（每秒 30 万公里）等。对思维的抽象性应如何理解呢？我们从抽象思维撇开了客观对象的某些方面这一角度来说，抽象思维比起生动直观，是离开了具体现实；另一方面我们也要了解，抽象思维是深入地认识客观对象的本质，它能更深刻地反映现实，可以说抽象思维又是更接近于具体现实。所以不能把思维看作是愈为空虚的抽象，并与具体性绝对地对立起来。

---

* 本文原载湖北哲学学会（编），《逻辑问题研究》，武汉：湖北人民出版社，1959 年，第 88—97 页。

认识是人对自然界的反映，在这里有三项：①自然界＝认识的对象（客体）；②人脑＝认识的主体；③自然界在人认识中的反映形式，这就是前面所谈过的。现在的问题是，人如何从主观的反映形式，走向（或接近于）客观真理？这就是从抽象思维到实践。真理是过程，即列宁所说的："生命产生脑。自然界反映在人脑中。人在自己的实践中，在技术中检验这些反映的正确性并运用它们，从而也就达到客观真理。"[1] 170

人脑是能够反映客观世界的，但是要反映得正确很不容易。如何才能使认识比较正确？如何才能造出（创立）比较正确的理论？为此我们必须明白三点。

1）要有形成正确理论的材料（原料或者半成品）。材料是从"实践中来"的，是从"群众中来"的。毛主席说：

> 无论何人要认识什么事物，除了同那个事物接触，即生活于（实践于）那个事物的环境中，是没有法子解决的。[2] 286-287

> 只有感觉的材料十分丰富（不是零碎不全）和合于实际（不是错觉），才能根据这样的材料造出正确的概念和论理来。[2] 290

一切知识都是来自经验、生活的实践。在这里，人的知识，有直接检验的东西，也有间接检验的东西。

2）要把握思维的规律（逻辑工具）。人脑是个加工厂，而起制成完成品（理论、计划、办法等）的作用。思维是对来自实践的原料或半成品进行加工的过程。这个加工的过程需要工具（逻辑工具），需要把握正确思维的规律。

3）要验证理论的正确性（产品的检验和返工）。检验这些反映的正确性是"到实践中去""到群众中去"，也就是说人脑制成的完成品，究竟合用不合用，正确不正确，还要交由人民群众去检验。毛主席说：

> 原定的思想、理论、计划、方案，部分地或全部地不合于实际，部分错了或全部错了的事，都是有的。许多时候须反复失败过多次，才能纠正错误的认识，才能到达于和客观过程的规律性相符合……[2] 294

综上所述，人要正确地认识客观世界：首先，应当投身于人民群众的实践中，或者自己的科学实验中。因为要把握能够造出正确理论的材料和检验理论的正确性，这是个从实践中来，又到实践中去，从群众中来，又到群众中去的过程。其次，为了把握思维的规律（逻辑的工具），就应该研究和学习辩证法和形式逻辑。恩格斯说："关于思维及其规律的学说——形式逻辑和辩证法"。[3] 28 辩证法给我们提供了科学的思想方法，辩证逻辑是思维的高等的逻辑工具。形式逻辑给我们提供了思维的初等的逻辑工具。

形式逻辑是一门怎样的科学呢？

形式逻辑是以人的思维为研究对象，然而，它研究的不是思维的一切方面，人的思维也是辩证唯物主义和心理学的研究对象。

辩证唯物主义是这样来研究思维的，它首先要解决思维与存在的关系问题，而探讨了自然界认识、思维的最一般规律。在马克思主义哲学理论中，关于存在的学说，关于认识的学说以及关于思维的学说是联成为有机的整体。唯物辩证法的规律（和范畴）即是我们认识的规律（和范畴），也是我们思维的规律（和范畴）。所以辩证唯物主义就包含有辩证逻辑。应该说，把形式逻辑简称为"逻辑"，其意义是不精确的。但我们这里有时仍照一般的习惯用法简称形式逻辑为"逻辑"，至于那种把形式逻辑说成是唯一的逻辑科学，这种观点是错误的。

心理学是从人的心理特性这一角度来研究思维，它不研究思维认识现实的逻辑工具。

形式逻辑从思想结构的形式方面来研究思维。也就是说，从逻辑形式的角度来研究思维形式（概念、判断、推理等），并研究思维的逻辑形式间所服从的逻辑规律。

什么是逻辑形式呢？什么是逻辑规律呢？

逻辑形式是思想的结构形式，也即是思维的各部分具体内容赖以相互联系的方式。例如我们考察如下这几个判断：

1）"有些恒星是变星"；

2）"有些剥削者是地主"；

3）"有些单细胞生物是变形虫"；

4）"有些产品的质量是超过国际水平的"。

我们可以看出上面四个判断（思想）的具体内容是个个不同，但是它们之间也有共同的东西即思想的结构。上述这些判断的结构都是有一个主词（像"恒星""剥削者""单细胞生物""产品的质量"）和一个谓词（像"变星""地主""变形虫""超过国际水平的"），而且以"是"联系起来，我们用"S"来表示主词，用"P"来表示谓词，那么这些判断的逻辑形式可以下面的公式来表示"有 S 是 P"。

逻辑规律是逻辑形式间的必然联系（或关系）。形式逻辑的规律是按照各种有着共同逻辑形式，而其具体内容又是不同的一切思想而确定的。例如："有些 S 是 P"和"有些 P 是 S"，这两个逻辑形式，它们之间的必然联系可以如下公式来表示："如果有些 S 是 P，那么有些 P 是 S"，或者"如果有些 P 是 S，那么有些 S

是 P"，也就是说，一个具有"有些 S 是 P"形式的判断和一个具有"有些 P 是 S"形式的判断（两个判断中的"S""P"是相同的思想内容），如果前一个判断是真，那么后一个判断也必然是真的，或者如果后一个判断是真的，那么前一个判断也必然是真的。

形式逻辑不研究各种各样思想的不同的具体内容，而是研究从这些具体的思想中，抽象出一般的共同的东西即逻辑形式及其间的规律性。形式逻辑的研究特点很像文法和几何学，

> 语法从词和句的个别和具体的东西中抽象出来，把作为词的变化和用词造句的基础的一般的东西拿来，并且以此构成语法规则、语法规律。……几何学得出自己的定理是，它从具体对象中抽象出来，把各种对象看成没有具体性的物体，它所规定某些具体对象之间的具体关系，而是没有具体性的一般物体之间的相互关系。[4]

逻辑形式及其规律的公式是形式逻辑的抽象化研究工作的成果。每个表示逻辑形式与逻辑规律的公式都包含有两部分：①逻辑常项；②逻辑变项。例如：在"有些 S 是 P"这一个判断形式的公式中，"有些"和"是"为逻辑常项，"S"和"P"为逻辑变项。对于具有同样逻辑形式的各个具体思想，逻辑常项是相同和不不变的，这可以参看前面例子里列举过的四个判断。但逻辑变项则不是这样，在具体的判断里，各个判断的主词（S）和谓词（P）都是不同的。也就是说，在具体判断中，这些逻辑变项代入了变项的值（作为主词变项和谓词变项的值是具体概念）。像前面例子中的概念："恒星""剥削者""单细胞生物""产品的质量"和"变星""地主""变形虫""超过国际水平的"。

逻辑形式与其间的规律性是无数多的具体思想所共同具有的一般的东西，而逻辑形式和逻辑规律的公式是形式逻辑的抽象化研究工作的结果，它的应用范围十分广阔，故形式逻辑这门科学给人们提供了思维的逻辑工具知识。人们可以依据关于逻辑形式和逻辑规律的知识，帮助我们来下判断和进行推理。

然而，我们应当明白，这些逻辑工具是从实践中来的，是从具体的认识过程中来的，而且要回到实践中去，回到具体认识过程中去。如果这些逻辑工具与活生生的认识过程隔离开，或把它与论域隔离开（所谓论域就是指特定思维〔议论〕过程中，人们所思考〔议论〕的范围），那么逻辑的工具就会成为僵死的公式，并导致烦琐无聊的文字游戏。例如：按照"S 是 P"的公式，做出"石头硬是合乎道德的"或"石头硬是不合乎道德的"云云，不难看出这全是无意义的胡说。所以，我们不要在形式逻辑这门科学的研究特点上，迷失了正确的方向，形式逻辑

这门科学的研究特点与形式主义的逻辑学者的做法是根本不同的。

为什么会有这些逻辑形式和逻辑规律呢？对这个问题唯物主义和唯心主义所给予的回答是根本对立的。

唯心主义认为逻辑形式与逻辑规律是超越经验之上的，与现实毫无联系的，或者认为逻辑形式与逻辑规律是"先天的"东西，或者认为逻辑形式与逻辑规律是人们主观约定出来的东西。总之，唯心主义是从思维本身中去寻找逻辑形式和逻辑规律的根源。

唯物主义认为逻辑形式与逻辑规律的根源应该从客观世界中去寻找。列宁说："逻辑形式和逻辑规律不是空虚的外壳。而是客观世界的反映。"[1] 151 这对于形式逻辑来说，也是这样的。思维的逻辑形式（与其间的规律性）不能与客观内容割裂开，逻辑形式各个不同具体内容的思想所共有的一般的东西，我们可以说逻辑形式是这些思想所共同的一般的内容（或叫形式的内容）。例如："所有 S 都是 P"这个逻辑形式，它反映了"一类所包含的每个对象都具有特定的属性"这个客观的一般内容（现实中普通的关系）。可见逻辑形式与逻辑规律并非超越于经验之上的空洞的东西，而是现实中对象的某种同类的联系和关系的反映，即是现实最普遍常见的一般的联系和关系的反映。事实也正是这样，逻辑规律在认识（反映过程）中才会具有重要的意义。

现在，我们给形式逻辑下个定义：形式逻辑是研究思维的结构形式及其间规律的科学。

形式逻辑这门科学的主要任务有：

1）分析思维的逻辑形式。

2）考察逻辑形式间所服从的逻辑规律。

3）研究人们认识现实所使用的简单的逻辑方法。如定义方法、划分方法等等。

研究逻辑的意义何在呢？

任何一门科学的产生都是出于人们的实际需要。如天文学是古代人为了解决计算时间，预先测定季节的变化等问题而产生的。研究逻辑问题也是出于人们生活的实际需要，但是逻辑科学的产生不是为了满足人们生活中某一特定的个别方面的需要，而是为了人们能够正确地思维以达到认识现实这一目的服务的。形式逻辑这门科学的产生是与人的认识活动密切相关的。

逻辑规律具有极其广阔的适用范围。别的各门具体科学是研究那些只在现实的某一特定的领域中起作用的规律，而逻辑科学研究的规律是为各种不同的具体内容的思想（在各门专门科学里）所共同服从的。为什么逻辑规律具有这样的特点呢？这是由于逻辑规律反映着现实中最普通常见的关系。

当然，数学规律和语法规律也有其相当广阔的适用范围。但是它们仍没有逻辑规律的适用范围那样广阔。以数学规律来说，它只是适用于现实的空间形式和数量关系这一方面，而逻辑规律对于反映现实各个方面的思想（包括数学在内）都是适用的。就语法规律来说，它的适用范围受着历史上形成的某一语言体系的限制，而逻辑规律的适用范围就不以某一特定的语言体系为限，逻辑规律是全人类共同的东西。

逻辑规律有着极其广阔的适用范围，因而各具体知识部门在认识现实的过程中都遵循着它。应该注意的是，各个科学工作者并非消极地依据逻辑规律来进行思维而已，而是积极运用逻辑科学所提供的工具，直接地或间接地利用它去解决本科学部门内的问题和技术实践中的问题。在近代的数学发展中，我们可以看到这种情形，在现代的自动控制的技术实践中，我们也可以看到这种情形。

逻辑规律的适用范围虽然极其广阔，但是仍有局限性。逻辑规律和其他各门具体科学所研究的规律一样，其作用范围是取决于规律发生作用的条件。形式逻辑的规律是在撇开变化和发展来考察思维形式的条件下发生作用的，把反映对象的思想作为既成的、稳固的东西来加以把握。否认形式逻辑规律的作用范围之局限性，把它夸大和绝对化，那就势必走向形而上学。

逻辑是教导人们正确地思维的科学。凡正确的思维都必须具备如下的特性：

1）概念要明确。如果概念不明确，那么思维就缺乏准确性。往往我们看到这种情形，由于概念不明确，导致思想和议论的混乱。例如，当我们讨论资产阶法权问题时，若自己还不懂得什么是资产阶级法权，对"资产阶级法权"这个概念不明确，那么争论起来就难免会有混乱的观点。思想的准确性首先要求人们在思维过程中，概念应当是明确的。逻辑提供了帮助我们如何去明确概念的逻辑方法。

2）判断要恰当。我们的思想和观点要有恰当的表达方式，判断的逻辑形式都有其特定的逻辑意义，思想的准确性要求思想的具体内容通过恰当的判断形式来表达。例如：当我们认识到对于任何一个干部来说，都必须走又红又专的道路，那么"所有 S 都是 P"这个判断形式就是这个思想内容的恰当表达方式，我们应当做出"所有干部都是必须走又红又专的道路"这个判断，就不要做出像"有些干部是必须走又红又专的道路"这样的判断，"所有 S 都是 P"和"有些 S 是 P"这二个判断形式的逻辑意义是不同的。逻辑学给我们提供了有关判断的逻辑形式的知识。

3）推理要有逻辑性，也就是说推理要依据逻辑规律。人们通过推理能够从已知的知识中获得新的知识。这种凭借推理而获得的知识是推出的知识，它不是直接从经验中取得的。人们要获得真实可靠的推出的知识必须有二个条件：①作为推理前提的已知知识必须是真实的。②在推论的过程中，必须依据逻辑规律（或遵守根据逻辑规律的要求而确定的逻辑规则）。如果作为推理前提的已有的知识不是真实的，那么就无法保证获得真实的结论（推出的知识）。例如："所有物质都是由分子构成的，原子不是由分子构成的，所以，原子不是物质"，这个推理的结论"原子不是物质"是假的，这是因为在推理的前提中，"所有物质都是由分子构成的"是假的。如果在推论的过程中，不依据逻辑规律，那么就无法保证获得真实的结论。例如："所有太阳系的行星都是处于太阳系内，太阳不是太阳系的行星，所以，太阳不是处于太阳系内"，这个推理的结论"太阳不是处于太阳系内"是假的，这是因为推理的结论不是从前提合乎规律的得出来的，也就是说，这个推理不是依据逻辑规律来进行的。可见，逻辑规律在认识中的重大意义之一即在于：它保证我们从已有的确实可靠的知识中，推出真实的知识来。逻辑学给我们提供了关于推论过程的规律的知识。

逻辑是探求真理的方法。恩格斯说："形式逻辑也首先是寻找新结果的方法，由已知进到未知的方法"。[3]42逻辑也是揭露谬误的方法。学习逻辑，把握逻辑工具，对于提高辨别香花毒草的能力是很有帮助的，逻辑工具是揭穿伪科学之谬误和驳斥似是而非之诡辩的锐利武器，然而，我们也不能把逻辑看成是"科学的科学"，或者把逻辑规律看成是检验某些专门科学思想内容的真理性的标准。

人的思维能力是不断提高的，人类历史上曾有过这样的时候，那时人还未能自觉地应用逻辑规律来进行思维。往后，人们把逻辑思维作为研究对象，对逻辑的问题进行了研究，这意味着人可以借助逻辑的知识来提高思维的能力。现在我们每个人都可以从自发的逻辑思维提高到自觉的逻辑思维。

参 考 文 献

[1] 列宁，《哲学笔记》，载中共中央马克思恩格斯列宁斯大林著作编译局译，《列宁全集》第55卷，北京：人民出版社，1990年。

[2] 毛泽东，《实践论》，载中共中央毛泽东选集出版员会编，《毛泽东选集》第1卷，北京：人民出版社，2008年。

[3] 恩格斯，《反杜林论》，载中共中央马克思恩格斯列宁斯大林著作编译局编译，《马克思恩格斯文集》第9卷，北京：人民出版社，2009年。

[4] 斯大林，《马克思主义和语言学问题》，中共中央马克思恩格斯列宁斯大林著作编译局编译，北京：人民出版社版，1971年，第17—18页。

9　论推理与正确推理形式*

　　我国逻辑界关于形式逻辑问题的讨论，其中很多内容涉及有关推理的一些问题。的确这里的问题较为复杂，引起较多的争论是很自然的。本文针对逻辑界有关推理的一些争论，谈谈我的看法，供给大家参考。

　　推理是人们间接地认识现实的过程，它是借以从现有的判断中获得新的判断的思维形式。在推理中，前提是已有知识的判断，结论是推出的新判断。前提是导致获得新判断这一推论过程的出发点，而结论是导致获得新判断这一推论过程的终结点。在推理中，我们是如何从已有的判断中获得新的判断？应该如何进行推论以达到真理性的认识？这里我们仅考察实然推理。为了保证推论能获得真实可靠的知识，除了必须具备真实的前提外，还必须按照逻辑规律（或称思维规律）来进行逻辑推演。恩格斯说：

> 如果我们有正确的前提，并且把思维规律正确地运用于这些前提，那么结果
> 必定与现实相符，正如解析几何的演算必定与几何作图相符一样，尽管二者
> 是完全不同的方法。[1]

我们知道，规律是关系，是本质的关系。所谓逻辑规律就是诸逻辑形式——前提的判断形式与结论的判断形式——之间的必然关系。逻辑规律具有客观的真实性，它是反映着现实对象间一般的联系和关系，因而按照逻辑规律来联系真实的前提，推理的结论就一定与现实相符合。如果我们要正确地按照逻辑规律来联系前提，那么就应当满足逻辑规律的要求。这些逻辑规律的要求通常表现为推理的规则。按照逻辑规律来联系前提的推理，它的结构即为正确的推理形式，也就是说，遵守推理规则的推理其结构即为正确的推理形式。

　　由此可见，任何推理都具有两方面的知识，一方面是前提和结论所包含的知识——推论中的具体内容，这些知识是专门科学的知识。在无数多的具体推论过程中，具体内容各不相同，这是各个具体推理的差别性，形式逻辑对此不加以研究。另一方面是关于如何正确地进行逻辑推演的知识——逻辑规律、推理规则、

---

* 本文原载《新建设》，1960 年 1 月号，第 61—65 页。

正确的推理形式，这些知识是逻辑的知识（或称论证的知识）。在无数多的具体推论过程中，虽然推论的具体内容各个不同，但还有它们共同的一般的东西（逻辑规律、推理规则、正确推理形式），这是各个正确推理的同一性。形式逻辑是从这方面来研究推理。

推理既是人们间接的认识现实的过程，在这里我们必须区别如下二者：①前提中作为推论的出发点的知识。②逻辑推演的过程：前者必须是真实的，思想的具体内容应与现实相符合，这是思想具体内容的真实性问题。后者必须是正确的，保证从前提的真实知识获得真实可靠的结论知识，这是逻辑联系的正确性问题。关于思想具体内容的真实性问题，大家都一致明白，可以不谈。而关于逻辑联系的正确性问题意见不一致，需要讨论一下。

为什么我们从已有的真实知识出发，遵循逻辑规律或者说遵守推理规则、具有正确推理形式，就必然获得其实可靠的结论？唯物主义认为这是由于逻辑知识乃是现实中必然关系的反映，因而从已有真实前提所推演出的结论，也就与现实相符合。逻辑规律和形式是客观世界的反映，列宁说过："最普通的逻辑的'式'……是粗浅地描绘的——如果可以这样说的话——事物最普通的关系。"[2]148从唯物主义反映论出发，必然达到承认：逻辑联系的正确性就是逻辑知识的真实性，逻辑的"式"与客观现实关系的一致。唯心主义与此相反，有一些唯心主义逻辑家断言：逻辑规律和逻辑形式是先验的，它与经验和现实是无关的，这可以康德为代表。有些唯心主义逻辑家断言：逻辑知识不存在真假的问题，认为逻辑规律和推理规则是人们约定的结果。他们否认逻辑规律和推理规则的真实性问题。这可以逻辑实证论者为代表。

逻辑实证论者借口于形式逻辑不能证明推论规律和规则的真实性，以否认推理规律和规则的真实性。因为要证明某一推理规律的真实性就要运用另一推理，而另一推理的规律其真实性也是需要证明的，这就必须求助于第三个推理来证明，可是第三个推理的规律其真实性也应加以证明，如此下去、证明就会成为恶性的循环，从而，它们就否认逻辑知识的真实性问题。逻辑实证主义者武断地认为，逻辑规律是与现实经验无关的同语反复，正确推理形式亦是与经验内容无关的。他们把知识分为逻辑真理（形式真理）和事实真理（经验真理），逻辑真理是对经验无所断定的分析判断，它是只要对命题本身进行逻辑分析便能确立的真理，而事实真理是指命题与现实（经验）的符合。这样他们就把形式与内容加以割裂，把正确性与真实性加以割裂，逻辑规律被说成是可由人们约定的。

我们认为：形式不能与内容对立起来，逻辑知识的真实性不能用形式逻辑来证明，而且从形式逻辑无法证明逻辑知识的真实性这点，并不能否定逻辑知识的真实性问题。我们知道，推理形式的正确性必须以论式的公理的真实性为基础，而且推理形式本身就体现着公理的内容，因而不能把推理形式与内容对立起来。例如，三段论各正确式的正确性，是以三段论公理的真实性为基础，这条公理为"如果一类中的全部对象具有或不具有某性质，那么该类中任何个别对象也就具有或不具有某性质"。又如"A=B，B=C，所以 A=C"，这个推理形式的正确性是以下述公理的真实性为基础，这条公理为"等于同量的量相等"，或"'相等'是具有传递性的关系"。作为推理基础的公理是具有客观内容的，并非超经验的东西。认为正确性与真实性无关，逻辑规律和规则是由人们约定的结果，这是缺乏根据的。

试问：为什么这些逻辑规律和规则能使我们从已有的真实知识中获得与现实相符合的结论知识？为什么逻辑规律和规则是这个样的而不是另一个样的？他们企图求助于语言的组织结构，但上面所提的问题仍然是无法得到解决。我们认为逻辑规律和规则不是人们约定的结果，其真实性不能运用形式逻辑来证明。逻辑规律和规则是概括以往的实践和认识活动而形成固定的，并由以后的实践来验证的。例如："A 大于 B，B 大于 C，所以 A 大于 C"，这个正确推理形式是概括以往无数次实践的基础上而形成固定下来的，由于人们的实践过程无数次接触到 A 大于 B，B 大于 C，必定是 A 也大于 C，这样逻辑思维就逐渐地把这个正确的推理形式固定下来，并在往后无数次的实践中又得到了证实。逻辑知识真实性的检验是通过无数次的实践来完成的，因而才具有公理的性质。列宁说："人的实践活动必须亿万次地使人的意识去重复不同的逻辑的式，以便这些式能够获得公理的意义。"[2]160 就是这个意思。

综上所述，唯物主义认为逻辑联系的正确性不可以与真实性决裂，逻辑知识具有客观内容，逻辑联系的正确性问题实质上也是逻辑知识的真实性问题，脱离真实性妄谈正确性问题就势必导致反科学反理性。马克思主义反映论的原理，无论对于各专门知识，或是对于逻辑知识皆为适用。目前有人认为"思维反映存在的原理"不适用于逻辑科学的真理（论证知识），他们为了反对什么"形而上学"和"教条主义"，而投入唯心主义的怀抱，这是很不应该的。本文作者不同意王方名先生关于逻辑形式来自语言的组织结构以及"思维的社会制约性"的说法。

什么是正确推理呢？有人认为具有正确推理形式的推理就是正确推理，换句话说，正确推理就是遵守推理规则的推理。像周谷城（1898—1996）先生认为推理的内部前后无矛盾便是正确的推理，这种看法是欠妥的。推理是人们间接地反映现实的过程，每个推理都是推理形式与思想具体内容的统一。在推理的过程中，具有专门科学的知识（为前提和结论所包含的）以及逻辑的知识（正确推理形式），因而正确推理应该既是推理形式正确而且又是前提、结论真实。不可以把整个推理正确与否的问题片面地归结为推理形式正确与否的问题。没有理由把前提假的推理也说成是正确推理。正确推理就是指整个推理所包含的知识——逻辑知识和专门科学知识——都是真实的，这才符合于马克思主义反映论的原理，正确推理即是思维的真实性，离开思维的真实性谈正确推理仍然是把正确性与真实性加以割裂。正确推理和推理的形式正确性二者是有区别的，前者指推理形式正确而且推理的具体内容真实，后者仅指推理的形式正确即逻辑知识真实。

上面论述了每个推理都是个完整的思想（或思维形式），这是一方面，但另一方面也应该看到在每个推理中，都可以区别出逻辑的知识和各专门科学的知识。推理是推理形式和具体内容两者的统一，因而逻辑知识和各专门科学知识应加以区别，这就是说，推理形式的正确性不以前提的真实性为转移，前提的真实性也不以推理形式的正确性为转移。这是什么意思呢？在推理中，关于推理规律和规则的逻辑知识的真实性是一回事，而推理前提中的各专门科学知识的真实性又是一回事，不能混同起来。为什么会有这两者的区别呢？因为逻辑真理的客观内容和各专门科学真理的客观内容是有所不同的。例如有这样一个推理，"所有小于 n^2 都是小于 x，o^2 是小于 n^2，所以是小于 x"，这个推理的形式是"AAA"式，关于"AAA"的内容为"如果一类中的全部对象具有某性质，那么该类中的任何个别对象也就具有某性质"，这些内容是具有客观意义的，它与现实相符合。上述的逻辑知识是真实的，因而"AAA"式是正确的推理形式，它不以前提中的专门科学知识的真实性为转移，即不以前提"所有小于 n^2 都是小于 x，o^2 是小于 n^2"的真实性为转移。反之，前提"所有小于 n^2 都是小于 x，o 是小 n^2"的真实性也不以"AAA"式的正确性为转移。

由此可见，否认逻辑真理和各专门科学真理的区别是不对的。李世繁先生说："正确形式如果与真实内容相结合，它就是正确的；不与真实内容相结合，就是不正确的。"[3] 这是没有根据的说法。本文作者认为，如果逻辑的"式"（论式）所体现的内容是具有客观的意义，它与现实中最普通的关系是一致的，那么该推理形式便是正确的。如果它不符合于客观的关系，那么就是不正确的。推理形式正确性问题是形式自身所体现的内容与客观实在关系是否符合的问题，而不涉及前提中的专门科学知识是否符合于客观现实的问题。李世繁先生认为正确形式不与真实内容相结合，就是不正确的。我认为：既然是"正确形式"，那就不会又是"不正确的"，否则便是否定逻辑知识的客观内容。逻辑知识是作为真理（就像其他科学真理一样），它具有客观的内容是无法否定的。

正确推理形式的相对独立性，它不以前提具体内容的真假为转移，这是具有积极意义的。因为：①当人们尚未能够直接根据已有的真实知识推演出某一原理时，人们可以采用反证法来证明某原理的真实性。在运用反证法的过程中，一个具有正确推理形式的推理，其结论假就意味着否定了前提的真实。这里正是显示了正确推理形式的逻辑力量和它的相对独立性的积极意义。②人们可以借用正确推理形式的逻辑工具来建立不同的科学假说。人们在论证科学假说过程中，也经常借用正确推理形式这种逻辑工具。当然人们在假说里，并不是仅运用正确的推理形式作为逻辑工具，但正确的推理形式作为逻辑工具乃是不可缺少的。恩格斯说过：

> 对于缺乏逻辑修养和辩证法修养的自然科学家来说，相互排挤的假说的数目之多和更替之快，很容易引起这样一种想法：我们不可能认识事物的本质。这并不是自然科学所特有的现象，因为人的全部认识都是沿着一条错综复杂的曲线发展的，而且，在历史科学中（哲学也包括在内）各种理论也同样是相互排斥的，可是没有人由此得出结论说，例如，形式逻辑是没有意义的。[4]

我们应该看到正确推理形式相对独立性的积极意义方面，不要以为正确推理形式具有相对独立性，那岂不变成为诡辩的工具吗？不能这样简单地对待问题（本文在下面还要论述这个问题）。应该说，看不到正确推理形式的相对独立性的积极意义方面，这是一种片面的狭隘的观点。当然，正确的推理形式有其相对独立性，这并不等于说形式可与内容割裂，正确性可与真实性割裂。因而，我们现在将讨论这样两个问题：①推理形式与内容之间的联系。②正确推理形式与真实前提之间的联系。

推理形式与内容之间的联系如何呢？首先就表现在我们前面曾提过的，逻辑的"式"并非纯粹空虚的形式，它体现着作为推理基础的公理内容，它反映着客观实在的关系并与之相符合，推理的逻辑联系的正确性（正确形式）就是逻辑真理的真实性（真实内容）。其次，人们进行推理时，运用怎样的逻辑规律来联系前提，这是取决于对前提内容的逻辑分析。例如前提的内容为"A 数大于 B 数，B 数大于 C 数"，那么推论应该是"A 数大于 B 数，B 数大于 C 数，所以 A 数大于 C 数"，这个推理形式便是"甲大于乙，乙大于丙，所以甲大于丙"，这里就不能做出"甲在乙以东，乙在丙以东，所以甲在丙以东"形式的推理，即谁也不会做出"A 数大于 B 数，B 数大于 C 数，所以 A 数在 C 数以东"的推理，推理形式无疑地对前提的内容有着依赖关系。

正确的推理形式与真实的前提（和结论）之间的联系如何呢？正确的推理形式实质上是真实内容的形式。首先，从正确推理形式在人的逻辑思维中的形成和固定这个角度来考察，人在亿万次的实践中，根据某推理形式总是能够从真实的前提中得到真实可靠的结论，这样该推理形式才能在人的逻辑思维中固定下来，并且具有公理的意义。如果离开了真实的内容，离开了从真实的前提必定推论出真实的结论，那么正确推理形式就不可能在人的逻辑思维中形成和固定下来，而且也无法区别推理形式的正确与不正确之分。可见，正确推理形式是作为真实内容的形式而形成和固定下来的。其次，逻辑规律和正确推理形式的内容可表达为一个恒真的假言判断，如"AAA"式的内容可表述为："如果'所有 M 都是 P'而且'所有 S 都是 M'，那么'所有 S 都是 P'"。

这里可以看出：①从一个假言判断的恒真来说，它恰好说明了，逻辑规律和正确推理形式所体现的内容具有客观意义，是客观世界对象关系的忠实反映，它不以前提（在上述的假言判断里作为前件）的具实性为转移。由于逻辑真理具有客观内容，因而推理形式的正确性才有相对的独立性，就像真实前提具有客观内容，其真实性不以推理形式的正确性为转移一样。正因为这样，正确推理形式在反证法中具有逻辑的强制力。②从真实的充足条件假言判断里前件与后件的关系来看，只有在前件真的场合，后件才必真，而前件假的话，后件是可真可假的。表述逻辑规律和正确推理形式内容的假言判断，其中前件（理由）与后件（推断）的关系显示了推理的前提与结论的逻辑联系。这就是说，只有在前提真实的条件下，从前提至结论间的真假关系才有必然性，结论才是确定的（必真）。如果前提假，那么尽管论式是正确的，但从前提至结论间的真假关系没有必然性，结论是不确定的（可真亦可假）。这些说明逻辑规律（指前提的判断形式与结论的判断形式之间的必然关系）与正确推理形式，按其本性是要求前提真实。人们更需要弄清楚的是：在归谬法里，正确推理形式的逻辑强制力，并不在于从假前提必然导致假结论，而是在于正确论式总是从真前提导致真结论，这样我们从结论不真则可知前提亦假。

由此可见，前提与结论间真假关系的必然性，归根结底是基于正确论式的本性（作为真实内容的形式）。最后，正确推理形式虽然在一定场合下，它与虚假内容相结合，但是虚假内容归根到底是要抛弃正确的推理形式。因为正确的推理形式与客观现实是一致的，而虚假内容是歪曲地反映客观现实的，因而虚假内容归根到底不得不抛弃正确的推理形式，也就是说虚假内容和正确的推理形式归根到底还是分离的。例如，主观唯心论者说："所有的物体都是我感觉的复合"，那么按逻辑就会导致这样的结论："我的爸爸和妈妈是我感觉的复合"，这样他们就会荒谬地认为自己不是由父母生的，恰好相反，脱离了他们自己的感觉，那么他们的父母就不存在。但是主观唯心论者往往不敢承认这么荒谬的结论，这说明虚假内容抛开正确的推理形式。从主观唯心论的不彻底性，就可以看出，正确的推理形式实质上是真实内容的形式，它与虚假内容归根结底是要分离的。

综上所说，正确的推理形式虽然有其相对独立性，可是不能把这点绝对化。逻辑不是"中立性的"，而是探求真理的工具和向谬误做斗争的工具。本文作者不同意下述的观点，认为正确的论式与内容的真假完全无关，否定这两者的联系，把逻辑说成是"中立性"的。总之，有些人否认正确推理形式的相对独立性，这是不对的。另外有些人又片面地夸大正确推理形式的独立性，把它绝对化，这也是不对的。

在对待推理形式的正确性和正确推理形式的相对独立性这两个问题上，马克思主义与形式主义是根本对立的。什么是形式主义？这个问题也是逻辑界关于逻辑问题讨论中的争论题目之一。本文作者认为如下两个观点都是形式主义的见解：①逻辑真理与客观现实是无关的，否认逻辑真理具有客观内容，把正确性与真实性对立起来。②否定正确推理形式与真实内容之间的内在联系，把逻辑说成是"中立性"的，既可作为探求真理的工具，又可以为诡辩服务，即可作为替谬误进行辩护的工具。形式主义的错误是在于：把形式与内容加以割裂，把正确推理形式的相对独立性加以绝对化。马克思主义认为：①逻辑真理具有客观内容。它是客观世界实在关系的反映，推理形式的正确性就是逻辑知识的真实性。②正确推理形式实质上是真实内容的形式，正确推理形式在人的逻辑思维中形成和固定下来之后，正确推理形式有其相对的独立性。人的认识是曲线式的，在一定的场合下，正确的推理形式会与虚假内容相结合。但这并不等于说，正确推理形式就变成不正确的了。也不等于说，正确推理形式与内容真假没有内在联系了。否定正确推理形式是具有相对独立性，和否定正确推理形式的独立性是相对的，这两种见解都是错误的。马克思主义科学地说明了逻辑真理（正确性）的实质，以及逻辑作为关于探求真理的工具性质的科学。

参 考 文 献

[1] 恩格斯，《〈反杜林论〉的准备材料》，载中共中央马克思恩格斯列宁斯大林著作编译局编译，《马克思恩格斯文集》第 9 卷，北京：人民出版社，2009 年，第 345 页。

[2] 列宁，《哲学笔记》，载中共中央马克思恩格斯列宁斯大林著作编译局编译，《列宁全集》第 55 卷，北京：人民出版社，1990 年。

[3] 李世繁，《论推理的逻辑性问题》，载《新建设》，1959 年 3 月号，总第 126 期，第 36—38 页。

[4] 恩格斯，《自然辩证法》，载中共中央马克思恩格斯列宁斯大林著作编译局编译，《马克思恩格斯文集》第 9 卷，北京：人民出版社，2009 年，第 493 页。

10　论归纳划类推理与对比鉴别推理[*]

按照逻辑学的传统观点，凡是由个别知识的前提得出一般知识的结论，这样的推理称为归纳推理。在归纳推理中结论的一般知识是从前提的个别知识概括而来的。归纳推理的概括有以下两种不同的情形：一种情形是考察一类的全部个体对象，根据它们具有某种属性而概括出一般结论——该类的所有对象都具有某种属性。这叫做完全归纳推理；另一种情形是仅考察一类的部分个体对象，根据它们具有某种属性而概括出的一般结论——该类的所有对象都具有某种属性，这叫作不完全归纳推理。

传统逻辑讲归纳推理，主要是讲不完全归纳推理。不完全归纳推理的特点是由部分推论到整体，结论所断定的范围超出了前提所断定的范围，它是依照下述的方式进行的：

$$S_1 \text{是} P$$
$$S_2 \text{是} P$$
$$S_3 \text{是} P$$
$$\vdots$$
$$S_n \text{是} P$$

$$\underline{S_1 、 S_2 、 S_3 、 \cdots S_n \text{是 S 类的部分对象}}$$
$$\text{所以，所有 S 都是 P}$$

在这里，S_1、S_2、S_3、$\cdots S_n$ 表示 S 类中的个体对象，P 表示某种属性。传统逻辑所讲的不完全归纳推理就限于上述这种推理方式。它是不完备的，有待于丰富和发展的。

比如说，在认识的实际过程中，人们往往会遇到这种复杂的情景，对 S 类的部分对象进行考察的结果表明：并非所有被考察过的 S 都是 P，而是既有某些 S 是 P，又有某些 S 是 Q，还有某些 S 是 R，等等。换句话说，S 是多种多样的。在这般复杂的情景之下，研究者既不能做出"所有 S 都是 P"的结论，也不是简单地做出"有 S 是 P"的结论就了事。而是概括出如下的结论："所有 S 或是 P 或

* 本文与刘文君合撰，原载《武汉大学学报（哲学社会科学版）》，1979 年第 5 期，第 77—80、67 页。

是 Q 或是 R（等）"。这就是归纳划类推理。例如，研究人的血液发现：有些人的血是 A 型的，有些人的血是 B 型的，也有些人的血是 O 型的，还有些人的血是 AB 型的。由此就可以归纳出如下结论：所有人的血液或是 A 型或是 B 型或是 O 型或是 AB 型。归纳划类推理也是由部分推论到整体的。这种推论是依照下述的方式进行的：

$$S_1 是 P$$
$$S_2 是 Q$$
$$S_3 是 R$$
$$S_4 是 Q$$
$$S_5 是 P$$
$$S_6 是 R$$
$$\vdots$$

$$\underline{S_1、S_2、S_3、S_4、S_5、S_6\cdots 是 S 类的部分对象}$$
$$所以，所有 S 或是 P 或是 Q 或是 P$$

显然，结论所提供的是关于被研究对象类型的知识。这些类型性（P、Q、R 等）是从个体对象那里概括而来的，各为一部分个体对象间的共性。然而，这些类型性（P、Q、R 等）并不是被研究过的全部个体对象都共同具有的，而是一些特殊性。所以，归纳划类推理是最清楚不过地展示出："个别-特殊--一般"的相互关系。这对于认识"自然之网"的不同层次的类属关系是至关重要的。

归纳划类推理对于进一步探讨对象间内在规律性来说，又是个必要的基础研究工作。它往往导致直接解决生活实践中所面临的课题。在以往漫长的岁月中，医学上存在着一个极为困难的问题：许多失血的病人如果不输给血液，那么可能丧生。但是，如果输给血液，即使是输给人的血液，也还可能更糟糕。因为血液混合后常常是凝聚起来阻塞血管，可置病人于死地。直到 19 世纪末 20 世纪初，奥地利的病理学家兰斯坦纳（Karl Landsteiner）通过归纳划类推理发现了人的血液有四种类型，才把握了给病人输血的规律性。每个型的血都可以输给血型相同的另一个人，而不同的血型之间，有些是不能相容的，有些事能够相容的。O 型血可以安全地输给其他血型的人，A 型血和 B 型血也可以安全地输给 AB 血型的人。兰斯坦纳由于此项研究成果而获得了诺贝尔医学和生理学奖。回顾一下科学史，大家都知道，正是对化学元素进行归纳划类，才能导致化学元素周期律的发现；正是对恒星和星系进行归纳划类，才为今天的宇宙学解决天体的起源和演化问题提供一把钥匙。

归纳划类推理的结论是或然的，并不是必然的。也就是说，结论所提供的类型知识可能是不完全的，也会犯"以偏概全"的错误。被研究对象中那些已被人们发现的类型，并不等于被研究对象只有这些类型。可能存在着人们尚未发现的而且也意想不到的新类型。如天文学从 20 世纪 30 年代之后，由于应用无线电望远镜，便观测到一系列过去用光学望远镜无法发现的新天体——"射电源"。到 60 年代末，人们才惊异地发现了一种非常奇特的新型天体——脉冲星，亦称为中子星。它是恒星演化进入到晚期阶段的产物。

列宁说过："以最简单的归纳方法所得到的最简单的真理，总是不完全的，因为经验总是未完成的。"[1] 150 列宁这段话对于归纳划类推理来说是完全适用的。所以，应用归纳划类推理时应注意以下两点：

第一，要充分估计是否还有某种已经存在的而尚未认识的新类型，有待我们进一步去考察。比如说脉冲星（中子星）虽是处于演化晚期的天体，但它们也不是演化的极限。现在天文学家一般认为，天体演化到了"老年期"，由于外壳爆炸，内核迅速塌缩，在恒星内核中产生了极大的挤压力，把原子外围的电子都"挤压"到原子核内，于是电子所带的阴电荷和原子核质子所带的阳电荷中和而形成中子。整个星体都是有如此紧密挤压在一起的中子构成的，它具有超高密，超高压，超强磁场的"极端"物理条件。这就是中子星；但是，还可能存在着另一种"老年星"。如果星核的塌缩过程越过中子星阶段，那么体积缩得极小，密度极大，引力场会变得非常强大，以至于连光线等都不能从这样强大的引力场中逃逸出来。也就是说，对它什么也看不见了，它已演变成为宇宙空间的一个"黑洞"。《光明日报》1979 年元月 4 日有条简讯报道，美国高能天文卫星二号已摄到第一张"黑洞"照片。

第二，要充分估计那些前所未有的而将来会出现的新类型。大家都熟悉的，作为人类最美好理想的共产主义制度，就是未曾有过的而必将出现的一种新型的社会制度。在自然界中，物种也不是既成不变的，而是变异进化的。

总之，人们应当以发展的眼光来看待被研究领域的各种类型。历史上的归纳万能论者由于不懂得这个道理，就不可避免地陷入谬误。恩格斯在批判当年的归纳派时曾经指出：

　　假如归纳法真的不会出错，那么有机界的分类中接连发生的变革是从何而来呢？这些变革是归纳法的最独特的产物，然而它们一个推翻另一个。[2]

现在，我们再谈谈传统逻辑的类比推理。类比推理是根据两个对象在一系列属性上是相似的，而且已知其中的一个对象还具有其他的属性，由此推出另一个对象也具有其他属性的结论。这种推理依照下述的方式进行的：

A 对象具有属性 a、b、c、d；

B 对象具有属性 a、b、c

所以，B 对象也具有属性 d

显然，传统逻辑所讲的类比推理，是根据对象间的相似属性去推论它们在另一个属性上也相似。这就是"识同"，并不是"别异"。科学的思维还要求辨认同中之异，区别那些极为相似的而实际上又是不同类的对象，即通过对比做出鉴别的推理。

有人以应当为在相似的对象之间寻找其共同点，或在不相似的对象之间寻找其差异点，他们觉得这是常识问题，犹如猎人该到野兽聚居的地区去打猎，其实这样看问题并不全面。对于科学的研究工作来说。在对象间极为相似的情况下，鉴别其存在的根本差异，既是不容易的又是富有意义的。要知道，医学是多么需要对早期癌症患者与健康人之间做出鉴别。黑格尔说：

假如一个人能看出当前即显而易见的差别，譬如，能区别一支笔与一头骆驼，我们不会说这人有了不起的聪明。同样，另一方面，一个人能比较两个近似的东西，如橡树与槐树，或寺院与教堂，而知其相似，我们也不能说他有很高的比较能力，我们所要求的，是要能看出异中之同和同中之异。[3]

黑格尔这个观点是非常合理的。人的智力发展水平是与辨认同中之异或异中之同成正比的。

那么，人们是如何辨认两个相似的异物呢？先从日常生活谈起，通常我们识别事物是凭事物的标记。比如说，看一看包装上的商标牌号，就知道这是什么商品。不过，商标牌号不是事物自身的特性，是人为的附加上去的标记，这往往靠不住。所以，较为可靠的是以事物自身具有的属性作为识别的标记。例如，涤纶布和棉布两者相似，但凭肉眼观察，涤纶布有美观的色泽，而棉布就没有这种色泽，据此可以把棉布和涤纶部区别开。在科学的研究工作中也是如此。地质学把化石作为地层标记：原古代地层标记是细菌、水藻等化石，而古生代地层的标记是三叶虫、笔石、古杯等化石。据此就能把不同地质年代的地层区别开。又如，物候学把动植物的生长变化作为季节的标记：在我国温带平原地区，春天的标记是杨柳绿、桃花红、燕始来，而秋天的标记是槐叶黄、菊盛开、雁南飞。据此就能把气温相似的春秋两季区别开。总之，科学工作者依靠被研究对象某方面的属性（作为标记），就可以辨别相似的异类事物。

1967 年，天文工作者通过宇宙射电的观测而发现脉冲星。它的物理特性是体积小、光度小、密度大。在已知的各类星体中，要算白矮星是体积最小、光度最小、密度最大，与脉冲星最相似了。所以，在脉冲星刚发现不久，就有人以为脉冲星是白矮星。无疑的，一类星体在天体上的位置（分布图）可以作为这类星体的标记。如果脉冲星是白矮星的话，那么脉冲星的分布位置就应该与白矮星的分布位置相同。否则，脉冲星就不是白矮星了。天文工作者对近距离的脉冲星进行光学观测表明，没有一颗脉冲星是与已知的白矮星的位置相符合的。于是人们就推想：脉冲星尽管与白矮星有一系列属性是相同的，但是他们的分布位置这个属性并不相同。所以脉冲星不是白矮星。这就是对比鉴别推理。

对比鉴别推理是这样一种推理，比较被考察的对象与某类的已知对象，两者既有一系列相同属性，又有另一属性的差异，由此得出被考察对象不属于某类的结论。

对比鉴别推理是依照下述的方式进行的：

A 类的已知对象具有属性 a、b、c、d

被考察的 B 对象具有属性 a、b、c、-

所以，被考察的 B 对象不属于 A 类

在上式中，属性"d"为某类的已知对象所具有，而且被考察的对象不具有。

对比鉴别推理的结论是或然的。因为表现差异的属性 d，未必是 A 类所有对象都必须具有的，特别是对于一个包含有无数多个体的大类来说，尽管 A 类的已知对象都具有属性 d，然而 A 类的其他对象却可能不具有属性 d。所以，由被考察的 B 对象缺少 d 属性得出它不属于 A 类的结论，这是不必然的。科学史上有过不少这样的事例，最初以为某个类的已知对象都具有的那个属性是类性，后来才知道这是弄错了。人们在很长的历史时期内，观测到的恒星，都是能发射可见光的，所以，过去根据已知的恒星都具有发射可见光这个属性，以为不发射光的就不是恒星。知道有不发光的恒星，那还是近期的事；人们早先观察到的高等动物（特别是所谓的"智能动物"）都是陆地生活的，所以，曾经认为不在陆地生活的就不是高等智能的动物。后来才知道还有水生的智能动物，如，海豚的大脑比猴子还发达，受过训练的海豚可以从事水下救生和传送物品等活动。总之，尽管一类的已知对象确实都具有 d 属性，但与之相似的而不具有 d 属性的对象，未必就不属于该类。

应用对比鉴别推理时，应该注意以下两点：

第一，对比所发现的差异属性 d 愈是事物内部的特性，那么结论的或然性也就愈高。事物表面的性状千姿万态。比如说，生物体的性状是遗传与变异的统一，任何子代和亲代之间都有许许多多表现性状的差异，这些性状上的差异，可能是由于基因的变异，也可能是由于环境条件的影响。如果以表面性状的差异作为鉴别的标记，那就极容易发生错误。如果以基因的差异作为鉴别的标记，那就可靠得多了。科学的研究工作与日常生活不同，他要求把握对象内部特定的机制（结构与性能）作为辨别事物的标记，比如说，鲸生活在海洋中，它和鱼类极为相似，所以它被人类称为鲸鱼。鲸的形态、习性有很多方面和鱼类相同，如由于鲸在海洋中游弋，后肢退化，前肢变成鳍状等。然而，在生育机制方面，鱼类的动物是卵生的，而鲸不具有卵生这种属性。所以，鲸不是鱼类动物。这个对比鉴别推理是以对象内部某一特定方面的机制（生育机制）作为辨别的标记，因而结论的可靠性就很大了。同样的道理，我们也可以鉴别蝙蝠不是鸟类动物，因为蝙蝠的形态、习性虽有很多方面和鸟类一样，然而鸟类是卵生的，而蝙蝠不具有卵生这种属性。这也是以对象内部的机制作为鉴别标记，所以结论也就较为可靠了。

第二，对比所发现的差异属性 d，如果正是某类对象的独特性（相当于定义中所讲的"种差"），那么结论就非常可靠了。例如每种化学元素都有其独特的光谱，所以，称它为元素的标记光谱。凭标记光谱就能非常准确地辨别元素。而且，只要分析一下各个矿石样品（化学物）的光谱，也就可以把极为相似的不同矿石区别开。不过，真正把握一类对象内在的独特属性，这是需要经过长期艰苦的努力才能做到的。

应用对比鉴别推理的关键是要找出作为对象标记的属性。如电子和正电子无论质量的绝对值或电量的绝对值都是相同的，也都是稳定的粒子，只是电荷相反。当它们进入威尔逊云雾室时，在强磁场的作用下，就会留下弯曲的径迹。对比两者留下的径迹，弯曲的方向恰好相反。由于找出此种径迹作为标记，这样，也就可以对电子和正电子做出鉴别推理了。从 1932 年发现正电子后到现在，物理学家又先后发现了一系列的"反粒子"。正像普通的正粒子组成普通的物体一样，"反粒子"也能结合成"反物体"（亦称"反物质"）。如普通的氢原子是由一个质子和一个电子组成的，而"反氢"原子是由一个反质子和一个正电子组成的。那么，在无限宇宙中，有没有由"反粒子"组成的"反星体"呢？如果有的话，到目前为止，人们还无法把它与普通的星体加以鉴别，因为还找不出可供辨别的标记属性。离我们遥远的"反星体"（如果存在的话），它们的引力效应和它们所产生的光与普通星体是完全一样的。因而，直到现在还无法做出鉴别的推理。找出普通星体与"反星体"的鉴别标记，这正是科学工作者所努力探索的事。如果能够确定已知的普通星体都具有属性 a、b、c、d，而且又观测到遥远的某些星体只具有属性 a、b、c，不具有属性 d，那么这就非常有益于"反星体"的发现工作。

以上是我们关于归纳划类推理与对比鉴别推理的一些不成熟的观点，难免有欠妥之处，请读者批评、指正。我们觉得，重要的是应当不断地从认识史、科学史的实际进程中做出逻辑的概括与总结，积极地开展科学逻辑与科学方法论的研究。至于这种研究工作中会出现这样的或那样的见解，出现这样的或那样的误差，那是一点也不奇怪的。

参 考 文 献

［1］列宁，《哲学笔记》，载中共中央马克思恩格斯列宁斯大林著作编译局编译，《列宁全集》第 55 卷，北京：人民出版社，1990 年，第 150 页。

［2］恩格斯，《自然辩证法》，载中共中央马克思恩格斯列宁斯大林著作编译局编译，《马克思恩格斯文集》第 9 卷，北京：人民出版社，2009 年，492 页。

［3］黑格尔，《小逻辑》，贺麟译，北京：商务印书馆，2009 年，第 254—255 页。

11　类　比　推　理*

一、类比推理概述

依据逻辑学的传统看法，类比推理是这样一种推理，它根据两个（或两类）对象在一系列属性上是相同（或相似）的，而且已知其中的一个对象还具有其他特定属性，由此推出另一个对象也具有同样的其他特定属性的结论。例如，浙江黄岩柑橘原是我国南方的特产，后被引种于美国加利福尼亚州。为什么会想到移植于加利福尼亚州呢？因为把这两个地区进行一番比较，就可以做出如下的推论：

美国加利福尼亚州与我国南方这些地区的自然环境（地形、水文、土壤）是相似的，

美国加利福尼亚州与我国南方这些地区的气候条件（温度、湿度、光照）也是相似的，

我国南方这些地区适于种植柑橘，

所以，美国加利福尼亚州也是适于种植柑橘的。

依照同样方式推论，美国人还想到把我国四川油桐移植到佛罗里达州，把我国东北大豆移植到美国中西部几个州。当前，我们也要设法把美国以及其他国家的优异农艺作物引种到我国的适当地区，如果在我国引种的地区与原出产地的各种自然环境、气候条件大致相同的话，那么，我们就有理由相信引种是会成功的。

类比推理是依照下述方式进行的：

A 对象具有属性 a、b、c、d，

B 对象具有属性 a、b、c，

所以，B 对象也具有属性 d。

上式中，"A" 和 "B" 可以指两个类，也可以指两个个体，还可以其中一个指类，另一个指异类的个体。换句话说，类比推理也可以在某类与另一类的个体之间应用。

---

* 选自《普通逻辑》编写组著，《普通逻辑》（第五版），上海：上海人民出版社，2011 年，第 314—327 页。

　　类比推理与比较是不同的。 比较是辨认对象之间的共同点或差异点；类比推理则是在比较的基础上对被研究对象的某种未知情况做出推断。如果思维过程仅仅停留在有关被研究对象之间的相同点或差异点的资料整理上，而不作进一步的推导，那么它就仅仅是比较，而不是类比。例如：

　　中国崖墓与日本横穴墓有惊人的相似之处。例如，中国崖墓墓门上部木造屋檐的雕刻技法，与日本熊本县玉名市穴观音的横穴墓屋檐的雕刻技法如出一辙。日本各地横穴墓的入口通常都是用石块堵上的，这和崖墓堵住入口的方法有共同之处。这两种墓的墓室都装有石棺，墓室内都通有排水沟。中国崖墓的墙壁内嵌有带花纹的薄砖，这种壁画的创作手法与日本横穴墓壁画同样有着相同之处。中国的崖墓和日本的横穴墓，尽管所属时代和所处地区迥异，但却有着作为墓的共同之处。

　　为什么人们根据两个对象在一系列属性上相似，就能推出它们在别的属性上也相似呢？类比推理并非出于人们主观意志的自由创造，而是有其客观的根据。客观世界中存在着各种各样的事物，每个（或每类）事物都具有众多的属性。一方面，事物自身所具有的各种属性，并不是彼此孤立、互不相干的，而是相互制约、相互作用的。也就是说，事物的各种属性总是处于系统结构中并保持复杂的功能联系。比如：由于地球的自转和公转，就形成了昼夜和季节的交替变化；又如，对于一个健康的人来说，血糖水平稍高些，肚子就感到饱，血糖水平稍低些，肚子就感到饿。另一方面，客观世界的各种不同事物现象之间"呈现着惊人的相似"。比如，声音和光这两种物理现象不仅具有若干相似的性质，而且这些性质之间的相互联系的方式也是极为相似的。正是由于事物属性之间的相互制约，而且不同的事物现象之间还具有多方面的相似性，因此当人们观察到某对象具有属性a、b、c、d，而另一对象也具有相似的属性 a、b、c 时，便合情合理地推断另一对象同样还具有属性 d。

　　类比推理是把某对象所具有的属性 d 推移到与之相似的另一对象，结论所做的断定已超出了前提的断定范围。也就是说，它的结论并不被它的前提所蕴涵，即使前提是真的，其结论也只是可能真，而不是必然真。所以，类比推理是或然性的。

　　为什么把某对象具有的某个属性推移到与之相似的另一个对象之上，只能得出或然的结论呢？

　　类比推理是在两个（或两类）对象之间进行，实际上，无论是个体之间或类之间，它们都不仅具有相似性，而且还具有差异性。如果类比推理中的类推属性 d 是两个（或两类）对象所相似的，那么类比推理从真前提出发就可以得出真结论；如果类推属性 d 正是两个（或两类）对象之间的差异性，那么类比推理从真前提出发也会得出虚假的结论。例如，美国加利福尼亚州与我国南方一些地区的自然环境、气候条件都是相似的，而美国加利福尼亚州有印第安人居住，那么由此类推出我国南方的这些地区也有印第安人居住，这个结论对不对呢？显然不对。反之，我国南方的这些地区有苗族、壮族等少数民族居住，那么能否类推出美国加利福尼亚州也有苗族、壮族等少数民族居住呢？显然也不能。美国加利福尼亚州有印第安人居住与我国南方一些地区有苗族、壮族等少数民族居住，这正是两者之间的差异性。

客观事物所具有的属性是多种多样的。有的是事物的固有属性，即该事物所必然具有的属性。例如任何人都具有心脏以及血液循环系统；有的属性是事物的偶有属性，即不必然具有的属性，例如个别人长有 11 个指头。如果类比推理中的类推属性 d 是对象的偶有属性，那么把它推广到别的对象上去，其结论大多是成问题的。实际上，即使是非常邻近的同类事物，比如孪生兄弟，他们之间无论是多么的相似，其偶有属性却是千差万别的。

与演绎推理和归纳推理相比，类比推理具有如下的特点：

（一）类比推理的推理方向是从特殊到特殊

类比推理通常是在两个（或两类）对象之间进行的，在推理的方向上表现为从特殊到特殊的过渡。类比推理的这一特征使它与演绎推理和归纳推理明确区别开。演绎推理通常是由一般到特殊的推理，而归纳推理则是由特殊到一般的推理。

如果把下列两种模式理解为类比推理则是不恰当的：

1）S 类具有属性 a、b、c、d，

　　S 类的某个事物具有属性 a、b、c，

所以，S 类的某个事物具有属性 d。

2）S 类的某个事物具有属性 a、b、c、d，

　　S 类具有属性 a、b、c，

所以，S 类具有属性 d。

实际上，前者的推理方向表现为从一般到个别，其结论具有必然性，属于演绎推理；后者的推理方向表现为个别到一般，其结论来自于典型概括，属于归纳推理。

（二）类比推理的适用范围极广

与演绎推理和归纳推理相比，类比推理的适用范围极广。演绎推理和归纳推理虽然在思维进程方向上截然相反，但它们都是在同类对象的范围内进行的。或

者说，它们都是不超出同类事物的范围。类比推理则不受同类中一般与个别关系的严格限制，现实中那些差别极大的殊异对象，都有可能运用类比推理加以推论。人们既可以在两个不同的个体事物之间进行类比，如地球与火星；也可以在两个不同的事物类之间进行类比，如太阳系与原子内部结构；还可以在某类的个体与另一事物类之间进行类比，如作为试验对象的某只猴子与人类。

（三）类比推理的结论受前提的制约程度较低

推理是由前提引申出结论的过程。推理的结论是受前提的逻辑制约的。但是，在不同的推理中，前提对于结论的制约程度是有差别的。演绎推理的结论被前提所蕴涵，因而受前提的严格限制，否则，结论就不可能是必然的；不完全归纳推理是从特殊到一般，它的结论超出了前提的断定范围，是前提已有知识的推广，因此，其前提对结论的制约程度明显弱于演绎推理。然而，不完全归纳推理的结论需要严密的例证来支持，否则，就很容易犯"以偏概全"的逻辑错误。由此可见，归纳推理的结论仍然在相当的程度上受前提的制约。类比推理是从特殊到特殊的推理。类比推理的前提大多是为结论提供线索，但并未严格地规定或限制它的指向。它往往能把人的认识从一个领域引申进另一个新的领域，其应用具有极大的灵活性。因此，与演绎推理和归纳推理相比，类比推理更富有创造性，它对于科学发现和技术发明来说具有特别重要的意义。

类比推理是或然性推理。在科学史上，类比推理的结论为尔后的实践所证实的确有不少，然而被实践推翻的也许更多。究竟什么样的对象与其属性可以类推？什么样的对象与其属性不能类推？这是需要对具体情况做出具体分析的。一般说来，如果不加分析地把某对象的偶有属性类推到其他对象，那就是犯了"机械类比"的错误。在历史事件中应用类比推理，尤其容易犯这种错误。

如何提高类比推理结论的可靠性程度呢？

第一，前提中确认的相同属性愈多，那么结论的可靠性程度也就愈高。因为两个对象的相同属性愈多，意味着它们在自然领域（包括属种系统）中的地位也是较为接近的。这样，类推的属性 d 也就有较大的可能是两个对象所共同的。例如，一种新药物在临床应用之前，总是先在动物身上进行试验，先从动物身上考察新药物的效应，以此来类推人体对新药物可能引起的反应。由于高等动物在属种系统中比低等动物更接近于人类，所以，以高等动物做试验就比以低等动物做试验来进行类推，其结论要可靠得多。

第二，前提中确认的相同属性愈是本质的，相同属性与类推的属性之间愈是相关的，那么结论的可靠性程度也就愈高。因为本质的东西是对象的内在规定，对象的其他属性大多是由对象的本质决定的。因而，两个对象的相同属性如果是本质的，那么，它们就有其他一系列属性是相似的。这样，类推的属性 d 也就有较大的可能是它们的相似属性之一。例如，高等哺乳类动物表现出复杂灵巧的智能活动，这是与大脑的发达程度有关的，特别是与大脑表面曲折为皱褶的皮质（称为"沟回"）有关。猿猴就是这样，它的脑子是很发达的，它的绝对重量大，同时它与身体大小相比的相对重量也大，更明显的是猿猴的脑子被复杂的沟回所覆盖，貌似核桃仁。现在引人注目的是，生活在海洋中的哺乳动物海豚的脑子与猿猴的脑子相似，绝对重量大，相对重量也大，而且具有更广泛的沟回，简直可与人脑相匹敌，所以，人们用类比推理得出结论说，海豚也具有智能的活动，是海洋中的"智能动物"。还有人据此认为海豚一定比猴子聪明。应该说这个结论的可靠程度是较高的。今天人们已经发现，海豚能发出吱吱声在群体中间彼此传递信息，相互"交谈"，它还能靠近海滨游泳场陪伴小孩游戏，拯救海上的遇难者。有实验表明，受过训练的海豚可以参加水下救生，给潜水员传送工具，还能寻找和回收水雷，甚至携带炸药进攻潜水艇。依此类推，在人类征服海洋的斗争中，海豚能够被训练去完成更多更复杂的任务，人们作这样的推测和期望不是没有根据的。

二、类比推理的类型

传统逻辑所讲的类比推理，一般是指由两对象的一系列属性的相似推出它们在另一属性上的相似，这是一种简单的认识。随着科学的发展和实际生活的需要，类比推理的应用日益多样化，人们对类比推理的认识也愈为深化。下面介绍类比推理的最基本模式。

（一）肯定类比、否定类比和中性类比

人们在认识活动过程中，不仅可以根据两个对象在某些方面的相同，推出它们在其他方面也存在相同；也可以根据两个对象在某些方面的差异，推出它们在其他方面也存在差异；更多的还可能是既根据其相同点，也根据其差异点，然后通过平衡其相同点和差异点从而得出相关的结论。上述的不同情景形成了类比推理的不同模式：肯定类比、否定类比和中性类比。

1. 肯定类比

这是根据两个对象存在着某些相同的属性，从而推出它们在另一属性上也是相同的。例如：

18 世纪中叶，维也纳有位开业的医生名叫奥恩布鲁格（Joseph L. Auenbrugger）。有一次他给一位病人看病，从外观上检查不出有什么严重的疾病，但这位病人很快就死了。解剖病人的尸体才发现他胸腔化脓，积满脓水。那么，今后如何才能诊断出这类疾病呢？忽然他想起其父经营酒业时，常用木棍敲击木制的酒桶，根据酒桶被敲击而发出的卜卜声，就能估量出桶内是否有酒以及酒的部位。那么，人的胸腔不也很像酒桶吗？岂不是也可以用手指叩击胸腔，根据其声响而做出诊断吗？于是，他发明了"叩诊法"。

肯定类比可用公式表示如下：

对象 A 具有属性 a、b、c、d，

对象 B 具有属性 a、b、c，

所以，对象 B 也具有属性 d。

2. 否定类比

这是根据两个对象存在着某些属性的差异，从而推出它们在另一属性上也是差异的。例如：

在探索月球上是否存在生命的过程中，人们发现月球和地球之间存在着一些重要的差别，如地球上有空气、水分、昼夜温差很小；而月球上没有空气、水分、昼夜温差很大。因此，人们早已在登月之前就做出推断：月球不可能像地球一样有生命现象存在。

否定类比可用公式表示如下：

对象 A 具有属性 a、b、c、d，

对象 B 不具有属性 a、b、c，

所以，对象方不具有属性 d。

否定类比是通过推导以否定对象之间的某些相同点。如果人们根据对象 A 与对象 B 同样不具有某些属性，由此推出它们也都不具有另一属性，即

对象 A 不具有属性 a、b、c、d，

对象 B 不具有属性 a、b、c，

所以，对象 B 也不具有属性 d。

这不过是肯定类比的一种反面形式，并不是真正的否定类比。真正的否定类比旨在否定对象之间的某种相同性。

3. 中性类比

这是根据两个对象在某些方面的相同和另外一些方面的差异，在平衡两者之

间的相同点和差异点的基础上，从而得出两个对象在其他方面的相同或相异的结论。例如：

在探索火星有无生命的过程中，人们发现：火星和地球都是太阳系的行星，有几乎相同的昼夜，都有大气层、水分、适中的表面温度，其他物质组成也相似，这是它们的共同点；但是火星周围大气稀薄、严重缺氧，水蒸气只有地球上的千万分之一，大气压力也仅为地球上的二百分之一，没有磁场，……这又是火星和地球的差异点。人们平衡上述这些相同点和差异点，经过反复研究之后而得出了火星上没有生命现象的结论。

中性类比可用公式表示如下：

对象 A 具有属性 a、b、c；p、q、r；还有 x，

对象 B 具有属性 a、b、c；不具有属性 p、q、r，

所以，对象 B 具有（或不具有）属性 x。

我们可以把中性类比看作是肯定类比和否定类比的综合运用。由于中性类比是在平衡相似性和差异性的基础上进行类推的，因此，一般说来使用中性类比，比单纯使用肯定类比或否定类比，其结论的可靠性程度要高。

（二）性质类比和关系类比

以上我们只给出了类比的一般模式。由于事物的属性有性质与关系之分，因而，我们还可以根据类比所考察的属性是事物的性质还是事物间的关系，把类比分为性质类比与关系类比。

1. 性质类比

性质类比也称为质料类比，它是以两个对象系统之间的某些性质的相似作为依据而进行的类比推理。例如：

人们根据光和声音具有一系列相似的性质，如光的"反射"与声音的"回声"相似；光的"亮度"与声音的"响度"相似；光的"颜色"与声音的"音调"相似。而声音具有波动性，由此可推出光也具有波动性。

性质类比可以用如下的公式表示：

类比物系统具有性质 a、b、c，并且还具有性质 d，

应予解释的对象系统具有性质 a、b、c，

所以，应予解释的对象系统也具有性质 d。

2. 关系类比

关系类比也称为形式类比，它是以两个对象系统之间某些因果关系或规律性的相似为根据而进行的类比推理。

关系类比可以用如下的公式表示：

类比物系统存在关系 R_1、R_2、R_3，并且还存在关系 R_n，

应予解释的对象系统存在关系 R_1、R_2、R_3，

所以，应予解释的对象系统也存在关系 R_n。

在这里，我们以声与光之间的类比为例，说明关系类比不同于性质类比，如下所示[1]：

声音的性质	光的性质		因果关系相似
回声	反射	↑	反射定律
响度	亮度	关系类比	折射定律
音调	颜色		强度随距离平方反比等
……	……	↓	等

← 性质类比 →

在上表中，一种类比是：将声音的性质栏与光的性质栏做出比较，每一对应的性质是相似的，这里可以做出性质类比。通过性质类比，使光（应予解释的系统）的性质借助于声音（类比物系统）的性质而得到解释；另一种类比是：探讨把各项性质联系起来的因果关系方面的相似，这就可以做出关系类比。通过关系类比，使光（应予解释的系统）的定律借助于声音（类比物的系统）的定律而得到解释。

在实际的应用中，类比推理可以有多种多样的方式。但不管是哪一种方式，人们运用类比推理的原理和一般模式却是大致相同的。我们在这里就不再具体地一一列举了。

三、类比推理的作用

类比推理在人们认识客观世界和改造客观世界的活动中，具有非常重大的意义。

类比推理首先是科学发现的方法之一。

科学上的许多重要理论，最初往往是通过类比推理而受到启发的。例如，哈维（William Harvey，1574—1657）的血液循环理论，气体的分子运动理论，达尔文（Charles Robert Darwin，1809—1882）的"自然选择"理论，魏格纳（Alfred Lothar

Wegener，1880—1930）的大陆漂移说，卢瑟福（Ernest Rutherford，1871—1937）
的原子模型等，其最初的提出便是应用类比推理的结果。关于科学发现，不少人
强调直觉、灵感在其中的突出作用。殊不知，直觉、灵感的出现往往是类比推理
所触发的。例如，大家熟知的阿基米德（Archimedes，约公元前 287—约公元前
212）发现浮体定律的故事：

> 海罗在锡拉丘兹称王之后，为了显示自己的丰功伟绩，决定在一座圣庙
> 里放上一顶金皇冠，奉献给不朽的神灵。海罗与承包商谈好价钱，订了合同，
> 并精确地称出黄金交给了他。到了规定的日期，制造商送来了做工极其精美
> 的皇冠，大王极为满意。看起来皇冠的重量与所给的黄金重量完全相符，但
> 后来有人告发说，在做皇冠时，商人盗窃了金子，加上了等量的白银。海罗
> 认为自己受了欺骗，实在是奇耻大辱，但又没有办法把窃贼的嘴脸揭露出来，
> 就命阿基米德想想办法。阿基米德连洗澡的时候都在想着这件事，当他进澡
> 盆时，发现自己的身体越往里浸，从盆里溢出的水就越多。这可找到解决问
> 题的办法了，他一下子从澡盆里跳出来，光着身子欣喜若狂地冲回家，一边
> 大声喊叫说他找到朝思暮想的答案了。[2]

这里正是通过人体与皇冠之间的类比推知同样能从其排水量测定皇冠的体积与密
度，在技术发展史上，有许多卓越的创造发明是由类比推理提供线索的。传说我
国古代著名的工匠鲁班（公元前 507—公元前 444），有一次上山砍树，手指被野
草的嫩叶子划伤，他发现这些叶子的边缘上有许多锋利的小齿，于是就想到在竹
片上制作许多相似的小齿，也许能割开树木。经过反复的试验和改进，最后他在
铁片上制作许多小齿，发明了人们沿用至今的伐木工具——锯。又如最初产生试
制飞机的念头是从风筝得到启发的，人们看到比空气重的风筝依靠风力可以升高，
于是初期飞机的机翼就模仿风筝制造，当然这种飞机也和风筝一样常常突然倒栽
下来。

现代科学工程技术的进展愈来愈加速步伐，这是依赖于精密准确的试验以及
试验成果的向外推移。人们利用模型试验来研制诸如新型飞机、通信卫星，以及
设计水利电力工程、防震的高层建筑物等等，就是根据模型试验的性能来推断研
制原型的性能。例如，关于长江三峡工程的论证：

> 泥沙淤积问题一度被认为是三峡水库的"癌症"，在重新论证中自然成为公
> 众关心的焦点。历史上有惨痛的教训：50 年代由苏联专家设计的三门峡水库，
> 建成后仅仅 4 年就淤塞了库容的 62%，由于泥沙淤积严重，上游渭河的水位

壅高，危及西安，不得不二次改建，……但也正因为如此。从 50 年代后期以来，泥沙淤积问题，一直被列为三峡工程科技攻关的重点项目，特别是经过葛洲坝这个"实践工程"，取得了突破性的进展。第一，在大坝底部修了大量的泄沙孔排沙；第二，采取"蓄清排浑"的方法，使大部分泥沙在汛期被带走。自 1981 年截流通航后，在 3、4 年间，葛洲坝库区共淤积了 1 亿多立方泥沙，到 1986—1987 年时，已基本达到冲淤平衡，之后，一直保持 1∶1，即来多少泥沙，走多少泥沙。……在专家组指导下，清华大学、武汉水电学院、交通部天津水运工程研究所、水利水电科学研究院、南京水利科学研究所、长江科学院等单位集中了全国泥沙专业的精华，分别做 12 个大型泥沙物理模型试验，其中光是重庆河段就做了 4 个，方法不一样，结论却一致：重庆河段泥沙情况清楚，问题可以解决。[3]

设 a、b、c 为模型与原型的共同属性（相似的内部结构与相似的外部条件），d 为模型试验所显示的性能，那么这种由模型向原型过渡的类比推理可表示如下：

试验模型：a、b、c、d，

研制原型：a、b、c，

所以，研制原型也具有 d。

现代科学工程技术不仅由试验模型类推到研制的原型，而且还由自然原型的研究类推到人工的模拟系统，60 年代出现了一门独立的新学科——仿生学，就是专门研究生物系统的结构和功能，并创造出模拟它们的技术系统。例如，青蛙的眼睛是跟踪运动目标——飞虫的非常完善的器官，人们研究蛙眼的结构与反应原理，并设计出模拟蛙眼的电子模型——技术仿生系统，这样的"电子蛙眼"就能跟踪天上的卫星以及监视空中的飞机。当然，技术的仿生系统绝不是生物器官的原型，而只是模仿生物器官某些方面属性的粗糙模型。

设 a、b、c 为生物原型与技术仿生模型的共同属性，d 为生物原型所显示的性能，那么这种由自然原型向技术模型过渡的类比推理可表示如下：

自然原型：a、b、c、d，

技术模型：a、b、c，

所以，技术模型也具有 d。

类比推理不仅是科学发现的方法，也是一种为理论做出辩护的方法。

为了证实一个理论，人们往往需要寻找证据为其进行辩护。理论的辩护可有多种方式，其中之一就是类比式的辩护。它的基本原理如下：如果某个理论与另一理论相似，而其中之一已被证实或高度确证，那么与之相似的另一个理论可由此获得某种支持。例如：

哥白尼（Mikołaj Kopernik，1473—1543）的"地动说"曾遭到托勒密（Κλαύδιος Πτολεμαῖος，约100—约170）派天文学家的反对。其中最主要的反对理由就是所谓"塔的证据"。反对者说，根据"地动说"，地球每天绕轴自转一周，因此地球表面上任何地点在很短暂的时间内都将运动很大一段距离。这时，如果有一块石头从地球表面的一座塔顶上落下来，那么在下落过程中，由于地球自转的缘故，塔已经离开了原来的那个位置，因此，下落的石头应该落在距塔基相当远的地面上。可是，人们看到的实际情形并非如此。后来伽利略（Galileo Galilei，1564—1642）成功的解释了这一现象，他指出：塔的证据不能成为反对"地动说"的理由，这正如一条匀速航行的船，从桅杆顶上落下一件重物，总是落在桅杆脚下面而不是落在船尾一样。在17世纪40年代，法国人伽桑狄（Pierre Gassendi，1592—1655）进行了一次"桅杆顶落石"的试验，结果与伽利略预期的相同。这就为"地动说"提供了辩护。[4]

当然类比推理作为一种或然性推理，其结论是可能真但却不一定真，因此类比式的辩护只能对理论提供较为有限的支持。

类比推理也是一种说明的方法。在议论的过程中，人们为了解释某种事实或原理，往往找出另一种已知的与之相似的事实或原理，然后通过类比给予说明。例如：

威尔逊山的天文学家哈勃在研究来自遥远星系的光线时，发现它们的光谱都向红端作轻微移动；而且，星系越远，这种"红移"就越大。实际上，我们发现，各星系"红移"的大小与它们离开我们的距离成正比。……为什么宇宙间的所有星系都在离开我们的银河系呢？难道银河系竟是一个能吓退一切的夜叉吗？如果真是如此，我们的银河系又具有什么吓人的性质呢？为什么它看来竟会如此与众不同呢？如果把这个问题好好思考一下，就很容易发现，银河系本身并无特殊之处，别的星系实际上也并不是故意躲开我们，事实上只不过是所有的星系都在彼此分开就了。设想有一个气球，上面涂有一个个小圆点，如果向这个气球里吹气，使它越来越胀大，各点间的距离就会增大。因此，待在任何一个圆点上的一只蚂蚁就会认为，其他所有各点都在"逃离"它所在的这个点。不仅如此，在这个膨胀的气球上，各圆点的退行速度都是与它们和蚂蚁之间的距离成正比的。[5]

类比推理是人们经常应用的一种推理方法。应该说，能否广泛而又恰当地应用类比推理，这是衡量一个人创造性思维能力的标志之一。一个善于思考的人，从来不是死记硬背某些公式定律，而是能够举一反三，触类旁通。应用类比推理，是锻炼独立分析和解决问题能力的有效方式之一。

参 考 文 献

［1］Mary B. Hesse. *Models and Analogies in Science.* London：Sheed and Ward，1963，p.60.

［2］乔治·伽莫夫，《物理学发展史》，高士圻译，侯德彭校，北京：商务印书馆，1981 年，第 14 页。

［3］樊云芳等，《三峡工程论证始末（上）》，光明日报，1992 年 3 月 23 日。

［4］伽利略，《关于托勒密和哥白尼两大世界体系的对话》，周煦良等译，北京：北京大学出版社，2006 年，第 105—121 页。

［5］伽莫夫，《从一到无穷大：科学中的事实和臆测》，暴永宁译，北京：科学出版社，2002 年，第 314—315 页。

12 论 比 较*

一、论比较的重要性

比较是认识的一种基本方法，它被用于确定对象之间的共同点或差异点。

常言说"凡事都须得比较一下"，这话说的是千真万确。在日常生活里，如果我们不作比较，就连眼前的街道和建筑物也是无法辨认的。在艺术领域里，如果艺术家不善于作比较，那么也就不可能塑造出完美的艺术形象。伟大的无产阶级作家高尔基（Алексей Максимович Пешков，1868—1936）说：

> 主人公的性格是由他所属的社会集团，社会地位中不同人身上取来的许多特
> 点构成的。为了要近似正确地描写一个工人、一个神父、一个小老板的肖像，
> 必须很好地观察上百个神父、小老板、工人。[1]

这就是说，艺术创作需要在观察中多多进行比较。在科学领域里，比较是科学研究的必要手段和基本方法之一。只要提一提下面这个事实，就多么鲜明地显示了比较在科学研究中的意义。有不少的学科，它们是借比较来建立和发展自己的理论的。像这样"比较的"学科（以比较法武装起来的）有：比较病理学、比较解剖学、比较胚胎学、比较生理学、比较语言学（历史语言学），等等。

在抽象思维活动的过程中，人们运用着比较与分析、综合、抽象、概括等思维方法，将丰富的感觉材料加以去粗取精、去伪存真、由此及彼、由表及里地改造制作，从而达到对客观现实的正确、全面和深刻的认识。

先前有的学者，如谢切诺夫（Иван Михайлович Сеченов，1829—1905）[2]和乌申斯基（Константин Дми-триевич Утдинский，1823—1870）[3]，曾正确地认定比较是人类理解现实的先决条件。在特定的意义上，人们可以说，要研究思维方法（比较、分析，综合、抽象、概括等），应当先从比较着手。

比较在认识中的显要地位，使它成为科学方法论中的一个重大的课题。它既

---

* 本文原载《江汉学报》，1963 年第 12 期，第 17—24 页。

是认识论、逻辑学所研究的，又是心理学、生理学所研究的。本文主要是从认识论、逻辑学的角度来论述比较。有关比较的另一些问题，如比较的生理机制问题等，我们就不在此处讨论了。

二、比较的由来

要说明各种各样的比较，它们各自形成的具体条件，那是十分困难的。我们只是从认识的"发育"过程，考察一下最初比较的由来。

诚然，比较之所以会成为一种认识的方法，用于确定对象之间的共同点或差异点，这是因为被认识对象之间的共同点和差异点，乃是客观上存在的。换句话说，对象的属性（即对象之间相同的东西或相异的东西）是客观对象本身所具有的。然而，对象的属性的客观存在，并不就使比较得以进行。须知，反映过程是从感知开始的，感知是外界事物直接刺激着感官而产生的。没有感觉材料，也就不会有思维的比较活动。弄清感知发生的客观条件，有助于理解比较的由来。

对象的属性的多样性，这是感知发生的必要条件，否则，感知便是不可能的。而各种感知中存在着多样性，这又是产生比较的必要条件，否则，要作比较便是不可能的。

让我们设想一下，如果一切物体都是绿色的，外界没有任何其他的颜色，那么不仅对其他颜色的感觉是不存在的，而且也不会有绿色的感觉，无所谓"颜色"。如果一切物体的温度都是同样的、均一的，那么人就不会有温度的感觉，无所谓"冷"，也无所谓"热"。上述的情景是不难理解的，好比说，人在黑夜中，就分辨不出周围物体的颜色。再好比说，整个地球系统以同样的速度运转着，因而在平时人们并没有察觉出地球的运动。正是客观事物与其属性存在着多样性，才使人的感知成为可能，而且所产生的感知也是多样的。

我们有了多种多样的感性材料之后，也就存在着作比较的实际可能性。不过还得明白，人们并不是一有了感知，就一定有思维的比较活动。人在生活的环境中，时时刻刻都有许许多多的感觉。眼睛所看到的，耳朵所听到的，皮肤所触到的……。没有一个理智健全的人，会盲目地将各个感知对象都作一番比较。毫无目的的比较是不存在的。

究竟是什么东西支配着人们去作比较呢？不是别的。正是人的社会历史实践的需要。当然，我们说的社会历史实践是"不限于生产活动一种形式，还有多种其他的形式，阶级斗争，政治生活，科学和艺术的活动"。[4]

有些比较活动，粗看起来似乎纯粹是出于人的兴趣或好奇心，与社会的实践无关。其实不然，人的兴趣、好奇心不是什么抽象的、天赋的东西。人的兴趣与好奇心的状况，它本身就是取决于社会历史实践的内容和水平。传说古希腊博学多才的学者兼发明家阿基米德，具有惊人的好奇心，他从比较各种机械运动的现象，发现了杠杆原理，又发明了许多机械和武器。这一切都是以当时的社会实践——奴隶生产劳动的方式、布匿战争等——为基础的。然而，阿基米德不可能像现代的控制论学者那样，热衷于比较人脑和电子自动机的相似性。这恰好是因为阿基米德的好奇心，毕竟是被奴隶社会的实践水平和内容所决定的。

我们可以说，比较的形成过程是这样的：

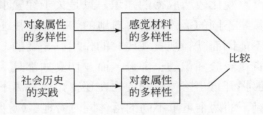

三、直观的比较

认识是个不断深化的发展过程，人脑对客观现实的理解有着不同的程度，所以在认识的进程中，存在着不同层次的比较。大致说来，直观的比较是较为初级的，而理论的比较是较为高级的；此外，还有想象的比较。

直观的比较是以感知或表象为素材的比较。它可以分析为如下这些方面：

1）以 A 的感知和 B 的感知为素材的比较。例如：伽利略在比萨斜塔作自由落体的实验，他从塔顶同时丢下两个重量不同的球，然后观察比较它们落下的情况，发现它们是同时着地的。

2）以 A 的感知和 A 的表象为素材的比较。例如：生理学家动手术切除一条狗的大脑两半球的上半部，然后仔细观察这条狗表现的各种状态，并与这条狗动手术以前的正常状态相比较，以便判明用手术切除的这一部分脑的机能是什么。

3）以 A 的感知和 B 的表象为素材的比较。例如：观察"牛顿的棱镜色散现象"的实验、即一束日光通过三棱镜色散而形成光谱，当人们看到这么鲜艳的光谱带时，又回忆起大自然中的虹霓（天然的色散现象）来做比较，以确定两者之间的相似性。

4）以 A 的表象和 B 的表象为素材的比较。例如：老贫农对年轻一代讲述祖辈的家史时，将旧社会里贫农家住的破草房与地主家住的大厦，进行回忆对比，控诉旧社会的黑暗情景。

　　直观的比较可以图示如下：

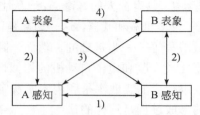

　　人们须知，通过直观比较所取得的知识，只是关于经验事实的描绘（如"眼前同时抛下的两个重量不同的落体是同时着地的"），对此往往是知其然，而不知其所以然。但人们不能因而就轻视直观比较的作用。无疑的，通过直观比较所取得的知识，是人们直接经验知识的一部分，而一切真知都是从直接经验发源的。譬如人们之所以能够揭开自由落体运动的内在秘密，这是离不开落体实验的。如果不以"眼前同时抛下的两个重量不同的落体同时着地"（这是直观比较的结果）的认识为根据，那就不可能确立"一切在真空中同时抛下的自由落体都是同时着地的"这个真理。

四、理论的比较

　　有的人以为凡比较都是以感性材料为素材的（直观的比较）。他们不懂得理论的比较在认识中的地位。理论的比较比起直观的比较是处于认识的更高层次。理论的比较不是以感性直观的映象为素材，而是以存在于概念中的知识为素材。其次，理论比较的实现过程是与推论分不开的。例如：

世界人民的民主力量超过世界反动力量，并且正在向前发展，必须和必能克服战争危险[5]

上例中"世界人民的民主力量"和"世界反动力量"，这两者都是一种概括性的认识，并不是感性直观的认识。为了把"世界人民的民主力量"和"世界反动力量"做出对比，这就必须靠推论才能够实现。

　　有两种意义不同的理论比较是我们应当加以区别的，即理论在"对象意义上"的比较和理论在"观念意义上"的比较，这是不同的两件事。理论在"对象意义上"的比较是关于客观现实的比较，它揭示被认识的客观对象之间的共同性或差异性。例如"光的速度比声的速度大"，这儿的比较确定了被认识对象——光的速度与声的速度——之间的差异。而理论"在观念意义上"的比较是关于主观认识的比较，它揭示理论、学说（作为反映现实的观念形式）之间的共同性或差异性。例如："'相对论'比'牛顿力学'更深刻、更合理"，这儿的比较确定了人们的认识——爱因斯坦关于物理世界的描绘和牛顿关于物理世界的描绘——之间的差异。

理论的比较远比直观的比较复杂。如果我们的眼光不以理论领域本身为限，那么从广义上说，理论的比较还指理论与事实之间的比较。对此简要地分析，则有以下两方面：

1）把学说拿去和事实作比较——验证理论。在这种比较场合下，事实是作为比较的标准，如果理论与事实符合（相似、一致），那么，理论则被证实，否则，理论便被推翻。例如：普遍相对论认为光经过大质量的重力场时，是走曲线路径的。爱因斯坦提议这个理论可与太阳重力场中的星光路径作对比，他预测与太阳最近的星体，其星光应偏差 1.75 秒。1919 年 5 月 29 日对日蚀照相的结果，表明爱因斯坦的理论是和事实相似的。

2）把事实拿去和科学知识作比较——鉴别事实。在这种比较场合下，科学的理论是作为鉴别事实的原则，提供了鉴别的标准。例如：对采来的矿石样品进行鉴别，对患有结核病的病人进行诊断，等等。

五、想象的比较

创造性的想象是人类主观能动性的高度表现。它不是依样重现或简单地重新配置以往感知过的东西，而是以从前的阅历和经验为依据；经过思维的制作功夫，构想出从所未见的新景象。所以，想象的比较既有直观比较的特征，因为作为比较的素材系观念中具有具体形象的东西，同时想象的比较又具有理论比较的特征，因为它是理想化的产物，推论与构思在期间起着决定性的作用。

想象的比较有两种情形：一种情形是被比较的都是想象的东西，例如：比较一下关于某项工程的几个设计图样；另一种情形是将想象的东西与实际的东西作比较，例如：设计师想象地面上飞的"无轮汽车"时，总是考虑它比现在的有轮汽车具有某些优点。

想象的比较对于艺术家的形象思维（艺术创作）来说，是无比重要的。大家都知道绘画大师在他的创作过程中，总是先绘出许多草图、习作画，并将它们进行比较，即酝酿最能体现创作意图与最有感染力的艺术形象。艺术创作的主要任务是选取典型的东西来反映生活，为此艺术家必须对习作进行比较，去粗取精，精益求精，这样才能塑造出不朽的艺术形象。

想象的比较对于科学的创造性思维（发现、发明、工程设计）来说，也是无比重要的。例如爱因斯坦的广义相对论，提出这样一个"理想的实验"：设想一架升降机在理想的摩天楼里，它无拘束地下降（或上升），这时升降机内的物理学家正在做力学实验。于是在升降机内的物理学家和在升降机外的物理学家，他们对升降机里的实验就会产生不同的理解。我们对此作一番比较，则能领悟为什么"引力质量"与"惯性质量"是相等的。[6] 科学思维的想象比较，使人的认识能够通往自然的深处，通往遥远的过去或遥远的未来。

六、比较的基本功能之一 ——识同

比较的基本功能可分为两个方面：
1）识同——确定对象之间的共同点；
2）辨异——确定对象之间的差异点。

我们将分别地考察比较基本功能的两个方面，探究它们在认识中的主要作用。但是我们不可因此而产生误解，以为比较的两方面基本功能是相互隔绝的或互为异在的。在形而上学的思维方法里恰好是这样的。在人类认识能力的更高阶段（辩证思维）里，比较的两方面基本功能是相互渗透、互为补充的。

识同的第一种作用——确立个体或类的"样本"与"认出"对象。

确定被认识对象的"样本"是认识现实的起码条件，否则人们就认不出任何东西了。而确立被认识对象的"样本"是通过比较活动来实现的。人们先是确立个体的"样本"，然后才进一步确立个体所属的类的"样本"，以至于类的"样本"。例如：我们单位刚来了一位新同志，他从我们的眼前走过，由于观察者（我们）与被观察的目标（这位新同志），两者之间的距离和方位的角度是不断地变动的，因而我们所得到的视觉影像也是随时变化的。那么我们怎么能确定这位新同志的形象呢？就是因为我们能够对同一个人的这些不同的视觉影像进行比较，找出共相似之点，即强化影像的主要特征，确立了"样本"贮存在我们的记忆中。正是这样，如果我们看到这位新同志的肖像画时，尽管在画上脸部的色彩或明暗部位，与我们所见的真人面相比并无多少共同点，然而我们还是觉得画得极像；同样地，当人们对同一类中的许多不同个体的影像进行比较，找出共相似之点，也就确立了类的"样本"。

对象的"样本"往往成为日常生活概念的内涵。在日常生活中，我们使用了很多其内涵缺乏严格科学定义的概念。例如："西红柿""白云""火焰""延安的窑洞""人民英雄纪念碑"等，我们谈论这些名字时，在心中所唤起的不过是某种观念（即对象的"样本"）而已。

那么"认出"对象又是怎么一回事呢？我们遇见一个人时，如果能认出他是某某，这是由于我们把当前对他所感知的影像，与存储在记忆中的"某某样本"比较的结果。因为当前所感知的影像是相似于记忆中的某一"样本"，这样，我就认出某某人来。当然，"错认"或"认不出"的情况也是常有的。"错认"是由于当前对某物所感知的影像，与记忆中的另一物的"样本"比较很相似的缘故。"认不出"是由于当前对某物所感知的影像，与原来贮存在记忆中的某物的"样本"，没有多大相似性的缘故。

也许有人以为"认出"对象的活动是很平庸的事，没有什么了不起的作用。不！当天文学家断言处在遥远的某个星体上有哪些元素时，你不能不为此而感到惊奇。生活在地球上的人怎么会知道遥远星际的事呢？其实，天文学取得如此巨大的成就并不神秘。每种化学元素都有其独特的"光谱样本"，只要将星光的光谱拿来与元素的光谱样本作比较，就可以认出组成这个星体的物质究竟是些什么。由此可见，"认出"对象的活动在科学工作中是很有意义的。

识同的第二种作用——分类。

"类"是具有某些共同特征的对象的集合。如"人类""金属类""铁托之流"都是指具有相似特征的对象的集合。分类就是通过比较对象之间的相似性，根据某些对象间存在着共同（相似）的特征，将它们归属于一个确定的集合。例如：生物分类学家，把生物个体之间最相似的归成一个"属"，大体上相似的归成一个"科"，相似的"科"归成一个"目"，相似的"目"归成一个"纲"，相似的"纲"归成一个"门"。对于分类来说，自然不是单纯依靠比较活动就能实现的。在分类工作中，通过比较确定对象之间的相似性，这是具有决定意义的步骤，但是，确定类的特征也需要有思维的分析活动参与才能完成。

分类有人为的分类和科学的分类。科学的分类不能任意选择对象的一组共同特征作为类的标志，而是以通过比较选定出来的对象之间的相似特征，恰好是自然类的特征为类的标志的。这需要反复地进行比较和分析。科学的分类比人为的分类要难得多，也更有意义。人为的分类较容易，却无实在的价值，例如生物学史上，亚里士多德把动物归成"有血"和"无血"两大类，以后勃里乃又把动物归成飞翔动物类、游泳动物类和陆上动物类。这样的分类都没有多大的科学价值。

分类工作对于任何一门科学都是必要的。每一科学研究的领域中都有无数的对象和现象，科学的任务不是把每个具体对象或现象都逐一加以研究，这是不可能的又是不必要的。科学的任务是揭示一类一类的对象（或现象）的内在本质，而这是在分类工作的基础上才能达到的。所以，在某种意义上可以说，每门科学的真正发达史是以分类工作作为始初的阶段，而且随着本部门知识的积累，分类的系统也是不断地完善（或改革）。分类具有总结研究成果的意义，又具有促进新研究工作的意义。

识同的第三种作用——探索现象间的规律。

大家知道，规律是对象间的关系，一种本质的和必然的关系。所以，列宁（Владимир Ильич Ульянов）说："规律是现象中同一的东西"[7]。人们要发现客观现实的规律，就必须对一系列的现象做出比较，才能确定存在于许许多多对象之间的共同的（本质的）关系——规律。例如"地心引力"作用是从物体的重量和下降而表现出来的。人们从经验中得悉，雨水、树叶是落到地面上来，用手抛上一个物体，也是落回地面上，飞鸟也终要降落至地面，江河的流水、瀑布总是从高处向低处流落……。如果比较一下上述的杂多现象的共同点，那么就会发现地球表面上的物体都是被地球吸引着。正是这样去进行比较，人们才会有"地心引力"的规律性认识。伽利略在"对话"中写道："任何重的物体都有着本来所固有的、内在的、趋向于一切重物体的共同中心，即地球中心的特性。"后来，在科学中从重力的概念又发展到得出"万有引力"规律，即人们已进一步认识到，重力现象不只是地球所具有的现象，而是宇宙万物所共有的现象。下面这个说法是幼稚可笑的，据说牛顿从观察树上的苹果掉下地这一事实，而顿悟"万有引力"规律。实际上，如果牛顿只是孤立地思考苹果落地这一事实，而不去比较其他的现象，那他绝对发现不了"万有引力"规律。

发现规律是个极为复杂的认识过程，不仅需要通过比较以识同，而且需要分析、抽象和概括。我们既要懂得，比较是发现规律的必要条件，同时也要懂得，比较不是发现规律的充足条件，如果把发现规律的过程简单化，把它归结为完全是应用比较的结果，那也是很错误的。

七、比较的基本功能之二——辨异

比较的基本功能除识同外，还有辨异，即确定对象之间的差异点。辨异在认识中的主要作用是些什么呢？

辨异的第一种作用——判明对象具有某种特征的程度如何。

对象总是具有某些特征的，而且这些特征不全是只属于唯一的对象，其他的对象也可能具有。然而，在不同的对象里，具有同一个特征的程度往往是不一样的。例如：很多东西呈红色，但红的程度却有不同；很多东西是电的良导体，但导电的程度却有不同。

明确对象具有某种特性的程度，对于人的实践活动是非常重要的。比如说，建筑师必须明确各种材料的强度，才能正确地选材施工；教师必须明确学生们的学历程度，才能正确地因材施教；医师必须明确病人症状的轻重度，才能对症下药。

那么，怎样才能明确对象具有某种特性的程度呢？如果只是孤立地从某一对象具有某种特性的情况来看，那么它具有这种特性的程度如何是无法判定的。人们必须将具有这种特性的若干对象做出比较，根据它们之间在这一方面的差异，即根据该特性在被比较对象里的表现不同，才能明确它们各个具有该特性之程度如何。这样的比较既可能是类与类之间的对比，例如：

"现代修正主义者比右翼社会党人更有欺骗性。"

"介子的质量比质子的质量小，比电子的质量大。"

也可能是同一类的个体对象之间的对此，例如：

"古巴的人口比阿尔巴尼亚的人口多 500 万。"

"这是一匹瘦马。"（跟普通的马对比）

在精密科学的研究工作里，仅仅粗略地了解对象具有某些特性的程度，这是不够的，必须给予极为精确的判定。因而，特地制定了"测量"的方法。测量是比较的这样一种特殊场合，它确定被研究对象与作为比较单位（尺度）之间的量的关系（用数字表示）。换句话说，测量就是把一个未知量跟另一个已知量（测量单位）相比较的过程。由于采用测量单位（厘米、克、秒、度等）作为比较的标准，可分别地对各个对象进行测量，然后再比较一下测量各个对象的结果（用数字表示）上的差异，这样，对各个对象具有某些特性的程度，就有了高度明确的认识。

辨异的第二种作用——划分。

人们常常从社会实践所提出的特定任务着眼，需要区别一下同类中表征不同的对象。为了便于完成实践的特定任务，人们通过比较对象之间在某方面表现出的差异，对它们做出相应的划分。例如目前我国农民为了便于农事的管理，就对田里庄稼生长的好坏做出比较，把它们划分为一类苗、二类苗和三类苗。又如在天文学史上，为了便于标示恒星，亚历山大的学者依巴谷（Hipparcos）把恒星按亮度的差异，划分为六个星等，最亮的恒星为一等星，次则为二等星，等等。依巴谷的方案很方便，一直保留至今，不过更精确了，用上带小数的星等，并且较暗的亮度已划分至二十二等。

上面所说的是关于特定一类对象的划分，此外还有空间的划分和时间的划分。空间的划分是比较空间方位上的差异而做出的。例如，地球表面按不同的经度和不同的纬度划分。时间的划分是比较时间阶段上的不同而做出的。例如：为了农作的方便，将一年划分为 24 个"节气"。空间的划分和时间的划分也都是出自实践的需要，从某种标准出发比较其差异点而做出的，所以，它们和对象的划分一样地具有相对性。当然，只有恰当的划分，才具有实用的价值，即：愈有助于解决实践（包括科学的研究实践）所提出的任务的划分，则是愈有价值的。

辨异的第三种作用——判明事物的历史演化。

客观事物总是不断变化发展的。当人们再次观察到某一对象时，将其与先前保留在我们记忆中的旧印象作比较，根据两者之间的某些差异，就能断定对象发生了变化。如果我们将被认识对象在各个时期的"样式"作了系统的比较，从一系列的变异就能判明对象演化的历史轮廓。昆虫学家正是这样来判明昆虫的生活史。

对于人们的日常生活来说，物体的"样式"大都是凭着记忆来存贮，但记忆不能恒久，难免会"走样"或者消失，因而就不能精确地判定对象所发生的变化。在精密科学的研究工作里，为了精密地判定对象的发展变化，需要经常地对被研究对象作记述、测绘以及摄影等。例如现在各国的天文台，都装备了天体摄影仪，不断地拍摄星空的照片，珍存在底片库里，当天文学家比较一下星空新旧照片的差异，就能了解星空的变化发展。

也许有人会提问：判明生物界物种进化的历史轮廓，难道也必须是系统地比较物种新旧"样式"的差异吗？人类史所经历的年代，与物种进化的历史比起来是微不足道的，有谁能观测或拍摄当时世界的情景呢？是的，没有人亲见人类前期所发生的事情，然而，判明物种进化的历史轮廓，与判明其他事物的历史演变一样，缺少比较新旧"样式"的差异，则是不可能的。要知道大自然在地下"记述"的各个时期物种的"样式"，科学家们便查看"这本书"——地层，特别是物种的"天然标本"——化石，它比照片更牢靠。这样，科学家就有不同年代的物种"样式"可作比较了。总之没有比较，就不可能判明事物的历史演化，这是绝无例外的。

八、对待比较的辩证观点

比较即是确定对象之间的共同点或差异点，因而，有的人很容易以为：不要去比较不大相似的对象，而寻找其间的共同点；也不要去比较极为近似的对象，而寻找其间的差异点。这种看法是片面的、不正确的。他们把"相似"（同）与"不相似"（异）截然地隔开，各自孤立起来看待。依照他们看来，应当在相似的对象之间去求"同"或在不相似的对象之间去求"异"，他们认为这是个常识问题，犹如猎人该到野兽聚居的地区去打猎。他们不懂得：对于科学的认识来说，正是在

12 论 比 较

相异的前提下，确定其相似之处才富有意义，也正是在相同的前提下，确定共不相似之处才富有意义。黑格尔说：

> 假如一个人能看出当前即显而易见的差别，譬如，能区别一支笔与一头骆驼，我们不会说这人有了不起的聪明。同样，另一方面，一个人能比较两个近似的东西，如橡树与槐树，或寺院与教堂，而知其相似，我们也不能说他有很高的比较能力，我们所要求的，是要能看出异中之同和同中之异。[8]

黑格尔这个观点是非常合理的，这个观点符合人的智力发展以及科学知识发展的实际情景。譬如学者们能够弄明白：原来金刚石和煤的化学成分一样地都是碳，原来鲸鱼并不是鱼，而是哺乳动物，等等。

正是学者们去比较那些彼此差距甚大的属于不同领域的现象，因而才会出现象"控制论"这样卓越的科学部门。科学与科学思维的发展，总是致力于揭露自然现象间的内在共同性和一致性。最新的物理学比古典的物理学优越，就在于它发现了各种殊异物理现象的相似性，因而成为一个统一的理论。物理学家爱因斯坦在后来的研究工作中，则更进一步地企图建立"统一场论"，"建立一种纯粹是场的物理学"。

把辩证法应用于思维的比较活动，不仅强调发现"异中之同"或"同中之异"的必要性与重要性，而且更强调把握"异中之同"和"同中之异"这两者的统一。受着形而上学思想方法影响的科学家，他们往往是注重其一，忽略了另一个，即是说，他们或者只是异中求同，或者只是同中求异。

黑格尔曾对当时受着形而上学影响的自然科学，作了以下的评述。

> 科学的兴趣每于此次仅于异中求同。而于另一次，复由片面的方式，仅于同中去求新的不同。这种情形在自然科学里特别显著。因为首先自然科学家的工作在于不断地发现新的，甚或更多的更新的元素、能力、种和类。或从另一方面，力求指出从前所认为单纯的物体，乃是复合的，所以近代的物理学家和化学家可以嘲笑那古代的哲人，满足于以四个并不单纯的元素解释事物，其次他们心目中的相同，仍然是指单纯的形式的同一而言。譬如，他们不仅认电化作用和化学作用是相同的，并且将消化和同化等有机历程亦认作单纯的化学作用。[8]

黑格尔抨击那种对待比较的片面的形而上学态度，是很中肯的。直到今天，仍然具有启发的意义。譬如现代控制论的发展，吸引了许多学者讨论有关"机器能否思维？"的问题。有些学者只注意比较自动控制机器和人脑的共同性，因而在他们心目中，只看到"异中之同"，而撇开了"同中之异"，他们片面地认为：自动机器和人脑是一样地能思维的。思维并不是人脑特有的机能，机器也能具有大脑的属性——思维。与此相反，先前又有些学者，只注重于比较自动控制机器和人脑的差异性，因而他们片面地认为：用机器模拟人脑的思维也是不可能的。如果说前一种人的看法是机械主义的，那么后一种人的看法却是保守主义的。人们在把自动机器和人脑做出比较时，应当正确地将"异中之同"和"同中之异"统一起来考察，这样才能达到全面的恰当的认识。

参 考 文 献

［1］转引自阿·阿·斯米尔诺夫（总主编），《心理学》，朱智贤等译，北京：人民教育出版社，1957年，第372页。

［2］康·德·乌申斯基，《人是教育的对象：教育人类学初探》，张佩珍、郑文樾、张敏鳌译.北京：人民教育出版社，2007年。

［3］谢切诺夫，《谢切诺夫选集》，杨汝菖译，北京：人民卫生出版社，1957年。

［4］毛泽东，《实践论》，载《毛泽东选集》第1卷，北京：人民出版社，1991年，第283页。

［5］毛泽东，《关于目前国际形势的几点估计》，载《毛泽东选集》第4卷，第2版，北京：人民出版社，1991年，第1184页。

［6］爱因斯坦，英费尔德，《物理学的进化》，周肇威译，长沙：湖南教育出版社，1999年，第152—157页。

［7］列宁，《哲学笔记》，载中共中央马克思列宁斯大林著作编译局译，《列宁全集》第55卷，北京：人民出版社，1990年，第126页。

［8］黑格尔，《小逻辑》，贺麟译，北京：商务印书馆，2009年，第254—255页。

13　关于辩证逻辑和形式逻辑在认识中的作用问题*

　　恩格斯和列宁不止一次地指出：关于思维的科学——逻辑也是一种历史的科学，因为人类的逻辑思维是历史地发展的。形式逻辑不是唯一的思维科学，关于逻辑思维的科学有形式逻辑和辩证逻辑。本文将考察辩证逻辑和形式逻辑在认识中的作用的一些问题。

　　近来有不少文章的内容涉及"辩证逻辑和形式逻辑在认识中的作用"这个问题，本文对那些比较典型的看法，要分别加以讨论。为了保持本文系统结构的完整，我不想指明和摘录他们的原文，至于本文批评了哪些人的观点，大家仍然是会明白的。

　　辩证逻辑和形式逻辑都是研究人们的思维形式和思维规律，但它们有哪些彼此不同的特点呢？

　　辩证唯物主义认为："逻辑形式和逻辑规律不是空虚的外壳，而是客观世界的反映。"[1] 151 就形式逻辑来说，它并不像唯心主义者康德所断言的那样：思维形式与物质存在是没有联系的，逻辑是纯粹思维形式的问题。科学的逻辑观点认为形式逻辑所研究的思维形式和思维规律是反映客观现实的。但是形式逻辑反映客观世界只局限于事物的简单关系和相对稳定性方面，把思维形式当作固定不变的东西来把握，运用固定不变的范畴。如果人们要认识客观世界的变化和发展的复杂过程，光靠形式逻辑就无法达到这一目的。人们只有运用与现实世界发展着的内容相适应的逻辑形式和逻辑规律，才能认识客观世界变化的复杂过程。而辩证逻辑就是研究这样的逻辑形式和逻辑规律——反映现实世界发展着的内容的逻辑形式与逻辑规律。

　　形式逻辑从逻辑形式方面来研究思维时，它是撇开人们丰富的思想具体内容，而只是考察思维结构中抽象的逻辑形式。黑格尔就已意识到形式逻辑这个局限性，

　　* 本文 1956 年春完稿，署名张锯青，原载《武汉大学人文科学学报》，1958 年第 1 期，第 71—82 页。

列宁说："黑格尔则要求这样的逻辑：其形式是富具有内容的形式，是活生生的实在的内容的形式，是和内容不可分离地联系着的形式。"[1] 77 列宁在研究辩证逻辑和形式逻辑的区别时，非常重视黑格尔这个观点的深刻意义。对于辩证逻辑来说，它不是考察思维结构的外部形式。辩证逻辑是考察具有世界具体内容的逻辑形式（当然，不能认为形式逻辑与现时世界的内容没有联系，只是说形式逻辑的抽象化有其特点）。

辩证逻辑是研究反映现实发展着的具体内容的逻辑形式，这就使

辩证逻辑和旧的纯粹的形式逻辑相反，不像后者满足于把各种思维运动形式，即各种不同的判断形式和推理的形式列举出来并且毫无联系地并列起来。相反，辩证逻辑由此及彼地推导出这些形式，不师把它们并列起来，而是使它们互相从属，从低级形式发展出高级形式。[2] 487

形式逻辑是从思维形式的结构，从其形式的分类以及外部的联系方面来研究概念、判断、推理。而辩证逻辑是从反映着现实发展的思维形式间的从属关系和其他的辩证关系方面来研究概念、判断、推理。

恩格斯和列宁在考察辩证逻辑时，对概念的辩证关系一直是给予最大的注意。经典作家强调注意研究概念的辩证关系问题，这并非偶然的。因为这对于思维如何反映客观世界的变化和发展的复杂过程有着主导的意义，所以列宁确切地规定："概念的关系（＝过渡＝矛盾）＝逻辑的主要内容。"[1] 166 人们要认识现实发展的复杂内容，就非运用逻辑范畴不可，辩证逻辑的范畴是客观世界的最一般关系的反映，其中每一个范畴反映了事物的一定方面。我们只有通过这些范畴的相互关系才能揭示事物对象的整体联系。我们只有通过这些关系的辩证转化才能完整地揭示出：现实中一种事物过程和联系向另一种事物过程和联系的转化。一句话，人们是通过概念范畴的相互关系来认识现实的复杂关系和发展过程。所以制定辩证逻辑的范畴体系是指出一切认识的辩证途径和方法，也是辩证逻辑的科学结构问题。

辩证逻辑和形式逻辑研究的思维规律也是不同的。形式逻辑是研究初级思维规律，即同一律、矛盾律、排中律和充足理由律。辩证逻辑是研究辩证思维的基本规律，也就是辩证法的三个基本规律。恩格斯说：

辩证法的规律是从自然界的历史和人类社会的历史中抽象出来的。辩证法的规律无非是历史发展的这两个方面和思维本身的最一般的规律。它们实质上可归结为下面三个规律：

量转化为质和质转化为量的规律；

　　对立的相互渗透的规律；

　　否定之否定的规律。[2]463

辩证逻辑研究的高级思维规律——辩证法的三个基本规律是既与现实的发展有关的最一般的规律，这些辩证思维的基本规律乃是支配着整个物质世界的客观辩证法规律的反映。所以辩证逻辑和形式逻辑的思维规律其要求也是不同的。为了谈得更具体和易于明白，我们以政治经济学中研究"生产"和"消费"这个概念为例子。形式逻辑的思维规律根据客观世界的相对稳定性，要求规定每个概念的确切内涵，"生产"与"消费"二者是不同的，生产做出适合于人需要的对象，而消费把生产物用于满足人的需要。但是，形式逻辑无论那一条思维规律都没有（而且也不可能）要求揭示在相对同一性中具有内在的差别，矛盾和对立物的相互转化。而辩证逻辑的思维规律要求达到对立的同一的概念灵活性，要求揭示生产和消费是对立的统一和相互联系的整体。生产直接的就是消费，因为生产是劳动力和生产资料的消费。而消费直接地也就是生产，因为个人消费是生产着自己的身体，或者说是劳动力的再生产。

　　生产不仅直接是消费，消费不仅直接是生产；生产也不仅是消费的手段，消
　　费也不仅是生产的目的，就是说，每一方都为对方提供对象，生产为消费提
　　供外在的对象，消费为生产提供想象的对象；两者的每一方不仅直接就是对
　　方，不仅中介着对方，而且，两者的每一方由于自己的实现才创造对方，每
　　一方是把自己当作对方创造出来。[3]34

这就是遵循着辩证逻辑思维规律的要求来考察"生产"和"消费"。从上例可看出在人们的思想观念中，形式逻辑的思维规律要求规定概念的确切内涵，精确地使用概念去反映一定的对象。而辩证逻辑的思维规律要求在概念中揭示出事物的内在的差别，矛盾和对立物的转化。

　　辩证逻辑和形式逻辑的研究方法也是不同的。在形式逻辑里面，所有的逻辑方法——如定义方法，分类方法，确定因果联系的方法等——都不是从历史发展中来研究现实。辩证逻辑里恰恰相反，它是揭示现实历史发展的方法。恩格斯早在《论马克思的'政治经济学学批判'》一文中，说明怎样来达到揭示现实的历史发展时指出：

　　对经济学的批判，即使按照已经得到的方法，也可以用两种方式：依照历史
　　或者按照逻辑。[4]603

恩格斯后来在《资本论》第三卷编者序中，非常明白地指出辩证逻辑和形式逻辑在研究方法上的不同。他说：

> 在事物及其相互关系不是被看作固定的东西，而是被看作可变的东西的时候，它们在思想上的反映，概念，会同样会发生变化和变形；它们不能被限定在僵硬的定义中，而是要在它们的历史的或逻辑的形成过程中来加以阐明。[5]

在《资本论》这部巨著中，马克思在揭示资本主义社会里经济运动的法则的同时，也揭示了认识过程的辩证法，如果没有后者的话那简直是无法达到前者的。列宁一再强调我们要吸取和掌握"资本论"中的辩证逻辑研究方法。辩证逻辑的研究方法是要指出如何来达到揭示现实的历史发展。

我们从上述的辩证逻辑与形式逻辑的不同特点来看，就不难明白：辩证逻辑是逻辑思维科学发展中的更高阶段。形式逻辑和辩证逻辑的相互关系可以这样说：形式逻辑是思维的"初等数学"，而辩证逻辑是思维的"高等数学"。

现在就要着手分析，关于辩证逻辑和形式逻辑在认识中的作用的一些重要的理论问题，这就是：

1）关于形式逻辑作用范围的问题。

2）关于形式逻辑在'家事'上的应用是否足够的问题。

3）关于辩证逻辑的应用问题。

4）关于辩证逻辑和形式逻辑具有不同性质的问题。

阐明形式逻辑作用范围这个问题，首先必须明白，为什么辩证逻辑和形式逻辑能在认识中起作用？认识是人的思想意识对客观世界的反映，所以主观的逻辑是由客观的逻辑决定的。事物的逻辑是第一性的，思维的逻辑是第二性的，客观世界既是辩证地发展的，那么认识世界辩证发展的思维过程也必须是辩证地进行。毛主席说："事物矛盾的法则，即对立统一的法则，是自然和社会的根本法则，因而也是思维的根本法则。"[6]

这就是辩证逻辑能在认识中起作用的基本道理，同样的形式逻辑也是反映客观世界本身的实在关系，所以它才能使我们的思维正确地反映现实。如果形式逻辑的规律没有客观基础的话，那就不可能在认识中运用它来为我们服务。形式逻辑在认识中能起作用的基本道理就在于它反映了事物的实在关系。由此我们再前进一步就不难明白：如果形式逻辑对客观事物关系的反映有其局限性的话，那么形式逻辑的作用就是有局限性的。形式逻辑对客观事物关系的反映有无局限性呢？列宁说过："最普通的逻辑中的'式'……是粗浅地描绘的——如果可以这样说的话——事物的最普通的关系。"[1] 148 列宁谈到形式逻辑的局限性时，还强调指出"根据最普通的或最常见的事物，运用形式上的定义，并以此为限。"[7] 419 由于形式逻辑只限于反映事物间最简单同时又是最常见的普通关系，所以形式逻辑的作用范围是最简单关系的领域。

形式逻辑是思维的"初等数学"，其作用是有范围的，这是恩格斯和列宁早已肯定的。可是有些同志侈谈什么形式逻辑的作用范围和辩证逻辑是一样的。应该考虑一下，既然形式逻辑不是事物复杂关系的反映，它也无法深入事物的最深处去把握内在的复杂联系，那么还有什么根据硬说形式逻辑起作用是没有范围的。如果硬要夸大形式逻辑起作用的范围，把它强加于它所没有反映的复杂关系上，将形式逻辑的规律绝对化，那就势必陷入形而上学。

值得我们注意的是：思考任何问题都必须遵守形式逻辑思维规律的要求，并不意味形式逻辑的作用范围无局限性。我们可以举揭示事物现象内部矛盾性的例子来说明。我们都知道，许多世纪间在哲学家那里一直争论的问题之一，即是关于运动的问题。

> 运动本身就是矛盾；甚至简单的机械的移动之所以能够实现，也只是因为物体在同一瞬间既在一个地方又在另一个地方，既在同一地方又不在同一地方。这种矛盾的连续的产生和同时解决正好就是运动。[8] 127

运动是现实中活生生的充满内在矛盾的现象，只有运用辩证逻辑才能揭示逻辑的实质和真实性。形式逻辑反映对象的稳定性方面，没有反映对象的内在矛盾性，所以关于对象内在的矛盾性上，形式逻辑是不起作用的。企图以形式逻辑来解决运动问题，始终是无法认识运动的实质。如果把形式逻辑的思维规律绝对化的话，那就不只是无法认识运动的实质，而是会导致否认运动的内在矛盾性，否认运动的真实性。这里是非常明显地暴露了形式逻辑的作用是有范围的，辩证逻辑的作用突破了形式逻辑的局限性。但是我们辩证地思考并不忽视形式逻辑思维规律的要求，例如我们不能以"静止"这一概念去顶替"运动"这一概念。否则思想没有确定性，思维就陷入混乱，当然无法认识运动的实质。为什么不能忽视形式逻辑思维规律的要求呢？这是由于事物对象（移动也是）有其相对的稳定性，同一性。（移动是移动，它与静止是不同的，物体移动和物体静止——在力学的意义下——是相反的现象。）这样简单的关系是形式逻辑所反映的，所以形式逻辑在这里是起作用的，对它的要求是不可忽视的。可是，思考任何问题都必须遵守形式逻辑思维规律的要求，并不意味形式逻辑的作用是没有范围的。它的作用范围始终还是事物最简单关系的领域，不可以与辩证逻辑同等看待。

恩格斯把辩证逻辑与形式逻辑的相互关系比做高等数学与初等数学的相互关系。人们往往以为高等数学既运用变数但也用常数，这岂不就是说明形式逻辑的作用范围没有局限性吗？这个"论证"是不能成立的。高等数学虽然还有运用常数，但运用变数才是数学中的转折点，高等数学按其本质来说就是变数（或叫变量）的运用，这是辩证思维进入数学的领域。运用变数就不是初等数学方法的应用，按变数的本质来说，初等数学不在其中起作用，关于这点恩格斯曾说过：

> 高等数学把初等数学的永恒真理看作已被摒弃的观点，常常做出相反的论断，提出一些在初等数学家看来完全纯属荒谬的命题。[2] 454

恩格斯还曾指出：

> 微分学不顾常识的一切抗议，竟使直线和曲线在一定条件下相等，并由此达到把直线和曲线的等同看做是悖理的常识所永远不能达到的成果。[8] 126

所数学中的情形是最恰当地表明了：形式逻辑的作用是有范围的，辩证逻辑的作用比形式逻辑所涉及的范围更广阔更深入。

形式逻辑的作用是有局限性的，是有范围的。但是形式逻辑在"家事"上的运用是足够的。"家事"一语是恩格斯提出来的：表示日常应用的一般常识和对自然界个别部分的简单认识。不要认为简单事物的范围就是"家事"范围，也不要把日常生活中的一切问题都认作是"家事"范围内的问题。有些人认为：认识玻璃杯这样简单的东西都要用辩证逻辑才行，那么形式逻辑在"家事"上的应用就不足够了。当然，要认识一个玻璃杯的全部复杂性（像列宁在"再论职工会"中所说的那样）是不能光靠形式逻辑。但是把握对象的全部复杂性，那么完整而又深刻的认识，已不是属于"家事"的问题。对于"家事"来说，认识一个玻璃杯可用来喝东西，可用来装被捉到的蝴蝶，可用来压纸张就行了。它并不是非把握玻璃杯"无限多的其他的属性，特质，方面以及同整个世界的相互关系和'中介'"[7] 419不可。

那些反驳形式逻辑在"家事"的应用是足够的"根据"是什么呢？有人说：恩格斯的"家事"一语乃是指形而上学说的（或者是指渗透着形而上学的形式逻辑说的），从而他们也就认为形而上学（或渗透着形而上学的形式逻辑）在"家事"上的应用是足够的，而形式逻辑在"家事"上的应用是不足够的。也就是说，形式逻辑这门科学简直是不如形而上学（或渗透着形而上学的形式逻辑）了。难道我们可以听信这么天真的说法吗？他们还反驳说：恩格斯"家事"一语不是比喻，是指日常生活中一切问题（既包括简单的一面，又包括复杂的一面），所以应用形式逻辑就不足够了。可是他们也应该记住：自己曾把恩格斯的"家事"一语解释为能够应用形而上学思维方法的范围。按照他们以上的解释就导致这样的结论：恩格斯会"认为"形而上学对于解决日常生活中的复杂问题也是适用和足够的。难道我们可以听信这种说法吗？应该指出，这些同志为了给自己的观点找"根据"，竟任意篡改恩格斯言论的本来含义，这种做法是很不对的。本文作者认为：恩格斯"家事"一语的本意是个比喻，所谓"家事"范围就是日常生活和科学研究中适用固定不变范畴的狭隘领域（恩格斯也曾用"科学小买卖"等语来说明），在这里应用形式逻辑是足够的。但在认识的更高阶段上，那么运用形式逻辑就不足够了。

有的人这样想：辩证法是到处都起作用的（包括"家事"在内），那么没有辩证逻辑光靠形式逻辑是会出"毛病"的。当然辩证法在"家事"上也是起作用的，但是，这并不妨碍形式逻辑在"家事"上的应用是足够的，也不会由于单独应用形式逻辑就会与辩证法"冲突"。形式逻辑是事物简单关系的反映，它与现实中的实在关系是一致的。所以正确地运用形式逻辑，所获得的认识成果也是符合于客观存在的实际情形，它不会与事物的辩证关系相矛盾。我们都知道，初等数学大体上是在形式逻辑的范围内活动的。特别明显的是欧几里得的几何学，它应用形式逻辑是足够的，并且应用的结果并没有与辩证逻辑相矛盾。如果否认上面这个事实那就是贬低形式逻辑的作用。

当我们肯定形式逻辑在"家事"上的应用是足够的同时，也必须提醒科学工作者注意恩格斯下面这段话：

> 脱掉神秘主义外衣的辩证法成为自然科学绝对必需的东西，因为自然科学已经离开这样的领域，在那里，固定不变的范畴，犹如逻辑的初等数学，足以供日常使用。……而自然科学家本来可以从哲学加的自然科学成就中看到：在这全部哲学中隐藏着某种即使在自然科学家自己的领域中也比他们高明的东西（莱布尼兹——以无限为研究对象的数学的创始人，和他比较起来，归纳法的蠢驴牛顿是个剽窃者和破坏者……。)[2]455

自然科学家们应该记住恩格斯的教导：努力学习辩证法，不要片面地过高估计了形式逻辑（特别是归纳法）的作用。应该明白，如果做个"归纳法的驴子"那是十分可怜呵！

现在我们再来考察辩证逻辑是否到处都可以应用？有些人从形式逻辑的作用是有范围的就臆想出辩证逻辑也应该有适用范围的问题，这就是说存在有不能应用辩证逻辑的领域。我们说形式逻辑由于它对客观事物关系的反映是有局限性的，所以它局限于一定的范围内才是适用的，这个适用范围就是事物简单关系的领域。但不能认为形式逻辑所适用的范围内辩证逻辑就不能应用。我们知道，整个物质世界（包括人的社会生活和意识活动）都是辩证的，任何对象及其关系都可以辩证地考察，辩证逻辑的作用不受着范围的局限。恩格斯说："辩证法突破了形式逻辑的狭隘界限，所以它包含着更广泛的世界观的萌芽。"[8]142 如果我们很好地考察一下辩证逻辑不同于形式逻辑的特点，那么就会明白下面这种看法是不对的，这种看法即认为辩证逻辑和形式逻辑一样有其适用的范围，在形式逻辑的适用范围内不能应用辩证逻辑。

应该认识到在形式逻辑的适用范围内是可以应用辩证逻辑的，问题只是在于：我们不能侈望以辩证逻辑来实现形式逻辑的特殊任务，把形式逻辑"归并"入辩证逻辑。在形式逻辑的适用范围内，应用辩证逻辑，其结果是获得事物复杂多样的认识。例如事物的相对同一性是形式逻辑适用的范围，这里也可应用辩证逻辑，不过其结果是获得了对事物相对同一性的内在差别，矛盾及其相互转化的认识。总之，对于形式逻辑才存在有适用范围的问题，不能认为辩证逻辑的应用是有范围的，是有局限性的。对于逻辑方法的应用我们需要弄清楚的是：辩证逻辑和形式逻辑各有不同的任务，辩证的逻辑思维和形式逻辑的逻辑思维所获得的认识成果互不相同。

大家知道，逻辑思维科学的发展与认识史，自然科学史的联系是非常紧密的。而且人们还看到，从逻辑思维科学发展的方面来说，先有形式逻辑，辩证逻辑的出现要晚些；另从自然科学的发展方面来说，人们对自然界的认识过程是先有经验的知识然后才有理论的知识。那么是否可以说形式逻辑是经验知识的逻辑，而辩证逻辑是理论知识的逻辑。这是涉及辩证逻辑和形式逻辑的作用具有不同性质的问题。

我们考察自然科学发展的历史就懂得，自然科学达到系统的全面的发展，这是从 15 世纪后半期才开始的。近代新兴自然科学的发展情景，恩格斯概括地指出：

> 直到上一世纪①末，自然科学主要是搜集材料的科学，关于既成事物的科学，但是在本世纪②，自然科学本质上时整理材料的科学，是关于研究过程，关于这些事物的发生和发展以及关于联系——把这些自然过程结合为一个大的整体——的科学。[9]299-300

近代经验的自然科学，发展到 18 世纪末叶，在搜集材料方面达到辉煌的成就。因而，自然科学就必须整理材料和说明事物的发展过程和自然界各个领域间的联系，也就是说自然科学由经验科学进入理论科学。这时候自然科学应用经验的方法就不行，必须运用理论的思维。恩格斯说：

---

① 即 18 世纪。

② 即 19 世纪。

经验的自然研究已经积累了庞大数量的实证的知识材料，因而迫切需要在每一研究领域中系统地和依据其内在联系来整理这些材料。同样也迫切需要在各个知识领域之间确立正确的关系。于是，自然科学便进入理论的领域，而在这里经验的方法不中用了，在这里只有理论思维才管用。[2]435

对于理论的自然科学来说，经验的方法不中用，只能运用理论的思维，这就使科学研究中，辩证逻辑成为绝对必需的。

因为只有辩证法才为自然界中出现的发展过程，为各种普遍的联系，为一个研究领域向另一个研究领域的过渡提供类比，从而提供说明方法。[2]436

在考察了近代自然科学的发展情景之后，现在我们抓住下面这两个问题来分析：

1）上述的经验自然科学的经验方法是否即是指形式逻辑？如果经验方法就是形式逻辑，那么形式逻辑便是经验知识的逻辑。

2）上面说过，辩证逻辑对自然科学的理论思维是绝对必需的，是否可以进一步断言辩证逻辑只是对自然科学理论的领域才是必需的？如果可以断言辩证逻辑只是对自然科学的理论思维才是必需的，那么辩证逻辑便是理论知识的逻辑。

经验自然科学所应用的经验方法是什么呢？这就是科学研究中的观察，实验，解剖，测定，比较……。可见形式逻辑并不就是经验的方法，只能就形式逻辑中是有一些经验自然科学的方法——如归纳法便是。但不能把形式逻辑看作就是经验方法。形式逻辑的思维规律，理论思维能忽视它的要求吗？不能！形式逻辑的演绎推理，理论思维能不应用它吗？不能！所以那种认为只是经验的自然科学才用形式逻辑，而理论自然科学就不用形式逻辑，这是错误的看法。恩格斯说："对于今天的自然科学来说，辩证法恰好是最重要的思维形式。"[2]436 这里必须注意的一点是：指出对于理论思维辩证法才是最重要不等于说只要辩证法了。所必不能说形式逻辑是经验知识的逻辑。

辩证逻辑对于自然科学的理论思维来说是绝对必需的。这是因为理论的自然科学要研究过程，而且要说明自然界各领域间的联系。因之，运用思维发展形势在这里是绝对必需的。而我们知道，马克思"使辩证法摆脱它唯心主义的外壳并把辩证法方法在使它成为唯一正确的思维发展形式的简单形态上建立起来。"[3]603 所以辩证逻辑成为理论自然科学绝对必需的东西。如果自然科学家还不应用辩证思维，那就必然导致自然科学中"危机"出现。

但是，上面所谈的这些都不能使我们断言，辩证逻辑只是对自然科学理论思维才是必需的。我们都知道，列宁给辩证逻辑下定义时，指出辩证逻辑"即关于世界的全部具体内容的以及对它的认识的发展规律的学说，即对世界的认识的历史的总计，总结，结论。"[1] 77 辩证逻辑指出一切认识的途径，它对任何研究工作都有方法论的意义。问题在于：新兴自然科学的第一个时期，自然科学家不是把自然界看作具有时间上的历史发展的东西，在 19 世纪以前，那时候的自然科学家几乎都不会运用辩证思维，只有个别伟大的学者应用了辩证的思维（而且通常还是不自觉的），取得了一般说来在当时科学中很难达到的卓越成就。当时自然科学家还不会运用辩证逻辑，并不是说辩证逻辑对于经验的自然科学是无用的东西。所以不能说辩证逻辑是理论知识的逻辑。

以数学方面的情形来看，初等数学大体是在形式逻辑的范围内活动的，而高等数学是辩证逻辑在数学方面运用的成果，可是我们不能把初等数学看作是经验科学的知识，而把高等数学看作是理论科学的知识。

辩证逻辑和形式逻辑在性质上的不同，乃是由于形式逻辑只是以事物最简单的关系和联系为根据，而辩证逻辑就不是这样，"辩证法突破了形式逻辑的狭隘界限，所以它包含着更广泛的世界观的萌芽。"[8] 142 这就是说，辩证逻辑与形式逻辑不只是在作用范围方面的不同，而且它们自身中有着性质上的不同。恩格斯阐明作为与形而上学相对立的，关于联系的科学的辩证法的一般性质时指出，辩证法是关于自然界，社会和思维的最一般的发展规律的科学。我们知道，唯物辩证法的基本规律和范畴是客观世界本身最一般的规律和联系的反映，这些唯物辩证法的规律和范畴也是我们认识的规律和范畴，也是辩证逻辑的规律和范畴。马克思主义哲学把关于客观世界发展规律的学说，关于思维发展规律的学说和认识发展规律的学说联成一个统一的整体。列宁在探讨辩证逻辑是提出了唯物辩证法，辩证逻辑，认识论的统一（这个问题需要专门的论著来阐述）。可见辩证逻辑和形式逻辑性质上的不同就在于形式逻辑不是世界观，而辩证逻辑具有世界观和方法论的意义，它给我们指出了一切认识的途径和方法。

以上所说的可以归结为这两点：

第一，自然科学的发展与逻辑思维科学的应用之间的关系如下：当近代自然科学从经验的领域进入理论的领域时，辩证逻辑逐渐成为自然科学绝对必需的东西。辩证逻辑是唯一正确的思维发展形式，但是它并不是唯一的思维形式。自然科学发展的现阶段，辩证逻辑是最重要的思维形式，但是形式逻辑也是必需的。

第二，辩证逻辑和形式逻辑性质上的不同是：辩证逻辑具有世界观（方法论）的意义，而形式逻辑不具有世界观（方法论）的意义。

参 考 文 献

[1] 列宁，《哲学笔记》，载中共中央马克思恩格斯列宁斯大林著作编译局编译，《列宁全集》第 55 卷，北京：人民出版社，1990 年。

[2] 恩格斯，《自然辩证法》，载中共中央马克思恩格斯列宁斯大林著作编译局编译，《马克思恩格斯文集》（第 9 卷），北京：人民出版社，2009 年。

[3] 马克思，《经济学手稿（1857—1858 年）》，载中共中央马克思恩格斯列宁斯大林著作编译局编译，《马克思恩格斯全集》第三十卷，北京：人民出版社，1995 年。

[4] 《卡尔·马克思 <政治经济学批判>第一分册》，载中共中央马克思恩格斯列宁斯大林著作编译局编译，《马克思恩格斯文集》第 2 卷，北京：人民出版社，2009 年，第 603 页。

[5] 恩格斯，《序言》，中共中央马克思恩格斯列宁斯大林著作编译局编译，《马克思恩格斯全集》第 46 卷，北京：人民出版社，2003 年，序言 17 页。

[6] 毛泽东《矛盾论》，《毛泽东选集》第 1 卷，北京：人民出版社，2008 年，第 336 页。

[7] 列宁，《再论工会、目前形势及托洛茨基和布哈林的错误》，载中共中央马克思恩格斯列宁斯大林著作编译局编译，《列宁选集》第四卷，北京：人民出版社，2012 年。

[8] 恩格斯，《反杜林论》，载中共中央马克思恩格斯列宁斯大林著作编译局编译，《马克思恩格斯文集》（第 9 卷），北京：人民出版社，2009 年。

[9] 恩格斯，《路德维希·费尔巴哈和德国古典哲学的终结》，载中共中央马克思恩格斯列宁斯大林著作编译局编译，《马克思恩格斯文集》第 4 卷，北京：人民出版社，2009 年，第 299—300 页。

第三部 辩 证 逻 辑

14   辩证逻辑应当研究什么？*

辩证逻辑和形式逻辑是同一系列的学科，它们在逻辑科学的发展中是作为不同的类型出现的。

无论辩证逻辑或者形式逻辑都是研究思维及其规律的，两者都是作为关于认识方法的知识。

恩格斯说：

> 甚至形式逻辑也首先是探寻新结果的方法，由已知进到未知的方法；辩证法也是这样，不过它高超得多；而且，因为辩证法突破了形式逻辑的狭隘界限，所以它包含着更广泛的世界观的萌芽。在数学中也存在着同样的关系。初等数学，即常数数学，是在形式逻辑的范围内运作的，至少总的说来是这样；而变数数学——其中最重要的部分是微积分——本质上不外是辩证法在数学方面的运用。[1] 142

恩格斯这段话对于了解辩证逻辑与形式逻辑的关系问题，是很有启发性的，但是，要从实质上去理解。

如果认为辩证逻辑是"逻辑的高等数学"或"高等逻辑"，而形式逻辑是"逻辑的初等数学"或"初等逻辑"，这样说并没有错，但未能给人以确切清楚的了解。问题在于：何谓"高等"？何谓"初等"？对其含意的理解往往是含混不清的或因人而异的。况且，现代有的逻辑学家把形式逻辑中的命题逻辑看作是"初等"的逻辑，把形式逻辑中的谓词的或概念的逻辑看作是"非初等"的逻辑。的确，命题逻辑相对于谓词逻辑来说是简单的、初步的。如果局限在形式逻辑的范围内来考察的话，应当说，命题逻辑是"初等"的逻辑，谓词逻辑是"非初等"的逻辑。

按照恩格斯的看法，初等数学是形式逻辑在数学方面的运用，而高等数学在本质上是辩证逻辑的运用。那么，高等数学的最本质的特点是什么呢？那就是变数的运用。虽然高等数学也应用常数，但运用变数才是数学中的转折点，从而也

* 本文原载《哲学研究》，1980 年第 3 期，第 40—47 页。作者与本章内容相关的著述，请参见张巨青（主编），《辩证逻辑导论》，北京：人民出版社，1989 年，第 1—37 页。

就进入辩证思维的领域。由此可见,辩证逻辑与形式逻辑之间最基本的差别就是:辩证逻辑是以流动范畴建立起来的逻辑学说,而形式逻辑是以固定范畴建立起来的逻辑学说。

在形式逻辑中,"是"则"是","否"则"否","真"则"真","假"则"假",诸如此类,都是作为固定的范畴,界限截然分明,绝不容许既"是"又"否",既"真"又"假"。依照形式逻辑的思考方法,"直线"就是"直线","曲线"就是"曲线",无论如何"直线"不能又是"曲线"。而在辩证逻辑中,"是"与"否","绝对"与"相对",诸如此类,都是作为流动的范畴。"是"与"否"之间,"绝对"与"相对"之间,既是对立的又是统一的,彼此可以相互转化。显然,辩证逻辑突破了形式逻辑的狭隘眼界,标志着认识发展过程中的更高阶段。恩格斯说:

> 高等数学把初等数学的永恒真理看作已被摒弃的观点,常常做出相反的判断,提出一些在初等数学家看来纯属谬论的命题。固定的范畴在这里消融了,数学达到这样一种境地,在这里即使很简单的关系,如纯粹抽象的量之间的关系、恶无限性,都采取了完全辩证的形态,迫使数学家们既不自愿又不自觉地成为辩证的数学家。[2] 454

恩格斯曾以"直线"和"曲线"为例来说明:

> 微分学不顾常识的一切抗议,竟使直线和曲线在一定条件下相等,并由此达到把直线和曲线的等同看做是悖理的常识所永远不能达到的成果。[1] 126

总之,形式逻辑是"常数"的逻辑,更确切地说,形式逻辑是固定范畴的逻辑;而辩证逻辑则是"变数"的逻辑,更确切地说,辩证逻辑是流动范畴的逻辑。

为什么形式逻辑是以固定范畴建立起来的逻辑学说,而辩证逻辑是以流动范畴建立起来的逻辑学说?这是由于两者的客观基础不同。形式逻辑只限于反映客观对象间较为简单的关系。列宁说过:"最普通的逻辑的'式'……是粗浅地描绘的——如果可以这样说的话——事物最普通的关系"[3] 148 而辩证逻辑则不同,它是支配整个外界现实的客观辩证法的自觉反映。因此,辩证逻辑具有世界观的性质。

形式逻辑既然只是反映客观对象间最普通的、最简单的关系,把联结在一起的各个环节彼此分隔开来考察,这里的每一个环节都是完全确定的、界限分明的。因而,它运用固定的范畴,这是形式逻辑思维方法的最基本特征。以政治经济学中研究生产和消费问题为例来看,形式逻辑的思维方法要求规定概念的确切内涵,精确地使用概念,要求明确"生产"与"消费"二者是不同的。生产是做出适合于人需要的对象,而消费是把生产物用于满足人的需要。形式逻辑在这里的作用,是根据最普通的或最常见的事物，做出形式上的定义，并以此为限。与此不同，辩证逻辑既然作为客观辩证法的自觉反映，那就必须运用流动的范畴，这是辩证逻辑方法的最基本特征。仍以政治经济学中研究生产和消费问题为例来看，辩证逻辑要求在概念中反映现实事物之间的全面的活生生的联系。因此，必须把"生产"与"消费"这两个概念看作是灵活的、能动的、对立统一的、相互转化的。生产直接地就是消费，因为生产是劳动力和生产资料的消费。而消费直接地也就是生产，因为个人消费是生产者自己的身体，或者说劳动力的再生产。

> 生产不仅直接是消费，消费不仅直接是生产；生产也不仅是消费的手段，消费也不仅是生产的目的，就是说，每一方都为对方提供对象，生产为消费提供外在的对象，消费为生产提供想象的对象；两者的每一方不仅直接就是对方，不仅中介着对方，而且，两者的每一方由于自己的实现才创造对方；每一方是把自己当作对方创造出来。[4]

由此可见，同是"生产"与"消费"这两个概念，人们应用辩证逻辑与应用形式逻辑，两者所达到的认识深度是何等的不同！辩证逻辑是认识发展更高阶段上的思维方法，然而，形式逻辑仍然是需要的，就像高等数学的根本特点是运用变数，但也运用常数一样。

作为逻辑学必须研究概念、判断和推理，形式逻辑与辩证逻辑的区别并不在于：前者以思维的形式为研究对象，而后者不研究思维的形式。须知：辩证逻辑也是研究判断形式和推理形式的。但是辩证逻辑的研究方式与形式逻辑的研究方式却大不相同。恩格斯说：

> 辩证逻辑和旧的纯粹的形式逻辑相反，不像后者满足于把各种思维运动形式，即各种不同的判断形式和推理的形式列举出来并且毫无联系地并列起来。相反，辩证逻辑由此及彼地推导出这些形式，不是把它们并列起来，而是使它们互相从属，从低级形式发展出高级形式。[2]487

这就是说，形式逻辑的研究结果只是列举各种判断和推理的形式，把它们当作毫无内在发展关系的东西给予排列。而辩证逻辑的研究结果是揭示各种判断形式和推理形式之间的辩证关系，把握它们的发展和转化。

为什么形式逻辑只并列出各种判断和推理的形式呢？这是它的研究方式所决定的。形式逻辑考察判断和推理形式时，是完全撇开思维的内容，抽象地把握各种判断和推理的"纯形式"的特征。因此，从形式逻辑的眼光看来，下列的判断是不同种类的判断：

"哈雷彗星是沿椭圆轨道运行的。"（某个 S 是 P）

"有的彗星是沿椭圆轨道运行的。"（所有 S 是 P）

"所有彗星都是沿椭圆轨道运行的。"（所有 S 是 P）

然而，下列的判断是同一种判断：

"凡是摩擦都会生热。"（所有 S 都是 P）

"一切机械运动形态都是能够转化为热的。"（所有 S 都是 P）

"任何一种运动形态都是能够转变为其他种运动形态的。"（所有 S 都是 P）

由此可见，形式逻辑的研究方式是抽象地、"纯形式"地描述人的思维。与此相反，辩证逻辑不是离开认识的客观内容来考察判断和推理的形式，而是从认识的深化运动，从反映客观真理的程度如何着眼，研究各种判断形式和推理形式的地位和价值。因此，辩证逻辑是认识的理论。从辩证逻辑的眼光看来，下列的判断并不是同一种判断，而是不同性质的判断：

"凡是摩擦都会生热。"（个别性的判断）

"一切机械运动形态都是能够转化为热的。"（特殊性的判断）

"任何一种运动形态都是能够转变为其他种运动形态的。"（普遍性的判断）

恩格斯说：

> 我们可以把第一个判断看作个别性的判断：摩擦生热这个单独的事实被记录下来了。第二个判断可以看作特殊性的判断：一个特殊的运动形式（机械运动形式）展示出在特殊情况下（经过摩擦）转变为另一个特殊的运动形式（热）的性质。第三个判断是普遍性的判断：任何运动形式都证明自己能够而且不得不转变为其他任何运动形式。到了这种形式，规律便获得了自己的最后的表达。……在普遍性方面——其中形式和内容都同样普遍——这个规律是不可能再扩大了：它是绝对的自然规律。[2]489

由此可见，辩证逻辑的研究方式是从认识深化运动的各个层次上及不同的广度或深度上，把握反映客观"具体内容"的形式。所以，列宁认为辩证逻辑"即关于世界的全部具体内容及对它的认识发展规律的学说"。

既然形式逻辑是"纯形式"地考察人的思维，撇开思维的内容，撇开思维的运动发展，因此，形式逻辑是对人们既成的、凝固的、间断的认识成果进行抽象、概括和加工。著名的波兰数学家和逻辑学家塔尔斯基（Alfred Tarski，1901—1983）写道：

> 每一门科学中所需要应用的常项，可以分为两种。第一种常项，就是某门科

学所特有的语词。例如，算术中指示个别的数、数的类、数与数间的关系或数的运算等的那些语词，都是属于第一种常项。……另一方面，还有一些在绝大多数的算术语句中都出现的，具有非常普遍的性质的语词，这些语词我们无论在日常语言中以及在一切科学领域中都会遇到它们，它们是传达人类思想与在任何领域中进行推论所不可缺少的工具，例如，"不" "与" "或" "是" "每一" "有些"……；这些语词都属于第二种常项。于是，就有一门被认为是各门科学的基础的学问，即是逻辑。逻辑这门学问是要建立第二种语词的确切意义，与关于这些语词的最普遍的定律。[5]

这就是说，形式逻辑撇开第一种常项——各门科学所特有的术语，它不考察思维的具体内容，仅仅是研究第二种常项——各门科学所通用的逻辑常项，即对既成的认识成果做出"纯形式"的概括。

辩证逻辑与形式逻辑不同，它是从认识发展的深化过程研究思维的形式。因此，它不能只限于考察既成的、凝固的、间断的认识成果，必须对整个认识的历史进程给予概括和总结。必须明白，对认识史的概括和总结意味着排除历史发展中的偶然现象而揭示出内在的必然性。对认识史的自然主义描写并不就是辩证逻辑的学说，辩证逻辑的理论内容只能是对认识史进行辩证加工（整理、琢磨、概括、总结）的产物。列宁说："要继承黑格尔和马克思的事业，就应当辩证地探讨人类思想、科学和技术的历史。"[3] 122 无疑的，这是一项多么艰巨的工作！然而，探明通向真理之路，这又是一项无比卓越的成就。

综上所述，形式逻辑是以固定范畴建立起来的科学体系，它的研究方式是"纯形式"地考察人的思维及其规律，因而，它是对既成的、凝固的、间断的认识成果进行概括和总结。而辩证逻辑是以流动范畴建立起来的科学体系，它的研究方式是从认识发展的辩证进程来考察思维的形式及其规律，因而，它是对人类认识史的概括和总结。

那么，什么是辩证逻辑？这绝不是一个简短的定义就能完全理解的。

顾名思义，作为辩证逻辑，它必定是辩证法的学说。同时，既然叫作辩证逻辑，毕竟它还是关于思维及其规律的学说。当然，这种近乎同义反复的描述，并不能使人理解辩证逻辑的实质。但人们从这里却可以提出一个非常根本的问题：为什么存在着一种既是辩证法又是逻辑的科学理论呢？

恩格斯曾给辩证法定义如下："辩证法不过是关于自然、人类社会和思维的运动和发展的普遍规律的科学。"[11] 149 这个定义指出：辩证法规律对于自然、人类社会和思维这三个领域都是同样有效的。

　　关于认识规律、思维规律与存在规律之间的关系问题，哲学史上长期以来存在着一种错误的见解：以为它们是互不相关的。因此在旧哲学中，本体论（关于存在的学说）、认识论（关于认识的学说）、逻辑（关于思维的学说）便分立为三个各自独立发展的部分。这种情景在康德的哲学中表现得非常显著。在康德哲学中，"本体"就是"自在之物"（"物自体"），它是不可认识的。依照康德的看法：认识规律与"物自体"之间是没有任何联系的，思维规律和思维形式（范畴）是超越于经验之上的。这样，逻辑也就被看作是对于脱离客观内容的思维形式的描述，即看作是关于思维的外在形式的学说。

　　黑格尔反对康德把思维规律和思维形式（范畴）看作是脱离现实内容的这种荒谬见解。列宁说："黑格尔则要求这样的逻辑：其中形式是富有内容的形式，是活生生的实在的内容的形式，是和内容不可分离地联系着的形式。"[3] 22黑格尔从客观唯心主义的立场肯定思维规律与存在规律的同一性，他认为概念的自我发展是一切发展的基础，客观现实世界的发展不过是"绝对概念"自我发展的"外化"，所以，概念的辩证法决定着现实世界的辩证发展。由于黑格尔把现实世界的运动变化归结为思维（"绝对概念"）的发展，又把人的认识归结为思维（"绝对概念"）的自我认识，这样本体论和认识论都融化于逻辑中成为同一体，因此，他的整个哲学体系就叫作"逻辑学"。黑格尔机智地看到了思维过程、自然过程和历史过程是受着同一的发展规律的支配。列宁在评价黑格尔的辩证哲学时写道："黑格尔的确证明了：逻辑形式和逻辑规律不是空洞的外壳，而是客观世界的反映。确切些说，不是证明了，而是天才地猜测到了。"[3] 151尽管黑格尔的辩证法学说有很多合理的、有价值的东西，但是他作为一个唯心主义者，不可能正确地解决认识规律、思维规律与存在规律之间的关系问题。黑格尔排斥唯物主义的反映论，因而把事情弄得完全颠倒了，而且还存在着大量任意虚构的东西。

　　马克思主义辩证法学说对于黑格尔哲学的合理成分，给予唯物主义的改造。

> 重新唯物地把我们头脑中的概念看作现实事物的反映，而不是把现实事物看作绝对概念的某一阶段的反映。这样，辩证法就归结为关于外部世界和人类思维的运动的一般规律的科学，……这样，概念的辩证法本身就变成只是现实世界的辩证运动的自觉的反映。[6]

黑格尔关于发展的全部过程是思维对它本身的自我认识的说法，完全是神秘的、凭空臆造的。实际的情景是：自然界发展出能够认识自然界的人，而在人的身上自然界获得对它本身的"自我认识"。认识就是人脑（自然界的最高产物）对于自然界的反映。

所谓的客观辩证法是在整个自然界起支配作用的，而所谓的主观辩证法，即辩证的思维，不过是在自然界中到处发生作用的、对立中的运动的反映，这些对立通过自身的不断的斗争和最终的互相转化或向更高形式的转化，来制约自然界的生活。[2]470

这才是对思维规律与存在规律关系问题的正确答案。

总之，辩证法这门科学既是作为研究外部世界的运动发展的学说，又是作为研究认识与思维的运动发展的学说。唯物辩证法与认识论、逻辑是统一的。马克思主义哲学不再是"本体论""认识论""逻辑"分立为三个彼此互不相关的部分。辩证法作为关于一切运动的最普遍规律的科学，它既是世界观又是方法论，既具有本体论的意义，又具有认识论和逻辑的意义。马克思主义哲学科学地解决了哲学史上一直存在的"本体论""认识论"和"逻辑"之间的关系问题。

列宁提出辩证法、认识论、逻辑统一的原理，要求我们把唯物辩证法的发展观应用于考察认识的反映过程和逻辑思维的过程。绝不可以把辩证法学说看作是类似于旧哲学中的"本体论"，也不可以把它当作是"实例的总和"。列宁曾尖锐地指出：

辩证法也就是（黑格尔和）马克思主义的认识论：正是问题的这一'方面'（这不是问题的一个'方面'，而是问题的本质）普列汉诺夫没有注意到，至于其他的马克思主义者就更不用说了。[3]308

旧哲学中的本体论完全与认识论、逻辑相脱节，它是专门去论证作为世界根基的"本体"。比如，古代哲学家泰勒斯（Thalês Θαλής，约公元前 624—约公元前 546）认为水是万物之源，赫拉克利特（Heraclitus，约公元前 535—约公元前 475）则认为火是万物之本。又如，近代哲学家莱布尼兹认为"单子"是万物的基体，王船山则认为气是万物的根基，等等。旧哲学所探讨的万物第一本原、第一本因的问题，是个不科学的"形而上学"的问题。我们对于哲学基本问题的解决不是按照旧本体论的"形而上学"方式，而是作为认识论的问题来回答的。那种独断的、"形而上学"的本体论在马克思主义哲学中是没有地位的。正因为这个缘故，恩格斯说：

在以往的全部哲学中仍然独立存在的，就只有关于思维及其规律的学说——形式逻辑和辩证法。其他一切都归到关于自然和历史的实证科学中去了。[1]28

列宁在《卡尔·马克思》一文中论述"辩证法"这个专题时，又再次地强调了上述的思想。

列宁关于辩证法、认识论、逻辑的统一原理，不仅意味着否定"纯粹的"本体论，而且也意味着否定"纯粹的"认识论和"纯粹的"逻辑。我们绝不可以撇开现实的客观内容，孤立地探讨认识的发展过程或思维的发展过程，不可以把认识规律和逻辑规律当作是没有客观基础的纯粹主观的东西来研究。认识发展的辩证法和概念运动的辩证法只能是对客观辩证法的自觉反映。正是在这个意义上，也只是在这个意义上，列宁说："逻辑不是关于思维的外在形式的学说，而是关于'一切物质的、自然的和精神的事物'的发展规律的学说，即关于世界的全部具体内容及对它的认识的发展规律的学说。"[3] 77 然而，认识规律、思维规律与存在规律的一致，并不意味着它们是绝对的、完全的同一。好像它们之间就没有任何差别了。这种一致性（或同一性）是指它们在内容上的一致，在本质上的同一。尽管如此，它们表现的形式还是有差别的，也各自存在着特殊的问题（矛盾的特殊性）。比如说，人的认识是从现象到本质、从不甚深刻的本质到更深刻的本质的深化过程。这是认识发展的规律。尽管它是由现象与本质之间对立统一的客观辩证法所决定的，有它的客观基础，但它的表现形式是特殊的。事物的发展就不可能是从现象到本质、从不甚深刻的本质到更深刻的本质。诚然，如果我们夸大了认识规律、思维规律与存在规律之间的差别，把它们的差别绝对化，那就势必导致辩证法自然观与认识论、逻辑的割裂。无疑的，这是倒退至像旧哲学那样本体论、认识论、逻辑分立为三个本质上相异的学说；反过来说，如果我们否定认识规律、思维规律与存在规律的差别，那就会取消认识辩证法、思维辩证法与客观辩证法的一致性问题，而且否认应用辩证法解决认识论和逻辑的特殊问题的必要性。这种简单化的看法只能使辩证法学说"贫困化"，并不能创造性地发展和丰富辩证法学说。列宁说：

> 辩证法是活生生的、多方面的（方面的数目永远增加着的）认识，其中包含着无数的各式各样观察现实、接近现实的成分（包含着从每个成分发展成的整个哲学体系），——这就是它比起'形而上学的'唯物主义来所具有的无比丰富的内容，而形而上学的唯物主义的根本缺陷就是不能把辩证法应用于反映论，应用于认识的过程和发展。[3] 308-311

关于辩证法、认识论、逻辑的统一原理，列宁在他的哲学著作中作了很多阐发，内容极为丰富。我们必须探讨列宁有关这个问题的全部论述，才能深刻地理解辩证法、认识论、逻辑的统一原理。

有人孤立地抓住列宁这样一个有名的论断："在《资本论》中，唯物主义的逻辑、辩证法和认识论（不必要三个词：它们是同一个东西）都应用于同一门科学……"[3] 290 就以为既然辩证法、唯物主义认识论和辩证逻辑是"同一个东西"，那就不存在把辩证法应用于认识论和逻辑的问题。这种只抓住列宁某一著名论断，死扣其中的某些字眼的做法，既曲解了列宁的本意，也有害于辩证法学说的进一步发展。须知，唯物辩证法发展观，一方面它是兼有本体论、认识论和逻辑这三种意义（或者说职能），另一方面它又不是现成的完备形态的马克思主义认识论和辩证逻辑。正是由于这两方面的缘故，列宁则一再要求我们：把辩证法发展观应用于考察认识的过程和思维的过程。我们可以而且应当相对地、有条件地把"自然辩证法"（以及"历史辩证法"）、"马克思主义认识论"、"辩证逻辑"各作为一个"专门的"科目来看待，即从不同的方面和角度出发，朝着不同的目标进行创造性的研究。如果从逻辑的角度出发，探讨思维运动发展的形式及其规律，那么这就是辩证逻辑这个科目的主要任务。

这里还需要说明一点，辩证逻辑不仅仅是对思维形式的描述，而且研究这些思维形式在人们获得真实知识的过程中所处的地位和价值。列宁说："不是心理学，不是精神现象学，而是逻辑学=关于真理的问题"。并且注明："按照这种理解，逻辑学是和认识论一致的。"[3] 260

现在——对辩证法、认识论、逻辑的统一原理有个基本的了解之后——我们可以说：辩证逻辑就是研究人们认识真理的过程中思维运动发展的形式及其规律的学说。或者简略地说，辩证逻辑就是关于辩证思维的形式及其规律的学说。

辩证逻辑有哪些内容呢？

如前所述，思维规律与存在规律在本质上是一致的，但思维规律又有特殊的表现形式。那么，思维的发展规律究竟有哪些特点？思维的运动发展究竟遵循哪些基本规律？这些问题是不容易回答的，也是争议比较多的。但是，辩证逻辑的理论内容，首先是论述辩证思维规律的。

辩证思维是作为客观辩证法的反映并在概念、判断、推理中表现出来的。它不是客观事物自身的矛盾运动，而是概念、判断、推理的矛盾运动。人们通过概念、判断、推理的矛盾运动去反映客观事物的矛盾运动。马克思在《资本论》中曾经说过，在事物及其相互关系不被理解为固定的，而被理解为可以变动的地方，它们在思想上反映的概念，也同样会发生变化与转型。列宁也谈过命题的辩证法：

在任何一个命题中，很像在一个 "单位"（"细胞"）中一样，都可以（而且应当）发现辩证法一切要素的胚芽，这就表明辩证法本来是人类的全部认识所固有的。[3] 308

可以说，离开了概念的辩证法、判断的辩证法和推理的辩证法，也就弄不清什么是辩证思维。因此，论述思维形式（概念、判断、推理）的辩证法是辩证逻辑最基本的内容。

辩证法是人类的全部认识所固有的，即使人们不懂得辩证逻辑的理论，也能自发地进行辩证地思维，如果他们对客观现实的变化发展有所认识的话。

人们远在知道什么是辩证法以前，就已经辩证地思考了，正像人们远在散文这一名词出现以前，就已经在用散文讲话一样。[1] 150

然而，如果人们要从自发的辩证思维提高到自觉的辩证思维，那就应当懂得并应用辩证思维的逻辑方法。辩证逻辑不仅仅是说明辩证思维的形式与规律，而且教导着人们自觉地、更有效地进行辩证思维。为此，单是说明辩证思维的规律和思维形式的辩证法，那还是远远不够的，必须阐明辩证思维的逻辑方法。换句话说，辩证逻辑应当有一大部分内容是关于辩证思维的方法论。

什么是方法？方法是人们达到目的的途径。为了达到辩证地思维，就必须解决途径、手段问题。这样的途径、手段有：归纳与演绎的统一；分析与综合的统一；抽象与具体的统一；逻辑与历史的统一，等等。所有这些都是辩证思维的逻辑方法。需要明白的是，辩证思维不过是对客观现实的反映。既然，辩证思维的逻辑方法是达到辩证思维的途径、手段，自然它也是人们认识客观现实的途径、手段。其次，任何一种辩证思维的逻辑方法，都是以辩证思维的基本规律和思维形式的辩证法作为基础的。因而，如果把逻辑方法看作是一种具有规律性的东西，那也未尝不可，或者把逻辑方法看作是实现辩证思维的形式，那也说得过去，名称问题毕竟比不上实质问题来得重要。

无论是辩证思维的规律（包括思维形式的辩证法），还是辩证思维的逻辑方法，都可以概括地用逻辑范畴（以及逻辑范畴之间的关系）表示出来。列宁认为范畴是人认识自然过程的一些"小阶段""环节""掌握自然现象之网的网上纽结"，正因为这个缘故，列宁说：

真理就是由现象、现实的一切方面的总和以及它们的（相互）关系构成的。概念的关系（＝过渡＝矛盾）＝逻辑的主要内容，并且这些概念（及其关系、过渡、矛盾）是作为客观世界的反映而被表现出来的。[3] 166

无疑的，研究逻辑范畴是辩证逻辑的一项具有战略性意义的任务。

逻辑与认识论是一致的，研究辩证思维必须考察整个人类思维的历史，恩格斯说：

　　在思维的历史中，一个概念或概念关系（肯定和否定，原因和结果，实体和偶性）的发展同它们在个别辩证论者头脑中的发展的关系，正像一个有机体在古生物学中的发展和它在胚胎学中（或者不如说在历史中和在个别胚胎中）的发展的关系一样。[2]485

思维规律与思想史是相吻合的，认识是个复杂的而又无限发展的过程，它近似于由一串圆圈彼此连接起来的螺旋曲线，每一种思想不过是整个人类思想发展的大圆圈（螺旋）上的一个小圆圈。依照认识发展过程的上述图像，辩证逻辑应当研究科学理论的发展。这样，人们就可以从人类认识的历史中总结出认识世界的规律性，并在自己的思维过程中自觉地加以应用。恩格斯曾经说过，自然科学家应该知道，自然科学的成果是概念，但巧妙地应用概念，却不是天生就会的，而是自然科学和哲学两千年来发展的结果。探讨科学理论历史发展的重要意义也就在这里。如果说历史是一面镜子，那么，科学思想史便是人们辩证思维的镜子。

参 考 文 献

[1] 恩格斯，《反杜林论》，载中共中央马克思恩格斯列宁斯大林著作编译局编译，《马克思恩格斯文集》第 9 卷，北京：人民出版社，2009 年。

[2] 恩格斯，《自然辩证法》，载中共中央马克思恩格斯列宁斯大林著作编译局编译，《马克思恩格斯文集》第 9 卷，北京：人民出版社，2009 年。

[3] 列宁，《哲学笔记》，载中共中央马克思恩格斯列宁斯大林著作编译局编译，《列宁全集》第 55 卷，北京：人民出版社，1990 年。

[4] 马克思，《经济学手稿（1857-1858 年）》，载中共中央马克思恩格斯列宁斯大林著作编译局编译，《马克思恩格斯全集》第三十卷，北京：人民出版社，1995 年，第 34 页。

[5] 塔尔斯基，《逻辑与演绎科学方法论导论》，周礼全，吴允曾，晏成书译，北京：商务印书馆，2009 年，第 16—17 页。

[6] 恩格斯，《费尔巴哈和德国古典哲学的终结》，载中共中央马克思恩格斯列宁斯大林著作编译局编译，《马克思恩格斯文集》第 4 卷，北京：人民出版社，2009 年，第 298 页。

15 关于唯物辩证法、认识论、逻辑的统一*

任何一门科学都是理论（观点），它是由许多概念（范畴、术语）和法则（定律、定理）所构成的体系。那么科学理论的实质是什么呢？辩证唯物主义者认为：科学理论（概念、定律）是关于被研究对象的主观映像，它描绘着被认识的客体。科学理论的基础是实践，任何科学理论都是作为人类社会实践经验的概括（总结）。正是由于这个缘故，所以科学理论就能够转过来为人类的实践服务。

科学理论正确地说明外界的现象，使人的认识不局限于单纯了解事物的表面现象，而是把握到事物的本质与其规律性，这就是科学的范畴与法则的功能。不仅如此，人们还按照这种认识，相应地采取某种方式的实际行动，使主观见之于客观，去改造外界的现实。例如依据阿基米德原理，理解了物体在水中浮沉的规律性，人们就设想并制造出万吨的巨轮到大海洋里航行。可见，科学的理论具有方法的意义。

方法是人们对待现实的方式、态度。说得更显明些，方法是人们达到目的的途径。即到达认识客观与改造现实的途径。毛泽东同志对于方法的问题作了以下的说明：

> 我们不但要提出任务，而且要解决完成任务的方法问题。我们的任务是过河，但是没有桥或没有船就不能过。不解决桥或船的问题，过河就是一句空话。不解决方法问题，任务也只是瞎说一顿。[1]

我们的目的（任务）好比是过河，方法（达到目的的途径、完成任务的手段）就好比是桥或船。

方法的实质是什么呢？辩证唯物主义者认为：方法是一种规律，这是人们去认识和改造外界现实的规律。方法作为一种规律，它并不是与客观现实的固有规律相脱节，而是客观规律的主观反映。科学的方法所以是达到目的的途径，正是由于要正确地意识到和估计到现实的客观规律，而且它和理论一样都是作为人类社会实践经验的概括（总结）。可见，科学的方法具有科学理论的性质（即对于客

---

* 本文原载《江汉学报》，1962年第6期，第18—26页。

观现实规律的主观反映）。

总之，理论具有方法的意义，方法具有理论的性质。因而理论与方法是统一的（一致的），而各门科学都是理论与方法的统一体。自然，这并不否认，科学中的某些科目是较侧重于理论，如"理论天文学"，而有些科目又是较侧重于方法，如"运筹学"。但是，不具有方法意义的"纯理论科学"，或不具有理论性质的"纯方法科学"，都是没有的。真正的科学都是理论与方法的统一体，科学的哲学也必然是作为理论与方法的统一体。当然，哲学的理论和方法与专门科学的理论和专门方法有质上的不同。在辩证唯物主义哲学中，理论与方法的统一，即世界观与方法论的统一，唯物辩证法发展观与认识论、逻辑的统一。

列宁提出了唯物辩证法、认识论、逻辑的统一原理。那么这个原理的主要内容是什么呢？这个原理的基础和实质（核心）是什么呢？概括地说，大致为以下两点：

1）世界观与方法论的统一，唯物主义与辩证法的统一。

2）辩证法的规律，既是客观现实本身的规律，又是认识与思维的规律。辩证法的范畴，既是具有物质现实的客观内容，又是具有认识和逻辑的意义。换句话说，应该把辩证法的规律和范畴作为认识的规律和范畴，同时作为逻辑的规律和范畴。唯物辩证法兼有本体论的职能、认识论的职能和逻辑的职能。马克思主义哲学理论是辩证法宇宙观、认识论、辩证逻辑三者相互渗透的有机统一体。

关于上述这两点，我们要在下面分别加以讨论。

无疑的，大家都认定哲学是一种理论、学说、观点，那么哲学理论与其他门科学理论有什么不同呢？它的特点是什么呢？我们都知道，哲学是世界观。这就是说，凡哲学理论（学说、观点）总是具有世界观的性质，否则，便不是哲学的理论。

问题在于：怎么样的哲学学说才是科学的世界观。我们知道，哲学虽是最古老的科学，但是在马克思主义以前，还不存在科学的哲学。马克思主义以前的各派哲学家，没有一个能够真正科学地解决哲学的对象与任务问题。只有马克思主义的哲学才科学地解决了哲学的对象和意义问题，成为唯一科学的哲学学说，它既是世界观，即关于我们周围世界发展的一般规律的学说，又是方法论，即关于科学地认识世界与革命地改造世界的方法的学说。

能不能说，科学的哲学——辩证唯物主义哲学有两个单独的组成部分：它的理论是唯物论，它的方法是辩证法，唯物论即马克思主义哲学的世界观，而辩证法即马克思主义哲学的方法论？不能！

我们必须明白，唯物论虽是理论（即世界观），然而，它也是方法。唯物论不仅是正确说明我们周围的世界，而且教导人们应当如何去认识和改造周围的世界。唯物主义的原则（存在第一性，意识第二性）和唯物主义的态度（主观应当符合于客观）是人们从事一切实际活动的最基本方法。一九四八年毛主席在晋绥干部会议上的讲话中指出：

> 按照实际情况决定工作方针，这是一切共产党员所必须牢牢记住的最基本的工作方法。我们所犯的错误，研究其发生的原因，都是由于我们离开了当时当地的实际情况，主观地决定自己的工作方针。这一点，应当引为全体同志的教训。[2]

正是由于我们把唯物主义的观点作为基本的方法（出发的前提）来看待，所以我们提倡"大兴调查研究之风，一切从实际出发""实事求是"的方法。

我们必须明白，辩证法虽是方法，然而，它也是理论（即世界观）。辩证法不仅是我们认识世界和改造世界唯一科学的方法，而且它科学地描绘着我们周围世界的发展和变化。列宁说，在马克思和恩格斯看来；辩证法是"最周到，最富有内容和最深刻的发展论"。列宁本人也认定辩证法"即最完整而无片面性弊病的发展学说"。毛泽东同志在《矛盾论》中称辩证法为"宇宙观"（即世界观）。正如任何方法都具有理论的性质，辩证方法也必然具有哲学理论（即世界观）的性质。

总之，不能认为：在马克思主义哲学中，只有唯物论才是理论，只有辩证法才是方法。我们认为，世界本来是发展着的物质世界，这是我们的世界观；我们拿了这样的世界观转过来研究世界上的各种问题，这就是方法论，此外并没有别的什么单独的方法论。

我们还必须明白，就唯物论与辩证法的本性来说，它们之间也是相互一致的。科学的哲学是唯物论与辩证法相互渗透、不可分割的统一体。

我们回顾一下哲学史。大家知道，旧的形而上学的唯物论，在认识论上，它没有把反映论原则贯彻到底；在历史观上，它没有把唯物主义运用到社会现象上去，而是站在唯心史观的立场。旧的唯物论，不是彻底的唯物论。这表明，如果唯物论不是辩证的唯物论，那么它就不会是彻底的唯物论。现在我们转过来看看辩证哲学。大家知道，在前马克思主义时期、黑格尔的哲学算是最具系统的辩证学说，而他的哲学体系是建立在唯心主义基础上的。在黑格尔的哲学中，一方面，我们可以看到：由于黑格尔的哲学是辩证的，致使黑格尔的哲学体系，恩格斯说它是"就方法和内容来说唯心主义地倒置过来的唯物主义"[3]280.即颠倒过来的唯物主义。列宁也说：

黑格尔逻辑学的总结和概要，最高成就和实质，就是辩证的方法，——这是绝妙的。还有一点：在黑格尔这部最唯心的著作中，唯心主义最少，唯物主义最多，"矛盾"，然而是事实！[4] 202-203

另一方面，我们又可以看到：由于黑格尔的哲学是客观唯心主义的体系，致使黑格尔的辩证发展论被窒息了，辩证的方法与唯心主义体系存在着不可调和的矛盾。比如当他把自己的哲学体系说成是最后的绝对真理时，就不能不是对发展的原则作了自我否定。大致说来，黑格尔的辩证法，使他的许多观点非常接近唯物主义，而他的唯心主义，使他的辩证法不彻底，同时带着神秘的、虚构的色彩，歪曲了辩证法的本来面目。

以上这些说明了辩证法按其本性来说，是趋向于唯物主义的，它和唯物论是一致的。马克思主义哲学克服了旧唯物主义的形而上学局限性，加深并发展了哲学的唯物主义，使其贯彻到底，成为完备的唯物主义。马克思主义哲学也对黑格尔辩证学说的合理东西加以唯物主义改造，加深并发展了辩证学说，使其贯彻到底，成为科学的、革命的方法论。

唯物主义与辩证法的统一，是马克思主义在哲学中所实现的革命变革。只有辩证唯物主义才既是彻底唯物的，又是彻底辩证的。为什么唯物论与辩证法存在着一致性？为什么科学的哲学只能是唯物论与辩证法的统一（即辩证唯物主义哲学）呢？这一切都是由世界的本性所决定的，因为世界本来就是发展的物质世界。既然辩证唯物主义哲学是唯物主义与辩证法相互渗透，不可分割的统一体，那么我们就不能脱离辩证法，来讲马克思主义的唯物论，也不能脱离唯物论，来讲马克思主义的辩证法。然而，这一切都不是说，唯物主义与辩证法只存在着同一性而不存在着差别性。如果说把唯物主义与唯心主义的对立，同形而上学与辩证法的对立混淆起来是错误的，那么把唯物主义与辩证法混淆起来也是错误的。唯物主义与辩证法果真是同一个东西的话，那就不存在"形而上学的唯物主义"和"唯心主义的辩证法"了，也不存在着"辩证唯物主义"与"形而上学唯物主义"（"唯物辩证法"与"唯心辩证法"）的区分了。

哲学史的图景，不但展示了唯物主义与辩证法的同一性，也展示了唯物主义与辩证法的差别性。唯物主义基本上是回答思维对存在的关系问题，辩证法基本上是回答发展的最一般规律问题。在科学的哲学即辩证唯物主义哲学中，唯物主义和辩证法既是相互渗透，不可分割地联系着的，但又是回答不同方面的问题。这样来看唯物主义和辩证法，就比较全面些。

恩格斯对辩证法下了这样的定义："辩证法不过是关于自然、人类社会和思维的运动和发展的普遍规律的科学"。[5]149 恩格斯这个定义告诉我们：辩证法的规律对于自然、人类社会和思维这三个领域，都是同样有效的。

人们自然会提出这样的问题：为什么客观存在的运动发展和思维的运动发展都受着同一的普遍规律的支配？客观存在的外部世界和人类的思维既是两个不同的领域，那么存在规律与思维规律的关系是怎样的呢？

为了回答上述的问题，就要回想一下什么是思维？它是从何而来的？恩格斯对此作过清楚的回答：

> 可是，如果进一步问：究竟什么是思维和意识，它们是从哪里得来的，那么就会发现，它们都是人的头脑的产物，而人本身是自然界的产物，是在自己所处的环境中并且和这个环境一起发展起来的；这里不言而喻，归根到底也是自然界产物的人脑的产物，并不同自然界的其他联系相矛盾，而是相相适应的。[5]38-39

马克思主义哲学认为：存在是第一性的，思维是第二性的、派生的，而且思维是与存在相适应的。思维与存在具有同一性，世界是可以认识的。

我们周围的世界是按着辩证法的规律而运动发展的，这种辩证的见解是被各门科学不断地证实了的。既然，我们周围的物质世界是辩证地发展的，那么，人们的认识过程、思维过程也必然是辩证地发展的。列宁说：

> 如果一切都发展着，那么这是否也同思维的最一般的概念和范畴有关？如果无关，那就是说，思维同存在没有联系。如果有关，那就是说，存在着具有客观意义的概念辩证法和认识的辩证法。[4]215

关于认识规律、思维规律与存在规律的关系问题，在哲学史上，长期以来存在着一种谬误的见解，认为它们是互不相关的。于是在旧哲学中，本体论、认识论、逻辑便分立为三个各个独立发展的部分。这种情景发展至康德的哲学，表现得最为显著。在康德哲学中，"本体"就是"自在之物"（"物自体"），它是不可认识的，因而他认为作为独断的本体论是不可能的，他认为认识规律与"物自体"之间是没有什么联系的。依康德看来，思维规律和范畴是不具有客观的内容，是超越于经验之上的，这样逻辑就变成是对于脱离客观内容的思维形式的描述。康德哲学是不可知论和形式主义的代表。

黑格尔批判康德把思维规律和范畴看作是脱离现实内容的形式主义观点，他与康德的哲学观点相对立。列宁说："黑格尔则要求这样的逻辑：其中形式是富有内容的形式，是活生生的实在的内容的形式，是和内容不可分离地联系着的形式"。[4]77

黑格尔从客观唯心主义的立场肯定思维与存在的同一性，企图克服思维规律与存在规律之间的脱节，探讨了辩证法、认识论、逻辑的统一问题。依黑格尔看来，概念的自我发展是一切发展的基础，客观现实世界的发展不过是"绝对概念"的自我发展的"外化"。所以思维规律也就是客观现实的规律，概念的辩证法决定着现实世界的辩证发展，而发展的全部过程便是思维对它本身的自我认识。由于黑格尔把现实世界的运动归结为思维（"绝对概念"）的发展，又把人的认识归结为思维（"绝对概念"）的自我认识，这样本体论和认识论都溶化于逻辑中成为同一体。黑格尔机智地看到了，思维过程、自然过程和历史过程是受着同一的发展规律支配着。列宁在评价黑格尔辩证哲学时说："黑格尔确实证明了：逻辑形式和逻辑规律不是空洞的外壳；而是客观世界的反映。确切些说，不是证明了，而是天才地猜测到了"。[4]151 尽管黑格尔的辩证法有很多合理的、有价值的东西，但是他作为一个唯心主义者，不可能正确地解决认识规律、思维规律与存在规律的关系问题。黑格尔排斥唯物主义的反映论，因而把事情弄得完全颠倒了，而且还存在着无数任意虚构和凭空臆造的东西。

马克思主义哲学对于黑格尔辩证学说的合理东西，给予唯物主义的改造，这样就

> 我们重新唯物地把我们头脑中的概念看作现实事物的反映，而不是把现实事物看作绝对概念的某一阶段的反映。这样，辩证法就归结为关于外部世界和人类思维的运动一般规律的科学……这样，概念的辩证法本身就变成只是现实世界的辩证运动的自觉反映。[3]298

在我们看来，黑格尔关于发展的全部过程是思维对它本身自我认识的说法，完全是虚构的。按照科学的唯物主义见解，实际的情景是：自然界发展出能够认识自然界的人，而在人的身上自然界获得了对它本身的"自我认识"，认识就是人脑（自然界的最高产物）对于自然界的反映。"所谓的客观辩证法是在整个自然界起支配作用的，而所谓的主观辩证法，即辩证的思维，不过是在自然界中到处发生作用的、对立中的运动的反映。"[5]470 我们就是在上述的基础上了解思维规律与存在规律的一致。

马克思主义以前的旧唯物主义者，他们虽然把认识了解为思维对于存在的反映，但他们未能真正认识到思维规律与存在规律的一致。旧唯物主义者是抽象地把握反映的原则，所以他们只是说明了人的思维和知识具有客观的内容，但不了解思维形式的客观内容。旧唯物主义者是形而上学地看待反映的过程，把认识当作死板的、镜子般的反映；他们忽略了思维的能动性与创造性，认识的运动与

发展。这样一来他们也就无法解决思维过程的规律与存在规律的一致，以及整个哲学理论各方面的统一性和严整性的问题。因为只有了解反映过程的辩证性质，才能深刻地理解到认识规律、思维规律与存在规律的一致（相似、吻合），即同一的规律支配着世界上的一切过程。而且只有确认一切运动的普遍发展规律的存在，才能达到辩证法、认识论、逻辑之间的统一。列宁说：

> 辩证法是活生生的、多方面的（方面的数目永远增加着的）认识，其中包含着无数的各式各样观察现实，接近现实的成分（包含着从每个成分发展成整体的哲学体系），——这就是它比起'形而上学'的唯物主义来所具有的无比丰富的内容，而形而上学的唯物主义的根本缺陷就是不能把辩证法应用于反映论，应用于认识的过程和发展。[4]308-311

至此，我们大致可以做出如下的结论：

只有唯物主义的辩证法，才能科学地回答认识规律、思维规律与存在规律之间的一致性，才能科学地解决辩证法、认识论、逻辑的统一问题。并且只有辩证的唯物主义，才能理解支配外部世界和人的认识与思维的普遍规律，才是内容无比深刻的、无比丰富的、统一严整的科学哲学。

马克思主义哲学与辩证唯心主义、形而上学唯物主义根本不同。辩证唯物主义认为：人类的认识和思维的规律不是别的，而是客观世界的规律通过实践在人类头脑中的反映。自然界是辩证法的试金石。主观辩证法是客观辩证法的反映。因而，辩证法是客观世界的规律同时也是人类的认识和思维的规律。辩证法既是作为研究外部世界的运动发展的学说，又是作为研究认识与思维的运动发展的学说。辩证法这门科学既具有世界观的意义和本体论的职能，又具有方法论的意义和认识论的职能与逻辑的职能。唯物辩证法与认识论、逻辑是统一的。

列宁提出辩证法、认识论、逻辑的统一原理，指示我们进一步探讨作为认识论和逻辑的辩证法问题。列宁关于辩证法、认识论、逻辑统一的原理，在他的哲学著作中作了很多阐发，内容极为丰富，是列宁哲学遗产的主要内容之一。我们必须探讨列宁有关这方面的全部指示，才能深刻地理解辩证法、认识论、逻辑的统一问题。摆在我们眼前的任务就是如何创造性地研究唯物辩证法的各方面职能，不断地丰富、加深和发展辩证法这门科学。特别急待研究的是作为认识论和逻辑的辩证法问题。可是直到现在，有些人还是喜欢抓住列宁的某一著名论断，死扣其中的某些字眼，进行不恰当的、书呆子气的解释，以为简单地、生硬地做出结论就算了事。

有人只抓住列宁这样一个有名的论断："在《资本论》中，唯物主义的逻辑、辩证法和认识论（不必要三个词：它们是同一个东西）都应用于同一门科学……"。[4] 290 他们认为唯物辩证法、唯物主义认识论与辩证逻辑是没有任何差别的、绝对的、完全的同一，不必特别去研究作为认识论和逻辑的辩证法问题。又有人只抓住列宁另一个有名的论断：

> 依照马克思的理解，同样也根据黑格尔的看法，其本身包括现在称之为认识论的内容，这种认识论同样应当历史历史地观察自己的对象，研究并概括认识的起源和发展从不知到知的转化。[6]

他们认为辩证法、认识论、逻辑并不是同一的，是三个东西，不过其间有从属关系，即认为辩证法科学除了认识论和逻辑这部分外，还包含有相当于旧哲学所说的本体论部分。与此类似的，我们还可以听到：有的人说，列宁认为"逻辑是关于认识的学说。它是认识论"。[4] 152 所以逻辑和认识论是同一个东西，但它们与辩证法并不是同一个东西。另外又有人根据恩格斯在《反杜林论》和《费尔巴哈论》中都提到：辩证法是论思维及其规律的科学，于是他们说辩证法和逻辑是同一个东西，但是它们和唯物主义的认识论（反映论）不是同一的。所有这一切，往往都是来自对于马克思主义经典作家的某个有名论断，或其中的某个字眼、术语孤立地作了字面的了解，而不是来自对马克思主义哲学的根本性质进行了认真的深入探讨。

列宁关于辩证法、认识论、逻辑的统一原理，它是表明马克思主义哲学对待哲学科学的对象、内容、任务和意义的一种全新的见解，它是以全新的方式，科学地解决哲学史上一直存在的"本体论""认识论"和"逻辑"的关系问题。

我们知道，在黑格尔以前，旧的"形而上学的"本体论，它是专门去论证作为世界根基的某种永恒不变的"本体"（如古代哲学家的自然观：泰勒斯认为水为万物之源，阿那克西米尼（Anaximenes，约公元前585—约公元前528）认为气为万物原始的基体，赫拉克利特则认为火为万物之本；近代的如莱布尼兹认为"单子"是万物的基体）。这样的本体论是与认识论和逻辑相脱节的。旧的主观主义的认识论，它是撇开客观的现实来研究人的认识能力（如笛卡儿（René Descartes，1596—1650）、莱布尼兹关于天赋观念的说法，康德关于先验知识的说法，以及其他号称为"批判主义"（批判人的认识能力）的各派学说），这样的认识论是与本体论相脱节的；旧的形式主义逻辑，他是撇开思维的客观内容，专门论述主观的、"纯粹的"思维形式。逻辑被看作是关于思维的外在形式的学说。这样的逻辑是与本体论、认识论相脱节的。

列宁关于辩证法、认识论、逻辑的统一原理，意味着马克思主义哲学既不承认"纯粹的"本体论，也不承认"纯粹的"认识论和"纯粹的"逻辑。

无疑的，唯物辩证法作为关于发展的最普遍规律的科学，它也研究外部世界的运动发展，这也是关于存在的学说。然而，我们并不是撇开认识的问题来探讨外部的世界。而在过去，旧的本体论是具有独断性质的自然哲学（或其类似物）。马克思主义哲学坚决反对这种旧的形而上学的本体论。恩格斯早就讲过：

> 在以往的全部哲学中仍然独立存在的，就只有关于思维及其规律的学说——形式逻辑和辩证法。其他一切都归到自然的和历史的实证科学中去了。[5] 28

马克思主义哲学认为：旧的本体论所探讨的万物第一本原、第一本因的问题，这是个不科学的"形而上学"问题，是没有摆脱宗教观念（或其影响）的结果。我们关于哲学基本问题的解决，不是按照旧本体论的"形而上学"方式，而是以认识论的眼光来看待这个问题（列宁称哲学的基本问题为认识论的问题以及他对于"物质"所下的定义，都表明着马克思主义哲学的态度），回答的是究竟何者——是物质还是意识——为第一性？以及意识能否认识外界？唯物辩证法所探讨的是思维与存在、思维规律与存在规律的关系问题，至于宇宙中的万物，它们每一个是什么样子的？是如何产生的？这些都不是唯物辩证法所要回答的，哲学科学不应当代替各门具体科学。总之，马克思主义哲学不承认形而上学的、纯粹的本体论，马克思主义哲学关于存在的学说，完全渗透着认识论的内容（意义），根本不同旧的本体论。

无疑的，唯物辩证法作为关于发展的最普遍规律的科学，它也研究认识与思维的运动发展，然而，我们并不是撇开了客观的现实来探讨人的认识和思维的发展。而在过去旧的主观主义的认识论和旧的形式主义的逻辑，它们把认识的规律和范畴（逻辑的规律和范畴），当作是超越于经验之上的、纯粹主观的东西，它们不去探求这些规律和范畴的客观基础。马克思主义哲学坚决反对旧的主观主义认识论和旧的形式主义逻辑，唯物主义地解决了认识规律、思维规律与存在规律的同一问题。我们认为认识论和逻辑的范畴，都是具有客观内容的，所以它才是人认识自然过程的支点，认识深化的小阶梯。列宁说："逻辑和认识论应当从'全部自然生活和精神生活的发展'中引申出来。"[4] 73可见马克思主义哲学的认识论和逻辑，不是和关于存在的学说相脱节的。认识过程的辩证法和概念运动的辩证法仅仅是客观辩证法的自觉反映。这就是说，认识论和逻辑完全渗透着本体论（不是旧的、形而上学的）的内容。

在马克思主义哲学中，逻辑（辩证逻辑）也不是与认识论相互分离的。因为在我们看来，旧的形式主义的逻辑把思维形式（逻辑范畴）看作不是获得外界真

实知识的形式，这是荒谬的。逻辑不仅是对思维形式的描述，而且研究这些思维
形式自身有多大程度符合于真理，有多大的认识价值。列宁说："不是心理学，不
是精神现象学，而是逻辑学=关于真理的问题"，并且注明"按照这种理解，逻辑
学是和认识论一致的"。[4]146 列宁又在另一处非常简要地指示我们：

> 真理就是由现象，现实的一切方面的总和以及它们的（相互）关系构成的。
> 概念的关系（=过渡=矛盾）=逻辑的主要内容，并且这些概念（及其关系、
> 过渡、矛盾）是作为客观世界的反映而被表现出来。事物的辩证法创造观念
> 的辩证法，而不是相反。[4]166

列宁这些话，对于帮助我们理解唯物辩证法、认识论、逻辑的统一原理，有着极
重大的意义。

由此看来，马克思主义哲学不再是"本体论""认识论""逻辑"分立为三个
各不相关的、独立的部分。辩证法作为关于一切运动的最普遍规律的科学，它同
时既是世界观又是方法论，既是本体论又是认识论和逻辑。也就是说，后三者（本
体论、认识论、逻辑）实际上是相互渗透而成为同一个学说——唯物辩证法科学，
而不是分离为三个各自独立的学说。列宁说：

> 辩证法也就是（黑格尔和）马克思主义的认识论：正是问题的这一"方面"
> （这不是问题的一"方面"，而是问题的本质）普列汉诺夫没有注意到，至于
> 其他的马克思主义者就更不用说了。[4]308

我们应当了解，唯物辩证法的规律和范畴，也就是认识论的规律和范畴，也就是
辩证逻辑的规律和范畴。以上所述的内容即列宁提出辩证法、认识论、逻辑统一
原理的本意。列宁说辩证法、唯物主义的认识论、逻辑是同一个东西，不必要三
个词，这不是指什么名称的问题，而是关于马克思列宁主义哲学内容的根本性质
问题。列宁并不反对在马克思主义的哲学中，有区别地使用这三个词，自然列宁
更不会反对分别地写出有些是关于唯物辩证法规律的学术专著，有些是关于唯物
主义认识论（反映论）的学术专著，有些是关于辩证逻辑的学术专著。

认识规律、思维规律与存在规律的一致，这并不意味着它们是绝对的、僵死
的同一。好像他们之间就没有任何差别了。应该了解：这种一致性，这种同一性，
是指它们在内容上的一致，在本质上的同一。它们的表现形式还是会有差别的。
当然，这是在内容一致的范围之内的差别，是在本质同一的基础之上的差别。如
果夸大了它们的差别，把它们的差别绝对化了，就势必导致方法与理论脱节，唯
物辩证法世界观与认识论、逻辑的割裂。无疑的，这是倒退至本体论、认识论、

逻辑相互分立的旧观念。反过来说，如果我们否认认识辩证法、概念辩证法与客观辩证法的任何差别，那么就会取消认识规律、思维规律与存在规律的一致性问题，否认探讨作为认识论和逻辑的辩证法特殊问题的必要。可见忽略了它们的差别同样是不对的。唯物辩证法发展观，并不就是现成的完备形态的马克思主义认识论（或辩证逻辑），而是后者的核心与基础。马克思主义的认识论与辩证逻辑是把唯物辩证法发展观应用于考察认识的反映过程与逻辑思维的过程，这就是说，我们应该研究作为认识论和逻辑的辩证法问题。

既然辩证法这门科学兼有本体论、认识论和逻辑这三种职能，那么我们也就可以相对地从不同的方面出发，朝着不同的目的，进行创造性的研究，以发展唯物辩证法这门科学。当然，更是可以相对地、有条件地把"自然辩证法""马克思主义的认识论""辩证逻辑"各作为一个专门的"科目"来看待。在某种意义下，把它们作为三个部分来看待，也不是不可以的，但是它们在内容上仍然必须是相互渗透的，它们仍然是同一的唯物辩证法这门科学的不同侧面。换句话说，它们不可能是作为三个各自独立地在本质上相异的学说。正是这样，所以，列宁对辩证逻辑作了如下的规定：

> 逻辑不是关于思维的外在形式的学说，而是关于"一切物质的、自然的和精神的事物"的发展规律的学说，即关于世界的全部具体内容以及对它的认识的发展规律的学说。[4]77

列宁关于逻辑的定义教导我们，辩证逻辑并不是什么纯粹的关于思维的学说，而是渗透着本体论（如果还允许我们暂用这个词来示意的话）的内容和意义，以及认识论的内容和意义。近来大家对于辩证逻辑的研究工作很重视，这是件十分可喜的事，但是人们对于辩证逻辑的理解很不同，究竟应该遵循什么原则去研究辩证逻辑呢？这是目前急待明确的问题，列宁关于唯物辩证法、认识论、逻辑的统一原理，对于解决上述的问题是具有头等重要的意义，我们应该按着列宁所指示的方向进行工作，这样才能避免走弯路或少走弯路。

参 考 文 献

[1] 毛泽东，《关心群众生活，注意工作方法》，载《毛泽东选集》第1卷，北京：人民出版社，1991年，第139页。

[2] 毛泽东，《在晋绥干部会议上的讲话》，载《毛泽东选集》第4卷，北京：人民出版社，1991年，第1308页。

[3] 恩格斯，《路德维希·费尔巴哈与德国古典哲学的终结》，载中共中央马克思恩格斯列宁斯

大林著作编译局编译，《马克思恩格斯文集》第 4 卷，北京：人民出版社，2009 年。

[4] 列宁，《哲学笔记》，载中共中央马克思恩格斯列宁斯大林著作编译局编译，《列宁全集》第 55 卷，北京：人民出版社，1990 年。

[5] 恩格斯，《反杜林论》，载中共中央马克思恩格斯列宁斯大林著作编译局编译，《马克思恩格斯文集》第 9 卷，北京：人民出版社，2009 年。

[6] 列宁，《卡尔·马克思（传略和马克思主义概述）》，载中共中央马克思恩格斯列宁斯大林著作编译局编译，《列宁全集》第 26 卷，北京：人民出版社，1988 年，第 56—7 页。

16　辩证法、逻辑与认识论的统一*

辩证法、逻辑与认识论的统一（identity of dilectics，logic and theory of knowledge）是马克思主义哲学关于客观辩证法与主观辩证法相互关系的原理。意指辩证法、认识论与辩证逻辑虽然表现形式不同，但本质上是一致的。

哲学史上的看法：马克思主义以前的哲学，从来没有真正科学地解决辩证法、认识论与逻辑三者之间的关系问题。它们通常是把本体论（关于存在的学说）、认识论（关于认识的学说）、逻辑（关于思维的学说）看作是互不相关、各自独立的部门，把存在的规律与认识、思维的规律互相对立起来，或者完全脱离认识论和逻辑研究本体论问题；或者完全撇开本体论，撇开现实发展的客观内容，抽象地研究人的认识能力和思维形式。旧唯物主义者虽然把认识看作是思维对于存在的反映，但他们不懂得辩证法，不了解实践在认识中的作用，因而不能辩证地考察客观存在和人的认识、思维过程，也就不可能正确地解决辩证法、认识论与逻辑相统一的问题。

康德的观点。本体论、认识论与逻辑相割裂，在康德哲学中尤为显著。他认为认识的规律与"自在之物"之间不存在什么联系，"自在之物"是不可认识的，思维规律与形式是脱离客观内容的主观空洞之物。这就使认识论、逻辑与本体论完全相割裂了。在康德那里逻辑范畴和思维形式也是与认识过程相脱离的，在他的哲学中，逻辑与认识论同样是割裂的。

黑格尔的观点。黑格尔批判了康德割裂本体论、认识论与逻辑的观点，在哲学史上第一次提出了三者相统一的思想。黑格尔在客观唯心主义基础上肯定了思维与存在、思维规律与存在规律的一致性，使逻辑与本体论统一起来。同时，他还肯定逻辑范畴和思维形式是与认识过程相联系的，指明了逻辑和认识论的一致。黑格尔认为思维是存在的本质，概念的自我发展是一切发展的基础。他不仅把现实世界的发展归结为思维的发展，而且把人的认识的发展也归结为思维的自我发展。这样，本体论和认识论最终都溶化于逻辑之中。黑格尔虽然在唯心主义的基础上把本体论、认识论与逻辑统一起来，但由于他完全颠倒了客观辩证法和主观

---

* 本文原载《中国大百科全书·哲学卷I》，北京：中国大百科全书出版社，1987年，第48页。

辩证法的关系，因而没有也不可能揭示三者统一的实质。

马克思主义的观点：马克思主义哲学既批判地吸取了黑格尔关于本体论、认识论、逻辑三者统一的合理思想，又克服了旧唯物主义的局限性，真正科学地解决了辩证法、认识论与逻辑三者相统一的问题。

三者统一的基础。马克思主义哲学从存在决定思维、思维反作用于存在的观点出发，认为思维与存在的同一是一个辩证发展的过程。整个物质世界的辩证发展就是客观辩证法，而主观辩证法（认识论和逻辑）不过是客观辩证法的反映。马克思主义把实践的观点引入认识论和逻辑。认为人们只有在实践的基础上才可能对事物的认识由现象深入到本质，从而获得客观真理，这就是认识论。在反映客观事物的辩证发展和认识客观真理的过程中所形成的概念的辩证运动就是逻辑学。马克思主义哲学认为，必须把发展的普遍原理和客观物质世界统一的普遍原则联系起来，在肯定世界本质的物质、世界统一于物质的前提下讲发展的普遍原则。辩证法、认识论、逻辑三者统一的基础是辩证发展的物质世界，即客观辩证法。离开客观辩证法就不可能有科学的认识论和辩证逻辑，离开了实践和唯物主义反映论的前提，也不可能使三者再有机地统一起来。

辩证法与认识论的一致。人的认识是物质世界辩证发展的产物和反映，因此，认识的本性必然是同客观世界的辩证本性是一致的。客观世界本身的辩证发展是认识论的前提和出发点。认识论应当历史地观察自己的对象，研究并概括认识的起源和发展即从不知到知的转化。同时，认识论所揭示的认识发展的规律和范畴，例如主观与客观、认识与实践、感性与理性、绝对真理和相对真理等等的辩证关系，都受着辩证法所揭示的最一般规律的制约，是辩证法的最一般规律在认识过程中的表现。

辩证法作为自然界、社会和思维发展最一般规律的科学，同时就是最普遍的科学方法论。它渗透着认识论的内容，发挥着认识论的作用。马克思主义哲学对物质所下的定义，在承认物质第一性、精神第二性的前提下也是作为认识论的问题来解决的。科学的认识论就在于它为人们认识世界和改造世界提供了科学的认识方法。在这一点上，认识论与客观辩证法是一致的。

辩证法的真理性需要用人类认识发展的全部历史来证明，需要由人类的认识史、科学史来检验。所以，离开了认识论，就没有科学的辩证法，当然，离开了辩证法，也没有科学的认识论。

辩证法与逻辑的一致。辩证法也研究逻辑思维的发展，辩证法与逻辑是一致的。辩证逻辑所研究的概念的辩证法，不过是对现实世界辩证运动的自觉反映。辩证逻辑的规律和范畴是辩证法规律在思维中的表现，而辩证法本身的规律、范畴也都是通过逻辑思维概括、提炼并表述的。无论是辩证法的或辩证逻辑的规律和范畴都将随着实践的发展而发展。

逻辑作为概念的辩证法与客观世界的辩证法既有联系又有区别：①逻辑是正确思维的规律，错误思维是不合逻辑的。客观世界本身是无所谓错误的，即使自然界出现某些怪现象，也可以从事物本身的规律得到说明。②逻辑形式是在认识过程中获得并逐步展开的，一切范畴都标志着认识发展的一定阶段，都是一定社会历史条件的产物。因此，概念辩证法比起客观世界本身的辩证法要贫乏得多。③客观世界的规律反映到人的头脑里取得了概念形式，然后就可运用概念来观察事物，分析问题和解决问题，取得了方法论的意义，而客观世界本身是无所谓方法的。

认识论与逻辑的一致。认识论的内容涉及人类知识产生的全部过程，它研究和揭示人的认识发生、发展的过程和规律。认识是人对客观世界的反映。但是，这种反映不是简单的、直观的，不仅仅停留于感性阶段，而是从感性进到理性，通过一系列的抽象过程，即通过概念，范畴等反映形式有条件地、近似地把握事物的本质和规律。这里，认识论与逻辑有密切联系着的。列宁说："逻辑学是关于认识的学说。它是认识的理论"[1] 从逻辑角度看，概念作为反映现实的思维形式总要有确定的含义和内容，所以，它只是认识具体事物的一些阶段，而具体事物是不可穷尽的，每一门具体科学的范畴都只是表明认识达到某个阶段。要解决这个矛盾，只有依靠认识的基本环节，即依靠实践。概念在实践中产生，通过实践检验概念和发展概念，并随着实践的发展使概念越来越丰富，使概念间的关系越来越符合现实。因此，逻辑是对整个认识的历史进程的概括和总结，是认识发展的成果。

同属于主观辩证法领域的认识论和逻辑既相互联系，又相互区别。逻辑作为认识史的总结，并非囊括认识史中所有的东西，因为并不是一切思维现象都具有必然性。辩证逻辑是对认识史进行辩证加工揭示内在必然性的产物。它不是认识论的简单重复，不把认识论的全部问题当作自己的研究对象，它主要研究理性思维的辩证运动。

辩证法、认识论、逻辑三者从不同领域和角度反映现实世界的规律，它们的客观基础，基本原理在本质上都是一致的。从认识论的角度出发探讨认识的一般发展过程及其普遍的规律性，就是马克思主义认识论的体系；从逻辑的角度出发，探讨辩证思维的一般发展过程及其普遍的规律性，就是辩证逻辑的任务。

参 考 文 献

[1] 列宁，《哲学笔记》，载中共中央马克思恩格斯列宁斯大林著作编译局编译，《列宁全集》
第 55 卷，北京：人民出版社，1990 年，第 152 页。

17 列宁论辩证法、认识论和逻辑的统一：纪念列宁诞辰九十周年*

哲学是世界观、方法论，它的对象既涉及自然与社会，又涉及人类的认识与思维。哲学史上，关于存在的学说称为"本体论"，关于认识的学说称为"认识论"，关于思维的学说称为"逻辑"。哲学史上各派哲学理论的基本组成部分就是以上者三者。一切非马克思主义的哲学理论，都没有把"本体论""认识论""逻辑"三者真正统一起来。列宁关于唯物辩证法、认识论与逻辑的统一的原理，刻画着马克思列宁主义哲学理论与一切非马克思主义哲学理论的根本区别。

辩证唯物主义作为关于自然、社会、认识与思维的最一般的科学，它具有本体论的职能、认识论的职能和逻辑的职能，而且这三个基本职能是统一的。换句话说，马克思主义哲学理论是辩证宇宙观、辩证认识论、辩证逻辑的有机统一体。列宁说：

> 在《资本论》中，唯物主义的逻辑、辩证法和认识论（不必要三个词：它们是同一个东西）都应用于同一门科学……。[1]290

列宁关于辩证法、认识论、逻辑的统一这个原理的内容是些什么呢？概括地说，大致为以下两点：

1）方法与理论的统一，辩证法与唯物主义的统一。辩证法不仅是认识方法，同时又是关于运动发展着的世界的理论。而认识和说明世界的方法，不仅是指辩证的观点，同时也包括唯物主义的观点。马克思主义的辩证法和唯物主义是互相渗透不可分割地联系的。辩证唯物主义既是宇宙观，即关于世界发展的一般规律的学说，又是方法论，科学地认识世界与革命地改造世界的方法的学说。

2）辩证法的规律，既是物质现实本身的规律，又是认识以及思维的规律。辩证法的范畴，既是具有物质现实的客观内容，又是具有认识和逻辑的意义，没有

---

* 本文原载《光明日报》，1960 年 4 月 17 日。

"纯粹本体论的范畴"。换句话，应该把唯物辩证法的规律和范畴作为认识的规律和范畴，以及作为辩证逻辑的规律和范畴。辩证唯物主义是本体论、认识论、逻辑三者相互渗透的哲学理论，本体论渗透着认识论的意义，而认识论也渗透着本体论的意义。

马克思主义以前的哲学理论，长期以来，没有把本体论、认识论和逻辑真正统一起来，这个传统的观念发展至康德的哲学，表现得极为显著。康德哲学的主要内容是认识论，康德认为客观存在的"物自体"是不可认知的，人的认识问题和客观存在的自身不相干，思维的规律和范畴是脱离客观内容的，超越于经验之上的东西。列宁说：

> 康德把认识和客体分割开来，从而把人的认识（它的范畴、因果性等等）的
> 有限的、暂时的、相对的、有条件性的性质当作主观主义，而不是当作观念
> （=自然界本身）的辩证法。[1] 177

在康德哲学里，认识不是把自然和人结合起来，在他看来，认识的规律与存在的规律应分割开，其间是没有任何联系的。康德的哲学是不可知论和形式主义的代表。

黑格尔批判康德形式主义地把思维与存在分离开，和把思维形式、思维规律看作是脱离现实内容的纯粹主观的东西。列宁说：

> 黑格尔则要求这样的逻辑：其中形式是富有内容的形式，是活生生的实在的
> 内容的形式，是和内容不可分离地联系着的形式。[1] 77

黑格尔从唯心主义的思维与存在的同一说出发，企图克服思维规律与存在规律的脱节，探讨了辩证法、认识论、逻辑的统一问题。黑格尔认为客观现实的发展不过是"绝对理念"的自我发展过程，概念的自我发展是一切的基础，逻辑规律就是自然现实的规律。这样。黑格尔在唯心主义地解释思维形式与思维规律的客观性时，显露出唯物主义地解决这个问题的"天才猜测"。列宁说：

> 黑格尔的确证明了：逻辑形式和逻辑规律不是空洞的外壳，而是客观世界的
> 反映。确切些说，不是证明了，而是天才地猜测到了。[1] 151

> 对黑格尔来说，行动、实践是逻辑的"推理"，"逻辑的式"。这是对的！当然，
> 这并不是说逻辑的式把人的实践当作它自己的异在（=绝对唯心主义），而是相
> 反，人的实践经过亿万次的重复，在人的意识中以逻辑的式固定下来。[1] 186

尽管黑格尔的辩证哲学中含有合理的、有价值的东西，然而，黑格尔作为一

个唯心主义者，它没有解决辩证法、认识论、逻辑的统一问题。黑格尔实际上是否定了客观存在的规律，因为他把现实世界看作是思维的"异在"，因而在他看来，思维规律就是存在规律，全部哲学理论都被归结为逻辑。唯物主义与此相反，列宁指出："逻辑和认识论应当从'全部自然生活和精神生活的发展'中引申出来。"[1]73 黑格尔排斥了唯物主义的反映论，他也就不了解认识从感性到达理性的辩证过程。除此之外，在黑格尔的哲学里，还存在体系与方法的矛盾，他把自己的哲学体系说成是最后的绝对真理，这就不得不对发展的原则做出自我否定。总之，黑格尔的辩证法，使他的许多观点非常接近唯物主义，而它的唯心主义，使它的辩证法带着神秘的、虚构的色彩，歪曲了辩证法的本来面目，他的辩证观点是不彻底的。由此可见，科学的解决辩证法、认识论、逻辑的统一问题，就必须是辩证法与唯物主义的统一。

马克思主义哲学对黑格尔的合理东西加以唯物主义改造，把辩证法理解为支配整个世界的最一般的规律，是现实自身固有的规律。马克思主义认识论的出发点是把认识了解为反映的过程，所以，思维规律是与客观规律相一致的，列宁说：

> 如果一切都发展着，那么这是否也同思维的最一般的概念和范畴有关？如果无关，那就是说，思维同存在没有联系。如果有关，那就是说，存在着具有客观意义的概念辩证法和认识辩证法。[1]215

马克思主义哲学认为，主观辩证法与客观辩证法的相互关系是这样的：客观辩证法是现实世界固有的、客观地存在的，主观辩证法是客观辩证法的反映，存在于人的意识中。马克思主义辩证法这门科学，是在唯物主义的基础上解决了思维规律与存在规律的一致性。列宁说：

> 辩证法是一种学说，它研究对立面怎样才能够同一，是怎样（怎样成为）同一的——在什么条件下它们是相互转化而同一的，——为什么人的头脑不应该把这些对立面当作僵死的、凝固的东西，而应该看作活生生的、有条件的、活动的、彼此转化的东西。[1]90

旧的形而上学的唯物主义者，他们从反映论原则出发，正确的解释思维具有客观内容。然而他们也不了解思维形式的客观内容，把思维形式看作是脱离内容的主观的东西，没有把反映论原则贯彻到底。列宁说："形而上学的唯物主义的根本缺陷就是不能把辩证法应用于反映论，应用于认识的过程和发展。"[1]311 旧唯物主义的形而上学观点，使他们无法理解现实、认识和思维的复杂过程及其规律的一致性，他们的唯物主义是不彻底的。

马克思主义哲学克服了形而上学唯物主义的局限性，把辩证法应用于反映论，把认识理解为辩证的过程。所以列宁指出：

> 辩证法也就是（黑格尔和）马克思主义的认识论：正是问题的这一"方面"（这不是问题的一个"方面"，而是问题的实质）普列汉诺夫没有注意到，至于其他的马克思主义者就更不用说了。[1]308

列宁当时这个指示，直到现在仍然是具有重要的意义。

辩证法与唯物主义的统一，是马克思主义在哲学中所实现的革命变革。只有唯物主义的辩证法，才能科学地解决认识规律、思维规律与存在规律之间的关系，才能科学地回答辩证法、认识论、逻辑的统一问题。同样地只有辩证的唯物主义，才能理解支配自然，人类的认识与思维这三个领域的规律，才能成为科学的世界观。辩证唯物主义是严整的哲学理论，其内容是无比深刻的、无比丰富的，是多方面的而且方面的数目永远增加着。

思维规律与存在规律的一致，辩证法、认识论、逻辑的统一，并不意味它们之间没有任何差别。这种一致性、统一性是指它们在本质上的统一、内容上的一致。然而，它们在形式上是有差别的，概念的辩证法与认识的辩证法是存在于思维和认识的过程中，而以特殊的形式表现出来。比如说，认识合乎规律的运动是从现象到本质，从不甚深刻的本质到比较深刻的本质，在这里认识的辩证法与客观事物固有的辩证法不是完全一模一样的，表现的形式是有差别的，当然，认识所服从的辩证法的内容是与客观辩证法规律同一，如列宁指出的那样：

> 自然界在人的思想中的反映，要理解为不是"僵死的"，不是"抽象的"，不是没有运动的，不是没有矛盾的，而是处在运动的永恒过程中，处在矛盾的产生和解决的永恒过程中。[1]165

否认主观辩证法（即认识的、概念的辩证法）与客观辩证法的任何差别，就会导致取消思维规律与存在规律的一致性问题，就会导致取消辩证法、认识论、逻辑的统一问题。反过来说，如果夸大它们之间的差别，不了解它们之间的差别是在本质上同一的意义之内的差别，把它们的差别绝对化了，就势必导致唯物辩证法、认识论、逻辑三者的分离，理论与方法的脱节。无疑地，这是回到本体论、认识论、逻辑相互隔开，各自发展的旧观念。

既然辩证法的规律和范畴，也是逻辑的规律和范畴，这意味着必须建立辩证逻辑这一学科。马克思主义哲学认为形式逻辑不是唯一的逻辑科学。形式逻辑只是研究思想的结构形式及其间的规律，形式逻辑是以思维的确定性、一贯性、论证性为着眼点。列宁说：

> 形式逻辑——在中小学里只讲形式逻辑，在这些学校低年级里也应当只讲形式逻辑（但要作一些修改）——根据最普通的或最常见的事物，运用形式上的定义，并以此为限。……辩证逻辑则要求我们更进一步。要真正地认识事物，就必须把握住、研究清楚它的一切方面，一切联系和"中介"。我们永远也不会完全做到这一点，但是，全面性这一要求可以使我们防止犯错误和防止僵化。这是第一。第二，辩证逻辑要求从事物的发展、"自己运动"（像黑格尔有时所说的）、变化中来考察事物。……第三，必须把人的全部实践——作为真理的标准，也作为事物同人所需要它的那一点的联系的实际确定者——包括到事物的完整的"定义"中去。第四，辩证逻辑教导说，"没有抽象的真理，真理总是具体的"。[2]

辩证逻辑教导人们辩证的思维，指出如何认识发展着的现实的整个复杂内容。列宁认为辩证认识的本质就是把握现实各个环节的变化与发展的全部总和，在这里，概念和范畴具有头等重要的意义。列宁认为"概念是运动的各个方面、各个水滴（＝'事物'）、各个'细流'等等的总计。"[1]123 辩证法的范畴是客观现实某一方面，某一环节的反映，只有范畴的相互关系，才能揭示现实的复杂内容、事物的整体联系及相互转化的过程。列宁说：

> 在人面前是自然现象之网。本能的人，即野蛮人，没有把自己同自然界区分开来。自觉的人则区分开来了，范畴是区分过程中的梯级，即认识世界的过程中梯级，是帮助我们认识和掌握自然现象之网的网上纽结。[1]78

所以应该把辩证法的范畴作为认识的范畴和逻辑的范畴，辩证逻辑这门科学的结构体系也就是关于辩证法范畴的体系问题。

辩证逻辑这门科学探讨认识的辩证法与概念的辩证法，在列宁看来，辩证逻辑不是与马克思主义认识论互相分离的，他说："逻辑学是关于认识的学说。它是认识的理论。"[1]152 而且简要地指出：

> 真理就是由现象、现实的一切方面的总和以及它们的（相互）关系构成的。概念的关系（＝过渡＝矛盾）＝逻辑的主要内容，并且这些概念（及其关系、过渡、矛盾）是作为客观世界的反映而被表现出来的。事物的辩证法创造观念的辩证法，而不是相反。[1]166

列宁这些话对理解唯物辩证法、认识论、逻辑的统一问题，是给我们作了非常明确的提示。

为什么辩证法的规律和范畴给人们的认识与思维指出到达真理的途径？因为辩证法并不是什么"天才辩证论者"主观想象的产物，辩证法是人类全部认识所固有的，甚至在任何一个命题中，都可以发现辩证法一切要素的萌芽。辩证学说就是对整个人类认识的历史（科学史、哲学史、智力发展史）进行概括的成果。列宁说："要继承黑格尔和马克思的事业，就应当辩证地探讨人类思想、科学和技术的历史。"[1] 122

思维规律、认识规律是与思想史、认识史相一致的，辩证的思维，它在人类思维历史中的发展，与它在个别辩证学者头脑中的发展的关系，正如某一种有机体，它在历史中的发展与它在个别胚胎中的发展的关系一样。列宁指出："在逻辑中思想史应当和思维规律相吻合。"[1] 289 作为认识论和逻辑的科学辩证学说，它丝毫不含有臆想或武断的成分在内，而完完全全是人类的智慧和认识的最伟大的成果。

总的说来，马克思主义哲学中的逻辑理论，既不是脱离关于现实世界的客观内容的探讨，也不是与认识论相互分离，列宁把辩证逻辑经典地定义为："关于世界的全部具体内容的以及对它的认识的发展规律的学说，即对世界的认识的历史的总计、总和、结论。"[1] 77

关于辩证法、认识论。逻辑的统一的原理，是列宁伟大哲学遗产中最重要的部分。近年来，哲学工作者们把辩证法、认识论、逻辑的统一的原理，作为重要的研究任务提出来，这对于马克思列宁主义哲学的发展具有极为重大的意义。摆在我们面前的任务就是遵循列宁的指示，学习毛泽东的哲学思想，概括自然科学的最新成果，概括社会主义建设的经验，研究作为认识论和逻辑的辩证法问题。

参 考 文 献

[1] 列宁，《哲学笔记》，载中共中央马克思恩格斯列宁斯大林著作编译局编译，《列宁全集》第55卷，北京，人民出版社，1990年。

[2] 列宁，《再论工会、目前形势及托洛斯基和布哈林的错误》，载中共中央马克思恩格斯列宁斯大林著作编译局编译，《列宁选集》第四卷，北京：人民出版社，2012年，第419页。

18　辩证逻辑的几个争论的问题[*]

不久前在南京大学召开了《辩证逻辑》（初稿）一书讨论会，参加这次会议的有来自全国各地二十多所高等学校、哲学研究机构的逻辑工作者和哲学工作者。现将会议中讨论的主要问题综述如下。

一、辩证逻辑与形式逻辑的区别

一种意见认为，辩证逻辑是以流动范畴建立起来的逻辑学说；而形式逻辑是以固定范畴建立起来的逻辑学说。形式逻辑只限于反映客观对象间较为简单的关系，把客观现实中彼此联结在一起的各个环节分隔开来考察，这里的每一个环节都是完全确定的、界限分明的。因而，形式逻辑运用固定的范畴。而辩证逻辑是客观辩证法的自觉反映，因而，它必须运用流动的范畴。

另一种意见认为，上述区分是不够恰当的。人们的认识过程大体上经历两步：第一步是把事物和总的发展链条割裂开来，把事物从普遍联系中抽取出来。这时形成的概念、范畴就不能不是固定的。第二步又把事物放回到总的发展链条和普遍联系中去加以认识，从而形成了流动的概念和范畴。辩证逻辑不只是研究流动的范畴，而是在固定范畴和流动范畴的统一中去研究流动范畴，是通过固定范畴去研究流动范畴。

二、辩证逻辑有没有自己的基本规律

一种意见认为，辩证逻辑没有自己特殊的基本规律，辩证法的三条基本规律就是辩证逻辑的基本规律。所不同的是，辩证逻辑要阐发它们的特殊表现形式和逻辑的职能。

另一种意见认为，辩证逻辑有自己独特的基本规律。因为辩证法的基本规律是一般，而自然辩证法、历史辩证法和思维辩证法则是特殊。辩证法的一般规律

---

　　* 本文原载《光明日报》，1980 年 8 月 7 日，署名林青。

决不能概括各个特殊领域中的一切方面，决不能以论述辩证法的最一般规律简单地代替对思维领域特殊规律的探讨。

三、思维形式是否应分为辩证和非辩证两大类

关于概念。一种意见认为，概念应分为辩证的概念和非辩证的概念两大类，辩证逻辑只研究辩证的概念这一类，而形式逻辑只研究非辩证的概念这一类。另一些同志对上述的见解提出疑问：如何区别辩证的概念和非辩证的概念？它们在内容与结构上有哪些不同呢？这些同志认为，同一个概念既可以用形式逻辑的要求去考察，也可以用辩证逻辑的要求去考察。

关于判断。一种意见认为，在人类思维中存在着一种与普通判断不同的辩证判断，如主词矛盾形式（S 是非 S），宾词矛盾形式（S 是 P 又是非 P），系词矛盾形式（S 是又不是 P）等。而不具有这种辩证结构的判断则称之为非辩证判断（普通判断）。他们认为辩证逻辑主要是研究辩证的判断及其结构；阐明判断的一般辩证法，并不算是辩证逻辑的判断理论，因为判断的一般辩证法在本质上还是运用辩证法对判断进行辩证的分析，是对形式逻辑的命题作辩证的解释。

另一种意见认为，把具有矛盾结构的判断叫辩证判断，否则叫非辩证判断，是不科学的。因为从形式结构上看是不能区分辩证性与非辩证性的。例如，诡辩常常采用具有矛盾结构的判断形式，难道这样的诡辩论断是辩证判断吗？又如，"时间和空间是相对的""历史是合乎规律地向前发展的"等判断，从形式上看并不具有矛盾结构，难道就不是辩证判断吗？区别两种判断理论的根本点在于：形式逻辑只是关于思维外在形式的学说，它只是把各种判断形式并列起来，而辩证逻辑则不是关于思维外在形式的学说，它和内容有着密切的联系，它要求揭示各种判断形式由低级到高级的发展转化过程。

关于推理。有些同志把推理的种类分为类比推理、归纳推理、演绎推理和辩证推理。认为辩证推理就是应用辩证法的范畴，对事物进行历史的和现实的规律性的分析，以及对事物的具体矛盾的分析，而探索其发展方向的预见性的推理。这些同志还对形式逻辑的推理论和辩证逻辑的推理论作了区别。

另一些同志认为，把推理分为形式逻辑的推理和辩证逻辑的推理是不恰当的。形式逻辑和辩证逻辑只是从不同的角度研究任何一类推理。他们认为上述所谓"辩证推理"实际上说的是辩证法的具体运用，既看不出有固定的形式，也看不出有什么推理的规则，因而不能算作一类特殊的推理存在。

四、关于逻辑方法

关于归纳与演绎。一种意见认为，既有辩证的归纳与演绎，也有形式的归纳与演绎。 由个别到一般，再由一般到个别的认识深化运动，是这两种归纳与演绎的共同点。它们的差别点是，辩证的归纳与演绎所依据的是被研究对象的发展过程或发展阶段的关系，形式的归纳与演绎所依据的是被研究对象的种属关系。前者是辩证逻辑研究的对象，后者是形式逻辑研究的对象，但辩证逻辑也研究形式的归纳与演绎之间的对立统一关系。另一种意见认为，归纳与演绎不应划分为辩证的和形式的两大类。辩证逻辑和形式逻辑是从不同的侧面、不同的角度共同研究归纳与演绎。形式逻辑从它们的形式方面去研究，辩证逻辑从它们之间的辩证关系去研究，由此而形成了关于归纳与演绎的两种逻辑理论。

关于分析与综合。有些同志把分析与综合区分为：感性的分析与综合和理性的分析与综合。所谓感性的分析与综合，就是通过人们的各种感觉分析器，将客观对象的各个方面分别反映到大脑中，而后在大脑中形成关于客观对象的完整表象，这种感性的分析与综合和理性的分析与综合是不同的。首先感性的分析与综合的对象是客观事物的外部联系，其次感性的分析与综合的结果是获得感觉形象的多样性的统一，是被认识对象的外部联系的反应。另一些同志反对上述区分，他们认为，逻辑的分析与综合仅是理性思维的方法。感性的反映活动，尤其是属于无条件反射的反映活动，不能算作逻辑的分析与综合的活动，不属于辩证逻辑方法的内容。

关于抽象和具体。一种意见认为，表示抽象与具体这一逻辑方法的公式是："具体—抽象—具体"。因为它符合于认识从生动的直观飞跃到抽象的思维，完整地体现了人的认识过程，表明了逻辑和认识论的一致。如果用"抽象—具体"的公式来表示，就抛弃了感性认识阶段，割裂了统一的认识过程，不能说明作为起点的"抽象"是从何而来的。另一种意见认为"具体—抽象—具体"公式的前半部分是"知性"思维活动，属于形式逻辑研究的内容，后半部分是"理性"思维活动，属于辩证逻辑研究的内容。照辩证逻辑看来，从抽象上升到具体这个逻辑行程的起点是最一般的抽象规定，并不是从感性具体开始的。并且，从抽象发展到愈来愈具体这个逻辑行程——螺旋上升的圆圈，都是属于思维中的具体，并不是又复归到感性的具体。因此，表示抽象与具体这一逻辑方法的公式应该是"抽象—具体"。

关于逻辑和历史。一种意见认为，历史指客观事物的发展史，逻辑指人的思维对客观事物发展规律的概括反映。逻辑与历史的统一就是指客观现实的历史发展在理论思维中的再现。也就是说，逻辑与历史的一致表现出逻辑与本体论的一致。另一种意见认为，上述内容属于物质和意识的关系问题，是哲学研究的对象。辩证逻辑是关于辩证思维的科学。逻辑与历史的一致是思维领域本身的问题，即指思维的逻辑过程应当与整个人类的认识历史发展过程相一致，或者说，思维规律应当是人类认识历史过程的总计和总结。逻辑与历史的一致表现出逻辑与认识论的一致。第三种意见认为，以上两种关于逻辑与历史统一的内容都是辩证逻辑所要研究的，应当阐明逻辑与历史统一的全部丰富内容。

19　思维形式的辩证法*

思维形式的辩证法（dialectics of the form of thinking）是辩证逻辑的基本内容之一。指发生于理性认识阶段的概念、判断、推理等思维形式的形成、变化和发展，以及各种思维形式之间内在联结、相互转化或推演的辩证关系。它主要包括概念的辩证法、判断的辩证法和推理的辩证法。

客观现实是有规律地运动、变化和发展的。作为对客观现实反映的思维形式，必然也是有规律地运动、变化和发展的。思维形式的辩证法是客观辩证法的反映，却又不同于客观辩证法。它通过概念、判断、推理的辩证运动而显示其作用。人们揭示了概念、判断、推理的辩证运动，就能了解认识的发展与深化的一般进程，探明认识客观真理的途径。

思维形式的辩证法是人类认识所固有的，而辩证逻辑则系统而集中地表现着思维形式辩证法的作用。人们从理论上认识并把握了思维形式的辩证法，就能自觉地进行辩证思维。

概念的辩证法。概念是人们对事物本质的认识，它是逻辑思维的最基本的单元和形式。概念的辩证法是指概念的形成、变化和发展以及概念间的联系和转化的辩证关系。对概念的辩证本性的研究，是辩证逻辑的主要内容。认识是人对客观世界的反映，这种反映通过一系列的抽象，以概念的形式近似地描绘发展变化的客观现实。从生动的直观到抽象的思维，形成一系列概念，这些概念的真理性又要返回实践中接受检验。如此循环往复，是人的认识日益接近于客观现实的一般途径。科学认识的主要成果就是形成和发展概念。概念更深刻、更准确、更完全地反映客观现实。概念的最基本特征是它的抽象性和概括性。

概念的形成和发展。人们认识周围事物最初形成的概念是前科学思维时期的日常生活概念。这种最初形成的概念，通常是作为对周围事物的感性经验（见感性认识）的直接概括，并不具有很高的抽象性。这时人们对周围事物的认识也不甚深刻，在幼儿时期形成的概念以及人类在原始阶段形成的概念就是如此。科学思维中运用的概念即科学概念，是在相关理论指导下形成的，而且它总是处于特

---

* 本文原载《中国大百科全书·哲学卷 II》，北京：中国大百科全书出版社，1987 年，第 830—832 页。

定的理论系统之中。与前科学思维时期的日常生活概念相比，科学概念的内容丰富得多，具有较高的抽象性和概括性。由于科学思维依存于特定时代的某种理论系统，它对于客观事物的认识将会达到当时应有的或可能的深度，远远超过日常生活概念的认识，成为一定历史阶段上人们认识的总结。

人们对于同一事物的认识，往往形成不同内容的科学概念。不同的学科对于同一事物会形成不同内容的科学概念，而在同一学科的不同理论中，对于同一事物也会形成不同内容的科学概念。人们对于特定事物的本质的认识，即科学概念的内容，并不是单一的、无条件的，而是多方面的、有条件的。概念总是随着人的实践和认识的发展，处于运动、变化和发展的过程中。这种发展的过程或是原有概念的内容逐步递加和累进，或是新旧概念的更替和变革。

概念的辩证本性。概念是人们用于认识和掌握自然现象之网的纽结，是认识过程中的阶段。思维要正确地反映客观现实的辩证运动，概念就必须是辩证的，是主观性与客观性、特殊性与普遍性、抽象性与具体性的辩证统一。概念还必须是灵活的，往返流动的和相互转化的。"运用概念的艺术"就在于把握概念的全面的、普遍的灵活性，达到对立面的同一的灵活性。概念不应被当作孤立的、隔离的、空洞抽象形式的规定，而应看作是富有具体内容的、有不同规定的、多样性的统一。

人类对真理的认识，是在一系列概念的形成中，在概念的不断更替和运动中，在一个概念向另一个概念的无数转化中实现的。列宁说：

> 真理就是由现象、现实的一切方面的总和以及它们的（相互）关系构成的。概念的关系（＝过渡＝矛盾）＝逻辑的主要内容，并且这些概念（及其关系、过渡、矛盾）是作为客观世界的反映而被表现出来的。[1] 166

概念的形成、变化和发展以及概念间的相互依赖、对立和转化，是永恒运动的客观现实在人脑中的近似反映，因而存在着具有客观意义的概念辩证法。

判断的辩证法。判断是思维对所反映的对象有所肯定或有所否定的思维形式。判断的辩证法是指判断的形成、变化和发展以及判断间的联系和转化的辩证关系。它揭示人类认识所固有的矛盾运动以及判断从低级形式向高级形式的发展过程。

判断的本性。人类的一切知识都以判断的形式陈述出来。无论是关于经验事实的观察陈述，还是关于原理和定律的理论陈述，都是人们对于客观现实所做的判断。在判断的形成中，人们的社会生活实践具有首要的、根本的作用。任何正确判断的具体内容，都是人们进行调查研究的结果，都直接或间接地来源于社会的实践活动。

　　概念在判断的形成中具有重要的意义，是构成判断的基本要素。判断是包含在概念中的矛盾的展开和显露。任何判断都是作为对立面的统一，是对客观事物固有的对立统一关系的必然反映。客观事物都是一般与个别、必然与偶然（见必然性与偶然性）、本质与现象等对立面的统一，而作为对客观事物的这种对立统一关系反映的判断，也必然具有对立统一的性质。例如，在"伊万是人""哈巴狗是狗""这是树叶"这样简单的判断中，就其主词与谓词两者相对而言，主词指称个别的、偶然的、现象的东西，谓词指称一般的、必然的、本质的东西，系词"是"则把两者联结起来，从而揭示了它们之间存在的对立统一关系。而整个判断所反映的正是事物自身的对立面的统一。判断中的对立面统一，不仅反映客观事物中的对立面统一，还表明人的认识是从个别深化到一般，从偶然深化到必然、从现象深化到本质。总之，任何一个判断都蕴含着辩证法的一切要素。列宁说：

　　这里已经有偶然和必然，现象和本质，因为当我们说伊万是人，哈巴狗是狗，这是树叶等等时，就把许多特征作为偶然的东西抛掉，把本质和现象分开，并把二者对立起来……可见，在任何一个命题中，好像在一个基层的"单位"（"细胞"）中一样，都可以（而且应当）发现辩证法一切要素的胚芽，这就表明辩证法是人类的全部认识所固有的。[1]307-308。

　　判断的发展。判断自身中的对立面统一，蕴含着辩证法一切要素的萌芽状态，它们将在认识发展的继续深化过程中得到进一步的展开，表现为从低级形式判断发展到高级形式判断，表明对事物本质的认识程度的提高。例如人类在生活实践中，很早就认识到摩擦能生热的事实，这是人类早期对运动性质的初步认识。"摩擦是热的一个源泉"这个判断，可以看作是对运动性质最初做出的个别性判断。近代，人们认识了运动的较为一般的性质，做出"一切机械运动都能借摩擦转化为热"的判断。这是人们对运动性质所作出的特殊性判断。后来，人们又进一步做出"在每一情况的特定条件下，任何一种运动形式都能够而且不得不直接或间接地转变为其他任何一种运动形式"的判断。这是人们对运动性质所作出的普遍性判断。可见，认识的深化过程是从个别性判断到特殊性判断再到普遍性判断。个体思维中发生的判断的发展过程，也大致如此。人类的思想发展史与个体的思维进程是相吻合和相一致的。

　　推理的辩证法。推理是人们从已知判断（前提）引申出新判断（结论）的思维过程。推理的辩证法是指推理的形成、变化和发展以及各种推理之间的联系和转化的辩证关系。它体现着理论思维的特点。

　　推理的形式是多种多样的。根据人的思维活动从个别向一般深化，或从一般向个别深化以及从某一对象或领域向另一对象或领域的推移，并在它们之间作比较，从而就有归纳推理（见归纳逻辑）、演绎推理和类比推理（见类比）。推理作为人脑中的一种富有创造性的思维活动，其结论并不都是必然可靠的。就人们完整的认识过程而言，无论演绎推理或归纳推理和类比推理，都不能全面地反映人类认识过程的发展，它们在认识中的作用都是有限的。

辩证逻辑不是从静态、从纯粹形式结构上研究各种推理的作用和规律，而是在实践基础上，以具体对象发展变化的实际进程为依据，从它所反映的对象的内容出发，结合人的由浅入深的认识过程，揭示其辩证的矛盾运动。辩证逻辑认为，完整地反映客观对象的发展以及揭示人们认识的不断深化过程的各种推理，不仅是互相联系的，而且在它们的相互联系中反映着客观世界的个别、特殊和普遍的联系，发挥着它们各自在认识世界中的作用。无论是科学定律或原理的发现过程，还是科学定律或原理的论证过程，都不可能完全纳入纯归纳或纯演绎的推理程序和模式。任何科学认识活动都是在归纳与演绎的相互联系和相互转化中实现的（见归纳与演绎的统一）。归纳、演绎以及类比等推理形式，在不同的研究课题或不同的认识环节上，所处的地位和作用虽然有所不同，人们时而以归纳或类比为主，时而以演绎为主，但是，任何一种推理都不可能孤立地发挥有效作用。把握推理之间的相互联系和相互转化，是人们认识真理所绝对必需的。

概念、判断、推理的辩证关系。辩证逻辑对思维形式的研究不同于旧的、纯粹的形式逻辑的地方在于，它并不满足于

> 把思维运动的各种形式，即各种不同的判断形式和推理的形式列举出来并且毫无联系地并列起来。相反地，辩证逻辑由此及彼地推导出这些形式，不是把它们并列起来，而是使它们互相从属，从低级形式发展出高级形式。[2]

概念作为人认识客观世界的思维形式，并不是思维的"外在形式"，不是脱离判断内容的抽象的空洞形式，而是具有活生生的实在内容的形式。判断的形成、变化和发展正是概念的运用和具体化。判断的辩证法与概念的辩证法是不能相分离的。不懂得概念的互相联系和互相转化，不懂得运用概念的艺术，就不可能理解判断的形成、变化和发展的规律性，不可能懂得判断的辩证法。反之，不把握判断中的矛盾运动，不把握判断所表现的认识深化的规律性，也就不可能学会运用概念的艺术，不可能懂得概念与判断的辩证关系。

推理的辩证法与判断的辩证法也是紧密相关的。推理的辩证法是判断之间的联系与转化的基本过程的进一步展开，而判断的辩证法则是把握推理之间的联系与转化过程的基本环节。正如判断的辩证法与概念的辩证法是相互依存的那样，

推理的辩证法与判断的辩证法也是相互依存的。概念、判断和推理的辩证联系共同形成人类思维在反映变化、发展的客观现实中的辩证运动。

参 考 文 献

[1] 列宁，《哲学笔记》，载中共中央马克思恩格斯列宁斯大林著作编译局编译，《列宁全集》第55卷，北京：人民出版社，1990年。

[2] 恩格斯，《自然辩证法》，载中共中央马克思恩格斯列宁斯大林著作编译局编译，《马克思恩格斯文集》，北京：人民出版社，2009年，第487页。

20　论概念发展的辩证本性*

辩证逻辑是一门新的科学。它亟待逻辑学者们认真探讨其中的具体问题。关于概念发展的问题在辩证逻辑的概念理论中占有极重要的地位。

形式逻辑的概念论指出，概念必须具有确切同义的内涵和确定同类的外延。形式逻辑关于概念的逻辑推演——概念的限定与概念的概括，也是把握既成的、稳定的概念来加以处理。形式逻辑本身没有而且也不可能解决概念的发展问题。探讨概念的发展问题，这个任务是由辩证逻辑来完成的。

关于概念发展问题的实质是什么呢？我们都明白科学认识的成果是概念。概念的发展过程展示了认识的辩证进程和科学发展的一般规律。列宁说：

> 如果一切都发展着，那么这是否也同思维的最一般的概念和范畴有关？如果无关，那就是说，思维同存在没有联系。如果有关，那就是说，存在着具有客观意义的概念辩证法和认识辩证法。[1]215

辩证唯物主义认为客观存在是发展的，而概念与思维也是发展的。概念的辩证发展是客观辩证发展的反映，又是认识辩证发展的体现。

本文的目的是论述概念发展的一般情景，而不考察认识客观具体领域（专门科学）的概念间逻辑联系的运动发展。关于专门科学概念间逻辑联系的发展：一个概念如何从另一概念里引申出来，从低级到高级，从简单到复杂，从抽象到具体等。如马克思在《资本论》中对价值形态的研究，揭示了"简单的价值形态—扩大的价值形态——一般的价值形态"的发展。这方面需另作专文来阐述，本文对此不作探讨。

人们对概念发展的"总流"进行初步考察时，在人类的知识宝库中，不断地涌出新形成的概念，同时又不断地扬弃某些旧的概念，把它们排除于知识宝库之外。这就是说人类知识所拥有的概念，随着认识和科学的发展，其数量并非固定不变的，而是应新旧概念的更迭而变化的。科学认识的发展历史，就是不断形成许许多多的新概念，象"负质子""第二信号系统""人造石油""人民内部矛盾"

---

* 本文原载《光明日报》，1959 年 8 月 2 日，署名张钜青。后收入"哲学研究"编辑部编，《逻辑问题讨论续集》，上海：上海人民出版社，1960 年，第 712—722 页，转载时略有修改。

"多面手"等。而且又抛弃许许多多的谬误概念，像"燃素""土地报酬递减律""民族共产主义"等。如果说，科学认识的成果是概念，那么新旧概念的更迭是认识的内在矛盾展开的结果。认识发展的辩证性就在于它不是直线上升的，而是真理与谬误的矛盾及其斗争的错综复杂过程。人类所拥有的概念的数量是应新旧概念的更迭而变化发展的，那么它总的发展趋势如何呢？我们回顾一下科学史、思想史就可以看出，人类所拥有的概念其数量是不断增加。人类现代所拥有的概念的数量远远地超过古代的状况，这正是人类认识（思维）发展的进步标志。人脑是能够反映客观世界的，人的思维是能够揭开自然的各种秘密，认识发展中真理与谬误的矛盾其主导方面是真理。科学认识中概念数量变化的总趋势是概念数量的增多，这正是认识和概念发展的主流的表现。

概念数量的发展过程，往往表现着科学认识过程质的飞跃。对于认识来说，新科学范畴的形成本身就意味着科学认识过程质的飞跃。例如物理学中"光量子"这一概念的形成就意味着古典物理学过渡到量子力学的飞跃；政治经济学中"垄断资本主义"（或"帝国主义"）这一概念的形成，就意味着对资本主义社会经济形态发展的认识的飞跃。所以概念数量方面的发展不仅体现着科学认识发展的量的过程，即知识的点滴积累，而且也体现着科学认识发展的各阶段的飞跃。

现在我们更进一步来考察每个概念"个体"自身的历史（这里仅讨论真实概念），那么我们就会得到这样的结论，原来概念的发展不单表现为数量增多的过程，而且概念的"个体"、自身也是历史地发展的。在概念"个体"的发展中，具有决定意义的是其内容的新旧更迭，不断地对原有的内容进行修正，以新的内容来丰富，最后导致内容的变革。那么概念"个体"的发展趋势是怎样的呢？这就是概念中的内容不断丰富、深刻和具体。例如"原子"这个概念，早在古希腊的学者那里就已形成，原子被认为是物质存在终极的、不可再分的、永恒的粒子。在古希腊的自然哲学观点里，"原子"这个概念的内容是很贫乏的。近代新兴自然科学发展的第一个时期，在古典的机械力学观点里，原子仍被认为是简单的、不可破的、不变的元粒子，原子像行星一样运动，是个小天体，和宏观物体无质的差别只有大小的不同。但这时"原子"这个概念的内容就比古代较为丰富而具体了。

到 19 世纪末，科学家抛弃了关于原子的机械观点，发现原子是复杂的，不是简单的，原子是由外层运动着的电子和中央带正电的核组成的。原子不是不可转化的，一种元素的原子可以转化为另一种元素的原子。因而"原子"这个概念的内容经过了变革而深化了。20 世纪以来，原子核物理学的建立和发展，科学家认识到原子世界是多么复杂，原子核本身也是一个复杂具有多种成分的结构体，构成原子的"基本粒子"是多种多样的而且能相互转化的。现代物理学中"原子"

这个概念的内容愈来愈丰富和具体化。总之，"原子"这个概念在科学发展的每一新阶段上，它的内容都发生深刻的变革，每一次内容的变革都意味着认识的质的飞跃。所以概念的"个体"的发展也就是认识的辩证发展，两者不是隔开而是吻合的。

列宁说："每一种思想＝整个人类思想发展的大圆圈（螺旋）上的一个小圆圈。"[1] 207 显然，考察概念"个体"的发展与考察概念"总流"的发展是同样重要，同时又是相互补充的。概念"个体"的发展显示出认识特定对象的具体过程的辩证性质。概念"个体"的辩证发展与概念"总流"的辩证发展是一致的，两者都显示出认识的辩证法，真理和谬误的矛盾及其斗争，新旧更迭的运动，从相对真理走向绝对真理。列宁说：

> 认识是思维对客体的永远的、无止境的接近。自然界在人的思想中的反映，要理解为不是"僵死的"，不是"抽象的"，不是没有运动的，不是没有矛盾的，而是处在运动的永恒过程中，处在矛盾的发生和解决的永恒过程中。[1] 165

概念辩证发展的根源是什么呢？首先，这取决于客观现实的辩证发展；其次，这也取决于认识的辩证进程。客观世界和人的实践活动的历史发展决定着概念的辩证发展。毛主席说：

> 客观过程的发展是充满着矛盾和斗争的发展，人的认识运动的发展也是充满着矛盾和斗争的发展。一切客观世界的辩证法的运动，都或先或后地能够反映到人的认识中来。社会实践中的发生、发展和消灭的过程是无穷的，人的认识的发生、发展和消灭的过程也是无穷的。[2]

人的概念的每一差异，都应把它看作是客观矛盾的反映。客观矛盾反映人主观的思想，组成了概念的矛盾运动，推动了思想的发展，不断地解决了人们的思想问题。[3]

客观对象是通过矛盾斗争而变化发展的，对象在历史发展中产生新的特性、关系和方面，那么人脑必须形成新的概念，或者发展原有概念的内容，这样才能在人的思维中，反映客观的新面貌。例如资本主义发展到帝国主义时期，由于各帝国主义的发展不平衡，社会主义革命不仅是不可避免的，而且可以首先在资本主义世界的最薄弱环节突破，因而无产阶级革命领袖在新的历史环境下、提出"一国胜利论"的概念。又如国家资本主义在资本主义制度下，它是资本主义性质的，但在无产阶级专政的国家里，历史条件变化了，国家资本主义具有半社会主义的性质，因而"国家资本主义"这个概念的内容就相应地发展了。自然科学方面同样也可以看到这种情况。例如雷诺发现"波义耳定律"，在对气体施加压力到开始液化那一点时，也就是说当一般状况的条件被改变了，它就失去作用，因而"波义耳定律"，在对气体施加压力到开始液化那一点时，也就是说当一般状况的条件改变了，它就失去作用，因而"波义耳定律"的内容就需要进一步具体化。又如用中子来射击铀 238，获得自然界所没有的铀的同位素，这就形成"铀 239"这个新概念。可见概念的发展——新概念的形成或原有概念的内容的发展，取决于客观现实和人的实践活动的历史发展。现在我们再来看，概念的辩证发展也取决于认识自身的辩证本性。恩格斯说：

> 人的内部的无限的认识能力和这种认识能力仅仅在外部受限制的而且认识上
> 也受限制的各个人身上的实际存在这二者之间的矛盾，是在至少对我们来说
> 实际上是无穷无尽的、连绵不断的世代中解决的，是在无穷无尽的前进运动
> 之中解决的。[4]128

我们前面分析过"原子"这个概念内容的历史发展，就表现着认识内部的辩证矛盾。认识的复杂性还在于剥削阶级的阶级偏见，于是又出现了像"安琪儿""高等人种""人民资本主义"等谬误概念并得以流传。谬误概念和伪科学是认识的复杂曲折进程中的"逆流"，它使科学认识陷入黑暗迷惑的境地和"危机"的状态（科学史上出现过不少的科学"危机"）。这一切都受着认识内部矛盾的辩证法则的支配。

关于概念辩证发展的根源大致就是如此。

概念的内涵与外延是概念的两个逻辑特征。概念的逻辑意义是内涵和外延这两方面规定的统一。因而论述概念的发展问题，需要具体地考察概念的内涵和外延的发展情景。

关于概念内涵的发展问题，它被形式逻辑撇开不管，形式逻辑的要求是同一概念必须具有确切同义的内涵。对于辩证逻辑来说，它要求探讨概念内涵的变化和发展。

概念内涵的发展具有量变的过程和向新质飞跃两种形态。概念内涵发展的量的过程是怎样的呢？大家知道概念的内涵是固定于概念这一思维形式中的思想内容，它是科学知识的结晶，是总结科学知识的成果。概念内涵发展的量的过程就表现为关于对象知识的点滴积累和精确化。例如"质量不灭定律"这个概念的思想内容，在罗蒙诺索夫的科学论著中就提出来了，之后经过拉瓦锡的研究工作，使关于"质量不灭定律"的知识积累得更多和更为精确。又如"血汗工资制"这个概念的思想内容，列宁在世时曾详细地论述过，现今各国马克思主义者对资本主义经济的研究工作，又积累了许多关于血汗工资制的知识，丰富了"血汗工资

制"这个概念的思想内容,即"血汗工资制"这个概念内涵发展的量的过程。

概念内涵的发展不仅为量的过程,而更为重要的是向新质的飞跃。概念内涵的发展向新质飞跃是什么意思呢?即一个概念中所思考的内容发生了变革,这种变革意味着人对事物的认识从低一级的本质进到更高级本质的深化过程。列宁说:"人对事物、现象、过程等等的认识深化的无限过程,从现象到本质,从不甚深刻的本质到更深刻的本质"[1]191 这是认识过程的辩证法,也是概念内涵发展的辩证法。

我们先看一些自然科学概念内涵发展过程的飞跃情景,例如在古典力学(牛顿力学)中,"质量"这个概念内涵表示为一个物体的量,它和重量不同,其自身是恒等不变的。它不同于重量,不依赖于物体与地心的距离。而且质量也被认为是不依赖于物体的运动速度。现代物理学的发展,"质量"这个概念内涵的发展也向新质飞跃。现代物理学中"质量"这个概念的内涵,表示为惯性(和引力)的度量。物体的质量不是不变的,并非与物体运动速度无关的东西,只是因为在物体运动速度很小时,这个变化实际上看不出来。在牛顿的古典力学中,"质量"这个概念的思考内容是第一级真理,它反映了不甚深刻的本质,随着量子力学的建立和发展,"质量"这个概念的内涵完成了变革,即质的飞跃,现代物理学中"质量"这个概念的思考内容是反映更深刻的本质。它如"时间""空间""场""元素"等概念,其内涵在自然科学史上的发展,亦说明了概念内涵发展的这种辩证性质。在社会科学方面的情形那就更为明显了,例如马克思主义产生后,"社会主义""国家""利润""实践"等概念的内涵发生了根本的变革,这些为大家所熟悉的,就不作具体说明了。

概念内涵发展的辩证性与概念的具体性问题相联系。概念的具体性体现了真理的具体性。对概念内涵发展的历史情景进行探讨是十分重要的,辩证逻辑是"对世界的认识的历史的总计、总和、结论。"[1]77 辩证逻辑关于概念的理论也是基于对认识史、思想史的总结。对概念内涵的发展进程进行概括、总结(或"辩证的加工"),具有方法论的意义,它教导人们不要满足于形式逻辑那样采用形式的定义,必须更进一步,要把握对象的全面性,要具体地从发展变化上去把握对象。

关于概念外延的发展问题,它和概念内涵的发展问题一样,被形式逻辑撇开不管,形式逻辑要求一个概念必须具有确定的逻辑类为外延。对于辩证逻辑来说,它要求考察概念外延的变化发展。

考察概念外延的发展首先可看到量的变化过程。在形式逻辑里,会根据概念外延的量的不同,把概念划分为单独概念和普遍(一般)概念,形式逻辑虽对概念外延的量进行过考察,但它不考察概念外延量的发展。概念外延在量上是具体的和发展的,例如"人"这个概念外延的对象,其数量是历史发展的,世界上每时都有许多人出生。又如"太阳系行星"这个概念外延的对象之具体数量，由于宇宙火箭（人造行星）的发射也引起了变化。在形式逻辑的眼界里，它是撇开现实的具体变化和发展，把概念外延看作是一个"抽象的"逻辑类，如"人"这个概念的外延就是指抽象的人类，包括已死的、生存的以及未出生的，而现实中的具体变化发展被抛开不管。但是从辩证逻辑的要求来说，要把握具体现实的变化发展，我们必须考察事物类的具体性，考察事物类量的发展过程，这是具有实践意义的。例如对于一位高等学校的领导同志来说，他对"本校工农出身的学生"这个概念外延的把握，不会满足于"抽象的"逻辑类即本校工农出身的学生的集合，他要求考察外延——对象集合——量的发展过程，以便于分析贯彻阶级路线的问题，这就是说，他要从概念外延发展的历史具体性上加以把握。

概念外延的发展不单是量的过程，而且也有质的飞跃。概念外延发展的质的飞跃是什么意思呢？这就是说概念的外延（逻辑类）的逻辑构成发生变革，它必须是与概念内涵的发展相联系的。而这种变革的根源是在于客观现实的历史发展。例如"人民"这个概念外延的历史发展，正是毛主席所说的那样，

> 在抗日战争时期，一切抗日的阶级、阶层和社会集团都属于人民的范围，日本帝国主义、汉奸、亲日派都是人民的敌人。在解放战争时期，美帝国主义和它的走狗即官僚资产阶级、地主阶级以及代表这些阶级的国民党反动派，都是人民的敌人；一切反对这些敌人的阶级、阶层和社会集团，都属于人民的范围。在现阶段，在建设社会主义的时期，一切赞成、拥护和参加社会主义建设事业的阶级、阶层和社会集团，都属于人民的范围；一切反抗社会主义革命和敌视、破坏社会主义建设的社会势力和社会集团，都是人民的敌人。[5]

从这里可以看出，概念外延的逻辑构成是随着现实的历史发展而发生变革的，它是现实事变进程辩证地展开的结果。又如"威力最强大的武器"这个概念外延的逻辑构成，在历史发展过程中已经历过多次的变革。我们知道在封建领主时代，火枪和火炮就是"威力最强大的武器"这个概念的外延。然而现代人把火枪和火炮放进历史博物馆做陈列品，它已经不是最吓人可怕的武器了。在资本主义"炮舰政策"的时代里，军舰和弹炮是"威力最强大的武器"这个概念的外延。近些年来，这个概念外延的逻辑构成正经历着新的变革，现在这个概念的外延是核子武器和火箭武器。显然，概念外延这个逻辑规定并非固定不变的。列宁说过辩证逻辑要求

> 必须把人的全部实践——作为真理的标准，也作为事物同人所需要它的那一

点的联系的实际确定者——包括到事物的完满的"定义"中去。[6]

这点在考察概念外延的发展中，和在考察概念内涵的发展时是一样明了的。

探讨概念外延的发展还需要了解这样一个问题，对概念的外延的判明是依赖于人类实践活动的历史发展。我们知道科学思维中所使用的概念应该是具有科学意义的，它的外延不是等于零。如果一个概念它的外延是零即空类概念，那么它在科学思维中便失去存在的意义，它必为科学知识所抛弃。然而在科学思维中，往往还使用那些外延尚未判明的概念，也就是说这些概念的外延是否为零还不知道。为什么会有这种情形呢？因为人的认识和实践的活动并非消极的过程，况且假说是自然科学发展的形式（恩格斯语）。旧唯物主义者的局限性之一，就是他们不懂得实践和思维的积极性与创造性。人的思维能力是随着人类改造世界而发展的。仅仅看到自然界作用于人和决定人的认识和活动，还是很不够的，应该看到人也反作用于自然。

人的主观能动作用与思维创造性质的表现之一，即提出关于实践活动的预定目标、计划、理想图景的概念，其中有些像"光子火箭""人造太阳"这样的概念，这种概念在科学思维中虽是加以应用的，但它们的外延尚未能够判明，它在人类科学真理的宝库中是否占有其地位尚无法确定，唯有依赖于实践和认识的历史发展以求得答案。我们可回顾一下科学史上的二三事就明白了，许多世纪里的学者幻想过制造"永动机"。那时未能判明"永动机"这个概念的外延，当科学发展已判明不可能有永动机，那么这个概念在人的科学思维中就被抛开了。又早些时候科学家就有制造"会'思考'的机器"的理想，但那时的学者还未能判明"会'思考'的机器"这个概念的外延，当人类的技术实践已制造出电子计算器，那么就判明了"会'思考'的机器"这个概念的外延并非是零，它在科学中的实在意义也就随之确定下来。可见探讨认识过程和概念历史发展的辩证性质，是与考察人类的历史实践密切相连的。

关于概念发展的辩证本性，这是个很复杂的问题，要提供概念发展的错综复杂图景是不易的事，我的看法难免有许多欠妥之处。本文对概念发展的辩证本性仅做粗略的分析，目的在于对辩证逻辑中这一具体问题进行研究。希望大家讨论，以促进对辩证逻辑这门科学的研究。

参 考 文 献

[1] 列宁，《哲学笔记》，载中共中央马克思恩格斯列宁斯大林著作编译局编译，《列宁全集》
第 55 卷，北京：人民出版社，1990 年。

［2］毛泽东，《实践论》，载《毛泽东选集》第 1 卷，北京：人民出版社，1991 年，第 295 页。

［3］毛泽东，《矛盾论》，载《毛泽东选集》第 1 卷，北京：人民出版社，1991 年，第 306 页。

［4］恩格斯，《反杜林论》，载中共中央马克思恩格斯列宁斯大林著作编译局编译，《马克思恩格斯文集》第 9 卷，北京：人民出版社，2009 年，128 页。

［5］毛泽东，《关于正确处理人民内部矛盾问题》，载中共中央文献研究室编，《毛泽东文集》第 7 卷，北京：人民出版社，1999 年，第 205 页。

［6］列宁，《再论工会、目前形势及托洛斯基和布哈林的错误》，载中共中央马克思恩格斯列宁斯大林著作编译局编译，《列宁选集》第四卷，北京：人民出版社，2012 年，第 419 页。

21 运动的内在矛盾与
矛盾律的适用条件问题*

关于形式逻辑的局限性问题常常引起人们的争论。因为这个问题不仅与形式逻辑本身有关，并且涉及辩证逻辑研究工作的开展。在前些时候，有的逻辑家不承认形式逻辑的局限性，目前持有这种观点的人是少见了。可是对这个问题还存在着分歧的看法。有些同志认为：形式逻辑本身作为认识方法来说虽是有局限性的，然而形式逻辑的规律又是无条件适用的。今年 4 月 24 日《光明日报》"哲学"副刊上发表的诸葛殷同同志的"矛盾律是否可以违反？"一文，就是想提出"矛盾律是否可以违反？"的问题，以说明矛盾律是无条件适用的。为此，作者还给辩证矛盾附加了一些在我看来是不正确的解释。我不同意他的看法。这里只拿他对运动的矛盾原理的解释来讨论一下。

过去有好多逻辑学者企图以矛盾律的框框来硬套事物内部的辩证矛盾，因而他们对机械运动的内部矛盾问题，提出了如下的错误看法：

有些人认为运动着的物体，在同一时间内既在一定点上又不在一定点上，是个荒谬的不正确的命题。他们把关于运动的内部矛盾性原理看作是含有"逻辑矛盾"的思想，这是公开否认关于运动内部矛盾原理的真实性。

诸葛殷同所赞同的是另一种意见。还有其他意见。下面只分析诸葛的意见。

诸葛殷同同志在文章中说"事实上用'在'来说明运动，就是用静止来说明运动，是有困难的，措辞是不很确切的。"接着他就解释"'在'和'不在'的意义是'到达'和'离开'。因此'物体在同一瞬间既在同一地方又不在同一地方'实在不是矛盾判断，把话说明白点是'物体在同一时间既到达同一地方又离开同一地方'"。诸葛殷同同志认为用"在"说明运动是有困难的，必须以"到达"来代替"在"。但是人们不能不问：什么是"到达"呢？这里诸葛殷同同志就会遇到困难了，因为只有理解"运动"之后才有可能理解"到达"，像古希腊的哲学家芝

---

* 本文原载《光明日报》，1957 年 8 月 25 日，署名张钜青。

诺是由于不能把握运动的实质，所以才会认为飞矢从 A 点（始点）到达 B 点（终点）是不可能的，同样地他认为飞矢离开 A 点也是不可想象的。人们只有理解"运动"之后才能够理解"到达"和"离开"，而不能以"到达"和"离开"来回答什么是"运动"的实质，因为在没有理解"运动"的实质之前，那么"到达"和"离开"对于我们来说仍然是个"谜"。其次，用"到达"来代替"在"，用"离开"来代替"不在"，就会曲解运动的矛盾公式，因为"物体在同一时间内既在同一个地方又不在同一个地方"这个公式意味着："运动是（时间和空间的）不间断性与（时间和空间的）间断性的统一。运动是矛盾，是矛盾的统一"[1]。这点是理解机械运动的实质之关键所在，如果要像诸葛殷同同志那样以"到达"去代替"在"和以"离开"去代替"不在"，那么就会很难于看出运动是时空的不间断性与间断性的统一，可见用"在"来说明运动就是用静止来说明运动，是有困难的，想用"到达"来代替"在"，这样的做法是不对的。他不是去揭露运动的辩证矛盾，而是"解除"运动的内部矛盾。

为什么诸葛殷同同志要给"运动是矛盾"的原理做出自己的解释呢？他的目的就是硬要把形式逻辑矛盾律的框子套在辩证矛盾之上，以便得出矛盾律是可以无条件适用的结论，在他的文章里，这些观点都是以说明矛盾律不可以违反的形式出现的。

我们自然会同意矛盾律不可违反的说法，因为可以违反的规律是没有的。逻辑矛盾的思想是违背了矛盾律的要求的。

问题是：矛盾律在适用条件方面有无局限性？我认为是有的。我们说矛盾律只是反映客观世界的一种简单的关系，即在撇开对象的变化发展和内部矛盾的条件下，某属性不可能同时属于又不属于同一对象，也就是说，矛盾律把具有某一属性的对象和不具有某一属性的对象对立起来，严格地加以区别。至于事物的发展和内部矛盾就不为矛盾律所反映，也不为矛盾律所考虑。上述的就是矛盾律在适用条件方面有局限性的客观根据。矛盾律不把对象和关于这些对象的思想从其发展和内在矛盾中来加以考察，矛盾律是以撇开被研究对象的变化和内在矛盾为适用条件的。例如下面这二个判断：

"中国是半殖民地半封建的社会"（"S 是 P"）

"中国不是半殖民地半封建的社会"（"S 不是 P"）

从判断形式上看，二者是矛盾的，但可以不是逻辑的矛盾，因为前一个判断是指中华人民共和国成立前的中国说的，而后一个判断是指目前的中国说的。这个例子说明在被研究对象变化的条件下，对于这一对判断——前者针对中华人民共和国成立前的中国说的，后者针对目前的中国说的——来说，矛盾律是不适用的，不能把这一对判断当作逻辑矛盾的论断来对待。所以从形式上看的矛盾不一定就是逻辑的矛盾，当然，如果撇开了被研究对象变化的条件，那么矛盾律就是适用的。以上述的二个判断为例，无论是对于中华人民共和国成立前的中国做出了上述的二个判断，还是对于目前的中国做出了上述的二个判断，总是逻辑矛盾的论断。

同样，矛盾律也须以撇开被研究对象的内在矛盾为适用条件。当然，诸葛殷同同志不会同意我这个说法。他在文章中说："事物有其内在的矛盾、对立的方面，但是在同一方面不会既有又没有某一属性"。粗看起来，这好像是有道理的，考察事物的内在矛盾时，似乎矛盾律也是适用的。现在的问题在于：能不能像上面诸葛殷同同志所说的那样去理解事物的内在矛盾呢？不可以！因为形式逻辑和辩证法对于"方面"还有不同的理解。诸葛殷同同志乃是以矛盾律（形式逻辑）的观点来对待对象的辩证矛盾，所以他会解释事物内部虽有矛盾的对立面，但在同一方面不会既有又没有某一属性。我们说不要这样来理解矛盾的对立面，实际上辩证矛盾的实质就在于：对立的两方面本身就表现为既有某一属性又没有某一属性的矛盾。对立面是处于统一体中，其中一面所肯定的正是为另一面所否定的。对矛盾的对立面应该做这样的理解才是正确的。

我们说运动是内在矛盾，物体在一定点上同时又不在一定点上这才使运动成为可能。对立的两方面表现为在一定点和不在一定点的矛盾，这两对立面是相互联系的统一体，同时又是相互否定的。诸葛殷同同志没有注意对象内部对立面的矛盾就是在于：其中的一面正是对另外一面的否定，两对立面是表现为既有某属性又没有某属性的矛盾。他企图以矛盾律的框框来硬套辩证矛盾，以形式逻辑对"方面"的理解来谈什么"在同一方面不会既有又没有某一属性"，这样做就会歪曲辩证矛盾的原来面目，把活生生的辩证矛盾分成为几个独立"方面"来考察，例如诸葛殷同同志以"到达""离开"来代替"在""不在"，不敢承认对立面的相互否定——"不在"和"在"的相互否定，这样来转移人们对"运动"的内在矛盾的视线，叫人"从这一方面看……"和"从另一方看……"，以便最后做出完全合乎矛盾律框框的结论。

我们说矛盾律就适用条件来说是有局限性的。在撇开被研究对象内部矛盾的条件下，确实某属性不能同时属于又不属于同一对象。但矛盾律不反映被研究对象的内部矛盾。我们说任何逻辑矛盾都是谬误的，这没有什么可争论，但运动是内部的矛盾，这个客观存在的事实也不容许抹杀，而运动的矛盾公式就是运动内在现实矛盾的正确反映，并非逻辑的矛盾，所以单从形式上看不从内容实质上看，否认矛盾律有适用条件的局限性，一定要说关于运动内部矛盾的原理是逻辑矛盾的思想，这种观点是我们无法同意的；另外企图用形式逻辑矛盾律的观点去理解或对待辩证矛盾，给辩证矛盾做出许多附加的解释，实际上是要导致"消除"事物内在的活生生矛盾，这也是我们无法同意的。

矛盾律不是无条件可适用的，因而不能把不容许逻辑矛盾解释为辩证矛盾必须"服从"形式逻辑矛盾律的框框。我同意去年苏联《哲学问题》杂志编辑部对波兰罗尔别茨基同志的批评[2]。诸葛殷同同志在他的文章里，虽然没有否认运动矛盾原理的真实性，但他是以自己的观点去解释的。诸葛殷同同志把活生生的矛盾分成几个独立的"方面"，想把运动矛盾的对立面分成两个彼此不相互否定的判断，说一方面是物体到达同一个地方，另一方面是物体离开同一个地方，然后再补充说"在同一方面不会既有又没有某一属性"。这样做的目的是为了使辩证矛盾适合于矛盾律的框框，但实际上是导致"取消"运动的内在矛盾。可惜诸葛殷同同志所附加的解释也不见得就能适合于矛盾律的框框，因为从形式逻辑矛盾律的观点也不见得会承认：物体在同一时间既到达同一个地方又是离开同一个地方，只会承认物体在同一时间只能是到达同一个地方或者在同一个时间只能是离开同一个地方。

诸葛殷同同志可能会反驳说，如果承认从形式上看某些真实的思想是有矛盾，这岂不是说诡辩也可以是真实的吗？我们认为如果说思维的正确性与真实性不可割裂，那么考察思想形式与考察思想内容也同样是不可割裂。逻辑矛盾的诡辩不仅从形式上看是矛盾的，而且在内容实质上也是歪曲现实的。逻辑矛盾是违背了矛盾律的要求的结果。人们以辩证矛盾的观点去考察则不会是这样的。如果人们是客观地应用辩证方法，那么就会真实地反映对象的内在矛盾，这时尽管在形式上看是矛盾的——S 是 P 又不是 P，但不存在逻辑的矛盾。对于那些把矛盾律绝对化的人来说，他们抱着矛盾律到处硬套，不愿意考虑活生生的辩证矛盾不是矛盾律的框框所能容纳的。他们认为上述的是贬低形式逻辑的意义，是非逻辑主义。我们丝毫也不否认，有些人不是正确地去把握事物的内在矛盾，而是任意地以辩证矛盾为借口，构出主观上的逻辑矛盾，这种人是势必走入折中主义和诡辩的立场。

如果不指出下面这一点那是不公正的，在诸葛殷同同志的文章里，开头也曾说过"作为一门具体科学所研究的规律，形式逻辑规律的作用范围必然是有限的。"可是这句话在他的文章里没有得到说明，而他全篇文章的意图与此是相反的，他就是在矛盾律不可违反的题目下，力图使人相信矛盾律是无条件可适用的。也许他这句话是指"它（形式逻辑的规律——本文作者注）的效力不可能是万能的"而言的。这还是那种认为形式逻辑作为认识方法是有局限性（或像有些人说：作用的本身有局限性），但是没有适用条件的局限性的观点。我认为如果否认形式逻辑矛盾律的适用是有条件的，那么就会把形式逻辑的规律绝对化起来，拒绝对事物作辩证的理解。

参 考 文 献

[1] 列宁，《哲学笔记》，载中共中央马克思恩格斯列宁斯大林著作编译局编译，《列宁全集》第 55 卷，北京：人民出版社，1990 年，第 217 页。

[2] "哲学问题" 杂志编辑部，《不要坚持和加深错误，而要纠正错误》，自信译，《学习译丛》，1956 年第 8 期，第 81 页。

22　读周礼全的《黑格尔的辩证逻辑》[*]

新近出版的《黑格尔的辩证逻辑》[1]对黑格尔的辩证逻辑做出了非常出色的阐述、解释和评论。见解独到，内容广博精深。

从研究辩证逻辑的角度看，该书至少在以下三个方面具有突出的成就。

第一，以精练的语言和严谨的分析，引导读者系统而精致地领略黑格尔的辩证逻辑。

众所周知，黑格尔的《逻辑学》是十分晦涩难懂的，其中尤以《主观性》部分为甚。对此，列宁曾风趣地说："阅读这部分是引起头痛的最好方法。"可见，讲解黑格尔《逻辑学》，并使人领会其含义，确实是一种很困难的事。

该书对黑格尔那种抽象、深奥并带有浓厚神秘色彩的学说，解释得如此清晰和透彻，以致使人读后对黑格尔辩证逻辑的了解，犹似拨开迷雾见真谛之情景。它之成功在于刻意求精、力求把握学说之精髓。不过，重要的还是因为作者有对黑格尔著作之深刻理解，因而他才有可能驾轻就熟地对黑格尔辩证逻辑做出系统而卓越的解释和评论，而且还用简洁而准确的语言对它做出总体描述。例如，在绪论中写道：

> 黑格尔的辩证逻辑，是一个辩证发展的理论体系。其中第一个范畴是最简单、最贫乏和最肤浅的范畴，但由于自身的内在矛盾，它就发展成为一个较复杂、较丰富和较深刻的范畴，最后发展成为一个最复杂、最丰富和最深刻的范畴。这很像投石于一个平静的湖面，最初激起的是一个简单的小波圈。由于自身内在的动力，它就扩展成为一个较大的、较复杂的和较丰富的波圈，最后扩展成为一个最大的、最复杂的和最丰富的并且包含以前所有波圈的波圈。这也像一串透彻晶莹的明珠互相辉映，每一个明珠都映现其他的明珠，并且映现其他明珠中所映现的其他明珠。[1]3

在这段对黑格尔辩证逻辑理论体系的刻画中，理论的阐发加上生动的比喻，做到了前后呼应、恰到好处。

---

* 本文原载《哲学研究》，1991年第2期，第74—77页。

其实，作者对黑格尔《逻辑学》和《主观性》这部分内容的精细阐发更具匠心。他除了从理论内部各个范畴的关系上阐明诸概念，判断和推理的形成、发展及其相互之间的关系[1]58-164外，为了更显明地揭示黑格尔的那种大三一体中嵌套着许多小三一体格式的一条龙思想，还配之以图式的表示[1]181、184。这样既有文又有图式的阐述法较之单纯的理论叙述更胜一筹，使读者更容易深入到黑格尔学说的内层，更好地掌握它的精神实质，即使读者了解作为黑格尔的辩证发展学说之中心思想的普遍性、特殊性和个体性是如何在概念、判断和推理之不同阶段上通过正—反—合三一体格式而展开的。由之读者也就会懂得黑格尔辩证逻辑的"秘密"所在，以及他的这种逻辑的形式主义弊端。据我所知，国内尚未曾有人做过像作者做的那项工作。这也正是作者的特殊贡献。

此外，该书之所以能够易使读者深刻领会黑格尔学说的精神，还因为它向读者提供了了解这种学说的历史渊源知识和采取的异同对比的手法。该书第一章对古希腊辩证法和康德先验逻辑的叙述，就是为从总体上了解黑格尔学说提供历史线索而服务的。通过历史的介绍和异同的对比，就可使读者明了黑格尔学说中哪些是继承前人的，哪些是他本人新发展的。同样，在对黑格尔的个别思想和原理的分析上，该书也采取了这样的方法。比如，在对"矛盾"这个概念的分析时，作者首先与康德的先验逻辑作了比较，指出：

> 康德先验逻辑中所说的矛盾，就是形式逻辑所说的矛盾。黑格尔辩证逻辑中所说的矛盾，则不是形式逻辑所说的矛盾，因而也不是康德先验逻辑中所说的矛盾。但是，黑格尔的辩证逻辑中的矛盾概念和理论，却是他受了康德二律背反的理论的启发的结果。[1]29（注释①）

第二，该书以当代科学和哲学发展的先进思想，引导读者全面而正确地评价黑格尔的辩证逻辑。

关于黑格尔的逻辑、认识论和本体论统一的思想。该书从探讨黑格尔关于逻辑形式具有内容的思想入手，进而分析了这种内容的三个方面（本体论、方法论、认识论）的意义，然后对这一问题作了如下概括：黑格尔的逻辑、认识论和本体论三者统一的理论是建立在绝对唯心主义基础上的，其中既包含了许多深刻的思想，同时也包含了一些荒谬的思想。黑格尔把事物、认识和思想范畴都看作是辩证发展的过程，而且认为这三个过程是统一的。这是正确的。但是不能由①存在与思想绝对同一、②逻辑、认识论和本体论三者统一以及③逻辑范畴的发展顺序相应于思维中的思想形式发展的顺序，而必然推出："本体论中范畴发展的理论顺序相应于存在和事物的根本性质的发展顺序。"[1]169因为这是一个荒谬的结论。作者还提醒说："我们不应当一般地肯定黑格尔的'三者统一'的理论，我们只能批判地吸收其中某些合理因素。"[1]170 作者这种深思熟虑的分析对于我们研究黑格尔的三者统一的理论，是有指导意义的。

关于黑格尔的辩证矛盾的思想。该书指出，黑格尔以对立统一律作为他的辩证逻辑的根本规律，对亚里士多德的矛盾律提出了批评。接着就分析了亚氏矛盾律的四种不同含义（作为存在的规律、作为思想的规律、作为认识的规律和作为语义的规律），与之对照又分析了黑格尔关于辩证矛盾的含义及其五种具体论证。通过辩证矛盾与矛盾律要求的具体比较，于是该书得出如下看法：从黑格尔关于辩证矛盾的具体论证看，辩证矛盾并不是矛盾律的矛盾，也即不是矛盾律所要排斥的矛盾双方。然而对立统一律还必须遵守矛盾律（指在思维和语义中）。该书对矛盾所做的鞭辟入里的分析，确实澄清了许多问题，从而对正确理解辩证矛盾与形式逻辑的矛盾的关系大有好处。

关于黑格尔辩证逻辑的形式主义。黑格尔辩证逻辑是唯心主义的，这是毋庸置疑的。然而，人们通常注重从哲学基本问题上对它做出原理性的批判，而却忽略对其一种特殊表现即形式主义的批判。该书做了这项难能可贵的工作。在勾画各种概念、判断和推理相互关系的图式中，从而也就揭示了黑格尔的《主观性》部分，以至整个《逻辑学》的形式主义。黑格尔的这个图式既有其严整的一面，也有其牵强附会的另一面。但就整体而言，

> 《主观性》图式，是黑格尔根据他主观主义的背景思想，在研究了传统逻辑的各种思想形式之后，经过苦思而得出的他认为最佳的结果。但是，这个图式是跟传统逻辑中和实际思维中的思想形式格格不入的。当传统逻辑中和实际思维中的思想形式不符合他的图式时，黑格尔不是去修改他的图式，而是去修改传统逻辑中和实际思维中的思想形式的性质及其关系，以维持他的图式的严整。这就是黑格尔辩证逻辑的形式主义。[1]183

同时，在该书对黑格尔形式主义的种种表现及其不良后果所做的分析和批判中，渗透着古为今用的精神以此来启发当代的逻辑和哲学工作者注意改进自己的治学方法。

第三，该书对当代辩证逻辑的研究方向和研究方式提供了指导。

中华人民共和国成立以来，我国的逻辑界和哲学界，发表了大量有关辩证逻辑的论文，也出版了不少辩证逻辑的著作。然而，存在着多种不同的见解，其研究方向和研究方式也存在着较大的差别。

究竟辩证逻辑是什么？这个问题直接涉及辩证逻辑这门学科的研究对象和研

究方向。我们都知道，辩证逻辑的理论观点虽源远流长，但历史上第一个完整的辩证逻辑理论体系则是由黑格尔提出的。该书对黑格尔的辩证逻辑内容作了如下的解释：

> 黑格尔的辩证逻辑，可以作广义的和狭义的理解。在广义的理解下，黑格尔的辩证逻辑就是他的大《逻辑》和小《逻辑》中所陈述的思想体系，即由有范畴最后发展到理念范畴的思想体系。在狭义的理解下，黑格尔的辩证逻辑，就是黑格尔逻辑书中《主观性》这一部分所陈述的思想体系。在《主观性》中，黑格尔从他的辩证法观点出发，系统地阐明了传统的形式逻辑所研究的各种概念、各种判断和各种推理的联系和发展。[1]4

而本书主题则是论述黑格尔的狭义辩证逻辑，即其旨在阐明概念，判断和推理的辩证发展。这也就是作者在《序言》中所指出的：辩证逻辑"就是从辩证法和认识论的角度阐明逻辑形式的内容、发展和联系"。我个人认为，作者的上述见解不仅有助于我们对黑格尔辩证逻辑内容的了解，而且还给了我们以下的启示：当代辩证逻辑的内容应给以怎样的规定，以及如何来探讨这门学科，以区别于形式逻辑。从事辩证逻辑的同志可以发表这样或那样的看法，但在上述基本问题上应该有共识，不然，他或他们所研究的和阐明的内容绝不会是真正"辩证的"，或真正"逻辑的"。

究竟怎样研究辩证逻辑呢？在当代辩证逻辑研究者中间，有的着眼于总结认识史（包括科学史、哲学史、儿童心理发展史等）；有的着眼于发掘马克思主义经典著作（尤其是《资本论》和《哲学笔记》）中的逻辑宝藏；有的着眼于探索与传统逻辑各部分相对应的辩证思维形式，等等。上述各种研究方式各具特色，都有各自的理由，而且也可能在某些方面为辩证逻辑这门学科的建设做出贡献。尽管如此，但在具体的研究中应力求避免如该著作所指出的黑格尔式的形式主义。它指出：

> 正确的理论体系必须根据并且符合它的研究对象。但是，黑格尔的辩证逻辑却不是如实地根据它的研究对象，而是根据他预想的辩证法图式。[1]178

该书还以推理部分为例来说明这部分的主观主义图式虽很严整、很漂亮，但"反而使它更加脱离实际，更加不符合传统逻辑和实际思维中的思想形式的性质及其关系。"[1]185 应该怎样研究辩证逻辑？在该著作总结黑格尔学说的历史教训中向我们指明了，应该坚持什么，避免什么。最后，该书还很中肯地告诫我们，即使像黑格尔这样伟大的辩证法大师，由于不尊重事实和不尊重科学，终于走到辩证法的反面——荒唐的可笑的形式主义。这实在是一个值得我们深思和警惕的历史教训。[1] 186

　　总之，该书对于我们加深理解和把握黑格尔辩证逻辑的内容、正确地从事当前辩证逻辑的研究，具有启示作用，是我国哲学研究的宝贵财富。自然，该书也有一些美中不足之处。例如，对黑格尔辩证逻辑的思想渊源之一的古希腊辩证法，远不如对它的另一思想渊源康德的先验逻辑，阐述得那样详细和具体；对黑格尔关于逻辑范畴的发展与哲学史上哲学思想的发展相对应的思想，阐述的篇幅也少了一些，对黑格尔辩证逻辑本体论内容的唯心主义性质的批判也嫌不够。

参 考 文 献

[1] 周礼全，《黑格尔的辩证逻辑：概念、判断和推理的辩证发展》，北京：中国社会科学出版社，1989 年。

第四部　科 学 逻 辑

23　科学逻辑的研究纲领[*]

科学逻辑的研究课题，要涉及以下三个基本的方面：

第一，科学理论的发现方法。这是探讨科学发现活动范围的合理性问题。可以把这方面的内容称为"发现的逻辑"。

第二，科学理论的检验方法。这是探讨理论检验活动范围的合理性问题。可以把这方面的内容称为"检验的逻辑"。

第三，科学理论的发展方法。这是探讨科学理论的演变与更替过程的合理性问题。可以把这方面的内容称为"发展的逻辑"。

科学逻辑的研究工作基本上就是以上三个方面的课题。对这些问题做出不同的回答就形成了不同学派的理论。

一、发现的逻辑

关于科学方法的古老见解，我们可以追溯到古希腊时期。依照亚里士多德的见解，科学研究是从观察上升到一般原理，即从个别事实的认识中归纳出解释性原理，然后再以解释性原理为前提，演绎出关于个别事实的陈述。这就是亚里士多德关于科学研究的归纳——演绎程序的理论。然而，亚里士多德本人对归纳程序的研究是非常薄弱的。那时占优势的是演绎科学，数学被看作是一切知识的典范，自然也就特别重视演绎法的逻辑证明意义。亚里士多德认为，任何一门科学都是通过一系列演绎证明而构成的命题系统，其中处在一般性最高层次的，作为一切证明出发点的是第一原理。其余处于一般性较低层次的命题都是由第一原理演绎出来的。总之，理想的科学应当是演绎命题的等级系统。此后亚里士多德的追随者，所强调的只是从第一原理演绎出推断，从第一原理开始，而不是从观察与事实的归纳开始，把科学方法归结为演绎逻辑，以为科学发展是通过演绎程序来实现的。

---

* 本文原载《哲学研究》，1983 年第 5 期，第 49—58 页；《武汉大学学报（社会科学版）》，1983 年第 5 期（校庆特刊），第 52—59 页。作者与本章内容相关的著述，请参见张巨青（主编），《科学逻辑》，长春：吉林人民出版社，1984 年，第 7—29 页。

　　近代自然科学是在反对迷信权威，推崇实验方法的呼声下兴起的，与近代自然科学一齐前进的是探讨归纳逻辑与强调归纳法的意义。以培根、穆勒为代表的古典归纳主义，认为科学原理是依靠归纳法从事实材料推导出来的。培根提出归纳程序的理论作为"新"科学方法，他把科学知识结构看作是一种命题的金字塔，作为基础的底层是关于经验事实的命题。科学研究就是通过归纳程序去发现一般原理，这样，从命题金字塔的低层逐步地归纳上升到顶部，其顶端就是一般原理。培根以为科学发展是通过归纳程序来实现的，归纳法被当作是唯一的科学发现方法。在一个相当长的历史时期内，这种观点被为数颇多的逻辑著作，科学史著作所接受，甚至简单地把经验科学称为"归纳科学"。

　　现代归纳主义与古典归纳主义不同，不再认为归纳法是科学发现的方法。卡尔纳普（Rudolf Carnap，1891—1970）直截了当地说：

　　　不可能制造出一种归纳机器。后者可能是指一种机械装置，在这种装置中，如果装入一份观察报告，将能够输出一种合适的假说，正如当我们向一台计算机输入一对因数时，机械将能够输出这对因数的乘积。我完全同意，这样一种归纳机器是不可能有的。[1] 330

赖欣巴哈（Hans Reichenbach，1897—1953）也认为："归纳推论并非用来发现理论，而是通过观察事实来证明理论为正确的。"[2] 198 那么，科学发现被看作是怎么一回事呢？科学发现被解释为一种无逻辑性可言的神秘猜测。换句话来说，他们认为不存在科学发现的方法。在现代归纳主义以及其他的学派中，不少人把科学发现的范围看作是非理性的，并划归心理学研究，对发现的逻辑持着完全否定的态度。但是，这并不是一个可取的解决问题的办法。

　　一个纲领性的问题：发现的逻辑是可能的吗？！

　　诚然，科学发现是非常复杂的创造性思维的结果，需要巧妙的猜测，而且往往夹带着戏剧性事件。我们不能幻想有什么普遍有效的固定的机械的发现程序（发现的形式规则）。谁也不能否认科学发现具有随机性和直接性，甚至连科学家本人往往也说不清楚他是用什么方法获致发现的。可是，如果由此就简单地断言发现范围是非理性的，不存在合理性的问题，那还是分析不足而结论过早的。

　　否定发现的逻辑是基于以下两点误解：第一，把科学发现的机遇性与合理性对立起来；第二，把发现逻辑理解为能提供一套普遍适用的机械的程序规则。如果消除了上述的误解而代之以新的观点，认为科学发现的机遇性并不排斥其合理性，认为发现的逻辑是关于解答问题的手段和模式理论，是启发方法的理论，那么研究发现的逻辑就是一项目标明确、道路广阔的工作了。

二、检验的逻辑

如前所述，人们通过猜想而提出了能够解释事实的理论，即普遍的定律或一般的原理。科学解释（或说明）就是把人们所观察到的某个事物现象归属于普遍定律的作用（效用）。犹如把苹果落地这一现象解释为牛顿引力定律的作用那样。我们还可以更具体地说，科学解释通常就是以普遍定律和某个事实的先行条件的陈述作为前提，从中演绎出被解释事实的陈述。科学解释（或说明）的演绎模式如下：

$$T \text{——理论}$$
$$\underline{C \text{——条件的陈述}}$$
$$\therefore E \text{——事实的陈述}$$

比如说，人们经常观察到筷子的一头浸入水中，它竟然会变成"弯的"。解释这个事实就是说明由于哪些普遍定律以及相关的先行条件而导致这种现象。在这里，人们可以下列的陈述作为解释性前提：光的折射定律，即光从一种介质进入另一种介质则发生偏折。而水和空气是两种不同的介质，即水的折射率比空气的折射率大；再结合这跟筷子是直的，而且它有一头以特定的角度浸入水中这些关于先行条件的陈述，由上述这样一组解释性的前提就可以演绎出解释事实的陈述。

可是，问题却在于人们通过猜测而提出的解释性理论并不是唯一的，解释事实的理论通常是多元的。

须知，一个理论如果要对事实做出有效的解释，那么它本身必须确实是个普遍的定律（或定理）。因此，就要对理论（假设的定律）做出检验，看它是否果真具有普遍必然性，即从它所演绎出来的关于事实的陈述，是否与观察、实验相一致。

凡是称得上是普遍的定律，必须在其相关范围内的一切事例中都确有效应。这意味着，一个假设的普遍定律所涉及的具体事例是无数之多的。

无疑的，人们无法对普遍定律所涉及的无数具体事例全部都一一给予验证。人们所能做到的是：以一个定律所涉及的部分具体事例去验证一个普遍的定律。因而，这种验证的方式是应用归纳论证的，前提是一组陈述具体事例的单称命题，而且只是一个定律所涉及的部分具体事例被陈述出来，但结论却是陈述定律的全称命题。这种由检验证据（前提）论证定律（结论）的归纳模式如下：

$$S_1 是 P$$
$$S_2 是 P$$
$$S_3 是 P$$
$$\vdots$$
$$S_n 是 P$$

$$\underline{尚有未曾验证 S_{n+1}，S_{n+2}\cdots}$$
$$\therefore 所有 S 都是 P$$

由此看来，前提并不是蕴含结论，结论不是由前提必然地得出的。即使前提真，结论却未必真。也就是说，这种归纳论证的方式并不能完全证实一条定律，而只是给予定律部分的或者说某种程度的证实，它起了辩护的作用。我们可以把这种只具有某种程度的证实和具有某种程度的支持叫做确证（即弱证实）。并把前提中所陈述的支持某个理论和为某个理论辩护的那些事实叫做确证（即证据）。

我们应当把理论的确证与科学的解释区别开来。对事实的解释是以解释性理论为前提，从中演绎出被解释事实的陈述。而对理论的确证是以一组确证事例的陈述为前提，从中归纳出被确证的定律。在这里需要留心的是：在演绎论证中，如果前提为真，结论就不可能不真，因而，真实性就由前提传递到结论；而在归纳论证中，即使前提全部都是真的，结论也未必真，前提仅仅是给予结论一定程度的支持或确证。这种支持或确证的程度可以用概率来表示。

那么，如何解释上面所说的归纳论证的概率呢？这种归纳的或逻辑的概率仅仅是表示前提与结论之间的逻辑关系，即前提给予结论支持的强度或确证的程度，并不是表示结论自身的真实性程度。结论是否为真理与结论的真理性是否已被判定并不是一回事，就像论题的真实性与论证的逻辑性并不是一回事一样。

由于引进了逻辑概率的概念，那么就可以把归纳逻辑量化，发展出一种定量的归纳逻辑。按现代归纳主义的做法，确证度将以如下的公式来表示：

$$c（h，e_1e_2\cdots e_n）=r$$

上式表示归纳前提（证据）$e_1e_2\cdots e_n$ 联合起来，将逻辑概率 r 给予归纳结论（假说）h。依照这种逻辑概率方式解决确证问题，无疑的对于克服某些简单化的认识是颇为有益的。

有些逻辑家相信，他们应该把确证解释成为演绎推论的逆转；这就是说，我们如果能够演绎地从理论推导出事实来，那我们就能归纳地从事实推导出理论。然而，这个解释是过于简单化了。为了要进行归纳推论，还有许多东西需要知道，而不只是从理论到事实的演绎关系。一次简单的考虑就可以弄明白，确证推论具有一种更复杂的结构。一组观察到的事实总是不只适应于一种理论的；换言之，从这些事实可以推导出几种理论来。归纳推论常常对这些理论的每一种各给予一定程度的概率，概率最大的理论就被接受。[2]199

可是，上述这种量化归纳论证的方式，对如何定量这个关键问题却并未解决。情况就像亨普尔（Carl G. Hempe，1905—1997）所说的：

一个证据陈述 e 对于假设 h 所提供的归纳支持，在多大程度上能够用一个具有概率的形式特征的精确定量的概念 C（h，e）表示，则仍然是一个引起争论的问题。[1]302

现代归纳主义对概率的理解是以频率解释为基础的，实际上是把归纳论证划归为列举式归纳（简单枚举法），并把每个确证事例（证据）给予假设定律的支持强度看作是等价的。这样，确证的程度如何则仅仅取决于确证事例的数量。也就是说，前提中陈述的确证事例愈多，那么给予结论的逻辑概率也就愈高。反之，如果前提中陈述的确证事例愈少，那么给予结论的逻辑概率也就愈低。

其实，每个确证事例给予理论假说的支持强度并不是一样的。这是古典归纳主义者早就认识到的。穆勒在提出探求因果联系的五种方法时，认为由于差异法是借助对照实验而进行检验的，它所提供的证据将有更大的价值和意义。与列举式归纳法不同，对于追求严格检验目标的排除归纳法来说，它力图通过实验以排除不相干的事项，使因果律的验证过程更为精密。这样，确证的程度如何就不再是取决于确证事例的数量，而是取决于提供确证事例的严格性。这就是说，理论的确证度主要不是看作了多少次实验，而是看实验的严格性如何。从检验的严格性来看，有些确证事例将比另一些确证事例具有更大的价值和意义，即给予理论更强的支持。

不仅可以从严格性方面区别各个确证事例（证据）的不同价值和意义，而且还可以从严峻性方面区别各个确证事例（证据）的不同意义和价值。大家知道，一个理论的提出是为了解释已知的相关事实，同时它也容易以已知的相关事实来为自己进行辩护。如果一个理论能够提出新颖的或"反常的"预见，即演绎出一个当时已有知识（可称为背景知识）所意想不到的新事实陈述，比如说，根据牛顿的引力理论首次预言重见哈雷彗星的日期，根据爱因斯坦（Albert Einstein,1879—1955)的广义相对论预言星光经过太阳表面附近时偏转 1.75 角秒。那么，对此做出检验便是严峻的，而且严峻检验所取得的确证事例将比一般的确证事例具有更大的价值和意义。

总之，理论的确证是个复杂多端的研究课题，既不可以简单地只从确证事例（证据）的数量方面探求确证的合理性标准，也不可以简单地只从确证事例（证据）的质量方面探求确证的合理性标准。研究确证的合理性问题，比较切实有效的途径和方向，应当是对证据的定量分析与定性分析两者的结合。同时，还应当把静态考察与动态考察统一起来，进一步认识到理论的确证度将随着实验技术的提高，理论的应用和修改而历史地变更着。

理论的证伪（否证）问题，乍看起来，不如确证问题复杂。从假说演绎出来的关于事实的论断被证实，固然不能证明假说为真。但是，从假说演绎出来的关于事实的推断被否定，似乎在逻辑上必然地推出否定假说的结论。有些逻辑学家以为证伪的演绎模式如下：

$$\frac{\text{如果H则E}}{\therefore \text{非H}}\text{非E}$$

上式不符合证伪的实际情形。必须明白，从假说出发演绎出关于事实的推断，这是根据一组前提，其中包括假说和关于先行条件的陈述，而不只是以假说为前提。这是迪昂（Pierre Duhem，1861—1916）所做的正确分析。

由此看来，如果假说检验中出现相反的事实（反例），它的演绎模式应当是这样的：

$$\frac{\text{如果H而且C，那么E}}{\therefore \text{非H或非C}}\text{非E}$$

上式的结论只表明：也许假说为假，也许先行条件的陈述为假。因而，上述的演绎模式并不就能证伪一个假说。先行条件的陈述出现某种差错是常有的事。

迪昂主要感兴趣的是更为复杂的情况，即预言出现某一现象所依据的是若干个假说。在这种情况下，即使先行条件陈述无误，未能观察到所预见的现象，也仅仅是否证那些假说的合取。为恢复与观察的一致，科学家可以随意改变出现在前提中的任何一个假说。

上述已表明证伪一个假说所面临的复杂情形了。一方面，先行条件的陈述和当时公认的原理或定律，并不是绝对无误的。背景知识的陈述也可能含有谬误。另一方面，科学理论具有"韧性"。当一个理论的检验出现与预测相反的事例时，只要相应地对这个理论的某些部分作点修改，或者说做出新的辅助性假说为它辩护，它就可以继续坚持下去，以等待新的检验。大家都知道，十九世纪对天王星轨道的观察结果表明，它的实际运行情况，偏离了从牛顿引力理论结合当时天文学知识所推导出来的关于天王星轨道的描述,这在当时称为天王星轨道的"慑动"。那么,牛顿的引力理论是否就被天王星轨道的"慑动"这个事实所证伪呢?并非如此。人们可以提出太阳系里还存在着一个未知的大行星(即海王星)这个辅助性假说,为牛顿的引力理论作辩护。因而,天王星轨道"慑动"这个事实,并未构成对牛顿引力理论的证伪,而是导致了海王星的发现,又一次确证了牛顿的引力理论。上例表明,修改后的理论与原先的理论相比,它更富有启发力,做出了新的预测,也更富有成果,新的预测又被证实了。

理论证伪的复杂性不只是上述这些,困难还在于事实证据往往不可靠。由于每一特定时代的科学技术水平都具有历史的局限性,因而,对某些理论的检验在当时是很难做到的,或者是做得很不严格,以致出现了差错。直到后来,在更高的技术水平上进行检验,才把差错纠正过来。在科学史上,这种情况是常有的事。既然否证引用的事实证据并不是绝对可靠的,那么理论的证伪也就只有相对的意义。

我们还应当看到,即使否证所根据的事实是可靠的、无误的,可它通常并不是直接地否证某个理论。一个事实之所以能够作为否证某个理论的证据,这是另一个理论给予解释的结果。让我们分析一下在《列子·汤问篇》里叙述的一则"两小儿辩日远近"的故事:

> 孔子东游,见两小儿辩斗,问其故。一儿曰:"我以日始出时去人近,而日中时远也。"一儿曰:"我以日初出远,而日中时近也。"一儿曰:"日初出大如车盖,及日中,则如盘盂,此不为远者小而近者大乎?"一儿曰:"日初出苍苍凉凉,及其日中如探汤,此不为近者热而远者凉乎?"孔子不能决也。两小儿笑曰:"孰为汝多知乎?"[3]

小孩甲认为:日地距离晨时近而午时远(T_1)。

小孩乙则认为:日地距离晨时远而午时近(T_2)。

小孩甲引用的事实证据为:太阳的视觉形象晨时比午时较大(e_1)。

小孩乙引用的事实证据为:太阳辐射来的热度晨时比午时较低(e_2)。

小孩甲引用 e_1 来为 T_1 辩护而拒斥 T_2,这是依赖于如下的解释性理论:凡是运动着的物体,当其体积恒定不变时,与观察者距离愈近则视觉形象愈大,反之亦然(T_1')。

小孩乙引用 e_2 来为 T_2 辩护而拒斥 T_1,这是依赖于如下的解释性理论:凡是运动着的热源体,当其温度恒定不变时,与观察者距离愈远则辐射来的热度愈低。反之亦然(T_2')。

由此看来，e_1之所以作为确证T_1而否证T_2的证据，这是T_1'对e_1进行解释的结果。同样的道理，e_2之所以作为确证T_2而否证T_1的证据，这是T_2'对e_2进行解释的结果。可见，T_1是依赖于T_1'的，而T_1'是比T_1更高层次的理论。T_1与T_1'既是处于不同的层次，又是属于同一系列的理论。同样的道理，T_2是依赖于T_2'的，而T_2'是比T_2更高层次的理论。T_2与T_2'既是处于不同的层次，又是属于同一系列的理论。至此姑且不谈解释e_1和e_2所涉及的先行条件的陈述，单是面临着这种多层次的理论系列之间竞争的局面也就够为难了，无怪乎古代的孔夫子不知如何决断才好？！既然理论是由多层次构成的，而且又是多元的，存在着不同系列理论的竞争，那么理论的证伪问题就不单纯是某一层次的问题，也不单纯是某一系列的问题。证伪问题必须放在不同理论系列的历史竞争中来考察。

如前已分析过的，背景知识与事实证据并不是绝对无误的，科学理论又是具有"韧性"的，因而，一次性的证伪是不具有最后的、绝对的意义。严格说来，一次性的证伪是无效的，不能成立。然而，一次性证伪又不是毫无意义的，它或多或少地起了拒斥的作用。正因为如此，"反常"事例的累积将导致科学理论的危机。我们可以把这种只具有一定程度的拒斥作用叫做弱证伪。以证伪度的高低来表示拒斥作用的强弱。而证伪度却是历史地更变的。大家知道，科学理论是个具有复杂结构的系统，既不是完全真、绝对真，也不是完全假、绝对假。它是关于认识对象的近似的、逼真的描述，而且每个科学理论都是不断地发展的；人们判定科学理论的真假，同样也必须是个历史发展的过程。然而，科学理论的真理性程度如何与对它的判定程度如何这两者应当区别开。

研究证伪的合理性问题，比较切实有效的途径和方向，应当是把证伪度看作是确证度的反面，证伪度与确证度互补。对一个理论的证伪度的评估，必须与这个理论的确证度结合起来权衡，也必须与对立的竞争理论的确证度结合起来权衡。

总之，理论的证伪是个复杂而微妙的问题，对它做出定性分析就很不容易，至于定量分析那更是困难重重。但是，无论是对证伪的定性分析，还是对证伪的定量分析，都不能各自孤立地进行。同时，我们还应当注意到把静态分析与动态分析统一起来，从实践技术的历史发展和理论竞争的历史发展中来探讨证伪的合理性的标准问题。

三、发展的逻辑

自古代开始，人们就把科学知识看作是许许多多确实无误陈述的集合，看作是真命题的金字塔，而科学家则是建筑和扩充这座命题金字塔的巨匠。这就是以往对科学知识共同的传统见解。科学的历史发展表明，科学理论并不是绝对可靠的、无误的，科学理论的发展也不只是个累进性的过程。天文学正是由于哥白尼以"日心说"取代"地心说"所进行的革命而大踏步地前进。物理学的新篇章正是从爱因斯坦提出相对论所进行的革命开始谱写的。于是在人们心中又唤起了一种新的科学发展观，不再认为科学理论是绝对真实无误的，而是认为凡是科学理论都是可证伪的。在证伪主义的代表人物波普尔看来：科学始于问题，然后科学家提出可证伪的假说作为对问题的回答，以后假说就经历了广泛而严峻的检验过程并终于被证伪，于是又出现了与原来已解决了的问题不同的新问题，又需要发明新假说来回答新问题，而新假说接受广泛而严峻的检验时又被证伪……这个过程将无限地如此继续下去。虽然波普尔认为一切假说都不能证实，而只能被证伪。可是，他后来也承认科学的目标是认识真理，科学的进步是愈来愈接近真理，新假说比旧假说具有更高的逼真性。

波普尔的证伪主义观点在科学的研究活动中并不是切实可行的，而且它也不符合于科学发展的实际情形。假说检验过程的情况是非常复杂的，任何一次否证都不是最后的、绝对的。科学家并不因为新假说在某次检验中被"证伪"就抛弃了它。即使是被淘汰了的理论，有的也能重新"复活"。科学发展的实际过程既有新旧理论更替的变革时期，也有维持和完善传统理论的累进时期。为了使证伪主义的观点接近于科学的实际活动方式，那就必须赋予证伪主义更精致的形式。拉卡托斯的科学研究纲领方法论正是由此发展而来的。

拉卡托斯（Imre Lakatos，1922—1974）以对立理论的相互竞争（多元论）来代替波普尔所说的一个理论被证伪之后才提出新理论（一元论）。更为突出的是，他以一个相当长的历史时期的检验来代替波普尔所说的一次性证伪的简单化观点。他认为应当给每个理论留有发展的时机，而不必考虑它所面临的"反例"。如果一个理论能不断地做出新的预测而且新的预测又不断地被证实，那它就是处于进步的状态。反之，如果一个理论不再能够做出新的预测或者不再能够证实它所做出的预测，那它便是处于退步的状态。人们可以理论的进步性程度作为理论选择的标准。自然，这种历史发展的长时期检验，只有等到事后才能明白。此外，对立理论的竞争还可能出现这样的情景，前个历史时期这个理论是进步的，而那个理论是退步的，可到后个历史时期却逆转为这个理论是退步的，而那个理论则是进步的。因而，科学研究纲领方法论所提供的合理性标准是很难实行的，它不易成为指导科学实际活动的有效准则。

人们注意到应当按科学活动的实际样子来描述科学发展的模式。美国的库恩立足于科学史的研究，提出了如下这个不同于证伪主义的科学发展模式：常规科学——科学危机——科学革命——新的常规科学——新的科学危机——新的科学革命……。库恩认为一门成熟的科学，是由于某些杰出的科学成就被人们公认为范例，吸引了大批的拥护者而形成了科学共同体，他们根据共同的规范从事研究活动。那么，"范式"是什么呢？库恩说：

> 我选择这个术语，意欲提示出某些实际科学实践的公认的范例——它们包括定律、理论、应用和仪器在一起——为特定的连贯的科学研究的传统提供模型。[4]

范式的作用是维持常规科学的研究传统，规定常规科学的研究方向。在库恩看来，当常规科学家在范式的指导下解决难题的活动遇到困难和失败时，即出现了反常。当一次次的反常发展到严重地动摇人们对范式的信心时，即出现了危机。一旦有人提出了对立的新范式时，危机就加深了。发生一场科学革命就是越来越多的科学家放弃某一范式而采纳另一新范式。完成了一场科学革命不仅是出现了新范式，而且是原有科学团体的瓦解和新科学团体的形成。对于个别的科学家来说，"范式的转换"就像是宗教信仰的转换，其原因是各不相同的，必须给予社会学的、心理学的分析。库恩认为范式本身就包含有"科学实践规则和标准"。如果范式不同的话，彼此的规则与标准也不同。因而，不同范式之间是无法进行比较的，不存在超范式的、中立的、公认一致的评判标准。

　　总之，科学方法是历史地变更的。固定不移的、普遍适用的合理性标准是没有的。这就是关于科学理论的不可比性观点。无疑的，库恩主张按科学的实际样子来描述科学的发展模式，并立足于科学史的研究，这是很有见识的。而且，他提出的科学发展模式也比波普尔的模式更为全面，不仅注意到科学革命，也注意到科学常规活动。可是，库恩对科学方法的看法，却是否认科学发展的合理性，从逻辑的彻底性来说，它必然导致否认科学发展的模式。库恩所说的"范式"这个概念是模糊不清的、多义的，他所说的"科学共同体"也缺乏明确的界限，可作多种的不同理解。实际上，人们完全可以参照不同的范式从事科学工作。这不仅是可能的，也是合理的。如果硬把自己照库恩说的那样囚禁于单一范式（理论框架）之内，那就是不合理的。正如中西医结合，虽则困难不少，但互相学习，总会有收获吧！

　　人们从科学史的研究中可以看出，科学的演变既有累进性的，又有革命性的。在累进性的演变中表现为继续和完善一种研究传统，而在革命性的演变中表现为一种研究传统的中断，更变为另一种研究传统。那么，如何解决科学发展的合理性问题呢？人们通常持有这样的简单化看法，以为在累进性的演变中，只是继承某个传统而不批判某个传统，以为在革命性的演变中只是批判某个传统而不继承某个传统。

研究科学发展的合理性问题，比较切实有效的方向和途径，应当是把批判传统与继承传统两者统一起来。在科学理论的累进性演变中，它表现为继承一种研究传统，同时隐含着在一定程度上批判这种研究传统。它的"显性性状"为继承传统，而它的"隐性性状"为批判传统；在科学理论的革命性演变中，它表现为批判一种研究传统，同时隐含着在一定程度上继承这种研究传统，它的"显性性状"为批判传统，而它的"隐性性状"为继承传统。如果我们确立了上述的纲领性观点（基本的模式），那就可以进一步详细地研究批判与继承的具体准则。一个问题是累进性演变（$T_x \rightarrow T_{x+1} \rightarrow T_{x+2} \rightarrow \cdots$），即同一系列理论的完善与修改究竟是如何进行的？另一个问题是革命性演变（$T_x \rightarrow T_y \rightarrow T_z \rightarrow \cdots$），即不同系列理论竞争的选择与淘汰究竟是如何进行的？如果对上述问题都做出了详细的回答，那么科学发展的合理性问题也就可以说是完满解决了。

以上论述了关于发现逻辑、检验逻辑和发展逻辑的基本理论问题，也评述了以往各个学派对待这些理论问题的不同见解。那么探讨与解决这些理论问题，从中找出规律性的东西，这就是我们研究科学逻辑的基本纲领。

参 考 文 献

[1] 洪谦主编，《逻辑经验主义》，北京：商务印书馆，1989 年。

[2] H.赖兴巴赫，《科学哲学的兴起》，伯尼译，北京：商务印书馆，2011 年。

[3] 《列子》，叶蓓卿译注，北京：中华书局，2015 年，第 136—137 页。

[4] 库恩，《科学革命的结构》，金吾伦、胡新和译，北京：北京大学出版社，2012 年，第 8 页。

24　关于科学逻辑的几个问题*

由武汉大学等十二所大学和中国社会科学院哲学研究所的同志集体编写的《科学逻辑》一书初稿讨论会，最近在北京师范大学召开。该书是一部论述自然科学逻辑方法的学术性著作。现将这次会议的讨论情况介绍如下。

一、什么是科学逻辑。一种观点认为，科学逻辑就是归纳逻辑。另一种观点则认为，不能把科学逻辑归结为归纳逻辑，归纳逻辑存在着很大的局限性，它甚至无法解决现代归纳主义讨论最多的理论确证问题，也无法单独解决自然科学发展中提出的其他许多重大问题。

一些同志还提出，科学方法论是研究科学方法的。科学逻辑既然作为科学方法论，就应该研究在各门科学中应用的所有科学方法。另一部分同志则持不同看法，认为科学逻辑不研究那些只适用于某一学科（或某些学科）的特有的方法，如光谱分析法、远缘杂交法、原子示踪法等等，而只研究为一切自然科学所共有的方法。如果科学逻辑要研究一切科学方法，甚至把自然科学中某些学科的特殊内容也包括进来，那么，它就很难与旧哲学中的自然哲学区分开来了。

二、能否建立科学发现的逻辑。与会者对这个问题十分感兴趣。目前流行着几种不同观点。一种观点认为，科学逻辑就是归纳逻辑，只有应用归纳法，结论才能超出前提，才能获得新知。第二种观点认为，科学发现依赖于直觉来实现。而直觉是完全随机的，没有任何普遍适用的逻辑程序，因此，不存在科学发现的逻辑。该书不同意以上两种观点，认为：①寻求发现的基本手段、构成发现过程认识活动的基本方式是有限的，任何科学发现都是通过比较、分析、综合、概括、类比、想象、抽象等方法来实现的。②这些寻求发现的基本手段，是存在着合理性和有效性的，虽然我们不能通过它们为科学发现提供机械的固定程序，但却可以获得一些示向性的启发原则，而这正是科学发现的逻辑所要研究的。

三、关于理论确证度的评估问题。以卡尔纳普和赖辛巴赫（Hans Reichenbach，1891—1953）为首的现代归纳主义认为，理论的确证靠概率逻辑来完成，每个确证事例（证据）给予理论定律的支持强度是等价的。这样，确证程度如何只取决

---

* 本文原载《光明日报》，1983 年 5 月 30 日，署名柯学体。

于确证事例的数量。这种观点与科学发展的历史事实不相符合。以波普尔为首的现代演绎主义、证伪主义提出另一种意见，认为理论的确证度与证据的数量无关，而仅仅取决于理论检验的严峻性程度，一个理论所推出的预言越大胆、越新颖，对这个理论的检验就越严峻。这样，产生的证据对理论的支持程度也就越高。波普尔学派的这种观点走向了无视证据数量的另一个极端，也不符合科学历史事实。

该书认为，研究确证的合理性问题，比较切实有效的途径和方向应当是对证据的定量分析和定性分析两者的结合。评估确证度的标准应当是质和量的统一。同时，这样的确证过程又是静态考察与动态考察的统一，确证度将随着实验技术的提高，理论的应用与修改而历史地变更着。

四、关于理论的证伪问题。波普尔学派十分强调经验证据对理论的证伪作用，认为证伪的过程具有演绎逻辑的必然性，任何理论一旦遇到反例便被证伪。和奎因（Willard Van Orman Quine，1908—2000）等人则指出，在科学史上，一次性证伪是无效的。这是因为：首先，导致错误的不一定是那个被检验的理论，而可能是先行条件或公认的背景知识；其次，科学理论具有"韧性"，它可以通过内部结构的适当调整或增加新的辅助假说，来适应和消化原来的反例，从而暂免被证伪；此外，由于每一特定时代的科学技术水平都具有历史的局限性，对某些理论的检验在当时是很难做到的，或者是做得很不严格。因而经验证据本身并非绝对可靠。

该书认为，一次性证伪的确是无效的。然而，一次性证伪又不是毫无意义的。它或多或少地起了拒斥的作用。正因为如此，"反常"事例的积累将导致科学理论的危机，可以把这种只具有一定程度的拒斥作用叫做"弱证伪"。研究证伪的合理性问题，比较切实有效的途径和方法，应当是把证伪度看作确证度的反面，证伪度与确证度互补。对一个理论的证伪度的评估，必须与这个理论的确证度结合起来权衡。当一个理论未取得或只取得极微小的确证度时，它被证伪的可能性就极大。当一个理论取得了相当大的确证度之后，它就不可能具有极高的证伪度或完全被证伪，因而，它总有一部分内容以这种或那种形式继续被接纳在科学知识的大厦之内。另外，在对立理论的竞争过程中，当其中的某个理论取得一定程度的确证时，人们就可以相应地给另一方理论以一定程度的拒斥，反之亦然。总之，证伪的过程是一个历史的过程，我们应当注意把定量分析与定性分析、静态分析与动态分析统一起来，从实践技术的历史发展和理论竞争的历史发展来探讨证伪的合理性标准问题。

五、关于科学知识增长的问题。西方流行着三种科学知识增长的模式，即波普尔的证伪主义模式、库恩的科学革命模式和托卡托斯的科学研究纲领模式。与会者对这三种理论进行了评论。

　　该书认为，科学发展的基础是实践，科学知识增长的模式必须表明实践是科学知识增长的基础，这种增长的最活跃的因素就是认识主体由实践所推动而提出的问题和形成假说，而问题的转化和假说的更替最后就表现为科学知识即理论的变革和发展。关于科学发展中的批判与继承问题，该书认为，应把批判传统与继承传统两者统一起来。在科学理论的累进性演变中，它表现为继承一种研究传统，同时隐含着在一定程度上批判这种研究传统，它的"显性性状"为继承传统，"隐性性状"为批判传统；在科学理论的革命性演变中，它表现为批判一种研究传统，同时隐含着在一定程度上继承这种研究传统，它的"显性性状"为批判传统，而"隐性性状"为继承传统。

25 科学逻辑的基本特征*

科学逻辑是以科学的认识活动作为研究对象，它论述科学研究活动的模式及其规则（作为评判科学活动合理性的标准）。

如果观察或实验表明事实命题 E 为真，那么，我们可否依照下式：

$$\frac{\text{如果 H，那么 E}}{\text{E（即 "E" 真）}}$$
$$\text{所以，H（即 "H" 真）}$$

从而判定假说 H 为真呢？不可以！比如说，根据爱因斯坦广义相对论：

> 引力会影响一切物理过程所进行的速率，而使它变慢。在月球表面引力比地面上的弱，因此月球上的精密时计将比地面上的同样时计走得快些，而引力强得多的太阳表面处的时计则会走得慢些。当然我们不能将一只人造的时计放到太阳上去，但很凑巧，那里已有天然的时计：这就是原子，它的光波发出精确的频率来标志它们的时间。因此，为了考察在太阳表面与在地球表面的时钟的快慢是否存在差别，我们应该比较一下在太阳表面和在地球表面的同样光源所发射光的频率。不同元素的原子所发射的光给这种研究提供了方便。在太阳的强引力场中，原子的振动将比地球上那些同样原子的振动慢些。但是这个差别只有约百万分之二，很难作精确的测量。更近代的实验用的是原子核所发射的振动（γ射线），它能以极高的精确度加以测量。在同一实验室中，处于不同高度所做的这些测量，所得到的结果（如太阳光的频率移动）符合爱因斯坦的预言。但不幸的是，所有别的与此不同的理论——甚至是牛顿力学的一种推广——也预言了同样的结果。所以，这种相符性对这些理论并不能作为选择的根据。[1] 292-293

即使我们从假说 H 引申出一系列关于事实的命题 e_1, e_2, e_3, $\cdots e_n$，而且观察或实验表明 e_1, e_2, e_3, $\cdots e_n$ 是真的，那么能否依照下式：

* 本文原载《江汉论坛》，1983 年第 9 期，第 31—35 页。作者与本章内容相关的著述，请参见张巨青（主编），《科学逻辑》，长春：吉林人民出版社，1984 年，第 4—6、29—34 页。

$$\frac{\text{如果}H,\text{ 那么}e_1,\ e_2,\ e_3,\ \cdots e_n}{e_1,\ e_2,\ e_3,\ \cdots e_n}$$

所以，H

从而判定假说 H 为真呢？还是不可以！比如说，从"一切物体遇热膨胀"可以引申出一系列有关个别物体遇热膨胀的事实命题，而且正如人们常见的：一个气球晒热会膨胀，一床被絮晒热会膨胀，一个饺子煮热会膨胀，等等。有人以为可以从上述事实判定"一切物体遇热膨胀"为真。可是，当他发现冬天水结冰时，居然胀破了水缸或自来水管，他便恍然大悟：原来"一切物体遇热膨胀"的说法还是不能成立啊！由此可见，从被检验假说引申出来的若干事实命题为真，并不能简单地据此而判定被检验的假说为真。

反之，如果观察或实验表明事实命题 E 为假，那么我们可否依照下式

$$\frac{\text{如果}H,\text{ 那么}E}{\text{并非}E(\text{即 "}E\text{" 假})}$$

所以，非H(即 "H" 假)

从而判定假说 H 为假呢？也是不可以！科学史表明，一个理论假说刚提出之时，往往就存在着许多它尚不能解释的相关事实（称为"异例"），或存在着许多排斥它的事实（称为"反例"）。比如说，哥白尼本人在提出日心说时，并不能解释：既然地球是运动的，为什么从塔顶抛下的石头不是落在远离塔基的地点，而是落在塔脚上？这就是被称为"塔的问题"；又如，牛顿提出的引力理论，并不能解释水星近日点运动的偏离。尽管一个新理论往往面临着"异例"或"反例"，可是科学家并不因此就拒绝接受这个理论。如果简单地依照上述的推论方式进行"证伪"，那么很多新的进步的理论假说，从初始提出时就被否定了，就被抛弃了。

综上所述，科学活动的合理性，有效性与正确性问题，并不是完全依靠形式规则就能解决的。对于科学逻辑来说，非形式的指导原则是必要的，而且也是有成效的。

科学逻辑是一门以经验自然科学理论作为研究对象的学科，它的任务是探讨科学的合理性及其标准。那么，应当如何进行研究呢？有的学派主张研究静态理论的逻辑结构，或者说对科学理论的结构做出静态分析；而有的学派则主张研究动态理论的发展过程，或者说对科学知识的增长做出动态分析。无疑的，这个问题是非常紧要的，它涉及科学逻辑这门学科的基本特征。

当人们倾向于把科学知识作为专门的研究对象时，最初是从静态方面进行研究的。它的中心课题就是对科学知识的结构做出逻辑分析，考察命题金字塔（公理系统）的基础与上层的逻辑关系，考察科学解释（说明）的逻辑模式，考察理

论检验的逻辑模式，等等。这样的研究方式以现代归纳主义学派为代表。他们所研究的是静态的科学理论，他们所关心的是科学知识的逻辑结构问题。

当然，研究科学知识的结构问题，并不能回答科学知识的增长问题。而解决科学的合理性问题，更重要的是分析科学知识的增长过程。因而，波普尔学派就以另一种研究观点来对待科学逻辑（被称为"科学发现的逻辑"）。他们不把科学理论当作是既成的、静态的，不去研究科学理论的逻辑结构。他们把科学理论看作是演变的、动态的，而去研究新旧理论的更替过程，即提出科学发展的模式与合理性标准。

那么，科学逻辑作为一门学科，应当研究静态的科学理论呢，还是应当研究动态的科学理论呢？回答是必须把这两者结合起来，而以后者为主。

如果不对静态的科学理论结构做出逻辑分析，不把握陈述定律（或原理）的命题与陈述事实的命题之间的逻辑关系，那么，我们对于科学活动的最基本方式（如解释、预测、确证等等），都不可能有个较为精确的、细致的了解。当然，也就谈不上着手解决科学活动的合理性问题。问题却在于静态理论的逻辑分析带有极大的局限性，它把复杂的问题简单化，以至于远离科学发展的实际进程。正是由于这个缘故，归纳主义学派无法接应复杂问题的挑战，因而就衰败下去了。可是，研究静态科学理论的逻辑结构，依然是完全必需的，只不过是处于次要的地位罢了。

对于解决科学的合理性问题来说，头等重要的是对科学知识的增长做出分析。只有研究动态的科学理论，对发现的过程、检验的过程以及发展的过程做出动态的分析，才能了解科学实际活动中的发现方法，检验方法以及发展方法。总之，分析静态科学知识的逻辑结构，并不能解决科学活动的合理性问题，只有分析动态的科学知识的增长过程，才能解决科学活动的合理性问题。

无论是现代归纳主义学派的研究纲领，还是证伪主义学派的研究传统，都认为存在着普遍适用的、固定不移的规则，这些规则可适用于任何时代的不同学科中的一切理论。他们都认为科学方法不受理论内容发展的影响，规则是统一的、不变的。这就是对待科学方法的逻辑主义观点。按照逻辑主义的观点，科学逻辑是一门规范性的学科，科学的实际活动应当遵循普遍的固定的规则。逻辑主义的研究目的是建立标准的逻辑或规范的方法论。

与此相反，另一种观点则认为不存在超时代、超理论发展的普遍适用规则，规则和标准是受理论内容影响的，不同的理论含有不同的规则与评判标准。也就是说，科学方法并不是统一的、固定不移的，而是随着理论的更替而历史地演变的。这就是对待科学方法的历史主义观点。按照历史主义的观点，不存在一门作为规范性学科的科学逻辑或科学方法论，科学方法论也不过是一门描述性的学科，一门经验科学。这对于正统的科学方法观点——逻辑主义来说，的确是个"革命性"的挑战。历史主义学派最极端的代表人物费耶阿本德主张"无政府主义认识论"，反对按任何固定的规则从事科学活动。他说：

> 认为科学能够并且应当按照固定的普适的法则进行的思想，既不切实际，又是有害的。……每一条方法论法则都同宇宙学假设相联结，因此若利用这条法则，我们便想当然地以为，这些假设是正确的。朴素证伪主义想当然地以为，自然规律是显现的，不是隐藏在相当大的摄动之下。经验主义想当然地以为，感觉经验是比纯粹思想更好的一面世界镜子。赞扬论证的人想当然地以为，"理性"的种种手段比我们感情的未受抑制的作用给出更好的结果。这种假设可能是完全可信的，而且甚至是真实的。人们偶尔还是应当把它们付诸检验。把它们付诸检验，意味着我们停止运用同它们相联结的方法论，开始以一种不同方式搞科学，看看发生什么。……一切方法论都有其局限性，唯一幸存的"法则"是"怎么都行"。[2]

费耶阿本德认为规则和标准是从具体的研究过程中"发明"的，从科学的研究实践中产生的，因而就没有什么先天的普遍有效的规则，反对把规则硬加给一切科学活动。他说："实践可以缺乏标准的明显指导而离开既定的标准，毕竟决定不仅是由标准而来，它们也判定标准或者提供制定标准的材料"，

> 一个科学家，或者就这件事而论，任何解决问题者，并不像一个小孩那样，要等候方法论者爸爸或理性主义者爸爸给他提供一些规则，他不依靠任何明显的规则而行动，并且以他的行动构成合理性；否则科学就从来不会出现，科学革命就从来不会发生。[3]

总而言之，历史主义学派主张科学方法多元论，而与逻辑主义学派主张科学方法一元论相对立。

那么，科学方法究竟是统一的还是多元的？科学逻辑究竟是一门规范性的学科，还是一门描述性的学科？这也是一个非常紧要的问题，它涉及科学逻辑这门学科的基本特征。

无疑的，各门科学都有其独特的研究方式，而且既然存在着不同理论的竞争，也就有不同的观点和评判立场。因而，就每个学科，每个理论的特异性来说，科学方法是多元的并不是一元的。这是个基本的事实。

然而，真正需要探讨的问题并不在于各门学科的方法有无特异性，而是在于

各门学科的方法有无相对的统一性。比如说，理论系统的构造有无共同的模式（一般的逻辑关系），对事实做出科学解释有无共同的模式（一般的逻辑关系），对预测未知的事实有无共同的模式（一般的逻辑关系），科学理论的发展有无共同的模式（一般的逻辑关系），等等。应该说，这种共同的模式（一般的逻辑关系）是存在的，这也是个基本的事实。

那么，为什么科学方法具有相对的统一性？为什么科学逻辑具有规范性？诚然，普遍性的规则和标准并不是先天就具有的，并不是逻辑学家"编造"出来硬加给各门科学的。它是产生于科学实践，它是由于亿万次科学实践的不断重复而固定下来的。因而，不是规则和标准决定科学实践，而是科学实践决定规则和标准。也就是说，科学逻辑必须与科学实际的历史发展相一致，科学逻辑也是一门具有描述性的学科。这一点正是历史主义学派所强调的，而被逻辑主义学派所忽视的。科学方法有无相对的统一性，既不可以预设地加以肯定，像逻辑主义脱离了科学实际的历史发展那样给予肯定，也不可以预设地加以否定，像历史主义提出所谓科学不可比性那样给予否定，而必须是全面地总结科学发展的历史实际，才能真正解决科学方法的统一性问题。因而，科学逻辑应当既是一门描述性的学科，同时又是一门规范性的学科。

更进一步说，科学方法具有相对统一性是否意味着科学方法是既成不变的？究竟科学方法是固定不移的还是历史发展的？究竟科学逻辑应当是一门静态的学科还是一门动态的学科？这也是个非常紧要的问题，它也涉及科学逻辑的基本特征。

无疑的，科学逻辑同其他学科一样，存在着不同学派的不同见解，科学逻辑的理论观点也表现为新旧理论更替的过程。因而，就理论观点的变迁来说，科学逻辑自然不是静态的而是动态的。

然而，真正需要探讨的问题并不在于科学逻辑的理论观点是否演变，而在于科学实际活动中的方法（规则和标准）是否也是发展的。对于历史主义学派来说，这点是毫无疑问的。他们认为方法是依赖于理论内容的，方法不是纯形式的一般逻辑关系。因而，不同时代的不同理论传统会产生不同的规则和标准。可是，对于逻辑主义学派来说，他们认为方法是纯形式的一般逻辑关系，并不是依赖于理论内容的发展而演变的。也就是说，科学方法本身被看作是静态的，并不是动态的。

应当看到，科学方法对于理论内容来说，具有相对的独立性，否则，就不存在科学方法的相对统一性。如同推理形式对于推理内容来说具有相对的独立性一样，不同的推理内容可以有共同的推理形式。但是，科学方法相对于理论内容的独立性并不是绝对的。科学方法作为不同理论内容的一般形式（逻辑关系），并不是什么先天的东西，它是在科学实践的过程中与科学理论一起产生的。如果没有科学的理论，自然也就不会有作为不同理论的一般形式（逻辑关系）的科学方法。随着科学研究实践的历史发展，不同历史时期的科学理论将具有不同的水平和不同的特征。因而，作为科学理论的一般形式（逻辑关系）的科学方法也是历史发展的。如果以为现代科学理论比古代科学理论大有进步，水平高超而现代科学方法还是古代的老一套，毫无发展，那是非常荒谬的。因而，切不可抱有这种幻想，以为科学方法是固定不移的，只要把它全部发现了，则一劳永逸，以为科学逻辑将会成为一门永恒不变的"经典学科"。

科学方法的发展并不是个神秘的不可理解的过程，它是在科学实践的历史发展中进行的。人们在科学实践中继承传统的科学方法，同时，也在科学实践中改进传统的科学方法。前者表现为科学方法的"遗传性"，后者表现为科学方法的"变异性"。然而最为关键的是这一点：并不是科学方法的任何一种"变异"都能保存下来，人们通过科学实践对它们进行选择。如果科学方法出现的某种"变异"，在科学实践中是富有成果的，那么这种"变异"便被保存下来。如果科学方法出现的某种"变异"在科学实践中不是富有成果的，那么这种"变异"便被淘汰。所以，科学实践决定着科学方法发展的合理性，它是评判科学方法最根本的"元标准"。总之，科学方法的进化作为"遗传性"与"变异性"的统一，它是在科学实践的基础上进行的，而且科学方法的进化是"定向"的，合理的。事情既不像逻辑主义所说的那样，科学方法是永恒不变的，也不像"无政府主义认识论"所说的那样，不存在合理性，"怎么都行"。

我们认为：科学方法既是相对统一的，科学方法又是历史发展的；科学逻辑既是一门描述性的学科，科学逻辑又是一门规范性的学科；科学理论是永无止境地发展的，科学方法也是永无止境地发展的，从科学历史实践中认识科学方法的学问——科学逻辑也是永无止境地发展的。

参 考 文 献

[1] 盖莫夫，克利夫兰，《物理学基础与前哨》（上册），上海师范大学物理系译，许国保校，上海：上海教育出版社，1980 年，第 292—293 页。

[2] 法伊尔阿本德，《反对方法——无政府主义知识论纲要》，周昌忠译，上海：上海译文出版社，2007 年，第 271—272 页。

[3] Paul K. Feyerabend, From Incompetent Professionalism to Professionalized Incompetence: The Rise of a New Breed of Intellectuals, *Philosophy of the Social Sciences*, 1978, Vol.8, No.1, p.43.

26 论比较中的推理：对逻辑
与科学方法论的探讨*

　　科学知识是由经验的事实材料和概括这些材料并给予系统化的理论所组成的。科学工作者用观察和实验的方法取得经验材料，又用比较、分析、综合、抽象、概括等理论思维的方法，将丰富的感性材料去粗取精、去伪存真、由此及彼、由表及里地加工从而形成理论。科学的研究活动是从直观到思维，并通过实践的检验以达到真理。无论经验的方法或理论思维的方法，都是认识达到真理的必不可少的手段。

　　比较是辨认对象之间的共同点或差异点，它是认识的一种基本方法。大家知道，辨认对象间的同异点，这是人们理解周围现实的先决条件。可以说，考察理论思维的各种基本方法，应当先从比较着手。

　　研究比较这既是一个逻辑学、科学方法论的课题，也是一个生理学、心理学的课题。本文不讨论比较的生理机制和心理特性的问题，只是从逻辑与科学方法论的角度，论述比较中的推理。换句话说，人们通过确定对象之间的同异点，可以做出哪些型式的推理？

一、比较中的证认推理

　　在日常生活中，我们能够"认出"某个对象，这是怎么一回事呢？比如说，我过去见过某位同志，在我的记忆中贮存着他的影像。后来我在马路上遇见一个人，而且"认出"这个人就是某某同志，那是因为我发现当前这个人的形象和记忆中的某同志影像是相同的。有了这样的比较，就能"认出"这个人是我过去见过的某某同志。这和查看月票时，将持有月票的乘客的面貌与月票上的相片加以比较是一样的道理。此外，如果我们有了某一类对象的"样本"（如生物的标本、矿石的标本等等）可供参照，那么我们也就能够认出属于这类的对象。然而，上

* 本文原载"哲学研究"编辑部（编），《逻辑学文集》，长春：吉林人民出版社，1979 年，第 375—388 页。

面所讲的都还是根据对象自身的"样式"直接认出，并未做出推论。

科学的研究活动不能单纯依靠对象自身的"样式"来做比较。拿地质学来说吧，如何认识各个地质年代形成的地层呢？这不是靠地层的"样本"来认出，而是靠地层的"标记"（生物化石）来证认。如细菌、水藻等化石是原古代地层的标记；而三叶虫、笔石、古杯等化石是古生代寒武记地层的标记；……。地质工作者从某个地层中发现的化石，就可以推断出这个地层的年代。又拿物候学（生物气候学）来说吧，它以物候（植物的生长荣枯、动物的迁移生育）作为季节的标记。有人根据多年的物候观测，编制出北京地区的自然历：

初春的指示植物（即标记）为野草开始发青。

仲春的指示植物为榆树始花。

季春的指示植物为枣树芽开放。

初夏的指示植物为洋槐盛花。

仲夏的指示植物为板栗始花。

季夏的指示动物为蟋蟀始鸣。

……[1]

这样人们只要观察一下眼前的景观与历年观测记录的何种物候（标记）是相同的，从而就可以证认当前的季节并预报农时了。

如果用"X"表示尚待证认的未知对象，那么上述的推理方式（即对未知对象"X"的证认方法）可表示如下：

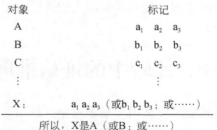

所以，X是A（或B；或……）

插图之一

上面讲的不过是"单一"的证认推理，还有"复合"证认推理。比如说，咱们都有过这样的经验：北大的校旗是北大队伍的标记；清华的校旗是清华队伍的标记；北师大的校旗是北师大队伍的标记。……现在迎面来了一长列游行的队伍，先后举着北大的校旗、清华的校旗、北师大的校旗等，那么我们就可以推断出这列游行的队伍是由北大、清华、北师大等单位的成员构成的。这种道理在科学研究上也同样是应用的。大家知道每种元素的原子只是发射出（或吸收着）波长值完全一定的光谱线，各种元素都有其特定的一组谱线，元素的谱线好比是元素的"指纹"，可以作为元素的标记。这样，我们从某个物体的光谱（如太阳的光谱）所包含的谱线是和哪些元素的谱线相同的，也就可以证认组成这个物体的元素。

如果用"X"表示尚待证认的对象，那么上述的推理方式（即对未知对象"X"的证认方法）可以表示如下：

对象	标记
A：	a_1　a_2　a_3
B：	b_1　b_2　b_3
C：	c_1　c_2　c_3
⋮	⋮
X：　$a_1\,a_2\,a_3$、$b_1\,b_2$	b_3：$c_1\,c_2\,c_3$

所以，X含有A、B、C（……）

插图之二

"复合"证认推理的特点是比较与分析的相结合。通过分析尚待证认的复合对象的标记，就能把它分解为若干较简单的构成单元，同时通过比较，就能确定这些构成单元是和哪些较简单对象的标记相同的。最后则认出复合对象的成分。"复合"证认推理在科学研究上的应用是非常广泛的，如在化学的研究活动中，不仅证认化合物的组成元素要用这种推论，而且证认复杂分子的结构式也要应用这种推论。

二、比较中的鉴别推理

有人以为应当在相似的对象之间寻找其共同点，或在不相似的对象之间寻找其差异点。他们觉得这是常识问题，犹如猎人该到野兽聚居的地区去打猎。其实不然，对于科学的研究工作来说，正是在对象间极为相似的情况下，鉴别出其间的根本性的差异，才是富有意义的。要知道，医学是多么需要对早期癌症病患者与健康人之间做出鉴别。黑格尔说：

假如一个人能看出当前即显而易见的差别，譬如，能区别一支笔与一头骆驼，我们不会说这人有了不起的聪明。同样，另一方面，一个人能比较两个近似的东西，如橡树与槐树，或寺院与教堂，而知其相似，我们也不能说他有很高的比较能力，我们所要求的，是要能看出异中之同和同中之异。[2]

黑格尔这个观点是非常合理的。可以说，人的智力发展水平是与辨认同中之异或异中之同成正比的。

鲸生活在海洋中，它和鱼类极为相似，它的形态、习性有很多方面和鱼一样。如由于鲸在海洋中游弋，后肢退化，前肢成鳍状。然而，在生育机制方面，鱼类是卵生的，而鲸不是卵生的。所以：我们就能鉴别出：鲸不是鱼类动物；蝙蝠生活在空中，它和鸟类极为相似，它的形态、习性有很多方面和鸟一样，如由于蝙蝠适应空中飞翔生活，前肢变为翼。然而，在生育机制方面，鸟类是卵生的，而蝙蝠不是卵生的。所以我们就能鉴别出：蝙蝠不是鸟类动物。

由此可见，对比被考察对象与某类对象，如果两者在一系列固有属性上虽是相同的，但是，被考察对象与某类对象在某一特定方面的机制（结构与功能）是差异的，那就可以推断出被考察对象不属于某类对象。

1967年，天文工作者通过射电天文观测发现了一种奇特的天体，叫做脉冲星。它能极有规则地发出短周期的脉冲。这种快速脉冲射电源究竟是什么星体呢？脉冲星的物理特性是高密度、超高温、超强磁场、个小、光度暗弱。在已知的各类星体中，要算白矮星是密度最大、体积最小了。所以，在脉冲星刚发现不久，就有人以为脉冲星是白矮星。大家知道，一类星体在天球上的位置（分布图）可以作为这类星体的标记，如果脉冲星是白矮星的话，那么脉冲星的分布位置就应该和白矮星的分布位置相同。否则，脉冲星就不是白矮星了。天文工作者对近距离的脉冲星进行了光学观测表明：没有一颗脉冲星是与已知白矮星的位置相符合的，这就可以推断出脉冲星不是白矮星，也就是在比较中作了鉴别推理。

如果用"X"表示被考察的对象，那么上述的推理方式（即对被考察对象"X"的鉴别方法）可以表示如下：

对象	固有属性	标记或特定机制
A	$p_1 p_2 p_3$	a
X	$p_1 p_2 p_3$	a

所以，X不是A

插图之三

应用鉴别推理的关键是要找出对象的标记或特定方面的机制加以比较。如电子与正电子无论质量或电量的绝对值方面都是完全相同的也都是稳定的粒子，只是电荷相反。它们进入威尔逊云雾室后在强磁场的作用下，就会留下弯曲的径迹，可作为标记。比较两者留下的径迹，弯曲的方向恰好相反。这样也就可以做出鉴别推理了。从1932年发现正电子后到现在，物理学家又先后发现了一系列的"反粒子"，正像普通的正粒子组成普通物体一样，"反粒子"也能够结合成"反物体"。如普通的氢原子是由一个质子和一个电子组成的，而"反氢"原子是由一个反质子和一个正电子组成的。那么在无限的宇宙中，有没有由"反粒子"组成的"反星体"呢？即使有的话，到目前为止，我们还无法把它与普通星体加以鉴别，因为还找不出可借鉴别的标记或机制。离我们遥远的"反星体"(如果确实存在的话)，它们的引力效应和它们所产生的光与普通的星体是完全一样的。直到目前还找不出可供对比的标记或机制，因而就无法做出鉴别推理。

三、比较中的溯源推理

正如鉴别同中之异是富有意义的，同样的，辨认异中之同也是富有意义的。科学的发展已越来越深刻地揭示出异物的"同素"(共同素材)。从巨大的天体到地面的物体，从无机物到有机物，无数的物体都是由元素组成的，而各种元素的原子又都是由基本粒子组成的。现在，科学理论又正处于回答基本粒子的统一组成问题。异物的"同京"，这只是事物统一性的一个方面，事物统一性的另一个方面是异物的"同源"，科学的发展也越来越深刻地揭示出异物的"同源"。

大家知道，达尔文提出进化论，认为世界上的一切生物种都是由共同的祖先演变而成的。这个理论曾被比较解剖学、比较胚胎学、古生物学、生物地理学以及育种学的许许多多材料直接验证，不仅如此，这个理论也可以通过推理给予间接证实。

恩格斯在《反杜林论》中曾经指出：

> 一切有机的细胞体，从本身是简单的，通常没有外膜而内部具有细胞核的蛋白质小块的变形虫起一直到人，从最小的单细胞的鼓藻起一直到最高度发展的植物，它们的细胞增殖方法都是共同的：分裂。先是细胞核在中间收缩，这种使核分成两半的收缩越来越厉害，最后这两半分开了，并且形成两个细胞核。同样的过程也在细胞本身中发生，两个核中的每一个都成为细胞质集合的中心点，这个集合体同另一个集合体联结在一起，中间收缩得越来越紧，直到最后分开，并成为两个独立的细胞继续存在下去。动物的卵在受精以后，其胚泡经这样不断重复的细胞分裂逐步发育成为完全成熟的动物，同样，在已经长成的动物中，对消耗的组织的补充也是这样进行的。[3]

千姿万态的凡是具有细胞形态的生物体，在细胞增殖的机制上都是相同的，即只有通过细胞分裂这一种方式，而不是各有各的独特方式，这就可以推断出：一切生物都是从过去的共同祖先演变而来的。

现代生物学理论又揭示出：遗传信息是由 DNA 分子通过复制传递给下一代的。由一定结构的 DNA 分子控制一定结构的蛋白质分子的合成，再由一定结构的蛋白质分子带来一定的体形结构和生理机能。DNA 分子是由四种核苷酸（A；

T；G；C）以各种方式排列而成的，而蛋白质分子又是由 20 种氨基酸（如精氨酸；谷氨酸；赖氨酸等）按各种方式排列而成的。那么，一定结构的 DNA 分子是如何控制蛋白质分子的合成过程，而产生出一定结构的蛋白质分子呢？已经查明，构成 DNA 分子的核苷酸与构成蛋白质分子的氨基酸，就像用三个核苷酸组成的"密码"代表一种特定的氨基酸。举例说：AGA 是代表精氨酸的"密码"；GAA 是代表谷氨酸的"密码"；AAA 是代表赖氨酸的"密码"……。这样，DNA 分子的结构（A、T、G、C 不同组合），就可以"翻译"为蛋白质分子的结构（精氨酸、谷氨酸、赖氨酸……的不同组合）。也就是说，DNA 分子的结构控制着各种氨基酸按一定的排列顺序合成为蛋白质分子。人们把 A、T、G、C 这四种核苷酸的不同组合看作是"遗传密码"。奇妙的是，各种生物并不是各"用"一套密码，从最低等的生物到最高等的生物，所"用"的密码全是一样的。细菌、烟草、鸽子、榆树、人……都是"用"相同的"密码"（如上所述：AGA 代表精氨酸；GAA 代表谷氨酸；AAA 代表赖氨酸……）。千差万别的，各种各样的生物，在"遗传密码"的机制上（"密码字典"）是完全相同的，这就可以推断出一切生物种都是由过去的共同祖先演变而来的。

如果用"X"表示某种特定的机制，那么上述的推理方式（即对异物的溯源方法）可以表示如下：

对象	机制
A	X
B	X
C	X

所以，A、B、C……是同源的产物

插图之四

比较中的溯源推理，并不是只用于揭示有生命的物种之间在进化论意义上的"同祖"，而更多的是用于探索不同物象在发生学意义上的"同因"。这是不难理解的；如果一个语文教师发现全班学生交来的家庭作业——诗歌，都夹有一组文学完全相同的诗句，那他就会想到：这是学生们都抄袭某首诗的结果。不仅日常生活上可以这样推论，而且科学研究上也可以这样推论。

大家知道，要弄清地球磁场的历史状况并不是一件容易的事，因为如果地球磁场发生了变化，那么原来的磁场状态也就消失了。人们怎么能知道亿万年前的地球磁场状况呢？！有人假定，当初火山把岩浆喷到地表而凝固成火山岩时，就顺着当初地球磁场的方向而磁化，火山岩可看作是记录古地磁场方向的"录音机"，我们只要通过测定各种不同年龄的火山岩的磁性（剩余磁性），也就可以追溯地磁场的历史了。古地磁学的研究发现，有个时期的火山岩磁性与现代地磁场大致是同向的，而另个时期的火山岩磁性是与现代地磁场的方向相反，还有个时期也是正向的，此外还有个时期也是反向的。那么这种奇异的现象，究竟是古地磁场倒转的历史遗留下来的标记呢，还是单纯为岩石自身磁性的反向呢？

以后，对海底的考察，发现大洋的中央是海岭（海底山脉），这里地震活跃，高热流量，海岭又是火山性山脉。而海洋的最深部——海沟，不在海洋的中央，却在海洋与大陆的交界处。海沟的特点是重力小（似乎有个向下拉的力，否则应当上升），热流量也非常小。此外，海底地磁是呈条带状（每条宽数十公里，长数百公里）的平面排列分布，这些海底"地磁条带"，有的磁性是正向的，有的磁性是反向的，这种正反交替变化是和火山岩磁性的正反交替变化相吻合的，根据上述的各种情形，可以假定有地下的对流物质不断从中央海岭涌出，产生新的海底向中央海岭两侧扩张（位移），当它像传送带一样移动到海沟后，又沉降回到地下深处去。如果古地磁场有向北和向南的倒转变化，那么在某个时期形成的海底（条带状）就会正向磁化，而在另个时期形成的海底（条带状）就会反向磁化。还有人认为在海底沉积的矿物微粒，也会顺着古地磁场的方向磁化。于是用管子插入海底提取土层的柱状样品，经测定表明，海底沉积物磁性方向正反交替的变化也非常明显，这和火山岩磁性方向正反交替的变化、海底条带状磁性方向正反交替的变化是相同的，从而应用溯源推理就可以得出：这些现象都是同源的——地球磁场倒转的结果。

地磁场倒转的历史就是建立在：①全世界火山岩的剩余磁性，②长数百公里宽数十公里的海底条带状磁化，③长 10 米左右的海底土样这样三种独立的现象在定量上取得了一致的基础之上的。这也就是三位一体的来源。[4]

这样，古地磁学也为海底扩张说提供了强有力的论据。

四、比较中的定序推理

宇宙间的一切具体事物，都是合乎规律地运动变化的，都有自己的发生、发展和衰亡的历史，各门科学都是以特定领域的事物作为自己的研究对象，研究事物演变的各个阶段，确定事物演变的顺序即具体过程。

人们可以直接观察某种昆虫个体的全部生活史，养蚕者、养蜂者都有这方面的丰富知识。但是谁能直接观察天上星体的演化史。要知道相对天体演化的时间尺度来说，不仅我们个人的寿命，就是人类的历史也不过是一瞬间。同样，我们也不能直接观察从猿到人的进化过程。尽管我们不能直接观察到某些"过程"，但是我们还是能够认识这些"过程"，这就是运用比较并做出推理。

假如有个人是第一次看到清水池中的蝌蚪，而且他从来也没有听过关于蝌蚪演变为青蛙的知识。如果这个人能够细心观察并善于思考，那他还是能够认识蝌蚪演变为青蛙的过程。为什么呢？当他细心观察水池中的蝌蚪时，他将会发现池中蝌蚪的不同型式：有些蝌蚪长有前肢和后肢；有些蝌蚪只有后肢而没有前肢；有些蝌蚪只有尾巴，没有前肢和后肢；有些蝌蚪有后肢，而前肢刚露痕迹。当他继续观察并作反复比较时，将会进一步发现：有些型式之间的差异程度小些——如有尾巴没有四肢的与有尾巴单有后肢的；而有些型式之间的差异程度大些——如有尾巴没有四肢的与有四肢的。如果这个人有一定的理解力，那么，他就会想到差异程度小的是邻近的，而差异程度大的是隔远的。这样他就会确定出蝌蚪发育成为青蛙的演变顺序：先长后肢，再长前肢，最后尾巴萎缩变成蛙。这就是通过比较对象间差异性程度的大小而做出的定序推理。在科学研究工作中，也应用这样的推论方法。1879 年德国生物学家弗莱明（Walther Flemming，1843—1905）用红色染料对细胞进行染色，尽管染料会杀死细胞，他不能直接观察细胞分裂的活生生过程，但是在机体组织的切片里，他能够看到处在细胞不同分裂时期的、表现为各种状态的细胞，这样，他通过比较就可以推断出细胞分裂的演变顺序了。

如果用 A、B、C、D……表示同一系统而不同状态的对象，用"—"表示两个对象之间的对比，用"<"表示左边的差异程度小于右边的差异程度，那么上面所讲的推理方式（即对演变过程的定序方法）可以表示如下：

$$A—B；B—C；C—D<A—C；B—D$$
$$\overline{A—C；B—D<A—D}$$

所以，演变的顺序为A、B、C、D

插图之五

定序推理的特点是比较与概括、综合相结合。呈现在研究者眼前的个体对象大多是不规则分布的，如林间的蘑菇，天上的星星等（如图）。

插图之六

研究者首先要把个体对象概括为处在不同状态的类型：A、B、C、D；然后，对比不同类型之间的差异，按其间差异程度的大小概括为：差异程度小的，差异程度中等的和差异程度大的。为了简单明了，我们可用汉字"山"从图画演变到文字[5]为例来说明。山的象形有下列几种：

插图之七

通过对比，可以确定差异程度小的有：

插图之八

差异程度中等的有：

插图之九

等等。在认清差异程度大小的基础上，从差异程度小的各对之间，以共同的中间项为媒介进行综合。如下列两对都是差异性程度小的

插图之十

并有个共同的中间项

插图之十一

那么就可以综合为：

插图之十二

取其两端就恰好与上面所说的差异程度中等的

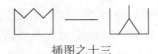

插图之十三

相符合，表明这样综合是没有差错的。依照这种方式——以某一个共同的中间项为媒介继续综合下去，就可以确定出全过程的顺序来。即：

插图之十四

　　这就是汉字"山"从图画到文学的演变顺序。当然对象形文字演变过程的定序还是比较简单的，借直观就可比较、概括、综合了。但是，在研究具有复杂机制的对象时，研究者必须做出精密观侧，必须探讨对象的内部机制，才能真正弄清处于不同状态的对象之间的差异程度，从而做出科学的定序。

　　古代自然哲学家的弊病就在于他们没有从细部进行对比，对发展演变的认识没有科学地定序。这一方面是由于历史条件的限制，另一方面还由于他们以一般的臆断为满足。所以，自然哲学被精密科学所取代是必然的。

参 考 文 献

[1] 竺可桢，宛敏渭，《物候学》，北京：科学出版社，1999 年，第 72—75 页。

[2] 黑格尔，《小逻辑》，贺麟译，北京：商务印书馆，2009 年，第 254—255 页。

[3] 恩格斯，《反杜林论》，载中共中央马克思恩格斯列宁斯大林著作编译局编译，《马克思恩格斯文集》第 9 卷，北京：人民出版社，2009 年，第 82 页。

[4] 上田诚也，《新地球观》，常子文译，北京：科学出版社，1973 年，第 56 页。

[5] 胜见胜，《ABC 的历史》，陈青今译，北京：文字改革出版社，1959 年，第 7—9 页。

27 科学认识中思维方式的演进*

人类的科学活动是历史发展的，理论思维与科学研究的方法也是历史发展的，存在着明显的变异。如果用德国古典哲学的术语来说，悟性（或译"知性"）的活动与理性（辩证思维）的活动两者不同：前者的基本特点是局部地、固定地、分割地、抽象地研究被认知的对象；后者的基本特点是整体地、流动地、统一地、具体地研究被认知的对象。

恩格斯曾经认为：整个悟性活动，归纳、演绎、分析、综合、抽象等（请注意，这里所列举的都是各自分隔的、单独的、固定的，并不是作为对立统一的，相互渗透、相互转化的：如归纳与演绎、分析与综合、抽象与具体等），

> 所有这些行为方法——从而普通逻辑所承认的一切科学研究手段——在人和高等动物那里是完全一样的。它们只是在程度上（每一次运用的方法的发展程度）上不同而已。只要人和动物都运用或满足于这些初级的方法，那么这种方法的基本特点对二者来说就是相同的，并导致相同的结果。相反，辩证的思维——正因为它是以概念本身的本性的研究为前提——只对于人才是可能的，并且只对于已处于较高发展阶段上的人（佛教徒和希腊人）才是可能的，而其充分的发展还要晚得多，通过现代哲学才达到。虽然如此，早在希腊人那里就已经取得了巨大成果，那些成果深远地预示了以后的研究工作![1]

纵然人们不把认识过程划分为感性、悟性和理性三个阶段，而把认识看作是从感性经验上升到理性思维，也同样是可以澄清问题的。那就是说，在理性思维中或者在科学理论思维领域里，存在着两种不同的思维方式（研究态度）。对于这两种不同的思维方式（研究态度），可以从不同的角度给予描述，而且，由于社会文化思想史方面存在着种种复杂的因素，各派学者又各自以其不同的独特术语去描述它们。因而，理解这种高难度的哲理性问题，不单要见之于言传，而且更需要意会。

那么，在科学理论思维的领域中，这两种不同的思维方式（研究态度），究竟

* 本文原载《武汉大学学报（社会科学版）》，1988年第6期，第28—32页。

有何区别呢？就粗略大致而言，以下两点区别则是非常根本的：

（1）一种思维方式是分析性的，目的在于认识事物构成的最简单要素与其结构的稳定秩序；另一种思维方式是整体性的，目的在于认识事物的总体演化与其系统的动态秩序。

（2）与上述相应的，一种思维方式是以抽象的同一性为逻辑基础；另一种思维方式是以对立面的统一为逻辑基础。

这两种不同的理论思维方式（研究态度）——德国古典哲学家称之为"悟性"和"理性"，而当代心理学家皮亚杰（Jean Piaget，1896—1980）等人则称之为："分析性理性"和"辩证理性"（皮亚杰认为："这种区别是本质性的，同样当然的是，并不存在两种理性，只有理性可以采取的两种态度或两类'方法'（用笛卡儿赋予这个词的意思）。"）[2] 104——都是人类科学活动的历史发展中形成的。同时，它们也在人类科学的活动历程中留下了深刻的印迹。如果我们回顾一下人类科学活动的一般历程，那就不难发现：在科学思维领域中存在着两种不同的思维方式，期间有着显著不同的特征。

古代的自然哲学家，为了理解世界所做的最初的尝试，就是确信世界万物都是由一种最基本的物质（实体）构成的，只是对这种作为万物本源的"实体"究竟是什么，各派的看法颇为不同。最初提出的见解大多是直观性的，比如，或持"水"说，或持"土"说，或持"气"说等等。而进一步的发展就是导致留基伯（Λεύκιππος，约公元前 500—约公元前 440 年）和德谟克利特（Δημόκριτος，约公元前 460—约公元前 370）提出了抽象的"原子论"。德谟克利特认为：正像悲剧和戏剧能用同样字母写成一样，这个世界上各种各样事件都能由同样的原子来实现，只要他们占有不同位置，并能做不同的运动。按照古代"原子论"的说法，物质的最小的不可分割的组成单位是原子，原子本身是永恒不变、不生不灭的"实体"，他们的唯一性质就是占据空间（"虚空"）。事物的多样性以及一切可感知的质的差别（如"红""酸""坚硬"等性质，都以原子在空间（"虚空"）中的不同位置和排列来解释。也就是说，世界上一切事物的可感知性质都被"分析"（归化）为原子在空间的各种不同的几何组合。古代"原子论"的这种基本倾向与其分析性的思维方法，对后来的科学发展产生了持久而强有力地影响。

到了近代，由于新兴自然科学的发展，人们从化学实验中获得了新的认识。凡是化学上不能进一步分解的组成单位就是"元素"；化学元素有几十种，一种元素的原子不同于另一种元素的原子。在这一点上显然是偏离了古代"原子论"的设想。但是，17~18 世纪的化学元素原子论仍然肯定：各种元素的原子是不可分割的、永恒不变的；一切化合物都是由不同元素的原子排列成原子团（分子）而构成的。19 世纪初，当普劳特（William Prout，1785—1850）提出所有化学元素的原子都是由氢原子所构成的这个杰出的假说时，原子论又戏剧性地展示出新的一幕，似乎氢原子就相当于古希腊思想家所设想的那种构成一切事物本源的最小单位。总之，在这个时期，那些继承古代原子论基本倾向与分析性思维方式的学者们确信：无论是化学和物理现象，还是生命现象，甚至精神现象，最终都可以分析（还原）为原子的各种不同行为，这就是与近代"原子论"相伴生的"还原论"。

在 19 世纪，由法拉第（Michael Faraday，1791—1867）和麦克斯韦（James Clerk Maxwell，1831—1879）所创建的电磁理论，是古代和近代原子论的基本设想之一——"虚空"的观念破灭了。对于原子论来说，"原子"与"空虚"两者是缺一不可的。但是，法拉第却提出电与磁周围都有一种"场"的存在，而且电场与磁场是互相感应又可转化的。随后，麦克斯韦则更进一步确认电场与磁场是不能分割的整体——电磁场，并能以波的形式在空间辐射传播。光也不过是电磁波的一种，是一种可以见到的电磁波。他把电、磁和光都统一起来了。这样也就是宣告：原子论所谓的"虚空"是根本不存在的！

可是，彻底摧毁古代和近代原子论者关于"原子"是世界本源实体这一古老教条的，则是现代原子物理学。当卢瑟福提出原子的行星系模型时，这不仅意味着原子是一种复合物，而且它同太阳系一样复杂，是有待于人类探索的"微观世界"。进一步的研究表明，不仅原子核是由原子和中子构成的复合物，而且还存在着介子等其他寿命很短的"基本粒子"。这些基本粒子是变化不息又能互相转化的。那么，基本粒子究竟有多少种？它们能否像化学元素周期系那样有序的排列呢？这些问题至今仍然是个谜。

不仅如此，自狄拉克（Paul Adrien Maurice Dirac，1902—1984）提出"反粒子"与"负能"的开拓理性之后，人们又认识到无论是粒子还是能量，都存在着"正"与"反"的对立面：正电子—负电子；正质子—负质子；正中子—负中子；正元素—反元素；正星体—反星体；正能量—负能量，等等。由于安德森（Carl David Anderson，1905—1991）发现了正电子，而且证实了正电子和负电子相撞则湮没转化为光量子，反之，光量子又能转化为一对电子偶。这样，人们又对"实物"与"场"的相互转化关系，认识的更为具体了。

现代科学的发展突破了以往原子论者所沿用的分析性的研究方式，而代之以整体性的研究方式。无论是宏观世界还是微观世界都应当看作是个动态演变的整体性系统，他们只是在层次上不同而已。大而复杂的"母系统"包含着许许多多的"子系统"。因此，与其去探求组成事务的不可分割的最简单要素和静态的秩序，不如去探求特定系统的变化发展和动态的秩序。

今天人们已经明白，从宏观世界到微观世界，从无机界到有机界，一切存在的事物都是含有种种复杂因素而不断转换的动态系统。那么，应当如何理解万物的运动变化和生成发展呢？

运动究竟是什么呢？古希腊的思想家对此进行过长期而又激动人心的争论，艾奥利亚学派的哲学家芝诺认为，从感觉上说，确信有运动，但从理性上说，运动是不可理解的，并不是真实存在的。他对运动提出过四个反驳（疑难）。

为什么芝诺会对运动疑惑不解呢？这是因为他发现了运动自身的矛盾（间断性与非间断性之间的矛盾）。他的错处不在于发现矛盾，而在于从发现矛盾而走向否认运动的可能性。产生这样的错误绝不是偶然的，而有其深刻的认识上的根源。列宁说：

> 如果不把不间断的东西割断，不使活生生的东西简单化、粗陋化，不加以划分，不使之僵化，那么我们就不能想象、表达、测量、描述运动。思维对运动的描述，总是粗陋化、僵化。不仅思想是这样，而且感觉也是这样；不仅对运动是这样，而且对任何概念也都是这样。[3]

芝诺把活生生的运动过程分割为无穷的部分并给予孤立的考察。正是这种"悟性"思维方法使他以为运动是不可能的。黑格尔也说过：

> 造成困难的永远是思维，因为思维把一个对象在实际里紧密联系着的诸环节彼此区分开来。思维引起了由于人吃了善恶知识之树的果子而来的堕落罪恶，但它又能医治这不幸。[4]

如果人们能把运动作为完整的过程并统一起来考察的话，那么就会认识到正是运动自身的矛盾使运动成为可能。实际上，并不是矛盾使运动成为不可能，而是只有辩证的思维才能理解运动。

哲学家们在讨论运动时，需要辩证的思考，把运动理解为："不间断性（连续性）与间断性（不连续性）的统一"，即矛盾（对立面）的统一。那么，科学家们是否也需要这样思考问题呢？

人们不妨回顾一下近代物理学对于光的本质的争论。以牛顿为代表的一派认为光的本质是微粒（间断的或不连续的），提出"粒子说"；以惠更斯为代表的另一派则认为光的本质是波（非间断的或连续的），提出"波动说"。按照经典物理学的角度来看，如果光是粒子（间断的），那就不可能是波（非间断）。如果光是波（非间断的），那就不可能是粒子（间断的）。

在经典物理中，一束光和一束电子是根本不相同的。前者是一束经由空间的
某一方向传播的电磁波；物质并没有动，变化的仅是电磁场在空间的状态。
与之相反，一束粒子则由实在的物质以一个个小单元笔直地向前运动组成；
它们之间的差异犹如湖面上的波动与一群沿着同一方向游动的鱼。因此，当
物理学家发现电子束有波性，而光束又有粒子性的时候，还有什么事情比这
更使他们吃惊呢？[5]

物理学家发现光量子的二象性（间断性与非间断性，或连续性与非连续性），犹如
芝诺发现自身运动的矛盾一样感到迷惑。因为一个东西不能同时是一个粒子（即
限制于很小体积内的实体）而又是一个波（即扩展到一个大空间的场）。[6]

　　现代的物理学家们怎样对待这种困境呢？量子力学的创始人之一、杰出的物
理学家海森堡（Werner　Heisenberg，1901—1976）对此的回答，可以说是再精明
不过了。他说：

在物理学发展的各个时期，凡是由于出现上述这种原因而对以实验为基础的
事实不能提出一个逻辑上无可指责的描述的时候，推动事物前进的最富有成
效的做法，就是往往把现在所发现的矛盾提升为原理。这也就是说，试图把
这个矛盾纳入理论的基本假说之中而为科学知识开拓新的领域。"[7]136

　　量子力学的另一位创始人，哥本哈根学派的领导人尼尔斯·玻尔（Niels H. D.
Bohr，1885—1962）则提出了著名的"互补原理"或称"并协原理"（Principle of
complementarity）。依照玻尔的说法：

当人们企图按照经典方式来描绘一种原子过程的历程时，所得的经验可能显
得是相互矛盾的；但是，不论如何矛盾，它们却代表着有关原子系统的同样
重要的知识，而且，它们的总体就包举无余地代表了这种知识；在这种意义
上，这样的经验应该被看成是互补的。互补性这一概念绝不会使我们离开自
然的独立观察者的地位，这一概念应该被认为是在逻辑上表现了我们在这一
经验领域中进行客观描述时所占的位置。[8]82

这就像列宁说过的，问题不在于有没有运动，而在于如何在逻辑的概念中表达它。
而玻尔的"互补性"概念，正是把互相排斥的两种图像互相补充成为统一的整体
性知识。玻尔不像芝诺那样，发现了矛盾就加以怀疑和否定，而是主张以矛盾统
一的"互补性"概念作为概括经验的逻辑基础。他说："互补性概念绝不包括和科
学精神不相容的任何神秘主义，它指示了描述并概括原子物理学中的经验的逻辑

基础。"[8] 100

值得注意的是，不仅仅是有关于光的本性的知识需要以矛盾统一为逻辑基础给出描述，而且原子世界的一切现象都必须以矛盾统一为逻辑基础给出描述。德布罗意（Louis Victor de Broglie，1892—1987）之所以能够提出"物质波"的设想，正是以这种逻辑思路为前提的。

> 连续和不连续过程之间的这种二象性，最后在法国人德布罗意的著名论文中得到了意义最为深远的叙述。他断言，正如光可以用微粒说也可以用波动说这两种相互矛盾的直观图象来解释一样，所以物质的终极构造物电子，也必须给以附加一个波场。因此按照德布罗意的看法，在一定范围内也可以把物质直观地看作是一种连续的波动过程。以后对这个假说的实验验证也都清楚地表明，连续和不连续过程之间的二象性如一条裂缝那样贯穿着原子物理的整个过程。[7] 137

可以说，量子力学的创立与现代原子物理学发展的本身就是对辩证思维理论的基础原理的认证。

尽管玻尔量子力学中提出的"互补性原理"所表现的辩证法倾向还是羞羞答答的，然而，他却能大致的看到这种辩证思维原理的普遍适用性。首先，他联想到爱因斯坦的相对论，他是这样认为的：

> 尽管在引起相对论发展的和引起量子论发展的那些物理问题之间有很多差别，但是，相对论论证和互补性论证之间的一种纯逻辑方面的对比将使人们看到，在放弃客体的惯常物理属性的绝对意义方面，这二者是有着一些显著的类似点的。[8] 71

玻尔不仅对物理现象，而且对生命现象和心理现象等都主张应用互补的整体性描述方式。这比原子论传统的那种以分析性思维方式为基础的"还原论"，要高明得多了。

这里，应当说明的是，我们的注意力并不在于对玻尔的"互补原理"做出系统的评价，而只是为了说明现代科学发展与思维方式演变之间深刻联系。这一点，对于自然科学家来说，他们也是格外认真的。

> 为什么自然科学上的一个特殊发现，会同一般的哲学问题在根本上发生起关系来了呢？这显然只有在这种情况下，当由于这种发现而提出了或者回答了性质非常一般的问题的时候才有可能。这就是这些问题，它们的目的不在太过于讨论自然科学的一个特殊领域，而倒是完全在于自然科学的方法或者一

切科学的基本假设方面。[7] 148

当代，人们愈来愈看清了希腊哲学家探讨运动生成问题的深远意义，也更加懂得了探讨"悟性"（分析性）与"理性"（整体性的）这两种不同方式的积极意义。耐人寻味的是作为物理学家的海森堡居然颇有感慨地说："在量子论的认识论分析中，尤其是在玻尔所给予它的形式中，还包含着许多会使人想起黑格尔哲学方法的特征。"[7] 160

通晓数学、逻辑学、物理学、社会学、生物学、心理学以及科学史的皮亚杰，他是以研究科学认识的发生和发展问题而著名的，这位学者十分敏锐地察觉到，现代科学发展的趋向是突破"原子论式"的分析性研究，要求做出整体性的被他称作为"结构主义"式的研究。在他看来，许多科学领域都在经历一场"结构主义"式的革命，并告诫人们别忘了这样一个基本事实：

> 即在各种科学本身的领域，结构主义总是同构造论紧密联系的，而且就构造论而言，因为有历史发展，对立面的对立和'矛盾解决'等特有的标记，人们是不能不承认它有辩证性质的，更不用说辩证倾向与结构主义倾向是有共同整体观念的了。[2] 102-103

皮亚杰在阐明结构主义的构造论时，如同海森堡在论及量子力学的"互补性"原理时一样，也"想起黑格尔哲学方法的特征"。他说：

> 因为时常就是构造过程本身，在同种种肯定结合起来时产生种种否定，接下去在共同的"矛盾解决"中再得到它们之间的协调一致。[2] 104

> 这个黑格尔或康德的模式并不是抽象的模式或纯概念的模式，否则他就会既不能使科学也不能使结构主义感兴趣了。[2] 104

20 世纪上半叶，在英美有不少人把"分析哲学"奉为正统哲学，然而，当代科学发展却日益抛弃了"分析哲学"中的陈旧观念，正如现代一般系统论的开创人贝塔朗菲十分尖锐指出的那样：

> 逻辑实证主义的认识论（和形而上学）是由物理主义、原子主义和知识的"照相理论"（camera theory）所决定的。用现代知识的观点来看，这些都完全过时了。产生于生物科学，行为科学和社会科学中的问题和思想模式同样地应该受到重视。[9]

显然，当今西方学术界涌现出来的这股具有辩证倾向的"系统哲学"思潮，正在猛烈地冲击着以"逻辑原子论"倾向为中心的"分析哲学"。"系统哲学"的一个显著特征是它与当代许多新兴的综合学科、横断学科（如系统论、控制论、信息论等等）同步地发展起来，其影响已在盛行"分析哲学"的英美学术界急剧的扩大，更不用说他在"分析哲学"影响较弱的欧洲大陆国家里所激起的反响了。然而，尽管当代系统哲学及其同类的思潮具有强烈的辩证法倾向，而且影响很广，但这并不意味着他们已给出了现成而完整的辩证思维方法论。

某些敬仰"分析哲学"而着了迷的学者，他们认为辩证法是不屑一顾的；也有某些敬仰"辩证法"而把它们奉为教条的学者，他们以为经典的条条框框是至上的。以上这两种态度都不可取。我们认为，应当努力研究当代科学发展的新情况、新问题、新成就，创造性的发展马克思主义认识论。无论对西方的分析哲学（"逻辑的原子论"）思潮，还是对西方的系统哲学（"逻辑的系统论"）思潮，都应当采取有分析的态度，吸取精华，去其谬误。

总而言之，关于辩证思维的方法论，是探讨哲学与各门科学发展的产物，是对世界认识历史的总结，是对人类社会一切优秀的科学与文化成就的总结和概括。

参 考 文 献

[1] 恩格斯，《自然辩证法》，载中共中央马克思恩格斯列宁斯大林著作编译局编译，《马克思恩格斯文集》第9卷，北京：人民出版社，2009年，第485页。

[2] 皮亚杰，《结构主义》，北京：商务印书馆，2011年。

[3] 列宁，《哲学笔记》，载中共中央马克思恩格斯列宁斯大林著作编译局编译，《列宁全集》第55卷，北京：人民出版社，1990年，第219页。

[4] 黑格尔，《哲学史讲演录》第1卷，贺麟，王太庆等译，北京：商务印书馆，2013年，第320—321页。

[5] 韦斯科夫，《二十世纪物理学》，杨福家、汤家镛、施士元、倪光炯、张礼等译，北京：科学出版社，1979年，第28页。

[6] 海森堡，《物理学和哲学：现代科学中的革命》，范代年译，北京：商务印书馆，2011年，第19页。

[7] 海森堡，《严密自然科学基础近年来的变化》，《海森堡论文选》翻译组译，上海：上海译文出版社，1978年。

[8] 波尔，《原子物理学和人类知识》，北京：商务印书馆，1964年。

[9] 欧文·拉兹洛，《系统哲学引论：一种当代思想的新范式》，钱兆华，熊继宁，刘俊生译，北京：商务印书馆，1998年，第11页。

第五部　邓小平治国方略解读

28 邓小平对实事求是思想路线的发展*

江泽民总书记在纪念邓小平同志逝世一周年的文章中指出：

学习邓小平同志的著作，不能仅仅以了解它的某些论述和某些词句为满足，而应真正读懂读通。要在把握邓小平理论的科学体系和领会它的精神实质上下功夫，尤其要着重领会解放思想、实事求是这个邓小平理论的精髓。解放思想、实事求是，也是马克思主义、列宁主义和毛泽东思想的精髓。正是依靠和运用这个精髓，才有马克思主义的创立和发展，才有列宁主义的创立和发展，才有毛泽东思想、邓小平理论的创立和发展。也正是依靠和运用这个精髓，一代一代的马克思主义者在实现和发展社会主义事业的历史进程中，通过既继承前人又突破陈规、既排除各种错误倾向的干扰又吸取各种失误的教训，不断解决新课题、开拓新境界、实现新飞跃。把握了这个精髓，也就把握了马克思主义最本质的东西，也就把握了马克思主义、列宁主义、毛泽东思想、邓小平理论的历史联系和它的统一科学思想体系。[1]

解放思想、实事求是是邓小平理论的思想方法的精髓。邓小平对实事求是的内涵、准则、功能作过许多精辟而独到的论述，并以此为出发点，对解放思想、解题贵在创新以及敢闯新路的工作方法进行了系统发挥，从而形成了以实事求是为核心的思想方法体系。邓小平对实事求是思想路线的创造性运用和发展，引起了人们的思想观念以及整个社会生活领域的一系列重大而深刻的变化。

一、实事求是的思想路线

"实事求是"这几个字，最早出自我国东汉班固（32—92）所著《汉书·河间献王刘德传》。书中称赞刘德（公元前171—公元前130）"修学好古，实事求是"，意思是说人们做学问的态度要讲究实际，不弄虚作假。唐朝颜师古（581—645）认为班固这句话的意思是"务得实事，每求真是也"。1941年，毛泽东在《改造我们

* 本文选自张巨青等著，《邓小平理论的思想方法研究》，南京：江苏教育出版社，1998年，第101—178页

的学习》一文中用马克思主义观点对"实事求是"作了全新的哲学解释。他说：

> "实事"就是客观存在着的一切事物，"是"就是客观事物的内部联系，即规律性，"求"就是我们去研究。[2]

1942 年，毛泽东为延安中央党校的题词就是"实事求是"。从此之后，"实事求是"成为我们党的根本的思想路线。其实，在稍早一些时候，毛泽东在 1938 年 10 月写的《中国共产党在民族战争中的地位》一文中就提出了"实事求是"，只不过还没有上升到思想路线的高度。他说：

> 共产党员应是实事求是的模范，又是具有远见卓识的模范。因为只有实事求是，才能完成确定的任务；只有远见卓识，才能不失前进的方向。[3]

实事求是作为我们党的思想路线，在党所领导的新民主主义革命斗争中和社会主义建设初期发挥过极其重要的作用。然而，从 20 世纪 50 年代后期开始，由于众所周知的原因，这条党的根本思想路线被践踏。粉碎"四人帮"以后，邓小平为恢复和确立党的实事求是的思想路线做出了杰出的贡献。在《坚持党的路线，改进工作方法》一文中，邓小平指出：

> 三中全会确立了，准确地说是重申了党的马克思主义的思想路线。马克思、恩格斯创立了辩证唯物主义和历史唯物主义的思想路线，毛泽东同志用中国语言概括为'实事求是'四个大字。实事求是，一切从实际出发，理论联系实际，坚持实践是检验真理的标准，这就是我们党的思想路线。[4]278

在此之后，邓小平多次论证了这条思想路线。

邓小平并不只是重申了党的思想路线，而是把实事求是，一切从实际出发，理论联系实际，坚持实践是检验真理的标准等内容联系起来，构成了一个整体，从而赋予党的思想路线以新的内容。由于实事求是是党的思想路线的核心，所以，邓小平把党的思想路线称为"实事求是"。他说：

> 思想路线是什么？就是坚持马克思主义，坚持把马克思主义同中国实际相结合，也就是坚持毛泽东同志说的实事求是，坚持毛泽东同志的基本思想。[5]62

这是实事求是的内涵。

邓小平对于党的思想路线的论述是多视角、多方面的，他对实事求是的内涵作了这样的科学规定："解放思想，就是使思想和实际相符合，使主观和客观相符合，就是实事求是"[6]364 邓小平这个规定，揭示了实事求是的精神实质，体现了辩证唯物主义和历史唯物主义的根本立场。

不言而喻,第一性的东西是"实事","实事"是"求是"的基础和前提。"实事"作为客观存在的事物,是独立于人们的意识之外,不以人们的主观意志为转移的。要"求"到"是",就必须依据"实事",如实地反映客观事物及其规律。恩格斯指出:"在自然界和历史的每一科学领域中,都必须从既有的事实出发。"[6] 440"现在无论在哪一个领域,都不再是从头脑中想出联系,而是从事实中发现联系了。"[7]列宁也说过:唯物主义的基本特征在于它的出发点是科学的客观性,承认科学所反映的客观实在。"马克思主义者只能以经过严格证明和确凿证明的事实作为自己的政策的前提。"[8]可见,邓小平把实事求是规定为"思想和实际相符合","主观和客观相符合",就是坚持物质决定精神,存在决定意识的唯物主义认识论路线。

"实事"对于"求是"的基础地位决定了人们思考问题、制定政策不能从"本本"出发,而只能从实际出发。对此,邓小平结合中国革命和建设实际作了具体而深刻的发挥。他说:"实事求是是马克思主义的精髓。要提倡这个,不要提倡本本。"[5]382基于此,邓小平对我国社会主义时期的实际作了很深刻的分析,他认为,要使中国实现四个现代化,至少有两个重要特点是必须看到的:一是底子薄,二是人口多,耕地少。通过对中国现实社会实际的分析,他得出了"我们中国又处在社会主义的初级阶段"[5] 252的重要结论,并郑重地告诉我们:"一切都要从这个实际出发,根据这个实际来制订规划。"[5] 252他还多次强调:"制定一切政策,要从实际出发。"[5] 288

应该看到,"实事"并不是封闭的系统和静止不变的,相反,它是一个开放的系统,处于不断地变化发展之中。实事求是要求人们从事物的联系,事物的运动,事物的产生和消亡方面去考察。邓小平强调从实际出发,并不是只对"实事"作静态分析,而是注重对"实事"作动态的考察。邓小平总是要求人们对问题的分析和处理必须重视时间、地点和条件。1978 年 6 月,他曾明确地指出:"我们是历史唯物主义者,研究和解决任何问题都离不开一定的历史条件。"[4] 119邓小平这里所说的条件,着重指不同于以往的新的历史条件。他还说:"今天这样的、比过去好得多的国际条件……这是毛泽东同志在世的时候所没有的条件。"[4] 127很显然,邓小平所说的"新的历史条件"就是"实事"的变化发展。研究"实事"的变化即新的历史条件是极为重要的。列宁说:"在分析任何一个社会问题时,马克思主义理论的绝对要求,就是要把问题提到一定的历史范围之内。"[9]邓小平坚持马克思主义的一贯主张,特别注重分析新的历史条件,在他看来,"这就是按照毛泽东同志关于实事求是的教导,研究分析实际问题,解决实际问题"。[4] 119

历史的变化既受着客观必然性的支配，又通过偶然性表现出来，机遇就是体现着某种发展趋势的偶然性，它为人们的目的性活动提供了有利条件、有利时机，人们可以为实现某种目的而自觉地加以利用。邓小平通过对"实事"变化发展的考察，提出了一个重要的思想：抓住机遇。他指出："从现在的实际出发，充分利用各种有利条件……"[4] 128 "我们要抓住时机，现在是改革的最好时机。"[5] 132 这里所说的"机遇""时机"，就是"现在的实际"，亦即现实中出现了有利条件。那么，"机遇"何以见得呢？机遇首先来自从未有过的国际环境。世界大战一时打不起来，两霸称雄世界的格局不复存在，世界朝着多极化方向发展，和平和发展成为当今时代的两大主题，这使我国在国际关系中有较大回旋余地。所以，邓小平说："现在世界发生大转折，就是个机遇。"[5] 369 其次，机遇来自世界经济发展的国际化。生产国际化，贸易国际化，技术国际化，投资国际化，并且这种国际化的速度正在加快。这为我国吸收外资和外国科技提供了有利条件。再次，机遇来自于一些周边国家和地区都以较快的速度向前发展。我国同周边国家或地区的关系全面缓解或改善，这对于我国的经济发展也是有利的。从国内来看，

> 建国后特别是近二十年来我国已经形成可观的综合国力，改革开放为现代化建设创造了良好的体制条件，开辟了广阔的市场需求和资金来源，亿万人民新的创造活力进一步发挥出来。[10]

> 更重要的是，我们党确立起已被实践证明是正确的建设有中国特色社会主义的基本理论和基本路线。这些都是今天拥有而过去不曾或不完全具备的条件[10]。

据此，邓小平以战略家的远见卓识，语重心长地指出："要抓住机会，现在就是好机会。我就担心丧失机会。不抓呀，看到的机会就丢掉了，时间一晃就过去了。"[5] 375 邓小平关于"抓住机遇"的思想，深化了对"实事求是"的辩证理解。

实事求是不仅体现了唯物论和辩证法的基本原则，而且也贯彻了辩证唯物主义的认识论。马克思曾经指出："全部社会生活在本质上是实践的。"[11] 列宁也指出：

> 生活、实践的观点，应该是认识论的首要的和基本的观点……如果我们的实践所证实的是唯一的、最终的、客观的真理，那么，因此就得承认：坚持唯物主义观点的科学的道路是走向这种真理的唯一的道路。[12]

毛泽东在《实践论》中更明确地说：

> 辩证唯物论的认识论把实践提到第一的地位，认为人的认识一点也不能离开实践，排斥一切否认实践的重要性、使认识离开实践的错误理论。[13] 284

毛泽东同志曾把理论与实践的关系比喻为"矢"与"的"的关系。马克思主义认识论包括实践观点,并且把实践提到第一重要地位。实事求是所讲的"思想和实际相符合","主观和客观相符合",其中也包括认识和实践的关系。

"实事"作为客观事物,它是认识的对象,人们通过"求"即认识活动,获得关于"实事"的规律性的认识即"是"。"求是"是基于实践活动的,离开了实践活动,就无法达到对"是"的认识,也无法判明主观是否符合于客观。正因为这样,邓小平总是要求人们参加实践,并把实践作为获得正确认识的基础。他指出:"我们改革开放的成功,不是靠本本,而是靠实践,靠实事求是。"[5] 382 这就正确阐明了思想和实际的关系,认识和实践的关系。

综上所述,实事求是是一个内涵极其丰富的命题,它体现着马克思主义的唯物论、辩证法和认识论的内在统一。实事求是既是马克思主义的世界观,又是马克思主义的方法论,也是中国共产党人最根本的思想方法和工作方法。

二、实事求是的准则:理论和实际统一

实事求是,旨在正确地反映客观事物的本质和规律。然而,人们的认识活动不是像旧唯物主义的反映论所说的那样,是白板一般的心灵之镜对外界客体的光学映照,而是通过主体自身的一系列思想加工制作才得以实现的。恩格斯指出:

> 事实上,世界体系的每一个思想映象,总是在客观上受到历史状况的限制,在主观上受到得出该思想影响的人的肉体状况和精神状况的限制。[14] 40

每个具体的认识活动既依赖于一定的客观条件,又依赖于主体拥有一定的认知能力(特别是思想方法)和一定的知识水平。科学研究是这样,干实际工作的思想认识也是这样。

实事求是要求把马克思主义的普遍原理与中国具体实际结合起来。毛泽东说过,实事求是

> 就须不凭主观想象,不凭一时的热情,不凭死的书本,而凭客观存在的事实,详细地占有材料,在马克思列宁主义一般原理的指导下,从这些材料中引出正确的结论。[2] 801

实事求是要求理论和实际的统一。邓小平说:"毛泽东思想的基本点就是实事求是,就是把马列主义的普遍原理同中国革命的具体实践相结合。"[4] 126 也就是说,实事求是的一条基本准则就是:理论和实际的结合和统一。

理论要与实际相结合，这是邓小平一贯的思想。1943 年 1 月 26 日，他在中共中央太行分局高级干部会议上的报告中说：

> 每一个干部在自己的工作中，对于党中央和上级的指示，必须精细地研究，并使之适用于自己的工作环境。[4] 44

1956 年，邓小平在会见国际青年代表团时，不仅强调马克思列宁主义的普遍真理与本国的具体实际相结合这条根本原则，而且还把这条根本原则上升到"普遍真理"的高度，即具有普遍方法论的意义。我国进入社会主义建设新时期后，邓小平反复强调运用实事求是的原则：一方面，邓小平从宏观上指出了路线、方针、政策的制定要坚持理论和实际统一的必要性。他说："各个国家应该根据自己的特点来实行社会主义的政策。"[4] 313 "我们政策的制定立足于中国的实际情况，立足于我们自身的努力。"[5] 202 "中国的事情要根据自己的实际情况办。"[5] 249 另一方面，邓小平又从微观上提出了路线、方针、政策的实施要坚持理论和实际的统一。他指出：

> 我们领导干部的责任，就是要把中央的指示、上级的指示同本单位的实际情况结合起来，分析问题，解决问题……[4] 118

马克思主义理论揭示了无产阶级革命和建设的一般规律，为无产阶级的解放指明了方向道路。马克思主义的强大生命力正是在于它的这种科学指导意义。然而，马克思主义并没有也不可能详尽无遗地指出一切国家和民族从事革命和建设的具体特点。正如列宁所说的那样：在资本主义世界经济中，即使有七十个马克思也不能够把握住所有这些错综复杂的变化的总和；至多是在主要的基本的方面指出这些变化及其发展的一般总趋势。列宁的论述表明，各国无产阶级在运用马克思主义普遍真理的时候，必须考虑自己国情的特殊性，把普遍真理具体化，以形成适合国情的革命和建设的路线、方针、政策。所以，马克思主义自创立之时起就是开放的。邓小平指出：

> 马克思主义必须发展。我们不把马克思主义当作教条，而是把马克思主义同中国的具体实践相结合，提出自己的方针……[5] 191

马克思主义的普遍指导意义决定了共产党人必须实行理论和实际的统一，对具体问题进行具体分析，把一般理论转化为改造世界的具体的路线、方针、政策。

邓小平还从总结历史的经验教训出发，阐述了必须坚持理论和实际的统一。他指出：

中国共产党第七次全国代表大会确定了这样的原则，即马克思列宁主义的普遍真理与中国革命的具体实践相结合，以此来指导我国的革命，指导我国的建设。这个原则是我们党和毛泽东同志根据过去革命中失败和成功的经验总结起来，并在第七、第八两次党代表大会上加以肯定的。[4]258

我们党领导的新民主主义革命，坚持把马克思主义的普遍真理同中国革命的具体实际相结合，找到了具有中国特色的革命道路，引导中国革命走向一个又一个的胜利，最终建立了中华人民共和国。邓小平指出：

中国共产党人坚持马克思主义，坚持把马克思主义同中国实际结合起来的毛泽东思想，走自己的道路，也就是农村包围城市的道路，把中国革命搞成功了。如果我们不是马克思主义者，没有对马克思主义的充分信仰，或者不是把马克思主义同中国自己的实际相结合，走自己的道路，中国革命就搞不成功，中国现在还会是四分五裂，没有独立，也没有统一。[5]62-63

从认识和实践的一般运动规律看，人类的认识活动是一个辩证的过程，必然要经历从感性认识到理性认识，再从理性认识到实践。从感性认识到理性认识，是形成正确认识、获得真理的过程，从理性认识到实践是检验真理和发展真理的过程。邓小平从认识运动的一般规律出发，突出地强调："经过实践检验证明是正确的毛泽东思想，仍然是我们的指导思想，必须结合实际加以坚持和发展……"[4]366 他还说："科学社会主义是在实际斗争中发展着，马列主义、毛泽东思想是在实际斗争中发展着。"[4]179 从邓小平的这些论述我们不难看到，理论和实际统一的过程，就是从实践到认识、从认识到实践的过程。这是在实践中坚持、深化马克思主义普遍真理的过程，也是以新的认识、新的理论发展马克思主义普遍真理的过程。

在当代中国，马克思主义理论和中国实际统一的根本问题是要走自己的道路，建设有中国特色的社会主义，寻求适合中国实际的社会主义模式。在党的十二大的开幕词中，邓小平精辟地指出：

无论是革命还是建设，都要注意学习和借鉴外国经验。但是，照抄照搬别国经验、别国模式，从来不能得到成功……把马克思主义的普遍真理同我国的具体实际结合起来，走自己的道路，建设有中国特色的社会主义，这就是我们总结长期历史经验得出的基本结论。[5]2-3

邓小平在向外宾介绍我国的方针、政策时说："中国正是根据自己的实际情况，建设有中国特色的社会主义。"[5] 249 邓小平关于建设有中国特色社会主义理论，正是运用理论和实际统一准则的杰出成就。

社会主义是人类社会发展的必经阶段，一切民族、一切国家都将走向社会主义。马克思恩格斯创立的科学社会主义理论对于各国的革命和建设具有普遍意义，每个国家的革命和建设都必须以科学社会主义理论作为指导思想，都必须遵循马克思主义的普遍原理。但是，在不同的国家、在不同的发展阶段，社会主义一般规律及其本质和特征的表现形式是不同的，实现社会主义的途径也是不同的。因此，怎样运用马克思主义的普遍真理，就有一个与本国特点和时代特色结合的问题。恩格斯曾明确地指出，他和马克思没有提出一劳永逸的方案。对于社会主义理论的实际运用，随时随地都要以当时的历史条件为转移。列宁也说，一切民族都将走向社会主义，这是不可避免的，但是每个民族的走法都不完全一样。对于俄国社会主义者来说，尤其需要独立地探讨马克思的理论，因为它所提供的只是一般的指导原理，而这些原理的应用，具体地说，在英国不同于法国，在法国不同于德国，在德国不同于俄国。显然，根据本国的具体实际和不同时期的历史条件来解决社会主义的发展道路问题，这是理论和实际统一的一个极端重要的问题。

在当代，建设社会主义与现代化是联系在一起的。"现代化"作为口号提出并形成世界性潮流，开始于第二次世界大战之后。但是对于"现代化"的理解则众说纷纭。不同性质和制度的社会，现代化的目标和途径大相径庭，不同社会制度的人们对现代化的理解也很不相同。邓小平从理论和实际统一出发，首先明确提出："现在我们搞四个现代化，是搞社会主义的四个现代化，不是搞别的现代化。"[5] 110 "四个现代化前面有'社会主义'四个字，叫'社会主义四个现代化'。"[5] 138 其次，邓小平又从具体国情出发，告诫我们："我们要实现的四个现代化，是中国式的四个现代化。"[4] 237 "中国式的现代化，必须从中国的特点出发。"[4] 164 邓小平提出的"中国式的四个现代化"的著名命题，同样坚持了理论和实际的统一。它既揭示了社会主义现代化与其他制度国家现代化的共同特征，又揭示了社会主义国家现代化的共同特点，还突出地阐明了中国社会主义现代化的深刻内涵。

邓小平关于建设有中国特色的社会主义的思想，是理论和实际统一的典范，正如党的十三大报告所指出的："有中国特色的社会主义，是马克思主义基本原理同中国现代化建设相结合的产物，是扎根于当代中国的科学社会主义。它是全党同志和全国人民统一认识、增强团结的思想基础，是指引我们事业前进的伟大旗帜。"它标志着我们党领导的社会主义事业，在理论上开始走向成熟，并为丰富和发展科学社会主义以及推进国际共产主义运动做出了重大贡献。

理论和实际的统一作为一条思想的基本准则，具有普遍的意义。只要是搞社会主义，都只能以此为指导，否则，将是一事无成的。因此，邓小平既反对中国的社会主义革命和建设照抄照搬别国的经验和模式，而且也反对别国搞社会主义照抄照搬中国的模式。1988 年 5 月 18 日，邓小平在会见莫桑比克总统希萨诺（Joaquim Alberto Chissano，1939—）时说：

> 在中国建设社会主义这样的事，马克思的本本上找不出来，列宁的本本上也找不出来，每个国家都有自己的情况，各自的经历也不同，所以要独立思考。不但经济问题如此，政治问题也如此……要紧紧抓住合乎自己的实际情况这一条。所有别人的东西都可以参考，但也只是参考。世界上的问题不可能都用一个模式解决。中国有中国自己的模式，莫桑比克也应该有莫桑比克自己的模式。[5]260-261

邓小平在 1980 年 5 月 31 日同中央负责工作人员谈到处理兄弟党关系时说：

> 各国的情况千差万别，人民的觉悟有高有低，国内阶级关系的状况、阶级力量的对比又很不一样，用固定的公式去硬套怎么行呢？就算你用的公式是马克思主义的，不同各国的实际相结合，也难免犯错误。中国革命就没有按照俄国十月革命的模式去进行，而是从中国的实际情况出发，农村包围城市，武装夺取政权。既然中国革命胜利靠的是马列主义普遍原理同本国具体实践相结合，我们就不应该要求其他发展中国家都按照中国的模式去进行革命，更不应该要求发达的资本主义国家也采取中国的模式。当然，也不能要求这些国家都采取俄国的模式。[4]318

> 各国的事情，一定要尊重各国的党、各国的人民，由他们自己去寻找道路，去探索，去解决问题，不能由别的党充当老子党，去发号施令。我们反对人家对我们发号施令，我们也决不能对人家发号施令。这应该成为一条重要的原则。[4]319

总之，任何一个国家社会体制的模式都不能作为其他国家照抄照搬的样板，每一个国家都必须寻找适合于自己国情的解决办法。无论是中国还是任何别的国家搞社会主义，都必须遵循理论和实际统一的准则。

江泽民总书记在纪念邓小平同志逝世一周年的文章中提出："理论是否联系实际，不仅是一个学风问题，而且是一个政治问题，关系我们事业的兴衰成败。早在延安整风时期，毛泽东同志就把理论和实践的关系形象地比喻为'矢'和'的'的关系。他强调，中国共产党人所以要找马克思主义这根'矢'，就是为了射中国革命这个'的'。他指出，离开中国革命实践的需要空谈理论，不仅毫无意义，而且极其有害。邓小平同志也一再告诫我们，理论不能脱离实际。他指出，只有结合中国实际的马克思主义，才是我们所需要的真正的马克思主义。什么是我国当前的实际？这就是我们正在建设的有中国特色的社会主义，正在进行的改革开放和现代化建设。脱离了这个实际的理论，就不是正确的理论，是我们所不取的。因此，我在十五大报告中强调，学习理论要以我国改革开放和现代化建设的实际问题，以我们正在做的事情为中心，着眼于对马克思主义理论的运用，着眼于对实际问题的理论思考，着眼于新的实践和新的发展。我曾经说过，理论上的成熟是政治上的成熟的基础。现在我还要说，能不能把理论和实际很好地结合起来，是理论上和政治上是否成熟的一个标志。"[1]

三、实事求是的方法论意义

实事求是是党的根本的思想路线，由于它科学地揭示了主观和客观的关系、理论和实践的关系，因而为我们进行各项工作提供了方法论指导原则。邓小平不仅精辟地论述了实事求是思想路线的内涵，而且还进一步阐明了实事求是的方法论意义。

邓小平指出：

> 实事求是，是无产阶级世界观的基础，是马克思主义的思想基础。过去我们搞革命所取得的一切胜利，是靠实事求是；现在我们要实现四个现代化，同样要靠实事求是。不但中央、省委、地委、县委、公社党委，就是一个工厂、一个机关、一个学校、一个商店、一个生产队，也都要实事求是……。[4] 143

在这里，邓小平从革命和建设的各项不同的事业、历史和现实的各个不同的时期、宏观和微观的各个不同的领域，完全地肯定了实事求是的普遍指导意义。

历史的经验证明，是否坚持实事求是，关系到革命的成功与否。第一次国内革命战争之所以失败，固然有多方面的原因，从思想根源上说，则是由于当时党的主要领导人陈独秀背离了实事求是的原则，推行右倾机会主义。陈独秀脱离中国的实际，从主观出发看待中国的民主革命和国共的合作，把领导权拱手让给资产阶级，放弃我党的领导权和我党所掌握的工农武装，致使国民党右派的反革命叛变得逞。第二次国内革命战争时期，王明推行"左"倾冒险主义，他不顾我国的具体国情，生搬硬套俄国十月革命的经验，在敌强我弱的情况下攻打大城市，发动总进攻，其结果给革命造成了极其惨重的损失。

毛泽东在新民主主义革命时期，根据中国的具体国情，找到了中国革命的正确道路，挽救了中国革命事业。毛泽东领导党和人民在军阀割据的条件下，在敌人控制的薄弱地区建立革命根据地，用农村包围城市，最后夺取政权。邓小平在回顾历史的经验教训时告诉我们：

> 列宁领导的布尔什维克党是在帝国主义世界的薄弱环节搞革命，我们也是在敌人控制薄弱的地区搞革命，这在原则上是相同的，但我们不是先搞城市，而是先搞农村，用农村包围城市。如果没有实事求是的基本思想，能提出和解决这样的问题吗？能把中国革命搞成功吗？[4] 126-127

"毛泽东同志所以伟大，能把中国革命引导到胜利，归根到底，就是靠这个。"[4] 126 中国新民主主义革命何以能够胜利，从世界观和方法论上说，就在于坚持了实事求是的思想路线。

新民主主义革命的胜利靠的是实事求是，社会主义革命和建设要取得成功也必须靠实事求是。我国社会主义建设时期，犯过"大跃进"和"文化大革命"两次严重错误。前者在于没有正确认识我国社会主义的发展阶段，违背客观规律，主观地估计形势，错误地认为只要改变生产关系就可以跑步进入共产主义；后者在于错误地估计社会主义时期的主要矛盾和阶级斗争形势，并采取了极其错误的处理办法，加上被"四人帮"集团所利用，因而导致混淆是非，敌我不分，给党和全国人民带来巨大灾难。从思想根源上看，这两次"左"的错误都是由于从根本上背离了实事求是的思想路线。邓小平在重申党的思想路线时说：

> 这条思想路线，有一段时间被抛开了，给党的事业带来很大的危害，使国家遭到很大的灾难，使党和国家的形象受到很大的损害。[4] 278

> 二十年的历史教训告诉我们一条最重要的原则：搞社会主义一定要遵循马克思主义的辩证唯物主义和历史唯物主义，也就是毛泽东同志概括的实事求是，或者说一切从实际出发。[5] 118

党的十一届三中全会以来，我国的形势发生根本变化，政治稳定，经济繁荣，文化昌盛，归根到底，也就是因为重新确立并自觉坚持了实事求是的思想路线。

邓小平指出：中国社会主义是

> 初级阶段的社会主义。社会主义本身是共产主义的初级阶段，而我们中国又处在社会主义的初级阶段，就是不发达的阶段。一切都要从这个实际出发，根据这个实际来制订规划[5] 252

十一届三中全会以来，党正确地分析国情，做出我国还处在社会主义初级阶段的科学论断。我们讲一切从实际出发，最大的实际就是中国现在处于并将长时期处于社会主义初级阶段。我们讲要搞清楚"什么是社会主义，怎样建设社会主义"，就必须搞清楚什么是初级阶段的社会主义，在初级阶段怎样建设社会主义。十一届三中全会前我们在建设社会主义中出现失误的根本原因之一，就在于提出的一些任务和政策超越了社会主义初级阶段。近20年的改革开放和现代化建设取得成功的根本原因之一，就是克服了那些超越阶段的错误观念和政策，又抵制了抛弃社会主义基本制度的错误主张。这样做，没有离开社会主义，而是在脚踏实地建设社会主义，使社会主义在中国真正活跃和兴旺起来，广大人民从切身感受中更拥护社会主义。江泽民指出：

> 面对改革攻坚和开创新局面的艰巨任务，我们解决种种矛盾，澄清种种疑惑，认识为什么必须实行现在这样的路线和政策而不能实行别样的路线和政策，关键还在于对所处社会主义初级阶段的基本国情要有统一认识和准确把握。[10]

社会主义经济建设必须考虑不同地区的具体实际，采取何种方法和措施，决不可以千篇一律，而必须因地制宜。这是实事求是思想路线的必然要求。邓小平指出："所谓因地制宜，就是说那里适宜发展什么就发展什么，不适宜发展的就不要去硬搞。"[4]316 我国幅员辽阔，各地条件不同，发展经济不能"一刀切"，只能实事求是，因地制宜。像西北不少的地方，应该以种牧草为主，发展畜牧业。正是在因地制宜这个问题上，我们曾经犯过错误，比如要求全国各地按照大寨的方式造梯田，搞管理，结果是对不少地区的经济发展产生了不良的影响。针对诸如此类的问题，邓小平说：

> 我们在宣传上不要只讲一种办法，要求各地都照着去做。宣传好的典型时，一定要讲清楚他们是在什么条件下，怎样根据自己的情况搞起来的，不能把他们说得什么都好，什么问题都解决了，更不能要求别的地方不顾自己的条件生搬硬套。[4]316-317

因地制宜，就是各地根据自己实际的特点安排经济建设，各地要充分发挥自己的优势。邓小平提出："特别是在因地制宜方面，在发挥地方积极性方面，都要做得更好。"[4]306 改革开放以来，我国不同的地区遵循因地制宜的原则，发挥各自的优势，创造性地进行经济决策，成绩非常显著。比如沿海地区办特区，沿江地区搞经济开发带，沿边地区发展外贸经济，一些贫困山区发展多种经济，还有些地区利用历史和自然形成的条件兴办旅游业。实践证明，因地制宜就是按照实事求是精神办事的一条成功的经验。

社会主义经济建设必须量力而行，这也是实事求是思想路线的一种要求。邓小平指出："生产建设、行政设施、人民生活的改善，都要量力而行，量入为出。这就是实事求是。"[4]355 量力而行，就是要把行动方案建立在力所能及的基础之上，不能勉强地去做那些现实无法实现的事情。制订经济计划，确定发展目标，"一定要切合实际，并且留有余地"。[4]306 在确定发展目标和制订经济计划上，我们是有深刻教训的，突出的问题是不切实际地追求高指标和高速度。针对这种情况，邓小平指出："总结历史经验，计划定得过高，冒了，教训是很深刻的。"[5]22 因此，"必须一切从实际出发，不能把目标定得不切实际，也不能把时间定得太短。"[5]224 经济建设必须量力而行，但这并不意味着任务越小越好，指标越低越好。量力而行是相对于脱离实际的高指标而言的，并非胸无大志，不求进取，而是要把目标、计划建立在现实条件许可的基础上。它可以避免经济建设中的盲目性，少走甚至不走弯路，使经济建设稳步高速地向前发展。

总之，实事求是是指导中国革命和建设的普遍方法论，在建设有中国特色社会主义的过程中，我们必须始终坚持这条根本的思想路线，只有这样，才能使社会主义建设不断地走向新的胜利。

邓小平总结党的历史教训时还指出："在讲到毛泽东同志、毛泽东思想的时候，要对这一时期的错误进行实事求是的分析。"[4]292 邓小平对毛泽东同志和毛泽东思想采取实事求是的科学态度，不仅为我们树立了实事求是的典范，而且也为统一全党的认识提供了方法论原则。

毛泽东在晚年犯有严重的错误，

> 他逐渐骄傲起来，逐渐脱离实际和脱离群众，主观主义和个人专断作风日益严重，日益凌驾于党中央之上，使党和国家政治生活中的集体领导原则和民主集中制不断受到削弱以致破坏。[15]

毛泽东发动并被反革命集团所利用的"文化大革命"给全党和全国人民造成了深重的灾难。然而，就毛泽东的一生来看，他对中国革命的功绩远远大于他的过失。邓小平指出：

> 我们要对毛主席一生的功过做客观的评价。我们将肯定毛主席的功绩是第一位的，他的错误是第二位的。我们要实事求是地讲毛主席后期的错误。[4]347

邓小平联系中国革命的历史，反复地讲，如果没有毛泽东的正确领导，中国人民革命就会在黑暗中摸索更长的时间。邓小平说："毛主席最伟大的功绩是把马列主义的原理同中国革命结合起来，指出了中国夺取革命胜利的道路。"[2]345 毛泽东犯了错误，这是一个伟大的革命家犯错误，是一个马克思主义者犯错误。因此，

> 对毛泽东同志晚年错误的批评不能过分，不能出格，因为否定这样一个伟大的历史人物，意味着否定我们国家的一段重要历史。[5]284

在对毛泽东同志的评价上，邓小平始终坚持实事求是的科学态度，体现了彻底的唯物主义者立场。邓小平指出：

> 我们共产党人是彻底的唯物主义者，只能实事求是地肯定应当肯定的东西，否定应当否定的东西……因为他的功绩而讳言他的错误，这不是唯物主义的态度。因为他的错误而否定他的功绩，同样不是唯物主义的态度。[4]333-334

毫无疑义的是，即使在"文化大革命"中，毛泽东也并不是事事都犯错误

> 他在全局上一直坚持"文化大革命"的错误，但也制止和纠正过一些具体错误，保护过一些党的领导干部和党外著名人士，使一些负责干部重新回到重要的领导岗位。他领导了粉碎林彪反革命集团的斗争，对江青、张春桥等人也进行过重要的批评和揭露，不让他们夺取最高领导权的野心得逞。这些都对后来我们党顺利地粉碎，"四人帮"起了重要作用。他晚年仍然警觉地注意维护我国的安全，顶住了社会帝国主义的压力，执行正确的对外政策，坚决支援各国人民的正义斗争，并且提出了划分三个世界的正确战略和我国永远不称霸的重要思想。[15]

因此，如果因为毛泽东晚年的错误而否定一切是不合实际的。

按照实事求是的科学态度，对毛泽东晚年错误的分析，应该注重分析错误的认识根源和社会历史的根源，而不能简单归结为个人的品质。邓小平指出："不犯错误的人没有。"[4]353 辩证唯物主义认识论认为，认识过程是一个曲折的过程，其本身有导致错误的可能性。列宁说过：

> 人的认识不是直线（也就是说，不是沿着直线进行的），而是无限地近似于一串圆圈、近似于螺旋的曲线。这一曲线的任何一个片断、碎片、小段都能被变成（被片面地变成）独立的完整的直线，而这条直线能把人们（如果只见树木不见森林的话）引到泥坑里去，引到僧侣主义那里去（在那里统治阶级的阶级利益就会把它巩固起来）。直线性和片面性，死板和僵化，主观主义和主观盲目性就是唯心主义的根源。[16]311

在认识过程中，企图完全避免错误是不现实的，在实践活动中也不可能完全避免错误。正确的认识只有经过从实践到认识，从认识到实践的不断反复才能实现。

在认识活动和实践活动中，不仅普通人会犯错误，而且伟大人物包括无产阶级的领袖和导师也会犯错误。马克思恩格斯认为 1848 年法国革命可以变为无产阶级革命的序幕就是一个错误，他们

> 在估计革命的时机很快就到来这一点上，在希望革命（例如 1848 年法国革命）获得胜利这一点上，在相信德国'共和国'很快就成立这一点上……有许多错误，常常犯错误。[17]

从认识根源上分析，对毛泽东所犯的错误可以得到深刻的说明。

毛泽东犯错误也有其社会历史根源。邓小平指出：

> 我们过去发生的各种错误，固然与某些领导人的思想、作风有关，但是组织制度、工作制度方面的问题更严重。这些方面的制度好可以使坏人无法任意横行，制度不好可以使好人无法充分做好事，甚至会走向反面。即使像毛泽东同志这样伟大的人物，也受到一些不好的制度的严重影响，以至对党对国家对他个人都造成了很大的不幸。[4]333

分析毛泽东犯错误的原因，固然要考虑其主观方面的因素，但是绝不能忽视社会历史根源。由于领导制度、组织制度不健全，

> 这就提供了一种条件，使党的权力过分集中于个人，党内个人专断和个人崇拜现象滋长起来，也就使党和国家难于防止和制止'文化大革命'的发动和发展。[15]

邓小平指出：

> 对于错误，包括毛泽东同志的错误，一定要毫不含糊地进行批评，但是一定要实事求是，分析各种不同的情况，不能把所有的问题都归结到个人品质上。[4]301

制度上存在的问题，是毛泽东犯错误的社会历史根源，只有对这一社会历史根源进行深刻分析，才能正确解答毛泽东犯错误的缘由。邓小平说：

> 制度是决定因素，那个时候的制度就是那样。那时大家把什么都归功于一个人。有些问题我们确实也没有反对过，因此也应当承担一些责任……对毛泽东同志的评价，原来讲要实事求是，以后加一个要恰如其分，就是这

个意思。[4]308-309

> 讲错误，不应该只讲毛泽东同志，中央许多负责同志都有错误。'大跃进'，毛泽东同志头脑发热，我们不发热？刘少奇同志、周恩来同志和我都没有反对，陈云同志没有说话。在这些问题上要公正，不要造成一种印象，别的人都正确，只有一个人犯错误。这不符合事实。[4]296

邓小平对毛泽东同志犯错误的社会历史根源的分析以及对错误勇于承担责任，既反映了邓小平崇高的革命品质，也表明了实事求是的普遍指导意义。

对毛泽东同志的评价只能依据实事求是的准则，同样，对毛泽东思想的评价也只能依据实事求是的准则。

按照实事求是的观点，毛泽东思想的产生绝非偶然，而是"马克思列宁主义在中国的运用和发展"。[4]300 中国的新民主主义革命是在一个半殖民地半封建的东方大国进行的，它必然会遇到许多特殊的复杂问题，在这样的背景下进行革命，靠背诵马列主义的一般原理和照搬照抄外国的经验显然不行。在 20 世纪 20 年代后期和 30 年代前期我们党内盛行的把马克思主义教条化，把共产国际的决议和苏联的经验神圣化的错误倾向，曾使中国革命陷入困境。以毛泽东为主要代表的中国共产党人，根据马克思主义的基本原理，结合中国的具体实际，同上述种种错误倾向进行坚决斗争，从而逐渐形成了毛泽东思想。显然，如果以毛泽东为主要代表的中国共产党人没有实事求是的科学精神，那就不会形成毛泽东思想。

实事求是是毛泽东思想的活的灵魂。毛泽东倡导调查研究，反对本本主义；毛泽东主张理论和实际的统一，反对主观主义特别是教条主义；毛泽东以实践为基础，全面系统地论述了辩证唯物主义关于认识的动力、认识的源泉、认识的发展过程、真理标准的见解；指出正确的认识的形成和发展，往往需要经过由物质到精神、由精神到物质，即由实践到认识、由认识到实践多次的反复；指出认识的是非即认识是否符合实际最终只能通过社会实践来解决。毛泽东以对立统一规律为核心深刻地阐述了唯物辩证法的思想，并认为不仅要研究客观事物的矛盾的普遍性，尤其要研究它的特殊性，对于不同性质的矛盾，要用不同的方法去解决。因此，不能把辩证法看作是死背硬套的公式，而必须把它同具体实践，同调查研究密切结合，加以灵活运用。毛泽东的许多著作特别是他论述中国革命战争问题的重要著述，深刻地体现了实事求是的思想路线。邓小平在讲到毛泽东思想的精髓时提醒大家：

> 同志们请想一想，实事求是，一切从实际出发，理论和实践相结合，这是不

是毛泽东思想的根本观点呢？这种根本观点有没有过时,会不会过时呢?如果
反对实事求是,反对从实际出发,反对理论和实践相结合,那还说得上什么
马克思列宁主义、毛泽东思想呢? [4] 118

实事求是的思想路线要求我们:对于毛泽东思想,不仅要坚持,而且要发展。
邓小平将实事求是的思想路线一以贯之,并指出:"经过实践检验证明是正确的毛
泽东思想,仍然是我们的指导思想,必须结合实际加以坚持和发展……"[4] 366

对于毛泽东思想首先要坚持,不坚持就谈不上发展,邓小平说:"要善于学习、
掌握和运用毛泽东思想的体系来指导我们各项工作。"[4] 42

经过长期实践检验证明是正确的毛泽东思想的科学原理,不但在历史上曾经引
导我们取得胜利,而且在今后长期的斗争中,仍将是我们的指导思想。[4] 334

诚然,今天的历史条件发生了深刻变化,但毛泽东思想的基本原理却并没有过时,
它对我国今天的社会主义现代化建设仍然具有指导意义。

然而,坚持毛泽东思想是为了发展毛泽东思想。真理是开放的系统,毛泽东
思想作为科学的理论体系并没有结束真理,它必将在实践中不断地丰富和发展。
邓小平多次谈道:马克思主义要发展,毛泽东思想也要发展,否则就会僵化。他
指出:"我们要完整地准确地理解和掌握毛泽东思想的科学原理,并在新的历史条
件下加以发展。"[4] 149党的十一届三中全会以后,邓小平总是要求全党"研究新情
况,解决新问题",不仅要坚持毛泽东思想基本原理,而且要把它同新的历史条件
下的实际相结合,创造性地发展毛泽东思想。

对毛泽东思想的"坚持"和"发展"是辩证统一的,这也就是说,无论是"坚
持"还是"发展",都是实事求是的要求,也都需要贯彻实事求是的思想路线。如
果我们不坚持实事求是就可能导致两种错误倾向:或者是因为毛泽东思想的某些
具体结论不适应今天的新情况而全盘否定毛泽东思想;或者是不顾历史条件的变
化,对毛泽东思想采取教条主义的态度。因此,只有坚持实事求是,才能把"坚
持"和"发展"统一起来。

邓小平曾经说过,党的十一届三中全会以来,他主要做了两件事,一是拨乱
反正;二是全面改革。邓小平所做的这两件事并不是各自孤立的,而是相互联系
的。前者是后者的先导,后者则是前者的结果。从党的十一届三中全会到中共中
央做出关于建国以来党的若干历史问题的决议这个时期,邓小平领导全党同志在
指导思想上完成了拨乱反正的任务,这就为我国的改革做了思想准备。通过拨乱
反正所重新确立的实事求是的思想路线为党的十二大提出全面改革的任务提供了

指导思想。

社会主义改革是前无古人的事业，没有现成的经验可资借鉴，在马克思主义的经典著作中也找不到现成的答案。邓小平指出："改革、开放是一个新事物，没有现成的经验可以照搬，一切都要根据我国的实际情况来进行。"[5]248 其实，不但是中国的社会主义改革需要坚持实事求是，而且其他各国要进行改革也只能实事求是。邓小平在 1988 年 5 月 25 日会见捷克斯洛伐克共产党中央总书记雅克什时说：

> 改革开放必须从各国自己的条件出发。每个国家的基础不同，历史不同，所处的环境不同，左邻右舍不同，还有其他许多不同。别人的经验可以参考，但是不能照搬。过去我们中国照搬别人的，吃了很大苦头。[5]265

改革的过程是一个探索的过程，创新的过程，政策的重新制定，体制的重新建构等，都必须从实际出发，实事求是。

改革的成功与否，原因是多方面的，然而，是否坚持实事求是则是最根本的原因。我国的社会主义改革由于坚持实事求是的思想路线，因而使社会主义得到了自我完善和自我发展。邓小平在 1992 年南方谈话时总结了革的成功经验，认为："我们改革开放的成功，不是靠本本，而是靠实践，靠实事求是。"[5]382 我国社会主义改革成功的基本经验表明：实事求是是社会主义改革成功的最根本的指导思想。

通过以上的分析我们可以看出：实事求是具有重要的方法论意义。只有坚持实事求是，才能正确地认识问题和解决问题。在建设有中国特色社会主义的进程中，我们必须始终坚持实事求是的思想路线。

四、解题贵在创新

邓小平不仅全面系统地阐述了实事求是的基本内容，而且丰富和发展了实事求是思想路线的内容。他强调"实事"的变化发展，突出了研究新情况、发现新问题的要求。他强调"求是"重要的是解放思想、解决新问题，突出了解题贵在创新的要求。邓小平有关研究新情况、解决新问题以及解题贵在创新等一系列论述，是对实事求是这一思想路线内容的丰富和发展。在这里面，尤其重要和突出的是解题贵在创新的观点，它具有十分重要的方法论意义。

（一）创新的思想前提：解放思想

创新绝非易事。创新的障碍首先来自头脑中原有的错误观念和习惯势力的束缚与误导。邓小平在《解放思想，实事求是，团结一致向前看》的重要讲话中指出："解放思想，开动脑筋，实事求是，团结一致向前看，首先是解放思想。"[4] 141

人们的认识活动和实践活动，总是同某种背景知识相联系的。当这些背景知识同客观实际相符合时，人们的认识活动会朝着正确方向发展，逼近真理。而事实上，与人们的活动相联系的背景知识不可能完全地符合客观实际，如果不能及时清除这些不合实际的背景知识，那么它势必对人们的认识活动和实践活动产生误导。还应该看到，一定的背景知识往往被主体组成为一定的认知图式或行说思维模式，它在主体的活动中表现为某种习惯，主体总是以此去认识外界的客体。一旦出现了新事物或事物的新特性，如果主体不能根据新的客观事实及时地修改原有的认知图式所造成的思维习惯，那么就不能正确地认识新事物或新特性。因此，主体必须在认识和改造客观世界的同时改造自己的主观世界，不断清除自己头脑中的各种错误观念及僵化的思维模式。人们改造主观世界，清除头脑中的各种错误观念及僵化的思维模式，也就是解放思想，使思想趋向于接近实际的新情况，主观符合客观。邓小平指出："解放思想，就是使思想和实际相符合，使主观和客观相符合，就是实事求是。"[4] 364 邓小平还说："我们讲解放思想，是指在马克思主义指导下打破习惯势力和主观偏见的束缚，研究新情况，解决新问题。"[4] 279

邓小平的这些论述，阐明了解放思想的实质，揭示了解放思想和实事求是的内在联系。

在我国社会主义建设新时期，之所以要特别强调解放思想，主要是为了克服人们思想的僵化或半僵化状态。邓小平说：

> 在我们的干部特别是领导干部中间，解放思想这个问题并没有完全解决。不少同志的思想还很不解放，脑筋还没有开动起来，也可以说，还处在僵化或半僵化的状态。[4] 141

这种状态是在一定的历史条件下形成的。在很长的时期内，林彪、"四人帮"大搞禁区、禁令，制造个人迷信，把人们的思想禁锢，不准越雷池一步。同时，党的民主集中制受到破坏，许多重大问题往往是一两个人说了算，别人只能奉命行事，不能独立思考。此外，小生产的因循守旧、安于现状、不求进取的习惯影响，使人们不善于开动脑筋。因此，不解放思想，社会主义事业就会停滞不前。正如邓小平所说的那样："不打破思想僵化，不大大解放干部和群众的思想，四个现代化就没有希望。"[4] 143

在我国进入社会主义新时期之后，解放思想首先是要批判"两个凡是"，这是全面开创社会主义现代化建设新局面的前提条件。

　　粉碎"四人帮"之后，全党同志和全国人民强烈地要求纠正"文化大革命"的错误，但是遇到了严重的阻力。当时党中央的主要领导人继续坚持毛泽东晚年"左"的错误，在政治上仍然实行"文化大革命"的理论和路线，在思想路线上推行"两个凡是"的方针①。邓小平及时地觉察到"两个凡是"在理论上和实践上的危害性，在他尚未恢复工作时，就开始对"两个凡是"的批判。邓小平指出："'两个凡是'不符合马克思主义。"[4] 38"马克思、恩格斯没有说过'凡是'，列宁、斯大林没有说过'凡是'，毛泽东同志自己也没有说过'凡是'。"[4] 39邓小平还就对待毛泽东思想的旗帜是真高举还是假高举的区别上对"两个凡是"进行了深刻批判。他说：

> 怎么样高举毛泽东思想旗帜，是个大问题。现在党内外、国内外很多人都赞成高举毛泽东思想旗帜。什么叫高举？怎么样高举？大家知道，有一种议论，叫作'两个凡是'，不是很出名吗？凡是毛泽东同志圈阅的文件都不能动，凡是毛泽东同志做过的、说过的都不能动。这是不是叫高举毛泽东思想的旗帜呢？不是！这样搞下去，要损害毛泽东思想。[4] 126

"两个凡是"的目的并非弘扬毛泽东思想，而是坚持个人崇拜，其结果必然导致人们思想的僵化和理论的停滞不前。

　　为了冲破"两个凡是"的思想禁锢，邓小平把解放思想作为一个重大政治问题提到全党面前，他严肃指出：

> 只有思想解放了，我们才能正确地以马列主义、毛泽东思想为指导，解决过去遗留的问题，解决新出现的一系列问题，正确地改革同生产力迅速发展不相适应的生产关系和上层建筑，根据我国的实际情况，确定实现四个现代化的具体道路、方针、方法和措施。[4] 141

反之，

> 不解放思想，不实事求是，不从实际出发，理论与实践不相结合，不可能有现在的一套方针、政策，不可能把人民的积极性统统调动起来，也就不可能搞好现代化建设，显示出社会主义制度的优越性。[4] 191

"不解放思想不行，甚至于包括什么叫社会主义这个问题也要解放思想。"[4] 312

　　邓小平不仅精辟地阐明了解放思想的重大意义，而且还领导和支持了旨在冲

---

　　① 即"凡是毛主席做出的决策，我们都坚决维护；凡是毛主席的指示，我们都始终不渝地遵循"。

破"两个凡是"的关于真理标准问题的讨论。

1978年5月11日,《光明日报》发表了特约评论员文章《实践是检验真理的唯一标准》。同日,新华社转发了这篇文章。这篇文章于5月12日由《人民日报》《解放军报》转载,接着全国绝大多数省、市、自治区的报纸相继转载。这在全党全国引起了强烈反响。究竟什么是真理标准?是实践,还是"最高指示"或者是政治权力?这样,一场关于真理标准问题的大讨论在全国广泛地展开,以此揭开了全民性思想解放运动的序幕。真理标准问题的大讨论,受到全国人民的普遍拥护和赞同。然而,当时党中央的主要领导人却压制这场讨论,并将其斥之为"砍旗""丢刀子"。

在坚持真理标准与维护"两个凡是"之间斗争的关键时刻,邓小平连续发表重要讲话,旗帜鲜明地领导和支持了关于真理标准的大讨论。在1978年5月19日,即《光明日报》特约评论员文章发表后的第8天,邓小平在接见文化部核心领导小组负责人时明确表态:文章符合马克思主义。在6月2日的全军政治工作会议上,他针对关于真理标准的讨论遇到高层领导的压力说:

> 我们也有一些同志天天讲毛泽东思想,却往往忘记、抛弃甚至反对毛泽东同志的实事求是、一切从实际出发、理论与实践相结合的这样一个马克思主义的根本观点,根本方法。不但如此,有的人还认为谁要是坚持实事求是,从实际出发,理论和实践相结合,谁就是犯了弥天大罪。他们的观点,实质上是主张只要照抄马克思、列宁、毛泽东同志的原话,照抄照转照搬就行了。要不然,就说这是违反了马列主义、毛泽东思想,违反了中央精神。他们提出的这个问题不是小问题,而是涉及怎么看待马列主义、毛泽东思想的问题。[4]114

邓小平还说:"关于实践是检验真理的唯一标准问题的讨论,实际上也是要不要解放思想的争论。"[4]143

"两个凡是"的观点不是偶然的、个别的,而是涉及一种思维模式、根本方法的问题。同样,反对"两个凡是",主张实事求是,也不是偶然的、个别的,而是提倡一种马克思主义的根本思想方法、一种普遍适用的思维模式。因而,关于真理标准问题的大讨论也就是关于思想方法的大讨论,它有着重大的现实意义和深远的历史意义。邓小平在为十一届三中全会做准备的中央工作会议上,对真理标准问题的讨论给予了高度评价。他指出:

> 一个党,一个国家,一个民族,如果一切从本本出发,思想僵化,迷信盛行,那它就不能前进,它的生机就停止了,就要亡党亡国……只有解放思想,坚

持实事求是，一切从实际出发，理论联系实际，我们的社会主义现代化建设才能顺利进行，我们党的马列主义、毛泽东思想的理论也才能顺利发展。从这个意义上说，关于真理标准问题的争论，的确是个思想路线问题，是个政治问题，是个关系到党和国家的前途和命运的问题。[4]143

随着真理标准问题讨论的深入以及它对我国社会生活所引起的深刻变化，邓小平分别从理论和实践两个方面阐述了真理标准讨论的重大意义。他指出："不要小看实践是检验真理的唯一标准的争论。这场争论的意义太大了，它的实质就在于是不是坚持马列主义、毛泽东思想。"[4]191 他还说：

真理标准问题的讨论，对于我们这几年来在政治、经济、组织等各方面进行一系列改革，对于我们在各条战线上取得显著成绩，起了极大的推动作用。[4]364

解放思想，在不同的历史阶段有着不同的内容。如果说粉碎"四人帮"以后，解放思想旨在冲破"两个凡是"，在思想上、理论上实现拨乱反正的话，那么，随着改革任务的提出和推进，解放思想的要求和内容也就向着更加深入和更加广泛的方向发展了。改革的每一次重大进步都是以解放思想为先导和前提的，解放思想使人们的思想观念不断更新，也带来了我国经济建设和其他各项建设的蓬勃发展。实行家庭联产承包责任制是农村改革的突破口，也可以说是整个经济体制改革的突破口。这个重大的突破是同解放思想密不可分的。我国在农村实行生产责任制经历过曲折的道路。党的"八大"前后，在农业合作化过程中，曾出现包工包产之类生产责任制的尝试，而在1957年反右派斗争扩大化以后，这种尝试被作为"走资本主义道路"而压制住。1959年整顿人民公社的过程中，又出现了包工、包产到户的创造，然而"反右倾"的运动又使之夭折。60年代初期，全国20%以上的农村实行了多种形式的包产到户，但1962年8月的北戴河会议上，它又被制止。一直到十一届三中全会后，由于党的思想路线重新确立，人们实行了思想解放，农村生产责任制才获得新生，并得到迅速发展。显然，如果不解放思想，农村经济体制的改革就寸步难行，更不会有今天这样的辉煌成就。

兴办经济特区是对外开放的一个突破口，这个突破同样是与解放思想分不开的。开始，有些人也担心它是不是"资本主义"。针对这种议论，邓小平在1984年到经济特区调查研究，充分肯定：

特区是个窗口，是技术的窗口，管理的窗口，知识的窗口，也是对外政策的窗口。从特区可以引进技术，获得知识，学到管理，管理也是知识。特区成为开放的基地，不仅在经济方面、培养人才方面使我们得到好处，而且会扩

大我国的对外影响。[5] 51-52

邓小平为深圳的题词是："深圳的发展和经验证明，我们建立经济特区的政策是正确的。"[5] 51 可见，如果不是解放思想，不可能有经济特区的兴起，更不可能扩大对外开放。

无论是实行农村联产承包生产责任制，还是兴办经济特区，都是解放思想的结果。至于说到社会主义初级阶段理论和社会主义市场经济理论，则更是解放思想所引起的重大理论突破。江泽民在十五大报告中精辟地阐明了解放思想、实事求是在邓小平理论体系中的突出地位以及它对中国改革开放和现代化建设的指导意义。他说："邓小平理论坚持解放思想、实事求是，在新的实践基础上继承前人又突破陈规，开拓了马克思主义的新境界。实事求是是马克思列宁主义的精髓，是毛泽东思想的精髓，也是邓小平理论的精髓。一九七八年邓小平《解放思想，实事求是，团结一致向前看》这篇讲话，是在'文化大革命'结束以后，中国面临向何处去的重大历史关头，冲破'两个凡是'的禁锢，开辟新时期新道路、开创建设有中国特色社会主义新理论的宣言书。一九九二年邓小平南方谈话，是在国际国内政治风波严峻考验的重大历史关头，坚持十一届三中全会以来的理论和路线，深刻回答长期束缚人们思想的许多重大认识问题，把改革开放和现代化建设推进到新阶段的又一个解放思想、实事求是的宣言书。在走向新世纪的新形势下，面对许多我们从来没有遇到过的艰巨课题邓小平理论要求我们增强和提高解放思想、实事求是的坚定性和自觉性……不断开拓我们事业的新局面。"江泽民的这一论述，进一步阐明了解放思想、实事求是与改革创新的内在联系，它告诉我们：解放思想是创新的思想前提。只有解放思想，才能冲破各种不切合实际的或者过时的观念的束缚，真正做到认识和掌握客观规律，勇于突破，勇于创新，不断开创社会主义现代化建设的新局面。

解放思想和改革创新是紧密地联系在一起的。20 世纪 80 年代后期，邓小平反复强调这样一个思想："思想更解放一些，改革的步子更快一些。"[5] 264 邓小平从思想解放的程度与改革进展的速度上揭示了解放思想与改革的关系。

解放思想作为创新的思想前提，它本身也是有前提和有条件的。首先，解放思想不是胡思乱想，不能背离事物发展的客观规律。辩证唯物主义和历史唯物主义是对客观世界的本质和发展规律的正确反映，是科学的世界观和方法论，如果借口解放思想而否认辩证唯物主义和历史唯物主义基本原理的指导作用，就会走向解放思想的对立面。在我国，四项基本原则是同社会主义发展规律相一致的，因此，邓小平强调指出："解放思想决不能够偏离四项基本原则的轨道……"[4] 279

其次，从客观条件来说，解放思想需要有一个良好的社会环境。邓小平指出："民主是解放思想的重要条件。"[4]144 思想的活跃，争鸣的自由，理论的繁荣，都离不开良好的社会环境。邓小平多次倡导广开言路，实行"三不主义"（不抓辫子，不扣帽子，不打棍子），就是要创造一种能使人畅所欲言的社会氛围。在今天，建设有中国特色社会主义是开拓创新的伟大事业，新情况、新问题、新事物层出不穷，许多必然王国有待我们去探索；新时代和新任务要求我们开拓新视野，创造新观念，进入新思想境界，所有这些，都需要我们不断地解放思想。

（二）当代面临的难题

当今世界，不同于马克思、恩格斯、列宁所处的时代，也不同于毛泽东所处的时代。世界格局发生了新变化，共产主义运动面临新课题，社会主义建设无论在理论上、体制上还是在战略上，都需要大胆探索、不断创新。正是在这些问题上，邓小平做出了创造性的贡献，对社会主义面临的难题给予了科学的解答。

马克思主义创始人早在一个多世纪以前就根据当时的历史条件提出了社会主义的科学预见。1848 年马克思恩格斯在《共产党宣言》中就社会主义、共产主义提出了一系列基本原理和关于国际共产主义运动的一系列基本原则。一个多世纪以来，在科学社会主义理论的指导下，俄国十月革命、中国革命以及其他一些国家的革命的胜利，证明无产阶级领导人民夺取政权是能够取得成功的。但是，限于时代的条件，马克思主义的创始人不能实际地回答如何建设社会主义，如何巩固和发展社会主义的问题。

第二次世界大战胜利后，社会主义革命在一系列经济落后的国家相继取得胜利，社会主义由一国向多国发展，这自然是国际共产主义运动的伟大成就。然而，在经济落后的国家其革命胜利后，它越过了资本主义的充分发展阶段，那么它应该如何建设社会主义？如何巩固和发展社会主义？这就成了当代共产主义运动面临的大难题。

对于中国共产党人来说，如何建设社会主义、如何巩固和发展社会主义的问题，更有其特殊的复杂性。中国是由半殖民地半封建的社会经过短暂的新民主主义革命阶段进入社会主义的。中国建设社会主义有政治上的优势，诸如共产党的坚强领导、强大的工农同盟军、长期的革命传统等等，但是，也有不利于社会主义建设的方面，这主要表现在封建主义的影响根深蒂固，社会化大生产不发达，商品经济落后，缺乏近代民主传统以及文化科学教育不发达等。这些不利因素不能不给社会主义建设带来严重的困难和障碍。

那么，中国究竟应当如何建设社会主义、如何巩固和发展社会主义呢？邓小平对此做出了重大贡献。他探讨了解题的思想方法问题，并据此得出了一系列新的结论，从而创立了建设有中国特色社会主义理论。

建设社会主义、巩固和发展社会主义，决不能固守马克思主义的一般原则，而是要从实际出发，实事求是地进行探索和创新。邓小平指出：

> 马克思主义理论从来不是教条，而是行动的指南。它要求人们根据它的基本原则和基本方法，不断结合变化着的实际，探索解决新问题的答案，从而也发展马克思主义理论本身。[5]146

邓小平还指出："在革命成功后，各国必须根据自己的条件建设社会主义。固定的模式是没有的，也不可能有。墨守成规的观点只能导致落后，甚至失败。"[5]292邓小平的这些论述，从思想方法上指明了如何解决建设社会主义以及巩固和发展社会主义的问题。

诚然，关于社会主义，马克思、恩格斯也有一些原则说法。比如，把共产主义区分为高级和低级两个不同发展阶段，高级阶段实行"各尽所能，按需分配"，低级阶段实行"各尽所能，按劳分配"；社会主义是从资本主义到共产主义的过渡时期，必须实行无产阶级专政，消灭私有制，建立公有制，实行计划经济。马克思、恩格斯还提出过关于社会主义的某些具体设想，比如认为社会主义是一个无商品、无货币、无阶级的社会等等。马克思、恩格斯的这些观点，有些是正确的，也有些是不大切合实际的设想，还有些带有某种程度的猜想性质。应该说，马克思和恩格斯、列宁都没有提出关于社会主义建设的完整理论体系。马克思、恩格斯生前没有看到社会主义革命的胜利，更没有从事社会主义建设的实践；列宁领导社会主义建设的实践也很短，由于早逝，他没有来得及系统总结俄国社会主义建设的经验。邓小平指出：

> 绝不能要求马克思为解决他去世之后上百年、几百年所产生的问题提供现成答案。列宁同样也不能承担为他去世以后五十年、一百年所产生的问题提供现成答案的任务。真正的马克思列宁主义者必须根据现在的情况，认识、继承和发展马克思列宁主义……不以新的思想、观点去继承、发展马克思主义，不是真正的马克思主义者。[5]291-292

诚然，我国在建设社会主义、巩固和发展社会主义方面也取得了巨大成就和宝贵经验。比如从1956年取得社会主义革命决定性胜利后，就开始探索中国式的社会主义道路。毛泽东等老一辈无产阶级革命家提出了许多宝贵思想，创造了许多有益的经验。但是，总的来说，如何建设社会主义、如何巩固和发展社会主义还需要艰难地探索。在中国早期的社会主义建设过程中，我们走过弯路，遭受过挫折。近些年，国际上发生的急剧变化，使这个问题更加引人深思。邓小平指出："马克思主义要发展，社会主义理论要发展，要随着人类社会实践的发展和科学的发展而向前发展。"[4] 42

对当代难题的科学解答创立了邓小平建设有中国特色社会主义理论，从而在社会主义的理论和实践上实现了创新性的跃进。以下，我们着重就邓小平建设有中国特色社会主义理论的基本问题——什么是社会主义和怎样建设社会主义的问题作些阐述。

什么是社会主义和怎样建设社会主义，是邓小平在领导我国改革开放和现代化建设过程中不断提出和反复思考的首要的问题。他说：

> 我们冷静地分析了中国的现实，总结了经验，肯定了从建国到一九七八年三十年的成绩很大，但做的事情不能说都是成功的。我们建立的社会主义制度是个好制度，必须坚持。我们马克思主义者过去闹革命，就是为社会主义、共产主义崇高理想而奋斗。现在我们搞经济改革，仍然要坚持社会主义道路，坚持共产主义的远大理想，年轻一代尤其要懂得这一点。但问题是什么是社会主义，如何建设社会主义。我们的经验教训有许多条，最重要的一条，就是要搞清楚这个问题。[5] 115-116

1991 年，邓小平在同几位中央负责同志谈话时又指出：

> 我们搞改革开放，把工作重心放在经济建设上，没有丢马克思，没有丢列宁，也没有丢毛泽东。老祖宗不能丢啊！问题是要把什么叫社会主义搞清楚，把怎样建设和发展社会主义搞清楚。[5] 369

我国社会主义在改革开放以前所经历的失误和曲折，归根到底就在于对什么是社会主义这个问题没有完全搞清楚；改革开放以来在前进中人们遇到一些困惑和产生犹豫，归根到底也在于对这个问题没有完全搞清楚。因此，要解决怎样建设社会主义、怎样巩固和发展社会主义的问题，首先必须弄清楚社会主义的本质，重新审视过去关于社会主义的一些传统观念和做法，区别哪些符合社会主义的本质，哪些有悖于社会主义本质。邓小平根据马克思主义的基本原理和社会主义的实践经验，对这个问题进行了不懈的探索，从而科学地、精辟地、创造性地揭示了社会主义的本质。

邓小平首先批判了"宁要贫穷的社会主义"的错误观念。1980 年 4 月 12 日，邓小平在会见赞比亚总统卡翁达（Kenneth David Buchizya Kaunda，1924—）时说：

"经济长期处于停滞状态总不能叫社会主义。人民生活长期停止在很低的水平总不能叫社会主义。"[4]312 在其他各种场合,邓小平也反复强调:"贫穷不是社会主义,社会主义要消灭贫穷。"他说:

> 从一九五八年到一九七八年这二十年的经验告诉我们:贫穷不是社会主义,社会主义要消灭贫穷。不发展生产力,不提高人民的生活水平,不能说是符合社会主义要求的。[5]116

他还说:

> 贫穷不是社会主义。我们坚持社会主义,要建设对资本主义具有优越性的社会主义,首先必须摆脱贫穷。现在虽说我们也在搞社会主义,但事实上不够格。只有到了下世纪中叶,达到了中等发达国家的水平,才能说真的搞了社会主义,才能理直气壮地说社会主义优于资本主义。[5]225

邓小平关于"贫穷不是社会主义,社会主义要消灭贫穷"的论断,纠正了人们以往对社会主义本质的歪曲。

发展速度问题是涉及社会主义本质的问题。邓小平告诉我们:"要摆脱贫穷,就要找出一条比较快的发展道路。贫穷不是社会主义,发展太慢也不是社会主义。"[5]255 应该指出,在发展速度问题上,搞"大跃进",头脑发热,盲目求快,到头来影响了发展。这方面的教训是深刻的。但是,"发展太慢也不是社会主义"。邓小平从客观现实性出发,指出:"凡是能够积极争取的发展速度还是要积极争取,当然不要求像过去想的那么高。"[5]312 总结正反两方面的经验教训,邓小平提出了社会主义经济发展的一条重要原则:适度原则。他说:

> 人民现在为什么拥护我们?就是这十年有发展,发展很明显。假设我们有五年不发展,或者是低速度发展,例如百分之四、百分之五,甚至百分之二、百分之三,会产生什么影响?这不只是经济问题,实际上是个政治问题。所以,我们要力争在治理整顿中早一点取得适度的发展。[5]354

邓小平把发展速度同社会主义结合起来,深化了关于社会主义本质的认识。

既然贫穷不是社会主义,社会主义要消灭贫穷,那么,共同富裕就成为社会主义的一个重要特点。邓小平指出:"没有贫穷的社会主义。社会主义的特点不是穷,而是富,但这种富是人民共同富裕。"[5]265 在他看来,"社会主义最大的优越性就是共同富裕,这是体现社会主义本质的一个东西"。[5]364 邓小平通过"破"与"立"的论证,使人们对社会主义本质有了准确的初步认识。

随着全面改革的深入发展,到 90 年代,全面揭示社会主义本质的条件成熟了。1992 年初邓小平在南方谈话中,对社会主义本质问题做了总结性的理论概括。他指出:"社会主义的本质,是解放生产力,发展生产力,消灭剥削,消除两极分化,最终达到共同富裕。"[5]373 邓小平关于社会主义本质的概括继承了科学社会主义的基本原则,是探索建设有中国特色社会主义道路的最重大的理论成果之一,是对马克思主义的重大发展。邓小平关于社会主义本质的概括,摆脱了长期以来拘泥于社会主义具体模式而忽视社会主义本质的不良倾向,深化了对科学社会主义的认识。这对于我们在坚持社会主义基本制度的基础上推进改革,指导改革沿着合乎社会主义本质的要求的方向发展,对于建设有中国特色的社会主义,具有重大的理论意义和实践意义。

"什么是社会主义"和"怎样建设社会主义",这是密切相关的两个问题。前者是对社会主义的再认识,属于认识范畴;后者是建设社会主义道路的问题,属于实践范畴。前一个问题的解决为后一个问题的解决提供理论先导,规定发展方向;后一个问题的解决使前一个问题得以实现和进一步深化。正因为如此,邓小平总是把这样两问题联系起来思考。他在回答什么是社会主义这个问题时告诉人们:

> 要充分研究如何搞社会主义建设的问题。现在我们正在总结建国三十年的经验。总起来说,第一,不要离开现实和超越阶段采取一些'左'的办法,这样是搞不成社会主义的。我们过去就是吃'左'的亏。第二,不管你搞什么,一定要有利于发展生产力。[4]312

邓小平把社会主义的认识问题同社会主义的实践问题结合起来,充分体现了理论和方法的辩证统一,也充分展示了邓小平深邃的哲学素养。

党的十一届三中全会以来,我们党对什么是社会主义的思考和对当代中国国情的研究,比较系统地初步回答了中国这样的经济文化比较落后的国家如何建设社会主义、如何巩固和发展社会主义的问题,形成了在整个社会主义初级阶段建设有中国特色社会主义的基本路线,这就是:领导和团结全国各族人民,以经济建设为中心,坚持四项基本原则,坚持改革开放,自力更生,艰苦创业,为把我国建设成为富强、民主、文明的社会主义现代化国家而奋斗。这条基本路线,体现了社会主义的本质要求,反映了社会主义发展的根本规律,指明了有中国特色社会主义的发展道路。这条基本路线是对于我国如何建设社会主义、如何巩固和发展社会主义这一重大问题的科学解答。

党的基本路线规定了社会主义建设的根本任务,强调以经济建设为中心。只有大力发展生产力，才能使人民富裕，国家富强，充分显示社会主义制度的优越性，增强社会主义国家的竞争力和吸引力，进而为实现共产主义奠定雄厚的物质基础。

党的基本路线提出了社会主义建设的政治保障，四项基本原则作为我们的立国之本。只有坚持四项基本原则，才能维护国家的统一和民族的独立，才能巩固安定团结的政治局面，保证现代化建设的顺利进行，使我们的事业始终沿着社会主义方向前进。

党的基本路线阐明了社会主义建设的发展动力和外部条件，强调改革开放是我国的强国之路。只有改革开放，才能解放生产力，发展生产力，才能主动吸收和利用世界各国包括资本主义发达国家所创造的一切先进的文明成果来发展社会主义，加速我国社会主义建设的进程。

党的基本路线弘扬了党的优良传统，强调自力更生艰苦创业。自力更生，艰苦创业，是我们党的优良传统，是克服困难，争取胜利的强大精神力量。建设有中国特色的社会主义，摆脱贫穷和落后的状况，非常需要我们始终不渝地发扬这种精神。

党的基本路线明确理论了社会主义建设的总体目标，强调建设富强、民主、文明的社会主义现代化国家。这个目标把经济建设、民主政治建设和社会主义精神文明建设有机地统一在一起，既是对社会主义建设总体任务的科学规定，也为规范各方面工作及人们的行为指明了方向。

能不能坚持党的基本路线，是事关党和国家兴衰成败的问题。党的十一届三中全会以来，尽管国际国内发生了这样那样的重大事情，但由于我们毫不动摇地坚持这条路线，菜使我们能够经受风浪，站稳脚跟，顶住压力，克服困难，保证了社会主义现代化建设和改革开放的顺利前进。邓小平指出：

> 在这短短的十几年内，我们国家发展得这么快，使人民高兴，世界瞩目，这就足以证明三中全会以来路线、方针、政策的正确性，谁想变也变不了。[5]371

联系我国社会主义的长远目标，他郑重地指出："基本路线要管一百年，动摇不得。"[5]370-371 只有按照党的基本路线坚定不移干下去，才能在 21 世纪中叶基本实现社会主义现代化。反之，"不坚持社会主义，不改革开放，不发展经济，不改善人民生活，只能是死路一条"。[5]370

邓小平对于当代社会主义运动所面临的难题的科学解答远不只是理论上的创新，在社会体制上、社会主义发展战略上，他同样进行了深入探索，给予了创新性的解答。比如在经济体制方面，人们从以往社会发展的历史中可以看到，商品经济与资本主义制度的结合，计划经济与公有制的结合，都有成功的先例，而商品经济与社会主义制度如何结合，市场经济与公有制如何结合却没有现成的答案。邓小平恰恰在这样一个前人未能解答的方程式上，做出了创造。《中共中央关于经济体制改革的决定》、党的十四大提出的经济体制改革的目标、党的十四届三中全会勾画的社会主义市场经济体制的基本框架，都是邓小平对社会体制问题科学解答的具体反映。江泽民对邓小平的这一理论贡献给予高度评价，指出："把社会主义同市场经济结合起来，是一个伟大创举。"[10]

社会主义发展战略问题也是当代社会主义建设的一个难题。中华人民共和国成立以来，我国先后有过四个发展战略。第一个是毛泽东制定的"工业化战略"，即用三个五年计划的时间实现"一化三改"，把中国从农业国变成工业国。这个战略从总体上看是可行的。第二个战略是 1958 年提出的"赶超英美"的战略，结果 3 年就夭折，对国民经济造成重伤；第三个战略是周恩来（1898—1976）1964 年提出的现代化战略，主张 35 年实现现代化，这个战略不久后在社教、"文化大革命"中搁浅了；第四个战略是华国锋（1921—2008）1978 年提出的 23 年的设想，主张从 1978 年到 20 世纪末搞 10 个大庆等，结果导致了"洋冒进"。

从西方国家的情况看，现代化并不是在短期内就能够实现的，必须有一个较长的发展过程。我国在经济文化比较落后的基础上搞现代化，想用几十年的时间走完别国用几个世纪走完的路程是不切合实际的。邓小平认为，中国建设现代化，在发展战略上应该有别于西方国家。那么，中国应该如何建设现代化呢？邓小平提出分"三步走"基本实现现代化的发展战略。这是符合我国国情的发展战略，是对前人的超越。

邓小平对当代共产主义运动难题的科学解答，具有重要而深远的意义。正如江泽民在党的十五大报告中所说的那样：

邓小平理论坚持科学社会主义理论和实践的基本成果，抓住'什么是社会主义、怎样建设社会主义'这个根本问题，深刻地揭示社会主义的本质，把对社会主义的认识提高到新的科学水平。新时期的思想解放，关键就是在这个问题上的思想解放。我国社会主义在改革开放前所经历的曲折和失误，改革开放以来在前进中遇到的一些困惑，归根到底都在于对这个问题没有完全搞清楚。拨乱反正，全面改革，从以阶级斗争为纲到以经济建设为中心，从封闭、半封闭到改革开放，从计划经济到社会主义市场经济，近二十年的历史性转变，就是逐渐搞清楚这个根本问题的进程。[10]

邓小平理论

第一次比较系统地初步回答了中国这样的经济文化比较落后的国家如何建设社会主义、如何巩固和发展社会主义的一系列基本问题，用新的思想、观点，继承和发展了马克思主义"。这些新思想、新观点"是指引我们实现新的历史任务的强大思想武器"。[18]

（三）突破姓"社"还是姓"资"的思想诘难

如前所述，在如何建设社会主义、如何巩固和发展社会主义的问题上，没有现成的答案，必须创新才能解题。而解题的创新必须突破姓"社"还是姓"资"这种诘难的思想障碍。因此，冲出这种思想障碍，无疑是创新解题的关键所在。

姓"社"还是姓"资"的问题，是当代社会主义实践中长期困扰人们的难题，也是随着改革开放的逐步深入而越来越尖锐突出的敏感问题。每项改革方案的提出、试验和推广，都伴随着思想的分歧和理论的争论。一些受"左"的思想影响较深的人，总是用姓"社"还是姓"资"的诘难，在改革开放的道路上预设种种禁区。邓小平指出：

> 改革开放迈不开步子，不敢闯，说来说去就是怕资本主义的东西多了，走了资本主义道路。要害是姓'资'还是姓'社'的问题。[5]372

党的十一届三中全会以来，家庭联产承包责任制的兴起，个体经济、私营经济的出现，中外合资企业、合作企业、外商独资企业的创办，国营企业的所有权和经营权分离的试验和推行，生产资料、技术、信息、资金、劳务和房地产等市场的开辟，竞争机制的引入，计划经济向市场经济的转变，等等。这些无不引起姓"社"还是姓"资"的争论。深入分析一下这些争论，我们不难看到，提出疑问或反对意见的人们，考虑问题的出发点和评价是非的尺度，并不是看改革的实践结果，而是看这些改革是否符合原来脑子里在一定条件下形成的抽象的社会主义原则。而这些被他们用以作为出发点和是非标准的原则，往往来自对科学社会主义作教条式的理解，或者是来自对社会主义本质的任意猜测和想象。

提出姓"社"还是姓"资"问题的人，不仅对社会主义的理解是模糊的，而且，对资本主义的理解也是片面的，把资本主义和社会主义的对立绝对化了。其实，资本主义制度虽是没落的，但并不等于资本主义社会中没有可以为社会主义所借鉴和吸收的东西。邓小平指出：

> 当然我们不要资本主义，但是我们也不要贫穷的社会主义，我们要发达的、生产力发展的、使国家富强的社会主义。[4]231

学习资本主义国家的某些好东西，包括经营管理方法，也不等于实行资本主义。这是社会主义利用这些方法来发展社会生产力。把这当作方法，不会影响整个社会主义，不会重新回到资本主义。[4] 236

邓小平的这个见解，是对姓"社"还是姓"资"问题的一个明确回答，它告诉我们：改革措施，即使是引用那些曾经为资本主义所利用的措施也不姓"资"。

我国的改革首先是从农村开始的。农村实行家庭联产承包责任制，调动了广大农民的积极性，引起了农村经济的大发展和农村面貌的大变化。实践证明，家庭联产承包责任制符合中国国情，充满生机和活力，它姓"社"不姓"资"。

我国的改革政策，允许一部分地区、一部分人先富起来，这也一度成为人们争论的一个问题。担心它会导致两极分化，产生新的剥削阶级。邓小平明确地指出："社会主义特征是搞集体富裕，它不产生剥削阶级。"[4] 236 他还说："创造的财富，第一归国家，第二归人民，不会产生新的资产阶级。"[5] 123

兴办经济特区，一开始也就有不同意见。同样有人担心它是资本主义。邓小平在调查研究的基础上，对此做出了科学的回答。他说：

从深圳的情况看，公有制是主体，外商投资只占四分之一，就是外资部分，我们还可以从税收、劳务等方面得到益处嘛！多搞点'三资'企业，不要怕。只要我们头脑清醒，就不怕。我们有优势，有国营大中型企业，有乡镇企业，更重要的是政权在我们手里。有的人认为，多一分外资，就多一分资本主义。三资企业多了，就是资本主义的东西多了，就是发展了资本主义。这些人连基本常识都没有。我国现阶段的'三资'企业，按照现行的法规政策，外商总是要赚一些钱。但是，国家还要拿回税收，工人还要拿回工资，我们还可以学习技术和管理，还可以得到信息、打开市场。[5] 372-373

应该说，"三资"企业，姓"社"姓"资"兼而有之，但是，社会主义成分是主体，加上政权在共产党手里，主体的性质确定了，资本主义的某些东西受到我国政治、经济条件的制约，成为社会主义经济的有益补充，归根到底这有利于社会主义。外商独资、私营经济，就所有制来看，自然姓"资"，但在整个社会主义经济中处于从属地位，对社会主义有益而无害。至于证券、股市这些东西，究竟好不好，有没有危险，是不是资本主义独有的东西？社会主义能不能利用？这些不应该一开始就将其斥之为资本主义的东西而加以抛弃，而应该由实践来做出结论。邓小平在经过冷静分析和认真总结之后得出了一条结论："特区姓'社'不姓'资'。"[5] 372 党的十五大根据邓小平理论，对我国现实存在的非公有制经济的地位和作用做出了新的估价，明确指出：

> 非公有制经济是我国社会主义市场经济的重要组成部分。对个体、私营等非
> 公有制经济要继续鼓励、引导，使之健康发展。这对满足人们多样化的需要，
> 增加就业，促进国民经济的发展有重要作用。[10]

计划经济向市场经济的转变，更是令一些人感到不可思议。在一些正统的"马
克思主义者"那里，社会主义是高度集中的计划经济，或者是"穷过渡"的人民
公社体制。于是乎，在计划经济和市场经济之间设下了"非此即彼"难以逾越的
壁垒。无疑，这是我国经济改革的严重思想障碍。

长期以来，我们认定计划经济等于社会主义，市场经济等于资本主义。1984
年《中共中央关于经济体制改革的决定》，突破了把社会主义同市场经济对立起来
的传统观念，明确提出社会主义经济是"公有制基础上的有计划的商品经济"。这
个《决定》虽然没有使用社会主义市场经济的提法，但社会主义商品经济被确认
了。对此，邓小平作了很高的评价。1984年10月22日，他在中央顾问委员会第
三次全体会议上的讲话中说：

> 这次经济体制改革的文件好，就是解释了什么是社会主义，有些是我们老祖
> 宗没有说过的话，有些新话。我看讲清楚了。过去我们不可能写出这样的文
> 件，没有前几年的实践不可能写出这样的文件。写出来，也很不容易通过，
> 会被看作'异端'。我们用自己的实践回答了新情况下出现的一些新问题。不
> 是说四个坚持吗？这是真正坚持社会主义，否则是'四人帮'的'宁要社会
> 主义的草，不要资本主义的苗'。[5]91

邓小平的这个论述以及在此前后关于市场经济的论述，都说明了一个道理：市场
经济并不注定姓"资"，它作为经济手段，可以为资本主义服务，也可以为社会主
义服务。江泽民指出：邓小平关于市场经济的论断，

> 从根本上解除了把计划经济和市场经济看作属于社会基本制度范畴的思想束
> 缚，使我们在计划与市场关系问题上的认识有了新的重大突破。[18]

总之，抽象地谈论姓"社"还是姓"资"是没有意义的，必须从实际出发，
根据实践的结果判定问题的性质。对于那些已被实践证明为阻碍生产力发展的体
制、形式和手段，不能因为它们曾经被认定为姓"社"就加以维护；对于那些反
映人类社会文明的进步成果，有利于社会主义经济发展的管理体制、形式和手段，
也不能因为它们曾经在资本主义社会中形成，就认定它姓"资"而加以拒绝。姓

"社"还是姓"资",不能主观预设出结论,要在实践中给予判定。那种把本来就姓"社"的东西错误地判定为姓"资"而加以排斥的做法和那种把本来就没有姓"社"姓"资"的东西错误地判定为姓"资"的做法都是错误的。至于那些确实姓"资"的但是在一定的条件下或者在一定的限度内可以为"社"所用的东西也不能一概地加以否定。邓小平的结论是:判断的标准主要看是否有利于发展社会主义社会的生产力,是否有利于增强社会主义国家的综合国力,是否有利于提高人民的生活水平。总之,只有冲出姓"社"还是姓"资"的思想障碍,才能使解题过程的创新得以实现。

(四)敢闯新路的工作方法

如果说解题创新着重于理论的探索与创造的话,那么敢闯新路则着重于实践的开拓与试验。二者之间的联系是必然的。理论的探索与创造为实践的开拓与试验提供认识上的先导,而实践的开拓与试验又为理论的探索与创造提供实践的经验。无论在理论的探索与创造上还是在实践的开拓与试验上,邓小平都做了精辟的阐述,为建设有中国特色社会主义的理论与实践提供了全面严整的方法论的指导,并由此而取得了无比丰硕的成果。

(五)敢为人先的胆识

在对待革命和建设问题上,往往存在截然相反的两种态度:一种是"怕"字当头,畏首畏尾,不敢向前迈一步;另一种是"敢"字当头,敢闯、敢试,敢为人先。邓小平倡导的就是后一种态度,他提出了敢闯新路的工作方法。这种工作方法正是求是与创新的思想方法在实际工作中的应用。无论求是创新的思想方法,还是敢闯新路的工作方法,都是实事求是思想路线的进一步延伸和发展。

1975 年,邓小平在主持国务院工作期间曾讲过如下一段话:我这个人像维吾尔族的姑娘,辫子多,一抓就几个。这句极为通俗的大众语言,却表现了邓小平敢于创新、敢闯新路的崇高品质。这种品质贯穿于邓小平的工作方法和领导艺术中。

敢为人先,首先是要敢于冲破禁区和误区,敢于同一切错误的认识和行为做斗争。我国封建主义的东西源远流长,"左"的错误根深蒂固,形式主义比比皆是,官僚主义严重存在。由这些东西造成的禁区和误区很多。不闯新路,不冲破这些禁区和误区,社会主义事业就不可能得到顺利发展。

1975 年,邓小平面对"四人帮"的猖獗势力,下决心抓全面整顿。当时,有一种普遍的思想倾向:"抓革命保险,抓生产危险。"邓小平严正指出:"这是大错特错的。"[4]4 邓小平说：

> 有的人怕字当头，不敢办事，不敢讲话，怕讲错了挨批。共产党员为什么怕？
> 为什么不敢讲话？为什么不敢负责任？[4]19

邓小平以高度的政治责任感和强烈的革命事业心去对待当时存在的各类问题，要求人们敢于率先担当责任。

敢闯新路，必须敢于担风险，着力克服改革中的难关。我国的改革开放和社会主义现代化建设是一项十分艰巨复杂的系统工程，矛盾很多，困难很大，关卡不少。比如物价的改革就面临许多困难。过去物价都由国家规定，这种违反价值规律的做法必须改革。但是价格一改革却又带来了一些新问题，比如副食品价格一放开，就有人抢购日用品等，议论纷纷，不满意的话多得很。邓小平说：

> 中国不是有一个'过五关斩六将'的关公的故事吗？我们可能比关公还要过
> 更多的"关"，斩更多的"将"。过一关很不容易，要担很大风险。[5]262

"如果前怕狼后怕虎，就走不了路。"[5]263 正是因为有不怕风险的胆略，我们闯过了物价改革以及其他改革的难关。

1991年1月28日至2月28日，邓小平在上海视察的过程中明确地指出：

> 要克服一个怕字，要有勇气。什么事情总要有人试第一个，才能开拓新路。
> 试第一个就要准备失败，失败也不要紧。希望上海人民思想更解放一点，胆
> 子更大一点，步子更快一点。[5]367

邓小平的这一论述极为简明地阐述了敢闯新路的工作方法。

无论做什么事情，能否敢为人先，开拓新路，关键是能不能克服一个"怕"字，树立一个"敢"字。任何事物的发展都不可能一帆风顺，尤其是像改革开放和现代化建设这种前无古人的事业，总是会遇到这样或那样的风险和困难。自改革开放和加速现代化建设以来，邓小平以无产阶级革命家大无畏的气概，在不同场合反复地号召党和人民大胆改革，敢闯新路。邓小平指出：

> 我们搞四个现代化和改革、开放，以后还会遇到风险、困难，包括我们自己
> 还会犯错误。中国是这么大的国家，我们做的事是前人没有做过的……搞改
> 革完全是一件新的事情，难免会犯错误，但我们不能怕，不能因噎废食，不
> 能停步不前。胆子还是要大，没有胆量搞不成四个现代化。[5]229

他还说：

> 改革开放胆子要大一些，敢于试验，不能像小脚女人一样。看准了的，就大胆地试，大胆地闯……没有一点闯的精神，没有一点'冒'的精神，没有一股气呀、劲呀，就走不出一条好路，走不出一条新路，就干不出新的事业。不冒点风险，办什么事情都有百分之百的把握，万无一失，谁敢说这样的话？一开始就自以为是，认为百分之百正确，没那么回事。[5]372

可见，邓小平关于敢闯新路的工作方法具有深刻的哲学意蕴。

邓小平富有革命胆略的创新性方法论展示了中国共产党人开拓新生活、走向新领域的开拓创新精神。中国共产党人是在马克思主义指导下建设社会主义的，但是，马克思主义创始人并没有提供如何建设社会主义的现成结论，他们对未来新社会的预见，只是限于基本特征和大致轮廓，对于中国共产党人来说，决不能只是教条式地运用马克思主义，必须根据自己的实际，研究新情况，开拓新视野，走有自己特色的路。

邓小平提出的敢闯新路的工作方法体现了马克思主义的辩证能动的认识论。马克思主义认识论的实质是实践论。实践活动一般区分为重复性和创造性两类。对于马克思主义认识论来说，着重强调的是创造性实践，亦即改造旧事物创造新事物的实践。因为现存事物作为客观存在，其直接存在形态并非完全合乎主体需要。主体要达到目的，满足需要，就不能不对现存事物有所否定，有所改造。因此，从根本上说，实践活动是一种创造性活动。具有这种特征的实践活动是以敢闯为思想前提的。即是说，指导实践的思维方式应该不受习惯思维程序的束缚，敢与前人和众人有所不同，尤其是敢于向陈腐观念挑战，敢于在前人的基础上提出新见解、开辟新途径、干出新事业。邓小平在谈到稳定世界局势的新办法时说："有好多问题不能用老办法去解决，能否找个新办法？新问题就得用新办法。"[5]50 像国际领土争端之类的问题，"要从尊重现实出发，找条新的路子来解决"。[5]49邓小平把敢闯的革命胆略与创新的思想方法联系在一起，并贯彻于实际工作中而成为敢闯新路的工作方法。

（六）"摸着石头过河"

革命胆略对于革命和建设来说是极为重要的，然而提倡革命胆略是否意味着可以毫无顾忌地随意行动呢？回答只能是否定的。邓小平有句名言："摸着石头过河。"这句话虽然是一个形象的比喻，但它却告诉人们这样的真理：世界上的万事万物既不是不可认识的，也不是不费气力就可以认识的。只有通过不断的实践和探索，才能获得正确的认识，进而制定出正确的方针、政策和策略。

邓小平一方面倡导革命胆略，另一方面则告诫人们：“处理具体事情要谨慎小心，及时总结经验。小错误难免，避免大错误。”[5]229 邓小平在向外宾介绍我国改革的成功经验时说：

> 我们确定的原则是：胆子要大，步子要稳。所谓胆子要大，就是坚定不移地搞下去；步子要稳，就是发现问题赶快改。[5]118

邓小平论述的胆大与步稳的工作态度和工作方法具有深刻的哲学底蕴。

基于胆大和步稳的辩证统一的工作方法，邓小平对这种工作方法提出了一个既通俗又精辟的描述：“摸着石头过河。”邓小平指出：

> 我们现在所干的事业是一项新事业，马克思没有讲过，我们的前人没有做过，其他社会主义国家也没有干过，所以，没有现成的经验可学。我们只能在干中学，在实践中摸索。[5]258-259

江泽民在党的十五大报告中指出：“在中国，真要建设社会主义，那就只能一切从社会主义初级阶段的实际出发，而不能从主观愿望出发，不能从这样那样的外国模式出发，不能从对马克思主义著作中个别论断的教条式理解和附加到马克思主义名下的某些错误论点出发。”改革开放是一种开拓性实践，没有现成的模式可搬，没有现成的道路可走，只能在实践中摸索。

“摸着石头过河”的工作方法是马克思主义认识论的具体应用。马克思主义认为，认识过程是一个实践、认识、再实践、再认识的不断反复和无限发展的过程，正如毛泽东指出的那样：

> 通过实践而发现真理，又通过实践而证实真理和发展真理。从感性认识而能动地发展到理性认识，又从理性认识而能动地指导革命实践，改造主观世界和客观世界。实践、认识、再实践、再认识，这种形式，循环往复以至无穷，而实践和认识之每一循环的内容，都比较地进到了高一级的程度。这就是辩证唯物论的全部认识论，这就是辩证唯物论的知行统一观。[13]296-297

根据马克思主义认识路线，我国的改革就是要从实践中学习，“摸着石过河”，在实践中取得对客观世界的正确认识，取得关于改革的正确的方针、政策、方法和措施。不摸索，不实践，就无法达到预期的目的。

对于从事中国的社会主义建设工作来说，应当采取“摸着石头过河”。“过河”是指我们的任务和所要达到的目标。近期目标是实现邓小平提出的经济发展“三步走”的总体构想，远期目标是建成有中国特色的社会主义。而“摸着石头”就是探索过河的途径和方法。无论采取哪种途径和方法，都有一个认识国情、把握规律的问题。因此，"摸着石头过河"也就是按照客观规律和具体国情选择正确的改革方案和措施。邓小平在谈到经济体制改革和翻两番的目标时，指出要理顺各种经济关系，"如果关系理顺了，到本世纪①末翻两番就有把握"[5] 130 而理顺关系，就是按客观事物的固有规律办事。所以，邓小平又说：

> 我们要按价值规律办事，按经济规律办事……进行全面的经济体制改革需要有勇气，胆子要大，步子要稳。[5] 130

可见，"摸着石头过河"，既是按客观规律办事，也体现了革命胆略与小心谨慎、稳步前进的辩证关系。

"摸着石头过河"既然是要求认识客观的规律和按规律办事，那么，在实际操作上就是要"走一步，看一步"，不断地总结经验。

邓小平指出：

> 现在我们正在做的改革这件事是够大胆的。但是，如果我们不这样做，前进就困难了。改革是中国的第二次革命。这是一件很重要的必须做的事，尽管是有风险的事……我们在确定做这件事的时候，就意识到会有这样的风险。我们的方针是，胆子要大，步子要稳，走一步，看一步。[5] 113

"走一步"与"看一步"的关系，实质上也是实践和认识的关系。"走"就是实践，"看"则是认识。"看"是离不开"走"的，没有实践就不会有正确的认识，无论何人要形成正确的"看"法，都必须接触事物，参与实践。然而，"走"是不能没有"看"的指导的，认识对实践有巨大的反作用，只有在正确的理论、认识的指导下才使实践达到预期的目的。反之，只顾"走"不注意"看"，其结果有可能误入歧途。显然，"走一步"与"看一步"是紧密联系的。邓小平把二者结合在一起，不仅强调了实践的基础作用，而且也突出了认识的能动作用。

"走一步，看一步"的关键问题是要不断地总结经验及时地修正错误。邓小平指出："我们的政策是坚定不移的，不会动摇的，一直要干下去，重要的是走一段就要总结经验。"[5] 113

他还说：

> 我们每走一步都要总结经验，哪些事进度要快一点，哪些要慢一点，哪些还

---

① 即 20 世纪。

要收一收，没有这条是不行的，不能蛮干。[5] 219

邓小平之所以强调总结经验，这主要基于如下考虑：

只有总结经验，才能正确地制定和贯彻路线、方针和政策。邓小平认为：

> 我们现在的路线、方针、政策是在总结了成功时期的经验、失败时期的经验
> 和遭受挫折时期的经验后制定的。历史上成功的经验是宝贵财富，错误的经
> 验、失败的经验也是宝贵财富。这样来制定方针政策，就能统一全党思想，
> 达到新的团结。这样的基础是最可靠的。[5] 234-235

我国的对外开放政策、"一国两制"的构想等，都是在总结经验的基础上提出来的。总结经验不仅是正确地制定党的路线、方针、政策的必要条件，也是正确地实施党的路线、方针、政策所不可或缺的。邓小平在谈到改革开放时说："每走一步都必定会有的收，有的放，这是很自然的事情。"[5] 219 邓小平所说的"收"，就是在实践的过程中对改革开放政策进行必要的调整。这种调整正是对改革开放的实践经验进行总结后所采取的必要措施。这是因为我们制定的路线、方针、政策，不仅受到主观方面的限制，而且还受到客观方面各种条件的限制，不可能一旦提出就完全符合客观实际。在执行的过程中，及时总结经验做出相应的调整，才能使之更好地符合客观实际。由此可见，只有总结经验，才能发现问题和纠正错误，避免犯大错误。

总结经验要求对改革开放的方针、政策及其实践进行定性分析，看哪些行得通，哪些行不通。行得通的就推广，行不通的就改进。比如，"我们首先开放农村，很快见效。有的地方一年翻身，有的地方两年翻身。农村取得经验之后，转到城市"。[5] 224 而在一段时期内，我们的发展速度太快，带来了一些问题，"所以要调整一下，收缩一下。这也是好事情，我们取得了经验"。[5] 224 邓小平告诉我们，及时总结经验，改正不妥当的方案和步骤，不使小的错误发展成为大的错误。他说："关键是要善于总结经验，哪一步走得不妥当，就赶快改。"[5] 113 他还说："我们是走一步看一步，有不妥当的地方，改过来就是了。总之，遵循一个原则，就是实事求是。"[5] 78

总结经验是依照马克思主义认识论办事的。认识发源于实践经验，这是唯物主义认识论的一个基本结论。马克思指出："一切观念都来自经验。"[14] 344 列宁也指出："要理解，就必须从经验开始理解、研究，从经验上升到一般。"[16] 175 毛泽东的《实践论》全面而深刻地阐明了认识开始于实践经验的道理，告诉人们："一切真知都是从直接经验发源的。"[13] 288 对于认识的形成来说，实践经验是第一的

东西。而对经验的系统总结则可以把握事物的本质和规律，从具体的、特殊的东西上升到认识的、理论的一般。邓小平对于实践经验的功能有一个重要论断：

> 一个新的科学理论的提出，都是总结、概括实践经验的结果。没有前人或今人、中国人或外国人的实践经验，怎么能概括、提出新的理论？[4]57-58

由此可见，总结经验对于创立新理论的重要意义。邓小平建设有中国特色社会主义理论，就是他在我国改革开放和现代化建设的实践过程中，对我国社会主义胜利和挫折的历史经验进行科学总结的结晶。正如江泽民总书记在中国共产党第十五次全国代表大会上的报告中所说的："它是在和平与发展成为时代主题的历史条件下，在我国改革开放和现代化建设的实践中，在总结我国社会主义胜利和挫折的历史经验并借鉴其他社会主义国家兴衰成败历史经验的基础上，逐步形成和发展起来的。"

综上所述，"摸着石头过河"、"走一步，看一步"、总结实践经验，这是马克思主义的方法论。不探索、不总结，就不会有建设有中国特色社会主义理论，就不会有正确的路线、方针、政策。"摸着石头过河""走一步，看一步"，不仅是创造性活动初始阶段所需要的，而且要贯穿于整个实践活动之中。只有不断地探索，才能不断地有所前进、有所创造。"摸着石头过河"、"走一步，看一步"、总结实践经验，绝不是像有些人说的那样是轻视理论、缺乏远大目标和长远计划的"经验主义"。邓小平多次指出，我们搞社会主义建设是以马克思主义为指导的，马克思主义是我们进行社会主义建设的思想指南。可见，"摸着石头过河""走一步，看一步"，不是轻视理论，不是经验主义，而是对马克思主义认识论的具体应用和发展为工作方法。因此，对"走一步，看一步""摸着石头过河"的非议，如果不是出于无知偏见，便是出于思想的僵化，只惯于走自己的老路。

（七）试验：创新和务实的统一

试验是人类实践活动的重要形式，是人类探索客观事物规律的重要方法。人类要有效地控制自然，改造社会，克服盲目性，避免失误和挫折，就必须进行试验。中国共产党人十分重视试验的方法，并把它作为领导方法和作方法的重要内容。它在路线、方针、政策的制定和实施中发挥了重要的作用。

邓小平有关试验的思想十分丰富。早在 1962 年，邓小平曾就执政党的干部问题提出了试验的思想。他说：

> 我提出干部能上能下，是不是可以试验一下，先从基层做起……在一个企业，

一个学校，也可以采取这种办法。这对干部是一个锻炼。[4] 329-330

如果说，邓小平关于试验的方法在这里还只是初步提出，尚未系统地论证的话，那么，自 70 年代邓小平再度复出后，他对有关试验的方法及其应用则作了充分的阐发，并且将其同我国改革的实际进程密切地联系在一起。

1987 年，邓小平曾回顾了我国改革的初始状况。他说："说到改革，其实在一九七四年到一九七五年我们已经试验过一段……那时的改革，用的名称是整顿……，"[5] 255 那时，邓小平本想趁主持中央日常工作的机会尝试全面整顿，把国民经济搞上去。但由于"四人帮"疯狂反对，致使改革的试验受到挫折。党的十一届三中全会以来，邓小平重新提出进行改革的试验并把它推向新阶段，与此同时，他有关试验的阐述也日臻完善。

试验方法，其目的是把主观见之于客观，并把正确思想认识的应用，采取由点到面，逐渐推进，以避免由于认识上的失误或欠周密而造成严重不利的实际后果。我国的改革并不是一哄而起，而是从农村走向城市、从经济领域走向政治领域及科技教育等领域的有序过程。1978 年，邓小平在党的十一届三中全会的主题报告中首先提出经济体制改革，并主张先进行试验，取得经验，然后再逐步推广。他说：

> 在全国的统一方案拿出来以前，可以先从局部做起，从一个地区、一个行业做起，逐步推开。中央各部门要允许和鼓励它们进行这种试验。试验中间会出现各种矛盾，我们要及时发现和克服这些矛盾。这样我们才能进步得比较快。[4] 150

邓小平关于有步骤地进行改革试验的思想犹如一股春风，吹遍了祖国大地，使改革在一些地区和领域率先稳步进行。

邓小平指出："我们最大的试验是经济体制的改革。"[5] 130 1978 年，四川省的一些企业试行有限的"企业决策自主权"，接着，首都钢铁联合总公司率先进行"上缴利润递增包干"试点，东北工业重镇沈阳市推出了"资产经营责任制"试点，后来，乡镇企业中出现了"东莞模式""温州模式""苏南模式"，沙市、常州、重庆、潍坊先后作为综合改革的试点城市。与此同时，在生产、流通、分配、金融、科技、劳动组合、劳动工资以及政府职能等各方面进行了改革的试验。根据邓小平的思想，1981 年，建立了深圳特区，这是经济体制改革的重大试验。邓小平多次谈到深圳经济特区是个试验，"从世界的角度来讲，也是一个大试验"[5] 133 综观我国经济体制改革的轨迹，就是一个由点到面、由小到大的逐步扩展的过程。

　　随着经济体制改革的深入，政治体制的改革势在必行。然而，政治体制的改革则更为复杂，同样要经过试验，由点到面。邓小平在《精简机构是一场革命》中深刻地说明了政治体制改革的紧迫性和必要性，认为，这场革命不搞，"不只是四个现代化没有希望，甚至于要涉及到亡党亡国的问题，可能要亡党亡国"。[4]397同时他指出，这种改革涉及的人和事都很广泛，很深刻，触及许多人的利益，会遇到很多障碍，需要慎重从事。"中央一级先找一两个单位，比如首先从外贸系统开始，试试看。"[4]399鉴于政治体制改革的艰巨性和复杂性，邓小平强调认真研究，有步骤地实施。他在《党和国家领导制度的改革》的讲话中说：

> 中央在原则上决定以后，还要经过试点，取得经验，集中集体智慧，成熟一个，解决一个，由中央分别做出正式决定，并制定周密的、切实可行的、能够在较长时期发挥作用的制度和条例，有步骤地实施。[4]341

邓小平强调改革试验由点到面，逐步推广，其目的在于稳步前进，避免操之过急而造成重大损失。

　　试验，就其内容来说是主观见之于客观，不断改进主观的认识，使认识深化。而就其适用对象来说是由点到面，使认识向广度拓展。邓小平在1985年的中国共产党全国代表会议上的讲话中指出："我国经济体制的全面改革刚刚起步，总的方向、原则有了，具体章法还要在试验中一步步立起来。"[5]142改革的章法和措施，作为观念形态的东西，只能来自于改革的实践。只有在改革的实践中才能不断地充实和完善。事实上，正是伴随着改革的不展，各项改革的办法、措施才逐步地成熟和健全起来。邓小平说：

> 恐怕再有三十年的时间，我们才会在各方面形成一整套更加成熟、更加定型的制度。在这个制度下的方针、政策，也将更加定型化。[5]372

改革章法由少到多的过程是对改革的认识和实践的不断丰富和深化。这表明，只有不断地试验、不断地总结，才能在理论上和实践上不断地取得新成就。

　　任何试验都是探索性的，因而具有风险性。我国的经济体制改革和政治体制改革，是前无古人的事业，其风险性是客观存在的。邓小平多次提醒人们不要怕冒风险。他说：

> 我们要把工作的基点放在出现较大的风险上，准备好对策。这样，即使出现了大的风险，天也不会塌下来。[5]267

"我们不能避开风险，这个风险是绕不过的，除非我们不前进。"[19]风险是不可避免的，问题的关键是要正视风险，采取正确的对策，否则，惧怕风险，只能是停滞不前。

既然试验具有风险性，那么，就应该允许犯错误。邓小平说：

> 我们现在做的事都是一个试验。对我们来说，都是新事物，所以要摸索前进。既然是新事物，难免要犯错误。我们的办法是不断总结经验，有错误就赶快改，小错误不要变成大错误。[5] 174

他还说：

> 深圳经济特区是个试验，路子走得是否对，还要看一看。它是社会主义的新生事物。搞成功是我们的愿望，不成功是一个经验嘛。[5] 130

改革的试验应该允许犯错误。而错误往往是正确的先导，只要善于总结经验，吸取教训，及时地改正错误，就可以避免犯大错误。可见，允许犯错误，及时地纠正错误，这是试验方法的原意。

试验具有探索性和风险性，又具有示范性。这对于解决先进与落后的矛盾非常重要。邓小平指出：

> 我们的政策就是允许看。允许看，比强制好得多。我们推行三中全会以来的路线、方针、政策，不搞强迫，不搞运动，愿意干就干，干多少是多少，这样慢慢就跟上来了。[5] 374

允许看，不强制，通过试验示范，逐步推开，这也是我国改革开放以来的一条宝贵经验。之所以要允许看，不强制，不仅由于人们的认识有一个发展过程，而且也由于对不同地区、不同条件下的改革不能强求一律。采取何种方法和措施，应该通过试验由实践做出结论。

邓小平倡导的试验方法和实践是检验真理的标准的观点，两者是紧密地联系在一起的。按照邓小平的看法，付诸试验的路子究竟对不对，不能依据主观上觉得如何而定，而应依据试验的结果如何而定。在《中共中央关于经济体制改革的决定》发布一年后，邓小平指出：

> 经济体制改革成功不成功，成功大小，要看三年到五年。见效了才能说服人，证明第二个三中全会决议是正确的。[5] 131

1988 年，邓小平回顾我国改革的历程时，告诉世人：

经过十年来的实践检验，证明我们党的十一届三中全会以来制定的一系列路
线、方针、政策是正确的，我们实行改革开放是正确的。[5] 265

邓小平关于我国改革开放的这一评价来自我国改革实践的结果，坚持了马克思主义关于实是检验真理标准的观点。

马克思主义认为，实践标准具有确定性和不确定性。就社会实践的无限发展来说，实践可以最终判定任何认识是否具有真理性，但就某一特定条件的具体实践来说，它对每个认识的检验往往只具有相对意义。列宁指出：

实践标准实质上决不能完全地证实或驳倒人类的任何表象。这个标准也是这
样的"不确定"，以便不至于使人的知识变成"绝对"，同时它又是这样的确
定，以便同唯心主义和不可知论的一切变种进行无情的斗争。[12]

只有实践才是检验真理的标准，但是，一定历史条件下的实践对认识之真理性的检验是不完全的，检验的范围是有限的，检验的程度也是有限的。因此，列宁指出："必须把人的全部实践——作为真理的标准。"[20] 列宁的这个思想，适用于一切认识的检验，对我国改革的试验检验也是同样适用的。

邓小平强调用实践的结果检验改革的正确性，但又不把一定历史条件下的实践绝对化，而是主张用社会历史发展的实践来检验改革的理论及改革的方针、政策、措施和办法的正确性。邓小平指出："改革不只是看三年五年，而是要看二十年，要看下世纪的前五十年。"[5] 131 对认识真理性的检验并不是认识过程的终结。通过实践检验，坚持真理，也要纠正错误，以完善和发展真理。邓小平说："随着实践的发展，该完善的完善，该修补的修补……"[5] 371 邓小平的这些思想丰富了马克思主义的认识论。

综上所述，试验作为科学方法，体现了创造精神和务实精神的高度统一。邓小平强调试验，鼓励大家试验，自己也带头试验。他有关试验方法的特性、功能以及实际操作的系列见解，不仅丰富和发展了马克思主义的方法论，而且为中国走向现代化提供了方法论的指导。

参 考 文 献

[1] 江泽民，《深入学习邓小平理论》，载《求是》杂志，1998 年，第 4 期，第 2—4 页。

[2] 毛泽东，《改造我们的学习》，载《毛泽东选集》第三卷，北京：人民出版社，1991 年。

[3] 毛泽东，《中国共产党在民族战斗中的地位》，载《毛泽东选集》第二卷，北京：人民出版社，1991 年，第 522—523 页。

[4] 邓小平，《邓小平文选》第二卷，北京：人民出版社，2005 年。

[5] 邓小平，《邓小平文选》第三卷，北京：人民出版社，2005 年。

[6] 恩格斯，《自然辩证法》，载中共中央马克思恩格斯列宁斯大林著作编译局编译，《马克思
恩格斯文集》第 9 卷，北京：人民出版社，2009 年，第 400 页。

[7] 恩格斯，《费尔巴哈和德国古典哲学的终结》，载中共中央马克思恩格斯列宁斯大林著作编
译局编译，北京：人民出版社，《马克思恩格斯文集》第 4 卷，2009 年，第 312 页。

[8] 列宁，《致尼·达·基克纳泽（1916 年 12 月 14 日以后）》，载中共中央马克思恩格斯列宁
斯大林著作编译局编译，《列宁全集》第 47 卷，北京：人民出版社，1990 年，第 477 页。

[9] 列宁，《论民族自决权》，载中共中央马克思恩格斯列宁斯大林著作编译局编译，北京：人
民出版社，《列宁选集》第 2 卷，2012 年，第 375 页。

[10] 江泽民，《高举邓小平理论伟大旗帜，把建设有中国特色社会主义事业全面推向二十一世
纪——在中国共产党第十五次全国代表大会上的报告（1997 年 9 月 12 日），载《人民日
报》，1997 年 9 月 22 日。

[11] 马克思，《关于费尔巴哈的提纲》，载中共中央马克思恩格斯列宁斯大林著作编译局编译，
北京：人民出版社，《马克思恩格斯文集》第 1 卷，2009 年，第 501 页。

[12] 列宁，《唯物主义和经验批判主义》，载中共中央马克思恩格斯列宁斯大林著作编译局编
译，《列宁选集》第二卷，北京：人民出版社，2012 年，第 103 页。

[13] 毛泽东，《实践论》，载《毛泽东选集》第一卷，北京：人民出版社，1991 年。

[14] 恩格斯，《反杜林论》，载中共中央马克思恩格斯列宁斯大林著作编译局编译，北京：人
民出版社，《马克思恩格斯文集》第 9 卷，2009 年。

[15]《人民文库》编委会编，《中国共产党中央委员会关于建国以来党的若干历史问题的决议》，
北京：人民出版社，2009 年，第 36 页。

[16] 列宁，《哲学笔记》，载中共中央马克思恩格斯列宁斯大林著作编译局编译，《列宁全集》
第 55 卷，北京：人民出版社，1990 年。

[17] 列宁，《对社会民主党内的指示分子机会主义派的经典评价》，《列宁选集》第 1 卷，北京：
人民出版社，2012 年，第 728 页。

[18] 江泽民，《加快改革开放和现代化建设步伐夺取有中国特色社会主义事业的更大胜利——
在中国共产党第十四次全国代表大会上的报告》，载《人民日报》，1992 年 10 月 21 日。

[19] 孙毅，《邓小平会见孔戴时说中国发展的关键是深化改革开放》，载《人民日报》，1988 年
7 月 10 日。

[20] 列宁，《再论工会、目前形势及托洛斯基和布哈林的错误》，载中共中央马克思恩格斯列
宁斯大林著作编译局编译，《列宁选集》第四卷，北京：人民出版社，2012 年，第 419 页。

29   邓小平对方法特质的阐释*

方法的多元性决定着人们必须加以选择。由于有些不同的方法在功能上相反，因此需要做出定性分析，舍弃错误的方法，掌握正确的方法；又由于有些不同的方法，其效能和作用并不同等，因此需要通过选择，找到最佳的方法；还存在具有相容互补关系的不同方法，尽管它们的地位和作用不同，但不能顾此失彼，更不能把它们割裂开来，而必须发挥它们的综合效应。

（一）方法选择的重要性

在实际工作中，方法不同，效果也就不同，要取得满意的工作效果，就必须对不同的方法做出选择。

按照唯物辩证法的观点，不同性质的矛盾只能用不同的方法来解决。选择方法，首先需要研究矛盾的性质，区别不同的情况。邓小平关于方法选择的阐述就是以此为出发点的。

中国人民的革命和社会主义建设，虽然是相互联系的，但是，它们所要解决的矛盾又是不同的。中国人民革命是针对旧的社会制度而言的，是要解决人民大众与帝国主义、封建主义和官僚资本主义的矛盾，目的在于推翻旧的社会制度，建立新的社会制度。因此，必须通过阶级斗争尤其是武装斗争来解决这种具有对抗性质的矛盾。而社会主义建设则不是这样，它所要解决的主要矛盾是人民群众日益增长的物质和文化的需要与落后的生产力之间的矛盾。因此，主要不是运用阶级斗争的方法，而是通过社会主义自我完善和自我发展的方法解决矛盾，以促进社会生产力的发展。正是在这样一个根本问题上，我国的社会主义建设曾在很长一段时期内，未能认清矛盾的性质，因而在解决矛盾的方法上做出了错误的选择。邓小平说："多少年来我们吃了一个大亏，社会主义改造基本完成了，还是'以阶级斗争为纲'，忽视发展生产力。"[1] 141 在邓小平看来，解决社会主义社会的矛盾，决不能用阶级斗争的方法，而应该通过改革进一步解放生产力和发展生产力。

---

* 本文原载张巨青等著，《邓小平理论的思想方法研究》，南京：江苏教育出版社，1998 年，第 71—100 页。

同理,解决精神领域的矛盾应不同于解决其他领域的矛盾。思想认识问题、人民内部的是非问题,不能用强制的、压服的方法,而只能用讨论的方法、批评的方法、说服教育的方法。在我国新的历史时期,邓小平针对人民内部的思想认识问题,提出要用疏导的方法加以解决。他认为,思想政治工作的基本原则是对人们进行教育工作、说服工作,而不是采取强制的、压服的方法和行政命令的方法;对人民群众中的思想问题、认识问题,我们要坚持疏导的方针,反对堵塞的方针,疏和导的方针是思想政治工作的正确方针,我们要在疏通中引导,在引导中疏通,又疏又导。疏通就是广开言路,集思广益,引导就是循循善诱,说服教育。针对一段时间内学生中出现的某些问题,邓小平指出:"采取疏导的方法,是必要的。"[1]194 邓小平主张用疏导的方法解决人民内部的思想认识问题,这符合思想政治工作的实际。在新的历史时期,人们的思想比较活跃,既有积极的东西,也有消极的乃至于错误的东西。通过疏导,不仅有利于调动积极因素,而且也有利于纠正错误的东西,把人们的思想统一到党的路线、方针、政策的轨道上来,这就有了正确的政治方向。

疏导,自然包括对错误思想的批评和纠正。邓小平说:"解决思想战线混乱问题的主要方法,仍然是开展批评和自我批评。"[1]46 与此同时,邓小平总结历史的经验教训,强调要反对残酷斗争、无情打击这种"左"的做法。他说:

> 我们在强调开展积极的思想斗争的时候,仍然要注意防止"左"的错误。过去那种简单片面、粗暴过火的所谓批判,以及残酷斗争、无情打击的处理方法,决不能重复……批评或自我批评都要站在马克思主义立场上,不能站在"左"的立场上。[1]47

"对于这些犯错误的人,每个人错误的性质如何,程度如何,如何认识,如何处理,都要有所区别,恰如其分。批评的方法要讲究,分寸要适当,不要搞围攻、搞运动。"[2]390 邓小平的疏导方法表明,既要区别矛盾的不同性质,也要重视优化解决矛盾的方法。邓小平的疏导方法是我国新时期思想政治工作的重要指导方针。

(二) 方法的优化选择

相对于同一任务的完成和同一目的的实现来说,不同的方法作用和功能并不是同等的。因此,要取得最佳效应,就需要对不同的方法进行选择与优化。邓小平结合我国改革开放和社会主义现代化建设的实际,就方法的优化选择问题发表了许多精辟的见解。

邓小平指出："社会主义的目的就是要全国人民共同富裕,不是两极分化。"[1]110-111 他还说："我们坚持走社会主义道路,根本目标是实现共同富裕。"[1] 155 邓小平认为共同富裕是社会主义本质的重要体现,也是社会主义区别于资本主义的重要标志,他指出："社会主义最大的优越性就是共同富裕,这是体现社会主义本质的一个东西。"[1] 364 "社会主义与资本主义不同的特点就是共同富裕,不搞两极分化。"[1] 123 坚持社会主义,就是要实现共同富裕。问题在于通过什么途径达到共同富裕的目的。

我国曾经是小生产众多的国家,"不患贫而患不均","均贫富,等贵贱"的绝对平均主义思想,一直根深蒂固地存在于人们的头脑之中。中华人民共和国成立以后,人们对社会主义优越性的理解产生偏差,把社会主义平等理解为平均,把共同富裕理解为同步富裕。正因为这样,在分配上采取了平均主义的办法,其结果是挫伤了人民群众的积极性,劳动生产率低下,经济发展缓慢。邓小平深入分析了平均主义的危害性,他说："过去搞平均主义,吃'大锅饭',实际上是共同落后,共同贫穷,我们就是吃了这个亏。"[1] 155 邓小平领导的社会主义改革,首先就是要打破平均主义,改变吃"大锅饭"的做法。

邓小平通过对历史的回顾和对现实的审视,认为要实现共同富裕绝不能沿袭平均主义的老办法,而必须选择更好的方法,即允许和鼓励一部分地区、一部分人先富起来,由此逐步实现共同富裕。邓小平在1978年12月中央工作会议的讲话中指出:

> 在经济政策上,我认为要允许一部分地区、一部分企业、一部分工人农民,由于辛勤努力成绩大而收入先多一些,生活先好起来。[2] 152

在此之后,邓小平多次阐述了由部分先富而逐步实现共同富裕的办法,并指出:"提倡一部分人和一部分地方由于多劳多得,先富裕起来。这是坚定不移的。"[2] 258

实现一部分地区、一部分人先富起来的新办法,这符合不平衡发展的经济规律。我国地域辽阔,既存在自然条件的差异,又存在经济和文化发展的差异,生产力和社会经济水平极不平衡。这种差别的存在表明:"走社会主义道路,就是要逐步实现共同富裕。"[1] 373 "平均发展是不可能的。"[1] 155 因此,只能从实际出发,让一部分有条件的地区先富起来,然后带动落后的地区,由点到面,由局部走向整体,最终达到共同富裕。实现一部分地区、一部分人先富起来的新办法,是符合社会发展规律的。共同富裕不是同步富裕,只有通过一部分地区、一部分人先富起来,树立起建设的榜样,就能影响、带动其他地区、其他人的发展。邓小平指出:

一部分人生活先好起来，就必然产生极大的示范力量，影响左邻右舍，带动其他地区、其他单位的人们向他们学习。这样，就会使整个国民经济不断地波浪式地向前发展，使全国各族人民都能比较快地富裕起来。[2]152

邓小平充分肯定实现一部分地区、一部分人先富起来这一新办法的意义，认为它是一个大政策。当这一政策出台不久并使中国经济迅速活跃起来时，邓小平非常高兴地说：一部分人先富起来，一部分地区先富起来，是大家都拥护的新办法，新办法比老办法好。1986年8月19日至21日邓小平视察天津时，更清楚地从方法论角度指明了这个大政策的意义。他说："一部分地区发展快一点，带动大部分地区，这是加速发展、达到共同富裕的捷径。"[1]166 在中国这样一个经济落后、经济发展不平衡的国家，选择让一部分地区、一部分人先富起来的办法，这对于实现共同富裕是最有成效的。新办法是"捷径"，是优化，是选择的结果。

邓小平提出让一部分地区、一部分人先富起来的新办法的同时，也提出了防止两极分化的一系列措施。邓小平指出："我们允许一些地区、一些人先富起来，是为了最终达到共同富裕，所以要防止两极分化。"[1]195 那么，如何防止两极分化呢？邓小平说："解决的办法之一，就是先富起来的地区多交点利税，支持贫困地区的发展。"[1]374 他又说：

对一部分先富裕起来的个人，也要有一些限制，例如，征收所得税。还有，提倡有的人富裕起来以后，自愿拿出钱来办教育、修路。[1]111

根据邓小平的这些论述，党的十五大就防止两极分化提出了一系列具体措施，这包括：

取缔非法收入，对侵吞公有财产和用偷税逃税、权钱交易等非法手段牟取利益的，坚决依法惩处。整顿不合理收入，对凭借行业垄断和某些特殊条件获得个人额外收入的，必须纠正。调节过高收入，完善个人所得税制，开征遗产税等新税种。规范收入分配，使收入差距趋向合理，防止两极分化。[3]

邓小平强调防止重蹈平均主义和"大锅饭"的覆辙，同时又提醒我们防止两极分化。为此，他提出了如何正确运用税收、社会捐赠等方法的问题。相对于先富的个人拿钱办教育等公共福利事业而言，邓小平强调自愿和鼓励相结合，"决不能搞摊派，现在也不宜过多宣传这样的例子，但是应该鼓励"[1]111。相对于先富的地区交利税而言，邓小平又强调适时原则，他说：

太早这样办也不行,现在不能削弱发达地区的活力,也不能鼓励吃"大锅饭"。什么时候突出地提出和解决这个问题,在什么基础上提出和解决这个问题,要研究。[1]374

邓小平提出的防止两极分化的方法以及对这些方法运用条件的分析,同样是关于选择方法的重要性的说明。

选择最有效、最便捷的途径发展社会生产力,这是邓小平在新时期不断思考和探索的重大问题。1985年10月23日邓小平在回答美国时代公司总编辑格隆瓦尔德(Henry Anatole Grunwald,1922—2005)关于社会主义和市场经济的关系问题时曾说过:"问题是用什么方法才能更有力地发展社会生产力。"[1]148也就是说,为了发展社会生产力,有不同的办法、手段。我们对方法应做出优化选择,这是邓小平总结我国社会主义经济建设的经验教训而得出的一个重要结论。中华人民共和国建立初期,为了适应全国财政统一,对农业、手工业和资本主义工商业进行社会主义改造并集中力量进行初步工业化的需要,我们逐步建立了全国统一的计划经济体制。这种体制在当时的条件下曾起过重要的作用。实践证明,计划经济体制在生产力水平不那么高,产业结构比较简单,人民生活水平较低,需求比较单一,或战时状态以及遇到特大自然灾害的情况下,可以把有限的人力、财力、物力集中使用到最需要的地方,发挥较好的作用。但是,随着生产力的发展,经济规模不断扩大,产业结构越来越复杂,人民生活水平不断提高,需求日益多样化,这种体制统得过多过死的弊端就逐渐显露出来。改革前20多年中,我国经济大起大落,周期波动剧烈,损失惨重,原因之一就是僵化的高度集权的计划经济体制,严重地束缚了每个单位、每个生产者的自主性和创造性,窒息了人们的积极性。

经济体制的选择问题实质上是发展生产力的方法问题,它表明我们过去用以发展生产力的方法不适应于发展变化着的实际。邓小平指出:

在建立社会主义经济基础以后,多年来没有制定出为发展生产力创造良好条件的政策。社会生产力发展缓慢,人民的物质和文化生活条件得不到理想的改善,国家也无法摆脱贫穷落后的状态。[1]134

在这里,邓小平所说的"没有制定出为发展生产力创造良好条件的政策",也是指我们对发展生产力的方法缺乏优化选择。

为了改变这种状况,邓小平对发展生产力的方法进行优化选择,即政策的重新制定和体制的重新建构。他指出:

是坚持那种不能摆脱贫穷落后状态的政策，还是在坚持四项基本原则的基础
上选择好的政策，使社会生产力得到比较快的发展？十一届三中全会决定进
行改革，就是要选择好的政策。[1] 134-135

在邓小平看来，这种方法的优化选择体现在方针政策上，而最根本的是体制
的重建。为此，党的十一届三中全会以来，邓小平进行了认真的探索，发表了一
系列重要论述，我们不难从中看到他有关方法的优化选择的思想，以及对最终选
择和确立社会主义市场经济体制所起的指导作用。

1979 年 11 月 26 日，邓小平在会见美国不列颠百科全书出版公司编委会副主
席吉布尼（Frank Bray Gibney，1924—2006）等人时指出：

说市场经济只存在于资本主义社会，只有资本主义的市场经济，这肯定是不
正确的。社会主义为什么不可以搞市场经济，这个不能说是资本主义。我们
是计划经济为主，也结合市场经济，但这是社会主义的市场经济。[2] 236

尽管在这次谈话中，邓小平还沿用了传统理论以计划经济为主的提法，但他却第
一次把市场经济与社会主义结合在一起，突破了市场经济必然是资本主义的，社
会主义必须排斥市场经济的传统观念，为经济体制的改革和重建打开了新思路。
尤其可贵的是，他在提出社会主义也可以搞市场经济的同时，更突出阐明了方法
的选择与优化的观点。他说：

学习资本主义国家的某些好东西，包括经营管理方法，也不等于实行资本主
义。这是社会主义利用这种方法来发展社会生产力。把这当作方法，不会影
响整个社会主义，不会重新回到资本主义。[2] 236

1982 年 10 月 14 日，邓小平在《前十年为后十年做好准备》的谈话中指出：

社会主义同资本主义比较，它的优越性就在于能做到全国一盘棋，集中力量，
保证重点。缺点在于市场运用得不好，经济搞得不活。计划和市场的关系问
题如何解决？解决得好，对经济的发展就很有利，解决不好，就会糟。[1] 16-17

在这里，邓小平从总结经验教训入手，阐明了正确运用好市场方法的重要性。

1985 年 10 月 23 日，邓小平会见美国时代公司组织的美国高级企业家代表团
时明确指出：

社会主义和市场经济之间不存在根本矛盾。问题是用什么方法才能更有力地
发展社会生产力。我们过去一直搞计划经济，但多年的实践证明，在某种意

义上说，只搞计划经济会束缚生产力的发展。[1]148

邓小平的这次谈话，确立了社会主义采纳市场经济是方法优化的观点。继这次谈话之后，他又多次重申了上述观点。邓小平有关方法优化和体制重建的思想，为我国的改革指明了方向。根据邓小平的思想，江泽民于1992年6月在中央党校的讲话中，把"社会主义市场经济体制"视为我国要建立的社会主义新经济体制。党的十四大明确规定把建立社会主义市场经济体制作为经济体制改革的目标，从而解决了一个关系社会主义现代化建设全局的重大问题。十四届三中全会通过的《中共中央关于建立社会主义市场经济体制若干问题的决定》，进一步勾画了我国社会主义市场经济体制的蓝图和基本框架。党的十五大强调在我国实现第二步战略目标、向第三步战略目标迈进的关键时期，

> 建立比较完善的社会主义市场经济体制，保持国民经济持续快速健康发展，是必须解决好的两大课题。要坚持社会主义市场经济的改革方向，使改革在一些重大方面取得新的突破……[3]

党的十五大关于我国社会主义基本经济制度、关于社会主义公有制经济含义、关于公有制实现形式多样化的规定以及关于非公有制经济在我国社会主义市场经济中地位和作用的估价，不仅是我国经济体制改革方面新的突破的集中反映，而且也是对社会主义经济建设方法做出优化选择的结果。

方法的优化选择观点具有普遍的方法论意义。方法的优化选择不仅对于发展社会生产力是至关重要的，而且对于其他各项工作同样具有重大意义。事实上，邓小平有关方法优化选择的探讨并不限于发展社会生产力这个问题，它还被应用于其他方方面面。

邓小平指出：

> 世界上有许多争端，总要找个解决问题的出路。我多年来一直在想，找个什么办法，不用战争手段而用和平方式，来解决这种问题。[1]49

他还说："解决国际争端，要根据新情况、新问题，提出新办法。"[1]87 如何解决国际争端至关重要，解决不好会成为爆发点。邓小平提出用和平的方式解决国际争端，这符合当今时代的主题，也符合各国人民的根本利益。

领土问题是国际争端的一个重要内容，对此，邓小平主张用和平的方式加以解决。他指出：

> 有些国际上的领土争端，可以先不谈主权，先进行共同开发。这样的问题，

要从尊重现实出发，找条新的路子来解决。[1]49

在谈到钓鱼岛、南沙群岛的主权归宿时，邓小平说：

> 一个办法是我们用武力统统把这些岛收回来；一个办法是把主权问题搁置起
> 来，共同开发，这就可以消除多年积累下来的问题。这个问题迟早要解决。
> 世界上这类的国际争端还不少。我们中国人是主张和平的，希望用和平方式
> 解决争端。[1]87-88

对于领土争端问题，历来似乎只有诉诸武力，邓小平面对这个老大难问题，却没
有沿袭老办法，而是提出了一个新办法：搁置争议，共同开发。这既没有放弃主
权，也不因为主权归属而影响双边关系的正常化。邓小平提出的这种新办法表现
了邓小平高超的智慧，为化解世界各国之间因领土归属问题而构成的尖锐矛盾提
供了一种更为优越的方法。

（三）方法的综合效应

对于同一任务的完成和同一目标的实现来说，往往有不同的多种方法，而且
它们之间又具有相容互补性。对此，在选择方法解决问题时不能顾此失彼，而应
该把它们统一起来，使之发挥综合效应。这是因为具有相容互补关系的不同方法，
各自具有特殊的功能，而且其中每个方法如果同其他方法共同作用时，就能提高
自身的效应。如果看不到具有相容互补关系的诸种方法的综合效应，以至用一种
方法取代其他方法，其结果只能是降低效果，不能达到各种方法的综合运用所形
成的整体效应。

邓小平十分重视不同方法的综合运用。比如：在解决所有制问题上，他强调
以公有制为主体，又重视个体经济、合资经济、外资经济等多种经济成分长期共
同发展；在社会主义分配问题上，他既强调按劳分配为主体，又注重其他分配方
式并存，主张效益优先，兼顾公平；在解决党内和领导干部身上存在的不正之风
的问题上，他不仅要求从思想上、作风上进行不懈的教育，同时也强调对问题严
重的领导干部进行组织处理；在解决思想领域问题上，他特别重视贯彻"双百方
针"，实行"三不主义"，又主张对超出理论争论的范围、违背纪律或法律的问题，
要坚决用纪律和法律的手段进行处理，如此等等。

诚然，具有相容互补关系的不同方法，作用并不是同等的。对方法的优化选
择突出强调了某种方法的优越性。然而，不能忽视有可能运用多种不同的方法以
产生更优质的综合效应。邓小平既重视对不同方法的优化选择，又强调方法的相

互补充以发挥综合效应的可能性。

邓小平对多种方法综合效应的重视，最突出地表现在他对计划和市场之间关系的认识和处理上。邓小平指出："计划和市场都是经济手段。"[1]373 "计划和市场都得要。"[1]364

社会主义经济建设必须运用市场手段，发挥其对于经济建设的作用和功能。市场作为"看不见的手"调节交换活动，调节社会供求关系，使商品价值得以实现，从而引导经济的发展；市场通过价格杠杆和竞争机制，把资源配置到经济效益较好的生产环节中去，并给企业以压力和动力，实现优胜劣汰；市场对各种经济信号反应敏捷，有利于促进生产和需求的及时调节；市场还是经济价值的测量器，可以比较客观地评价商品的价值、企业的效益以及管理的水平，甚至可以预测一种产业的发展前景。正因为这样，邓小平充分肯定市场的作用，他郑重地指出："不搞市场，连世界上的信息都不知道，是自甘落后。"[1]364

然而，市场并不是万能的，它也绝非尽善尽美。实践证明，市场难以及时地反映全局的长远的社会需求，价值规律的作用也有可能引发某种信息的传递失真进而导致相关的经济活动失衡。具体地说，市场无法满足社会公益事业的需求，比如国防、治安、防洪等建设，不可能由企业通过市场来组织和调节，基础性科学研究也无法通过市场来满足；市场无法克服外部不经济性（即一个市场主体的经济活动对其他市场主体产生的负面经济效应），如企业造成的环境污染就是一种典型的负面外部经济，为避免这种影响，人们不得不迁居或者花钱治理，这就是外部不经济；市场无法解决社会公平、就业、经济稳定等社会性目标问题，诸如产业结构、就业保障、环境质量、教育水准等等，是不能单靠市场来解决的。因此，发展社会主义经济，光靠市场一种手段是不行的，必须同时运用计划手段，实行宏观调控。

计划作为经济手段普遍适应于商品经济社会，在社会化大生产的条件下也是如此。邓小平高度重视市场手段的作用，但没有因此忽视计划手段。他告诉人们，资本主义发达国家也有计划，"日本就有一个企划厅嘛，美国也有计划嘛。"[1]203 "资本主义也有计划控制。资本主义就没有控制，就那么自由?最惠国待遇也是控制嘛!"[1]364 社会经济的发展，有一个放与管的关系问题。现代市场经济的重要特点之一，就是有一套适合市场经济的国家管理。只是在不同的国家、不同的条件下，对经济的管理方式不同而已。现代西方经济学派，即使是以经济自由为圭臬的货币主义者，亦反对国家在货币方面的放任政策。弗里德曼（Milton Friedman，1912—2006）曾说："控制货币在造成经济活动的涨落上是个有力的工具。"资本主义国家尚且高度重视经济发展中的宏观调控，社会主义国家更是不能忽视这个问题。

计划手段在经济建设中是不可或缺的，它的主要功能和作用有：首先，有计划地安排重大经济活动，通过制定国民经济和社会发展的总体目标以及使之得以实现的方针、政策和措施，就可以引导和调节经济朝着正确的方向发展；其次，正确地运用计划手段，有利于实现经济总量的大体平衡，合理安排积累和消费的比例，保证经济与社会的协调发展，也有利于优化产业结构和合理布局生产力；再次，正确地运用计划手段，可以调动和引导必要的财力和物力进行重大建设，防止重大项目的重复建设，避免人力、物力、财力的浪费；最后，正确地运用计划手段调节收入分配，有利于保障社会公平，防止分配收入相差悬殊和两极分化。由此可见，发挥计划手段的作用，可以弥补市场调节手段的缺陷和不足。

在我国社会主义经济建设中，邓小平从多方面论述了运用计划手段实现宏观调控的问题。他认为，实行宏观调控，可以"发挥社会主义制度能够集中力量办大事的优势"。[1] 377 因此，"中央要有权威"[1] 277 "宏观管理要体现在中央说话能够算数"。[1] 278 中央要制定法律、政策、措施，并严格有效地付诸实施。但是宏观管理不同于过去那种高度集中的行政命令式的传统计划经济体制，"绝不能重复回到过去那样，把经济搞得死死的"。[1] 307 所以，邓小平提出了一个新概念：走向小康社会的宏观管理。这就既不同于过去的管理，同时又不是不要管理。

应该看到，计划手段也不是完美无缺的。国家通过计划预先安排有目标的经济活动，而这种计划是主观对客观的反映，是否正确，还要经受实践检验。事实上，计划有可能违背客观实际，况且，任何计划都难以周全。计划调节主要着眼于长远利益和全局利益，对微观东西的考虑也不可能十分具体。因此，不能迷信计划。

总之，在社会主义经济建设中，市场和计划是相互补充、不能分离的。邓小平说："把计划经济和市场经济结合起来，就更能解放生产力，加速经济发展。"[1] 148-149

> 我们要继续坚持计划经济与市场调节相结合，这个不能改。实际工作中，在调整时期，我们可以加强或者多一点计划性，而在另一个时候多一点市场调节，搞得更灵活一些。以后还是计划经济和市场调节相结合。[1] 306

计划经济包括不同的具体形式，指令性计划和指导性计划都是计划的具体形式。通常认为，在计划经济的各种形式中，只有指令性计划与市场不相容，而指导性计划、政策计划与市场经济并不是截然对立的。现在强调市场经济，并不是否定计划手段，而是要更新计划观念，改进计划方法。实行市场经济不仅不排斥计划手段，而且市场里还渗透计划的作用。市场只是在微观经济的资源配置中起基础性作用，但在宏观经济领域则不能有效地发挥作用，这就需要计划来调节。即使在微观经济领域，计划也间接地对资源配置起作用，即国家有计划地调控市场，再由被计划调控的市场去调节企业，在这种双层调节关系中，市场和计划相互补充。

由此可见，发展社会主义经济，必须坚持市场和计划两种方法的统一，使它们的功能互补，产生综合效应。市场作为资源配置的手段，只有与计划结合起来，才能更有效地提高物质资源的利用效率，达到解放和发展生产力的目的；计划作为宏观管理的重要手段，只有同市场结合起来，才能更合理地确定国民经济和社会发展的战略目标，搞活经济。正因为如此，党的十五大全面地概括强调："充分发挥市场机制作用，健全宏观调控体系。"[3]

（四）论方法的普适性和客观性

方法作为人们认识和实践的工具，它被普遍地应用于人们的认识活动和实践活动之中。方法不仅具有普适性，而且具有客观性，它以客观的规律性为依据，是对人类认识和实践活动的总结和概括。邓小平结合中国革命和建设的具体实际，对方法的普适性和客观性作了很深刻的论述。

（1）方法的普适性与局限性

列宁在《哲学笔记》中，肯定了黑格尔有关方法的一个规定：方法是内容的形式的普遍性。[4] 189 在黑格尔看来，方法不是内容，而是内容的形式，这种形式具有普遍适用性。

每项认识活动和实践活动的具体内容虽然不同，但它们之间具有共同的形式或称方法，正如任何农家都可以养猫去抓鼠。方法是以客观规律为依据并且具有普遍适用性的。但是，方法的普适性也不是绝对的，由于每种认识活动和实践活动所服从的规律有其特殊性，因而它们的方法不可能千篇一律。这就是说，每种方法有其特殊性和局限性。

邓小平有关方法的普适性和局限性的论述是多方面的，主要包括方法的适用范围、方法的历史演进、方法的具体应用等方面。

邓小平从当今社会如何发展生产力的问题，对方法的普适性和局限性进行了多方面的发挥。

邓小平告诉我们，发展生产力的方法是没有阶级性的，因而普遍适用于一切国家的经济建设。他指出："科学技术本身是没有阶级性的，资本家拿来为资本主义服务，社会主义国家拿来为社会主义服务。"[2] 111 他又指出：

技术问题是科学，生产管理是科学，在任何社会，对任何国家都是有用的。我们学习先进的技术、先进的科学、先进的管理来为社会主义服务，而这些东西本身并没有阶级性。[2]351

生产方法本身是无阶级性可言的，然而，过去很长一段时期，由于"左"的思想影响，往往把生产方法同社会制度联系在一起，给科学技术、管理方式硬贴上政治标签。因而，一谈到向资本主义国家学习科学技术、管理方法，很多人就担心这会搞资本主义。邓小平有关方法没有阶级性的论述，不仅澄清了把科学技术、管理方法同资本主义制度等同起来的错误观念，而且阐明了方法具有普适性。

由于各类方法的普适性，我们可以向资本主义国家学习先进科学技术、管理方法。应当承认，资本主义已经有了几百年的历史，各国人民在资本主义制度下所发展的科学和技术，所积累的各种有益的知识、经验和方法，我们都可以学习和借鉴。邓小平指出：

我们要向资本主义发达国家学习先进的科学、技术、经营管理方法以及其他一切对我们有益的知识和文化，闭关自守、故步自封是愚蠢的。[1]44

根据邓小平的思想，我国在对外开放的过程中十分注重向资本主义发达国家学习先进的科学技术、管理方法，促进了民族经济的发展，加速了现代化建设的进程。实践证明，向资本主义发达国家学习先进科学技术、管理方法是极其重要的。邓小平在总结经验的基础上，于1992年南巡时再一次地指出：

社会主义要赢得与资本主义相比较的优势，就必须大胆吸收和借鉴人类社会创造的一切文明成果，吸收和借鉴当今世界各国包括资本主义发达国家的一切反映现代社会化生产规律的先进经营方式、管理方法。[1]373

然而，在方法的具体运用上，决不能局限于既成的东西，停留在原有的水平上，必须根据具体实际，注重消化和创新。邓小平十分鲜明地主张："引进技术改造企业，第一要学会，第二要提高创新。"[2]129 毋庸置疑，学习和引进其他国家先进的科学技术和管理方法，对于提高我国的科学技术水平和经济实力具有重要作用。然而，引进并不是目的，引进新技术、新方法是为了发展自己的经济和科技。世界上许多国家比如日本，发展经济和科技是从引进新技术、新方法开始的，但它并不是停留在引进的原有水平上，而是善于将外来的东西消化、吸收、改造。尤其重要的是，日本不墨守成规，而是勇于创新，十分重视产品的更新换代，往往是当第一代产品投入市场的同时就开始试制第二代产品，并且同时预研第三代产品，甚至于开始第四代产品的设想和设计。这就告诉我们，方法虽是普遍适用的，又是有局限的，只有把方法创造性地加以运用，才能达到最佳效果。

从适用范围来看，各种方法具有普遍性和局限性。在一定范围内某种方法是普遍适用的，但超出了这个范围，该种方法就会失去效力。比如政治领域或军事领域普遍适用的方法，在经济领域则未必适用，甚至完全不适用。在我国社会主义现代化建设的新时期，邓小平明确地指出：把生产发展起来，必须用经济办法，而不能用政治办法。

> 我们要学会用经济方法管理经济。自己不懂就要向懂行的人学习，向外国的先进管理方法学习。不仅新引进的企业要按人家的先进方法去办，原有企业的改造也要采用先进的方法。[2] 150

邓小平的这一论述清楚地说明：一方面，经济方法在经济领域是普遍适用的，无论是中国的还是外国的经济方法都可以用于经济管理。另一方面，在经济领域的范围内，只能采用经济的方法，而不能采用政治的、军事的方法。

邓小平这一思想是以唯物辩证法为依据的。唯物辩证法告诉我们，矛盾具有普遍性和特殊性，不同性质的矛盾只能用不同的方法解决。用经济的方法管理经济就是唯物辩证法的具体应用。列宁曾经指出，社会主义条件下的经济建设是不同于作为政治斗争最高形式的军事斗争的。

> 在经济工作中，建设必定更加困难、更加缓慢、更要循序渐进。这是由于经济工作在性质上不同于军事、行政和一般政治工作。这是由于经济工作有特殊的困难和需要更深厚的根基（如果可以这样说的话）。[5]

因此，用解决军事问题的办法来解决社会主义条件下经济工作中的矛盾是行不通的。我国建国前夕，毛泽东也及时地提醒全党同志：

> 严重的经济建设任务摆在我们面前。我们熟习的东西有些快要闲起来，我们不熟习的东西正在强迫我们去做。[6] 1480

> 我们的同志必须用极大的努力去学习生产的技术和管理生产的方法，必须去学习同生产有密切联系的商业工作、银行工作和其他工作……如果我们在生产工作上无知，不能很快地学会生产工作，不能使生产事业尽可能迅速地恢复和发展，获得确实的成绩，首先使工人生活有所改善，并使一般人民的生活有所改善，那我们就不能维持政权，我们就会站不住脚，我们就会要失败。[7] 1428

毛泽东的论述，旨在说明经济工作只能采用经济方法而不能沿袭政治、军事领域的方法。邓小平关于学习国际先进的方法管理经济的思想也是以唯物辩证法的方法论为指导的。

（2）方法的客观性和相对性

方法虽然是主体活动的方式、手段，但它并不是主观随意建立的。方法的产生有其客观基础，凡是正确的有效的方法总是利用客观事物的发展规律而实现了预期目的。方法的产生和发展完善都必须与客观对象的特点及其运动规律相一致、相符合。基于这种认识，无论是创新方法，还是运用已有方法，邓小平都坚持实事求是，一切从实际出发。在中国革命和建设尤其是社会主义现代化建设中，他尊重客观实际及其规律，客观地分析实际情况，选择合乎实际的方法。

方法不仅是人类对客观规律的认识和运用，而且又是人类实践经验的结晶，正如列宁所指出："人的实践经过千百万次的重复，它在人的意识中以逻辑的格固定下来。"[4] 186 列宁所说的"逻辑的格"，就是指在实践基础上主体与客体相互作用中形成的带规律性的东西。邓小平理论的方法（包括思想方法、工作方法等）是与中国革命和建设的实践紧密相连的，是中国革命和建设实践中带规律性东西的理论升华，因而有其坚实的实践基础。

方法具有客观性，然而，客观实际是具体的，发展变化的。据此，邓小平在阐释方法的客观性的同时也论述了方法的相对性。

首先，邓小平从客观事物的空间关系方面探讨了方法的客观性和相对性。

1962 年 7 月 7 日，邓小平在《怎样恢复农业生产》的讲话中指出，恢复农业生产的措施很多，而究竟采取什么措施，应该结合不同地区的具体实际冷静地考虑。他说：

> 过去就是对这些问题考虑得不够，轻易地实行全国统一。有些做法应该充分地照顾不同地区的不同条件和特殊情况，我们没有照顾，太轻易下决心，太轻易普及。过去我也讲过，我们的运动太多，统统是运动，而且统统是全国性的，看来这是搞不通的。[8] 324

邓小平从总结经验教训入手，说明恢复农业生产的措施方法要"充分地照顾不同地区的不同条件和特殊情况"，从而揭示了方法的相对性。历史的经验值得注意。过去，我国在农业生产关系形式的选择上，往往过于求纯，搞"一刀切"，这种脱离具体实际的做法是主观设想的方法，难以发挥效益，甚至起到相反的作用。"文化大革命"期间，一些农村搞"穷过渡"，脱离具体实际和特殊情况，给农村经济造成了巨大损失，这种教训是必须吸取的。

在经济建设中，方法的创立和运用要考虑其客观性和相对性，在政治建设以及其他方面的工作中也应该是这样的。1987 年 4 月 16 日，邓小平会见香港特别行政区基本法起草委员会委员时，就我国的政治建设明确地阐述了这个问题。谈到香港的制度，他认为不能完全西化，不能照搬西方的一套，比如三权分立、英美议会制度等。谈到民主问题，他认为，我们的民主是社会主义民主，和资本主义民主的概念不同。我们不搞西方的三权分立、多党竞选、两院制，而实行全国人民代表大会一院制，这最符合中国实际。在对这些问题深入研究的基础上，邓小平做出这样的总结：

其实有些事情，在某些国家能实行的，不一定在其他国家也能实行。我们一定要切合实际，要根据自己的特点来决定自己的制度和管理方式。[1] 221

在党的第十五次全国代表大会上，江泽民总书记就我国社会主义民主政治的特点和意义作了准确的阐述。他说："社会主义民主的本质是人民当家做主。国家一切权力属于人民。我国实行的人民民主专政的国体和人民代表大会制度的政体是人民奋斗的成果和历史的选择，必须坚持和完善这个根本政治制度，不照搬西方政治制度的模式，这对于坚持党的领导和社会主义制度、实现人民民主具有决定意义。"

其次，邓小平从客观事物的时间关系方面探讨了方法的客观性和相对性。

按照唯物辩证法的观点，客观实际是一个动态的系统，有一个发生、发展的过程。客观事物发展的不同阶段的矛盾具有特殊性，解决矛盾的方法也就有差异。1978 年 6 月 2 日，邓小平在全军政治工作会议上发表了重要讲话。他特别强调要按照毛泽东同志关于实事求是的教导，研究分析实际问题，解决实际问题。针对军队的政治工作，他精辟地说明了方法的客观性和相对性。他指出：

对军队来说，由长期的战争环境转入和平环境，这是个最大的不同。我们政治工作的根本的任务、根本的内容没有变，我们的优良传统也还是那些。但是，时间不同了，条件不同了，对象不同了，因此解决问题的方法也不同。[2] 119

邓小平不仅从军队政治工作的总体上说明了方法的客观性和相对性，而且还联系军队政治工作的历史和现实以及军队各部门的实际，具体地论述了同样的道理，使人们对这一问题的认识更加深化。比如，"三大纪律八项注意"，尽管其内容作了修改，但基本精神不能变，也没有变。"怎样贯彻执行，如果不研究不结合新的情况，就贯彻不好。"[2] 120 再如，后勤工作在新的历史条件下也出现了新的情况和新的问题，我军装备的逐步改善，战争物质的储备也在不断变化。对于这些新问题，"需要有适应新情况的一系列制度和解决办法，同破坏财务制度、铺张浪费的现象做斗争"[2] 121。

方法总是同目的、同所要完成的任务相联系的，而目的和任务都具有历史具体性。事情往往是随着时间的推移和历史的变迁而逐步变化的，即使原有的目的和任务的根本内容没有变，但具体内容上则有所更新。因而，对于军队政治工作来说，过去一些行之有效的方法也可以结合新时期的特点加以运用，然而更重要的还是结合新时期的特点探索一些新的方法。只有这样，才能提高军队政治工作的效果，反之，军队政治工作就会流于形式。

总之，邓小平的方法论思想闪烁着唯物主义和辩证法的光辉。

最后，邓小平还从领导工作的社会效益、从群众路线这个意义上论述了方法的客观性和相对性。

邓小平说：

> 恢复农业生产，也要看情况，就是在生产关系上不能完全采取一种固定不变的形式，看用哪种形式能够调动群众的积极性就采用哪种形式。[8] 323

作为方针、政策的方法，同群众的利益是联系在一起的。正确的方针、政策反映人民群众的根本利益，因而为人民群众所拥护；而错误的方针、政策由于背离人民群众的根本利益，因而为人民群众所反对。在农村生产关系上，采取何种形式，必须以是否符合人民群众的利益，是否能够调动人民群众的积极性为依据。

邓小平历来坚持群众路线和群众观点。在党的第八次全国代表大会上，他在《关于修改党的章程的报告》中指出："党的领导工作能否保持正确，决定于它能否采取'从群众中来，到群众中去'的方法。"[8] 217

> 如果不从认识方法上解决党的主张必须是"从群众中来，到群众中去"的问题，那末，党同人民群众的关系问题仍然不能真正地解决。[8] 218

党的十一届三中全会后，他反复强调群众路线，告诫全党：

> 群众是我们力量的源泉，群众路线和群众观点是我们的传家宝……如果哪个党组织严重脱离群众而不能坚决改正，那就丧失了力量的源泉，就一定要失败，就会被人民抛弃。[2] 368

邓小平把方法的选择同人民群众的利益和调动群众的积极性结合在一起，既扩展了有关方法的客观性和相对性的认识，而且也渗透了历史唯物主义观点。我们共产党人的工作方法与领导艺术，应当是辩证唯物主义与历史唯物主义的具体应用。

参 考 文 献

[1] 邓小平，《邓小平文选》第三卷，北京：人民出版社，2005 年。

[2] 邓小平，《邓小平文选》第二卷，北京：人民出版社，2005 年。

[3] 江泽民，《高举邓小平理论伟大旗帜，把建设有中国特色社会主义事业全面推向二十一世纪——在中国共产党第十五次全国代表大会上的报告（1997 年 9 月 12 日），载《人民日报》，1997 年 9 月 22 日。

[4] 列宁，《哲学笔记》，载中共中央马克思恩格斯列宁斯大林著作编译局编译，《列宁全集》第 55 卷，北京：人民出版社，1990 年。

[5] 列宁，《新时代和新形式的旧错误》，载中共中央马克思恩格斯列宁斯大林著作编译局编译，《列宁选集》第四卷，北京：人民出版社，2012 年，第 558 页。

[6] 毛泽东，《论人民民主专政》，载《毛泽东选集》第四卷，北京：人民出版社，1991 年，第 1480 页。

[7] 毛泽东，《在中国共产党第七届中央委员会第二次全体会议上的报告》，载《毛泽东选集》第四卷，北京：人民出版社，1991 年，第 1428 页。

[8] 邓小平，《邓小平文选》第一卷，北京：人民出版社，2005 年。

30 "猫论"的深层意义*

邓小平以他独特的语言，对方法的本质和功能作了通俗而又透彻的解释，此外，他还阐明了方法的优化选择与综合效应的问题以及方法的普遍性和客观性等问题。这对人们了解什么是方法、怎样运用方法是很有帮助的。

"猫论"的方法论意蕴。自20世纪60年代以来，邓小平的"猫论"可谓家喻户晓，人人皆知。然而，人们较多的只知道"猫论"是邓小平被打倒的一条"罪状"，或者认为"猫论"是讲实惠的观点。殊不知，它还包含着深刻的方法论意蕴。因此，对邓小平的"猫论"应该有一个更深刻的理解。

一、"猫论"探源

所谓"猫论"，就是指"黄猫、黑猫，只要捉住老鼠就是好猫"。这句话本非邓小平的发明创造，而是四川的农家谚语。在农家看来，养猫就是为了捉老鼠，只要能捉住老鼠，至于猫是什么颜色则并不重要。于是，"黄猫、黑猫，只要捉住老鼠就是好猫"便成为农家生活的一句俗语。这虽然属于经验之谈的大白话，但可用来陈述一种很深刻的哲理。

"猫论"曾被刘邓大军用以指导打仗。邓小平说：

> 刘伯承同志经常讲一句四川话："黄猫、黑猫，只要捉住老鼠就是好猫。"这是说的打仗。我们之所以能够打败蒋介石，就是不讲老规矩，不按老路子打，一切看情况，打赢算数。[1]323

显然，"猫论"在这里是讲刘邓大军如何克敌制胜的方式、方法问题。

中华人民共和国成立以后，邓小平仍然宣传"猫论"。他经常用"猫论"说明自己的观点，"猫论"也就成了邓小平思想方法的一个标志。人们之所以把"猫论"和邓小平的名字联系在一起，这主要是因为20世纪50年代末和60年代初期，邓小平将"猫论"用以指导社会主义经济建设的实践。

---

* 本文选自张巨青等著，《邓小平理论的思想方法研究》，南京：江苏教育出版社1998年，第59—71页。

  20 世纪 50 年代末，毛泽东怀着改变中国面貌的雄心壮志，在莫斯科出席社会主义国家共产党工人党会议上提出：15 年赶上和超过美国。从此，中国开始了"超英赶美"的"大跃进"运动。与此同时，农村人民公社被当成"通向共产主义的台阶"。"大跃进"运动和农村人民公社运动，使得以高指标、瞎指挥、浮夸风和"共产风"为主要标志的"左"倾错误泛滥起来，农民的生产积极性被严重挫伤，生产力受到严重破坏，再加上自然灾害，中国出现了严重的困难局面。这时，毛泽东已经退居二线，而难题则摆到了刘少奇（1898—1969）、邓小平为首的一线领导的面前。他们开始了艰难地探索改革，"三自一包"（即自留地、自由市场、自负盈亏和包产到户）等经济改革措施先后出台。然而，"三自一包"等经济改革措施很快就受到了非议。

  "三自一包"属于生产关系的具体形式。那么，它究竟是不是符合中国农村经济发展的形式呢？邓小平不屈从权威而再一次谈起了"猫论"。

  1962 年 7 月 2 日，中央书记处开会讨论如何恢复农业生产问题，邓小平明确表示支持包产到户试验。他说：

> 恢复农业，群众相当多的提出分田，陈云同志作了调查，讲了此道理，意见是好的……现在是，所有形式中，农业是单干搞得好。不管白猫黑猫，在过渡时期，哪一种方法有利于恢复农业生产，就用哪一种方法。[2] 10

邓小平的这种主张显然是针对"一大二公""纯而又纯"的农村生产关系的症结提出来的。

  如果说在这次中央书记处会议上，邓小平还只是对包产到户这种具体形式表示了支持态度的话，那么，几天后他在接见出席中国共产主义青年团三届七中全会全体同志时的讲话中，对如何恢复农业生产以及调整整个国民经济问题则阐述得十分透彻。邓小平指出：

> 农业要恢复，要有一系列的政策，主要是两个方面的政策。一个方面是把农民的积极性调动起来，使农民能够积极发展农业生产，多搞点粮食，把经济作物恢复起来。另一方面是工业支援农业。[1] 322

那么，怎样才能调动农民的积极性呢？邓小平认为，主要还得从生产关系上解决。

  生产关系究竟以什么形式为最好？邓小平的态度是：

> 哪种形式在哪个地方能够比较容易比较快地恢复和发展农业生产，就采取哪种形式；群众愿意采取哪种形式，就应该采取哪种形式，不合法的使它合法

起来。[1]323

在这次讲话中，邓小平再一次地重申了"猫论"。

按照"猫论"的观点，邓小平对农村出现的"包产到户""责任到田"等生产关系的具体形式不是先入为主，横加指责，而是把它作为一种探索，允许它的存在。在这次讲话中，邓小平说：

> 实行"包产到户""责任到田""五统一"等等。以各种形式包产到户的恐怕不只是百分之二十，这是一个很大的问题。怎么解答这个问题，中央准备在八月会议上研究一下。[1]323

应该说，邓小平在这次讲话中提出的思想是十分深刻的。在30年以后的今天再来看这次讲话，可以说，邓小平的观点是对苏联自30年代和我国自20世纪50年代以后形成的社会主义农业必须是一大二公高度集中管理的这种传统观念的根本性突破，是中国农村经济体制改革的先导。十一届三中全会以后，邓小平用以指导改革和发展生产力的基本思路在这次讲话中已经发端。遗憾的是，就是在这年8月中央在北戴河召开的工作会议上，毛泽东再次批判了"包产到户""分田到户"的做法。因此，邓小平上述有关改变农村生产关系的具体形式以发展农业生产的思路只能被搁置起来。

二、"猫论"的深层意义

"猫论"固然包含着务实的含义，但又远不止于此。综观邓小平的论述，"猫论"揭示了方法与目的之间、方法与效果之间的内在关系，阐明了方法的目的性、有效性和多元性。简言之，"猫论"的实质是方法论。

马克思主义认为，目的和手段是人类自觉的对象性活动中两个相互联系的因素。目的是活动主体在观念上事先建立的预期得到的结果，它必须通过主体运用某种手段改造客体来实现。手段也就是实现目的的方法、途径。借助于一定的手段实现一定的目的，是人类活动区别于一切动物活动的根本特点。邓小平的"猫论"，揭示了目的和手段之间的内在关联。按照"猫论"，捉老鼠是目的，而黄猫、黑猫是手段，只要能实现捉住老鼠这个目的，那就是好猫、好手段、好方法。是否可以作为手段、方法来看待，关键的是看它对于实现目的是否有效，而不是看别的。手段是为目的服务的，离开了能否实现目的，空谈手段、方法的优劣是无意义的。只有相对于能否实现目的来说，手段、方法才有对错优劣之分。如果采用两种或多种不同的手段或方法，它们都能使目的实现，那么实现此目的的手段、方法便是多元的。邓小平关于社会主义建设的目的和手段关系的论述，正是由这个最质朴的道理展开的。

邓小平指出：

> 我们革命的目的就是解放生产力，发展生产力。离开了生产力的发展、国家的富强、人民生活的改善，革命就是空的。[3]231

邓小平还多次把目的和任务作为同等性质的概念来使用，以此强调社会主义阶段的最根本任务就是发展生产力。从存在形态看，目的并不是当前现实中自发存在的，而是关于主体需要的自觉反映，是人们追求的价值目标。邓小平把发展生产力作为社会主义革命和建设的目的，反映了我国人民的根本利益和强烈愿望。他指出："革命是在物质利益的基础上产生的，如果只讲牺牲精神，不讲物质利益，那就是唯心论。"[3]146 实现发展生产力这个目的，就能满足人民群众的物质和文化需要。

然而，任何目的的实现都必须依赖于一定的手段。手段是保证目的实现的现实力量。在我国，要发展生产力，就必须寻求正确的道路，找到行之有效的方法。邓小平一方面提出革命和建设的根本目的是发展生产力，另一方面对如何发展生产力的方法、途径进行了认真的探索。在《解放思想，实事求是，团结一致向前看》的重要讲话中，他提出全党工作重点转移的同时，要求全党同志和全国人民，在如何发展生产力方面发挥主动创造精神，开动脑筋想办法。他说：

> 不但应该使每个车间主任、生产队长对生产负责任、想办法，而且一定要使每个工人农民都对生产负责任、想办法。[3]146

在目的和手段的关系中，手段是为目的服务的，不与目的相联系，不能实际地用来达到目的的手段，也就失去了作为手段的意义。不仅如此，手段的力量和作用只有在被有目的地运用时才能表现和发挥出来。手段如不在认识或实践活动中被有目的地运用从而为目的服务，那么手段就不能发挥作用。邓小平非常强调手段对于目的的从属意义和服务作用，他从社会主义的根本目的出发来考虑和选择手段，在选择手段时也总是看它是否有利于社会主义生产力的发展。他指出："许多经营形式，都属于发展社会生产力的手段、方法，既可为资本主义所用，也可为社会主义所用，谁用得好，就为谁服务。"[4]192 他又说：

> 只要对发展生产力有好处，就可以利用。它为社会主义服务，就是社会主义

的；为资本主义服务，就是资本主义的。[4]203

邓小平从手段为目的服务的视角研究发展生产力的方法，得出了若干经济范畴并非作为社会制度规定性的重要结论。

《纽约时报》记者索尔兹伯里（Harrison Evans. Salisbury，1908—1993）认为，"猫论"的意思无非是：

> 为了使中国在 2000 年达到技术合理化，准备采纳不管哪里来的技术、办法、发明创造和意见。如果这样做要放弃毛的蓝蚂蚁式的公社而代之以个人耕作和个人收益的办法——好，那就这样做吧！[5]

从"猫论"出发，邓小平不仅阐明了方法和目的的关系，而且也说明了方法与效果的关系。在他看来，不管"黄猫、黑猫"，终究要以捉住老鼠才算好猫。实现发展生产力的目的，可以有不同的手段和方法。而究竟哪个管用，要看实际效果。同理，方法的优劣也要看实际效果如何。

我国社会主义经济体制的改革，事实上是解决发展生产力的手段、方法问题。邓小平指出："改革和开放是手段，目标是分三步走发展我们的经济。"[4]266 经济体制改革表现在分配方式上，就是要打破吃大锅饭的做法，建立生产责任制，实行以按劳分配为主体，其他分配方式为补充的社会主义分配制度。那么这种做法是否有利于调动劳动者的积极性，是否有利于生产力的发展和人民生活水平的改善呢？邓小平主张拿事实说话。邓小平说：

> 改革首先是从农村做起的，农村改革的内容总的说就是搞责任制，抛弃吃大锅饭的办法，调动农民的积极性……农村改革经过三年的实践证明是成功的。现在农村面貌一新，百分之九十的人生活改善了。[4]117

> 过去搞平均主义，吃"大锅饭"，实际上是共同落后，共同贫穷，我们就是吃了这个亏。改革首先要打破平均主义，打破"大锅饭"，现在看来这个路子是对的。[4]155

从这些论述可以看出，判定手段、方法的好坏，所依据的标准是客观实际的效果，而不是主观上的认识如何。

邓小平在领导我国社会主义改革开放和现代化建设的实践中，逐步引导人们确立了用实际效果作为检验方法好坏的标准。20 世纪 70 年代末，他曾针对经济部门党委工作如何估价提出了如下的看法：

看一个经济部门的党委善不善于领导，领导得好不好，应该主要看这个经济部门实行了先进的管理方法没有，技术革新进行得怎么样，劳动生产率提高了多少，利润增长了多少，劳动者的个人收入和集体福利增加了多少。各条战线的各级党委的领导，也都要用类似这样的标准来衡量。[3]150

如果说，邓小平在这里所谈到的衡量标准还比较具体的话，那么，在进入 80 年代以后，邓小平则对衡量标准作了进一步升华，把它规定为：是否有利于发展社会主义社会的生产力，是否有利于增强社会主义国家的综合国力，是否有利于改善人民群众的生活水平。邓小平的"三个有利于"的标准也就是以实效为标准的不同方面的规定。

邓小平注重实效的思想与马克思主义的唯物辩证法主张是一致的。列宁指出："活动的结果是对主观认识的检验和真实存在着的客观性的标准。"[6]毛泽东也说过："判定认识或理论之是否真理，不是依主观上觉得如何而定，而是依客观上社会实践的结果如何而定。"[7]

只有在社会实践过程中（物质生产过程中，阶级斗争过程中，科学实验过程中），人们达到了思想中所预想的结果时，人们的认识才被证实了。[7]

实践结果是检验认识的标准，而方法属于精神范畴。邓小平强调实际效果对方法的检验与列宁、毛泽东所讲的实践结果对认识的检验本质上是一致的。

邓小平的"猫论"如此注重实际效果，那么它是否有实用主义之嫌呢？回答是否定的。

实用主义是一种主观唯心主义。在实用主义看来，概念、理论等等，并不是世界的反映，判定它的意义和价值，不是看其是否正确反映客观实际，而是看其在实际应用中可感觉的效果。实用主义的创始人皮尔士（Charles Sanders Peirce，1839—1914）把"效果"或"效用"视为真理的标准。詹姆斯（Willian James，）发展了皮尔士的这一思想，他设计了"有用即真理"的公式，并把"有用"作为真理的标准。他还从纯粹的功利主义出发提出了效果至上的原则。按照他的观点，判定一种理论、一种观念的真或假，只能根据它对人们所产生的效用。

如果神学观念能够证明自己对具体的生活有某种价值，那么对于实用主义来说，这些观念既然有这么大的用处，也就是在这股意义上是真的。[8]42-43

詹姆斯还把"有用"同人的主观需要联系起来，把满足人的需要作为检验真理的标准，他说："只要我们相信它对我们的生活是有益的，那么它就是'真'的。"[8]44

詹姆斯的观点实在是太极端，太荒诞，以至于实用主义者杜威不能不对其做出某种修改，从而打出了工具主义的旗号。但杜威（John Dewey，1859—1952）也还是认为："效用是衡量一个观念或假说的真理的尺度。"[9]

实用主义的根本错误在于它的"效用"是建立在主观唯心主义基础之上的。理论、观念是否有用，不是取决于它是否正确地反映客观实际，而是取决于主观感觉或经验。当它以人的需要作为检验标准时，归根到底是从主观意愿出发的。而邓小平的"猫论"则恰恰相反。"猫论"注重效果，它是以实事求是作为出发点的。也就是说，手段、方法之所以是有效的，正是因为它反映了客观规律，是客观规律知识的自觉运用。方法的有效性来源于它的客观基础。如果不从实际出发，那种不符合客观规律性的方法必然失效，无助于目的的实现。"猫论"强调利益原则，却指的是人民群众的物质利益，并且这种物质利益是否能够满足，也是从客观的现实性出发的。邓小平说：

> 我们说的做的究竟能不能解决问题，问题解决得是不是正确，关键在于我们是否能够理论联系实际，是否善于总结经验，针对客观现实，采取实事求是的态度，一切从实际出发。[3] 113-114

前些年，薄一波（1908—2007）同志曾经问过邓小平对"黄猫、黑猫"这个说法现在怎么看？邓小平的回答是：第一，我现在不收回；第二，我是针对当时的情况说的。这说明它体现的是实事求是、从实际出发来制定方针政策的辩证唯物主义思想路线。由此可见，邓小平的"猫论"与实用主义的主观真理论有着本质的区别。

邓小平的"猫论"还包含着一个重要的思想：方法的多元性。既然"黄猫""黑猫"可以是达到目的的方法，自然"白猫""花猫"也可以是方法，如果后者强壮也能捉住老鼠的话。进一步的问题则是哪一种"猫"更管用，哪一种方法更有效、更优越。1962年7月2日，邓小平在中共中央书记处开会讨论农业生产问题时，不仅谈到了方法的重要性，而且也指出了方法的多元性。他说："过渡时期，形式要多种多样。陈云（1905—1995）同志也赞成多种多样。总之，要实事求是，不千篇一律。"[2] 10-11 在《怎样恢复农业生产》的讲话中，他又说：

> 在农村，还得要调整基层的生产关系，要承认多种多样的形式。照我个人的想法，可能是多种多样的形式比较好。[1] 324

邓小平所说的"多种多样的形式"也就是表示方法的多元性。

相对于同一任务的完成和同一目的的实现来说，方法并不是唯一的，这些不同的方法，或者具有相容互补的关系，可以综合运用；或者功能大有差异，应当选择优化。对此，邓小平都分别加以阐明。

邓小平"猫论"是通俗化、大众化的马克思主义思想方法论。

从表现形态来看，思想方法论有两种基本类型：一种是以各种特定的范畴、概念、规律出现的逻辑化了的思想方法论，这是理论形态的思想方法论；而另一种则是深悟唯物辩证法的精神实质，并能将之艺术地渗透于现实社会运动中以具体生活陈述的活生生的思想方法。邓小平的"猫论"就属于后者，它是从唯物辩证法的理论中生长出来、并融化于当代中国社会大众中的思想方法论。

邓小平指出："我们讲了一辈子马克思主义，其实马克思主义并不玄奥。马克思主义是很朴实的东西，很朴实的道理。"[4]382 邓小平的"猫论"把极其深刻的哲理用人人都明白的语言表达出来。"猫论"寓意极为深刻和丰富，而且生动形象，通俗化、大众化，因而能够广泛地深入人心，被广大人民群众用以指导认识活动和实践活动。

列宁说过，最高限度的马克思主义，就是最高限度的通俗化。毛泽东也曾指出，让哲学从哲学家的课堂上和书本里解放出来，成为群众手里的尖锐武器。理论的通俗化、大众化绝非易事，它要以理论思维的创造性为基础，并结合群众的实际生活，运用生动的语言加以表述。自古以来，宣扬中国人的精神、思想、观念的理论并不少，诸如老庄哲学、孔孟之道、宋明理学等等，但它们太玄奥了，因而不能为广大的人民群众所把握。而在今天，中国老百姓有了通俗化、大众化的马克思主义思想方法——"猫论"。正是有了"猫论"的指导，老百姓的思想开了窍，社会主义改革从农村到城市到处迅速展开并成为群众性的事业。当今世态巨变，中国人民富起来了。

参 考 文 献

[1] 邓小平，《邓小平文选》第一卷，北京：人民出版社，2005 年。

[2] 中国历史唯物主义学会国情调查工作委员会编，《大潮新起：邓小平南巡前前后后》，北京：中国广播电视出版社，1992 年。

[3] 邓小平，《邓小平文选》第二卷，北京：人民出版社，2005 年。

[4] 邓小平，《邓小平文选》第三卷，北京：人民出版社，2005 年。

[5] 武原、曹爽（编），《外国人眼中的中共群星》，成都：四川人民出版社，1991 年，第 364 页。

[6] 列宁，《哲学笔记》，载中共中央马克思列宁斯大林著作编译局译，《列宁全集》第 55 卷，北京：人民出版社，1990 年，第 188 页。

[7] 毛泽东,《实践论》,载《毛泽东选集》第一卷,北京:人民出版社,1991 年,第 284 页。

[8] 威廉·詹姆士,《实用主义:某些旧思想方法的新名称》,李步楼译,北京:商务印书馆,
2012 年。

[9] 杜威,《哲学的改造》,许崇清译,北京:商务印书馆,2013 年版,第 85 页。

31 关于邓小平尊重知识尊重人才和科教优先发展思想的解读[*]

科学技术人才是第一生产力的开拓者，是社会主义现代化建设的骨干力量。为了适应社会主义现代化建设的需要，提高经济、科技在国际上的竞争力，不仅要充分发挥现有科技人员的作用，而且要特别注重培养、造就千百万年轻一代科学技术人才，建设一支跨世纪的宏大科技队伍。

一、科技人才的地位和作用

科技人才，即具有一定专业知识和专业技能，在科学技术的创造、传播、应用中做出积极贡献的人，它包括科学研究人员、工程技术人员、科学教育和管理人员等等。科技人才作为相对独立的阶层是历史发展到一定阶段的产物，确切地说，是 19 世纪下半叶之后，随着科学技术的迅速发展而产生的。正确认识科技人才的地位和作用，需要联系社会历史条件，从社会属性、劳动特点等方面加以把握。

（一）科技人员是工人阶级的一部分

对科技人员的社会属性要放到知识分子这个大类中来认识。从生产关系的角度看，知识分子并不是一个独立的阶级，而是一个社会阶层，其阶级属性取决于它所服务的阶级。

在资本主义条件下，大多数知识分子是出卖脑力劳动的雇佣劳动者，就这个意义上讲，他们属于工人阶级的范畴。但从整个社会关系看，他们之中还有一些人与工人阶级相对立，成为资产阶级统治劳动人民的帮手。认识资本主义条件下的知识分子，要看到他们的政治立场和政治态度的复杂多样性。多数知识分子由

* 本文选自张巨青等著，《邓小平科技思想与应用》，杭州：浙江科学技术出版社 1996 年，第 196—256 页。

于受资产阶级的剥削和压迫,尽管浸透了资产阶级的某些偏见,但还是具有革命性的一面,特别是那些转到工人阶级立场上并投身于无产阶级革命事业的革命知识分子,是工人阶级不可缺少的一部分。只有极少数知识分子成为替剥削阶级效劳的忠实走卒。邓小平对此作了很深刻的说明:

> 在剥削阶级统治的社会里,有各种各样的脑力劳动者。有些人是完全为反动统治阶级服务的,他们同从事体力劳动的劳动者处在对立的地位。但就在那个时候,也有很多从事科学技术工作的知识分子,如同列宁所说,尽管浸透了资产阶级偏见,但是他们本人并不是资本家,而是学者。他们的劳动成果为剥削者所利用,这一般是社会制度决定的,并不是出于他们的自由选择。他们同那些绞尽脑汁直接为反动统治阶级出谋划策的政客是截然不同的。马克思曾经指出,一般的工程技术人员也参与创造剩余价值,这就是说,他们也是受资本家剥削的。[1]88-89

在半殖民地半封建的旧中国,知识分子按其社会地位大都属于小资产阶级,但是他们中的绝大多数也受着帝国主义和国民党反动派的压迫,因而为数较多的知识分子参加了革命或者同情革命,许多资产阶级知识分子也怀有反对帝国主义压迫和侵略的爱国正义感。真正死心塌地站在人民的对立面、为反动统治阶级效劳的反动知识分子只是极少数。毛泽东运用马克思主义观点对旧中国的知识分子作过精辟的分析,他告诉我们:

> 在这一群人中间,除去一部分接近帝国主义和大资产阶级并为其服务而反对民众的知识分子外,一般的是受帝国主义、封建主义和大资产阶级的压迫,遭受着失业和失学的威胁。因此,他们有很大的革命性。他们或多或少地有了资本主义的科学知识,富于政治感觉,他们在现阶段的中国革命中常常起着先锋的和桥梁的作用。[2]

在社会主义条件下,阶级关系发生了深刻变化,剥削阶级作为一个阶级已经消灭,劳动者的雇佣地位已不复存在。知识分子和工人、农民一样成为国家的主人。应该说,知识分子作为工人阶级的一部分这是不言而喻的。然而,20世纪50年代后期开始,党在对待知识分子政策上发生了"左"的偏差,尤其是在"文化大革命"期间,这种"左"的错误愈演愈烈,知识分子被视为异己的力量,包括科技人员在内的广大知识分子遭到贬斥和压抑,以至蒙冤受屈。面对这种情况,邓小平对知识分子作了客观的公正的评价。他指出:

在社会主义历史时期中，只要还存在着阶级矛盾和阶级斗争，知识分子就需要注意解决是否坚持工人阶级立场的问题。但总的来说，他们的绝大多数已经是工人阶级和劳动人民自己的知识分子，因此也可以说，已经是工人阶级自己的一部分。[1]89

这个结论，今天已经成为全社会的共识，但邓小平当时重申这个马克思主义的基本观点则表现出了他的胆识与勇气。

中华人民共和国成立以来，我国知识分子的状况的确发生了深刻的变化。不仅从旧社会过来的知识分子的绝大多数积极为社会主义服务，接受马克思主义教育，经受了长期的锻炼和考验，而且，新中国培养了大批知识分子，他们中的多数人来自劳动人民家庭。

从政治立场这个基本方面来看，绝大多数科学技术人员应该说是站在工人阶级立场上的。这样的革命知识分子，是我们党的一支依靠力量。[1]93

在社会主义条件下，知识分子构成成分上的重大变化，是确定其社会地位和社会属性的一个重要依据。

判定知识分子的社会属性，更重要的是看其为谁服务。为什么人的问题是一个根本问题。在新民主主义时期是这样，在社会主义时期也是这样。邓小平指出，对于知识分子，

我们应当着重看他们自己的基本政治态度，看他们自己的现实表现，看他们对社会主义革命、社会主义建设所做的贡献。[1]93

我国科技队伍的确有很大进步，绝大多数科技人员热爱党、热爱社会主义，努力同工农相结合，满腔热情地对待自己所从事的科学技术工作，做出了明显的贡献。甚至在"四人帮"穷凶极恶地迫害和摧残知识分子的时候，广大科技人员也没有动摇对党和社会主义的信念，在极端困难的条件下，仍然忘我地坚持科学技术工作。正因为如此，邓小平肯定"我国的知识分子绝大多数是自觉自愿地为社会主义服务的"。[1]49 并说知识分子是工人阶级的一部分的结论是"实践做的，群众做的"。[3]107

在我国特定的历史条件下，关于红与专的关系问题的辩论，往往影响到对知识分子社会属性的正确认识，特别是受"左"倾错误观点的影响，红与专的关系曾一度弄得是非颠倒。所谓"白专道路"竟成了一根常用来打击知识分子的大棒。"四人帮"把孜孜不倦、刻苦钻研、为祖国的科学事业做出贡献的科技人员污蔑为

"白专"典型，甚至大打出手，致使科技人员欲干不能，欲罢不忍。因此，正确地认识红与专的关系，区别勤奋钻研业务与"白专"的界限，就是一个非常重要的问题。邓小平科学地论证了红与专的辩证关系，痛斥了那些乱批所谓"白专"的"左"的谬论。

红，属于政治范畴，最重要的是坚持社会主义道路共产党的领导。邓小平说：

> 一个人，如果爱我们社会主义祖国，自觉自愿地为社会主义服务，为工农兵服务，应该说这表示他初步确立了无产阶级世界观，按政治标准来说，就不能说他是白，而应该说是红了。我们的科学事业是社会主义事业的一个重要方面。致力于社会主义的科学事业，做出贡献，这固然是专的表现，在一定意义上也可以说是红的表现。[1]92

科学技术本身并无阶级性，科技人员是否称得上红，关键是看其为谁服务，如果他们为社会主义服务，为人民服务，就表明基本解决了政治立场问题。联系科技队伍在社会主义建设中所做的重大贡献，邓小平满怀深情地说：

> 这样的队伍，多么难能可贵！这样的队伍，就整个说来，不愧是我们工人阶级自己的又红又专的科学技术队伍！[1]92

专，属于才能范畴，主要指专业知识和专业能力。就科技人员的特点而言，本身就应该专，但是，专不等于白。邓小平指出：

> 白是一个政治概念。只有政治上反动，反党反社会主义的，才能说是白。……只要不是反党反社会主义的，就不能称为白。[1]94

邓小平还指出：

> 如果为了科学上和生产上的需要，有人连续奋战七天七晚，那正是他们热爱社会主义事业的忘我精神的崇高表现，我们对于他们只能够学习、表扬和鼓励。[1]94

如果把努力钻研业务同"白"扯在一起，其结果只能是导致敌我混淆。邓小平科学地规定白与专的内涵，揭示红与专的辩证关系，从而在更深层次上认识了知识分子的社会属性。

正确认识科技人员是工人阶级的一部分，这具有重要的历史意义和现实意义。正如邓小平所言："正确认识为社会主义服务的脑力劳动者是劳动人民的一部分，这对于迅速发展我们的科学事业有极其密切的关系。"[1]89 如果说，在粉碎"四人帮"后邓小平提出知识分子是工人阶级的一部分，主要在于拨乱反正，使党的知识分子政策重新回到马克思主义的正确轨道上来的话，那么，在今天，坚持这一正确主张则具有更深刻的意义。随着我国社会主义现代化建设的全面推进，特别是科教兴国战略的实施，知识分子肩负的任务越来越重，发挥的作用越来越大。江泽民指出：

> 知识分子是工人阶级中掌握科学文化知识较多的一部分，是先进生产力的开拓者，在改革开放和现代化建设中有着特殊重要的作用。能不能充分发挥广大知识分子的才能，在很大程度上决定着我们民族的盛衰和现代化建设的进程。[4]

（二）科技人员是社会主义的劳动者

要正确认识科技人员的地位和作用，就有必要弄清脑力劳动的性质和特点。"左"倾错误盛行的年代，知识分子被当作异己的力量，知识分子的脑力劳动也被看成是不光彩的劳动，似乎只有体力劳动才是劳动。与此相联系，脑力劳动者也被排斥在劳动者之外，甚至被说成是"寄生虫"。于是，一些错误的作法也就由此派生出来，比如强迫知识分子放弃自己的事业去做一些笨重的体力劳动。诚然，在社会主义条件下，应该提倡和鼓励知识分子走与工农相结合的道路，知识分子结合自己的专业实际可以适量参加力所能及的体力劳动。这样做无非是促进知识分子的健康成长，并非要求他们用体力劳动代替脑力劳动，也不意味着脑力劳动不如体力劳动或脑力劳动者不如体力劳动者。在我国社会主义条件下，怎样看待脑力劳动，怎样看待脑力劳动者是一个十分重要的问题。邓小平说："不论脑力劳动，体力劳动，都是劳动。从事脑力劳动的人也是劳动者。"[1]41 这就从劳动和劳动者的特征上，进一步确立了包括科技人员在内的广大知识分子的社会属性。

从历史发展的进程看，劳动的形态是发展演变的。脑力劳动是随社会的分工而逐渐从体力劳动中分化出来的，它的出现既是社会发展的必然结果，又是促进社会发展的重要因素。随着社会生产力的发展和社会的进步，其作用越来越重要。在剥削阶级占统治地位的社会里，脑力劳动和体力劳动的分离反映了阶级的差别和对峙。但在社会主义社会，脑力劳动作为社会劳动的一部分，构成人的发展和社会进步的内在因素。尽管社会主义社会仍然存在脑力劳动和体力劳动的分工，但它却不表现为阶级的差别和对立，并且，正是社会主义制度为缩小两类劳动的差别创造了条件。我国消灭了剥削阶级和剥削制度，因而从根本上消灭了脑力劳动和体力劳动对立的社会基础。可见，我国现阶段存在的脑力劳动和体力劳动的分工具有历史的必然性，但并不属于阶级的差别和对立。

邓小平指出：

> 科学实验也是劳动。……自动化的生产，就是整天站在那里看仪表。这也是劳动。……这种劳动同样是费力的，而且不能出一点差错。[1] 50

脑力劳动有着不同于体力劳动的特点。从劳动的消耗方式看，脑力劳动耗氧量比体力劳动高。然而，由于世俗偏见，许多人体验不到脑力劳动的艰辛，认识不到科学创造的价值，往往以体力消耗程度去度量劳动，似乎不出大力、不流大汗就不算劳动。其实，从科学的角度看，劳动量的大小应该看耗氧量的情况。在生物学上，一种组织所需能量往往以每个单位重量在单位时间内所耗的氧的体积加以测定。而耗氧量的多少，又往往反映在它接受的血液供应量上。大脑的功能活动最为旺盛，所以它的血液供应也最为丰富、单位耗氧量也最高。人的脑组织占体重的20%，大脑处于高度电活动时则占32%。脑组织的单位耗氧量一般是人体其他单位组织耗氧量的12倍，当大脑进行高度紧张的思维活动时则高达32倍。在能量的物质供给上，人脑完全依靠血中的葡萄糖（血糖），人体的其他器官却可以利用糖、脂肪、氨基酸等供应能量。在能量的供应方法上，脑力劳动所需能量主要通过无氧代谢来供应，虽然速度很快，即刻可以满足，但如果能量供应不足，当血糖降低时，不仅会影响脑功能的发挥，甚至还可能使大脑结构受到破坏。由此可见，脑力劳动不仅是劳动，而且是有相当强度的劳动。评价脑力劳动，要有科学的态度。

脑力劳动的耗氧量高，创造的价值和使用价值也是体力劳动所无法比拟的。体力劳动的成果表现为特质形态，物质产品一经消费，其本身的使用价值也就随之消失，或随之递减。脑力劳动的成果表现为信息形态，并不因为人们的使用而失去存在价值。它可以长期保留下来，有些成果甚至可以使几代人受益。在使用范围上，信息形态的劳动成果也大于物质产品，它可以为整个人类所共享，就这个意义上讲，"比较复杂的劳动只是自乘的或不如说多倍的简单劳动，因此，少量的复杂劳动等于多量的简单劳动"。[5] 58 过去，"对脑力劳动的产物——科学——的估价，总是比它的价值低得多。"[6] 显然，这是极不公平的。在今天，对脑力劳动的评价应该建立在科学的基础之上。

从脑力劳动的特点和作用不难看出，脑力劳动者也是劳动者。早在"四人帮"污蔑脑力劳动者的时候，邓小平就针锋相对地指出："科技人员是不是劳动者？科学技术叫生产力，科技人员就是劳动者！"[1] 34 粉碎"四人帮"以后，他再次重申脑力劳动者也是劳动者，他说："他们与体力劳动者的区别，只是社会分工的不同。

从事体力劳动的，从事脑力劳动的，都是社会主义的劳动者。"[1] 89 在我国社会主义社会里，从事脑力劳动的科技人员与从事体力劳动的工人、农民一样，处于同等地位，都对社会财富的形成和社会价值的创造付出了心血，都是通过自己的劳动而获得生活资料，所不同的只是劳动的形态。诺贝尔经济学奖金获得者舒尔茨（Theodore Schultz，1902—1998）就美国 20 世纪经济与工业的飞速发展谈到下列看法：在当代美国的经济发展中，人才资本已占据了显著地位，20 世纪以来，美国产品更新，依靠的是人才的智力，而不是传统的劳动。这就是说，当今社会，脑力劳动者在经济发展中的作用更显突出。脑力劳动者占人口的比重越大，对经济发展的影响也就越大。甚至于可以说，一个国家的经济发展与其脑力劳动者的增长是成正比的。例如，美国在 1970 年至 1980 年间，国民生产总值年增长速度在 3%左右，其科技人员年增长速度在 2%左右。现代生产力的发展离不开科学技术，更离不开创立新科学理论和发明新科学技术的科技人才。

按照社会发展的趋势，在人类的劳动中，对体力劳动的需求将逐渐减少，而对脑力劳动的需求将会不断增加。当今世界，以脑力劳动为主的知识劳动者的数量多少，质量高低，是衡量一个国家力量强弱的一个重要标志。邓小平指出："提高自动化水平，减少体力劳动，世界上发达国家不管是什么社会制度都是走这个道路。"[1] 34 新的科技革命不仅发明了可以代替人的体力劳动的科技成果，而且也发明了可以部分取代人的脑力劳动的科技成果——电脑。自动控制系统的出现，把大量的劳动力从传统机器体系中解放出来，又把大量的脑力劳动者吸纳到生产和管理中去。这就必然引起劳动者结构的巨大变化。在一些经济发达国家，白领工人逐渐取代了蓝领工人，传统意义上的工人数量锐减。据统计，在机械化初期，脑力劳动与体力劳动消耗之比为 1∶9，中期为 4∶6，在生产自动化条件下，则出了 9∶1 的情形。在一般机械化生产企业中，需要受过高等教育的成员约为 2%左右，而非熟练和不太熟练的工人约为 35%～60%，但在完全自动化的企业里，需要受过高等教育的占 20%～40%，熟练工人约占 40%～50%。劳动性质的变化，要求劳动者具有更高的科技水平。今后，随着新科技革命的深入发展，劳动者智力因素的作用会空前提高，体力因素的作用则大大下降，整个工人阶级必然朝着知识化方向发展。人类最终必然摆脱繁重的体力劳动，走向脑力劳动和体力劳动全面发展的自由王国。邓小平科学地预见到了这种发展前景，充分肯定脑力劳动及其主体的历史地位和重大的作用。他说：

将来，脑力劳动和体力劳动更分不开来。发达的资本主义国家有许多工人的工作就是按电钮，一站好几小时，这既是紧张的、聚精会神的脑力劳动，也

是辛苦的体力劳动。要重视知识，重视从事脑力劳动的人，要承认这些人是劳动者。[1] 41

科学技术的发展不仅加速劳动者知识化的进程，而且也要求造就宏大的科技队伍。眼前的情况是，科学文化知识和脑力劳动相对集中在知识分子身上。我国科教兴国的社会发展战略就是要改变这种情形。邓小平指出：

> 随着现代科学技术的发展，随着四个现代化的进展，大量繁重的体力劳动将逐步被机器所代替，直接从事生产的劳动者，体力劳动会不断减少，脑力劳动会不断增加，并且，越来越要求有更多的人从事科学研究工作，造就更宏大的科学技术队伍。[1] 89

我们面临着信息时代，信息成为比物质和能源更为重要的资源。未来社会将是以信息生产为中心，以信息产业为支柱，促进国民经济迅速发展。信息、知识越来越成为生产力中的决定因素。科学家、工程技术人员、软件编制人员等脑力劳动者在社会发展中的作用越来越重要，他们不仅是劳动者，而且是劳动生产过程的主导力量。

（三）尊重知识，尊重人才

在我国进入社会主义建设新的历史时期后，邓小平从四个现代化建设的全局出发，把尊重知识、尊重人才提到极为突出的位置。为了克服"左"的错误思想的影响，他特别强调指出："一定要在党内造成一种空气：尊重知识，尊重人才。要反对不尊重知识分子的错误思想。"[1] 41邓小平不仅从理论上提出尊重知识、尊重人才的观点，而且在实践上也为全党做出了表率。

尊重知识，尊重人才，绝不是空洞的说教。在实际工作中既需要充分认识知识分子的社会地位和历史作用，尊重知识分子的劳动特点，也需要为他们创造必要的工作条件和生活条件，改善其生活待遇，还需要在使用、培养、发现等方面进行细致、周密的工作。这里需要解决以下几个问题。

首先，要贯彻"双百"方针，发扬学术民主，为知识分子创造良好的学术环境。

科学技术活动具有探索性的特征，既然是探索，研究者就要各抒己见，其正确与否，自然只能由实践来检验。这本来是合情合理的，但是，由于种种原因，特别是那些受到极"左"思想影响的政治运动，却把学术问题与政治问题混为一谈，把思想认识问题与阶级立场问题硬扯在一起，造成了有碍于科学技术进步的外在环境压力，它压抑了科技人员的创造精神。

早在 50 年代，我们党就提出了关于文艺和科学的"百花齐放、百家争鸣"的方针。实践证明，凡是贯彻这个方针的时候，科学技术的创造发明就很活跃；凡是违背这个方针的时候，科学技术的创造发明就会受到压抑或阻碍。邓小平在总结以往的历史经验的基础上，对贯彻"双百"方针提出了新的见解。他说：

> 思想理论问题的研究和讨论，一定要坚决执行百花齐放、百家争鸣的方针，一定要坚决执行不抓辫子、不戴帽子、不打棍子的"三不主义"的方针，一定要坚决执行解放思想、破除迷信、一切从实际出发的方针。[1] 183

要繁荣我国的科学事业，就必须鼓励知识分子冲破思想禁区，大胆地研究现实问题，对于学术上的问题应当允许争论，而不能轻率地做出结论，更不能用政治手段去解决学术问题。

坚持"百花齐放、百家争鸣"的方针与坚持四项基本原则是一致的。政治方向明确，有利于形成民主和谐的学术环境。"坚持四项基本原则，同坚持'双百'方针，是完全一致的。"[1] 256 一方面，我们必须坚持四项基本原则，另一方面，对于学术上的不同意见，"必须坚持百家争鸣的方针，展开自由的讨论"。[1] 98 在贯彻"双百"方针问题上，以往存在两种错误倾向，一种是"左"的倾向，把学术上的自由争论等同于政治问题，对学术上的不同见解大加责备，甚至说成是反对马列主义毛泽东思想。与此相反，有人则打着"双百"方针的幌子散布反党反社会主义的言论，宣扬资产阶级自由化，破坏社会主义的安定团结。因此，邓小平多次提出："要坚持百家争鸣的方针，允许争论。不同学派之间要互相尊重，取长补短。"[1] 57 "坚持对思想上的不正确倾向以说服教育为主的方针，不搞任何运动和'大批判'。"[3] 145 与此同时，邓小平又指出：

> 我们要永远坚持百花齐放、百家争鸣的方针。但是，这不是说百花齐放、百家争鸣可以不利于安定团结的大局。如果说百花齐放、百家争鸣可以不顾安定团结，那就是对于这个方针的误解和滥用。[1] 256

学术上的自由争论是必需的，但自由与纪律，自由与法律之间是对立统一的关系。坚持"双百"方针必须同时考虑宪法、法律和纪律所许可的范围，否则，就可能偏离正确轨道。

要发扬学术民主，必须对知识分子持有正确的态度。邓小平多次引用毛泽东关于要打破"金要足赤，人要完人"的形而上学思想的论述，并说"这是马克思主义者的态度，是彻底的唯物主义者的态度。"[1] 51 知识分子也可能有某些缺点和弱点，领导干部应该以平等的同志式的态度给予热情帮助，而不能用粗暴的态度对待他们。即使是那些在政治上犯有某地错误的知识分子，只要他们转变观点，提高觉悟，也应该表示欢迎。1992 年初邓小平南行时又明确地讲：

> 希望所有出国学习的人回来。不管他们过去的政治态度怎么样，都可以回来，回来后妥善安排。这个政策不能变。[3] 378

这种政策必将调动更多的海外知识分子报效祖国的积极性，使他们更好地为社会主义祖国的经济繁荣和科技进步做出贡献。

其次，要发挥科技人员的专长，保证他们的科研时间，使之把最大精力放在科研上。

尊重知识，尊重人才，必须充分发挥科技人员的专长，力求专业对口，人尽其才。在我国，知识分子往往受到种种因素的干扰而难以发挥自己的专长。这对国家造成了人才浪费，对个人则限制了其工作热情和创造精神。也还有些科技人员由于担任领导职务而影响了科研工作。针对这些情况，邓小平指出："对科学家一般不要用行政事务干扰他们，要尽量使他们能够集中主要精力去钻研业务，搞好科研工作。"[1] 225 诚然，有些科学技术人员在担任领导工作后也能成为优秀的管理工作者，但也有许多人因为离开了科学技术岗位而未能充分施展其才干。

尊重人才，应该切实保证科技人员的科研时间，"使科研工作者能把最大的精力放到科研上去。"[1] 53 邓小平充分尊重科技人员的意愿，并提出至少必须有 5/6 的时间用于搞科研。事实上，这只是一个最低限度，能够有更多的时间当然更好。在时间的运用上，脑力劳动同体力劳动是有区别的，体力劳动可以严格地限制劳动时间及劳动时间内必须完成的劳动量，而脑力劳动则不是这样。一项科研成果往往需要科技人员连续作战，科学家的工作量往往也不是八小时，他们无时不在思考着科学技术上的难关。保证科技人员的科研时间，这是科学技术工作的性质和特点所要求的。

邓小平指出：

> 我们不能要求科学技术工作者，至少是绝大多数科学技术工作者，读很多政治理论书籍，参加很多社会活动，开很多与业务无关的会议。[1] 94

诚然，科技人员应该学政治，参加必要的政治活动等，但是过去很长的时间里，对科技人员的政治思想素质往往提出一些不切实际的要求，诸如要求他们读很多政治书籍，无休止地参加各种政治活动等。其实，政治思想素质的好坏并不取决于这些因素。提高科技人员的政治思想素质也不在于他们读多少政治书籍，参加多政治活动。过去那种形式主义的政治学习和政治活动，对于科技人员提高政治思想素质并没有产生积极影响。邓小平指出：

> 我们强调科学技术人员集中精力搞好科学技术工作，是不是减轻了政治工作的任务，降低了政治工作的要求呢？不是的。这是要求我们提高政治工作的水平，改进政治工作的方法，抛弃形式主义的东西，……我们今天进行社会主义的现代化建设，向科学技术现代化进军，政治工作的重要任务，就应该是使每个科学技术人员都了解他所从事的科学技术工作同实现四个现代化的伟大目标的关系，鼓舞和动员他们以革命的精神，和衷共济，大力协同，努力攻克科学堡垒，攀登科学高峰。[1]98-99

邓小平的这一论述，不仅进一步阐明了科学劳动的特点，而且从政治和业务之间辩证关系的视角，向我们提出了尊重知识、尊重人才的新要求。

最后，要进一步提高知识分子的生活待遇。我国的知识分子待遇普遍偏低，集中地说，一是收入偏低，二是居住条件较差。1977 年，邓小平发表"尊重知识，尊重人才"的谈话，尖锐地指出了这方面存在的严重问题。在当时，有的知识分子家里有老人和孩子，一个月工资才几十元，很多时间用于料理生活，晚上找个安静的地方阅读都办不到。1980 年 1 月 16 日，邓小平在中共中央召集的干部会议上所做的《目前的形势和任务》报告中又一次指出：

> 只有几十块钱收入的知识分子，很多很得力的人，能够有稍微好点的工作条件和生活条件，就可以为国家和人民解决好多的问题，创造大量的财富。[1]261

邓小平的论述，简明深刻，一语说明了改善知识分子生活条件的必要性和紧迫性。

中华人民共和国成立以来，我国长期存在知识分子工资偏低的现象。1952 年，以脑力劳动为主的行业职工月平均工资为 31.3 元，不如体力劳动为主的行业职工工资高。正如邓小平说的那样："建筑工人，挑土工人，其他普通工人，提高了不少，有的提高了一二倍，而有本事的专门人才提高得不多。"[7]210 1956 年，我国建立了各类专业技术人员的工资标准，知识分子的工资有所增长，到 1957 年，月平均工资达到 49.5 元。然而，1957 年至 1978 年之间，知识分子的工资不但没有增加反而降低了。1978 年的月平均工资只有 49.1 元，比 1957 年下降 0.8%。党的十一届三中全会以来，随着知识分子政策的落实，知识分子的工资待遇提高较快，到 1987 年，月平均工资上升到 120.7 元，比 1978 年增加了 1.46 倍。但是，总的说琰，我国知识分子工资增长速度是比较缓慢的，平均递增 3.9%。从我国当前的实际情况来看，由于各级党委和政府采取得力措施，知识分子的工资待遇和住房条件都有了进一步的改善。同时也应该看到，与知识分子对社会的贡献相比较，他们的工资待遇和住房条件并不十分优越。因此，改善知识分子的生活条件仍然需要做大量的工作。

尊重知识，尊重人才，必须改变工资待遇脑体倒挂的现象。早在50年代中期，邓小平就提出要改变脑体工资倒挂现象。他说："工资的差距要拉大些，真正有本领的人，对国家贡献很大的人，工资应该更高一些。"[7] 210 他还建议文委提出名单，提高有突出贡献的科学家、大学教授乃至中小学教师的工资待遇。这一思想在今天仍然具有现实意义。一些资本主义国家，脑力劳动者的工资普遍高于体力劳动者，美、英、法、德、意、日等国家，中级管理人员的平均工资比工人高3～5倍，医师的工资比工人高3～6倍，中学教师的工资比工人高24%～53%，就连某些发展中国家比如印度，大学助教或具有初级职称的科技人员的工资比普通工人也高2～3倍。然而，我国知识分子的工资状况与此相反。改革开放以来，脑体工资倒挂现象有所减弱，但并没有根本扭转。不改变这种局面，就很难最大限度地调动知识分子的积极性。

众所周知，我国是在经济落后的基础上建设社会主义的，限于财力，不可能一下子彻底解决知识分子的待遇问题。邓小平反复强调要创造条件改善知识分子的生活待遇，他说：

> 要调动科学和教育工作者的积极性，光空讲不行，还要给他们创造条件，切切实实地帮助他们解决一些具体问题。[1] 56

> 在科研队伍中，可以先解决一些比较有成就、有培养前途的人的困难。这些人不限于是老同志，还有中年、青年同志。[1] 56

邓小平从多方面强调改善知识分子的生活条件，比如，对于那些与爱人分居两地的业务骨干，他提出要"优先把他们的家搬来"。[1] 56-57

总而言之，邓小平倡导尊重知识，尊重人才，采取切实有效的措施落实知识分子政策，充分调动科技人员的积极性、主动性和创造性，这是加速发展科学技术的前提，也是社会主义现代化建设的迫切需要。

二、科技人才的结构与素质

科学技术活动是在科技人员的群体中进行的，同时，这又是科技人员个体努力的综合结果。充分发挥科技人员的作用，除了优化社会环境外，还要注意优化科技队伍的结构以及提高科技人员的个体素质。

（一）优化科技队伍的结构

中华人民共和国成立以来，我国科学事业突飞猛进，取得了许多举世瞩目的成就，全国范围已经形成了学科和门类基本齐全的科学技术体系，并且培养和造就了一支宏大的科技队伍。目前，全民所有制单位的专业技术人员已有 1860 万人，从事科技活动的 240 万人，科学家和工程师 150 万人[8]。据 1993 年的统计，在专业技术人员的构成中，教学人员占 49.7%，科学研究人员占 1.8%，卫生技术人员占 16.1%，农业技术人员占 2.7%，工程技术人员占 29.6%[9]。科技人员总数中受过高等教育的占 47.9%，高级科技人员为 53.8 万人，占 5.6%。中级科技人员为 24.55 万人，占 25.8%[10]。这种历史性的变化，对于我国经济的迅速发展发生了并将继续产生深刻影响。应当强调指出的是，我国科技队伍从总体上说，政治思想素质是好的，是一支热爱中国共产党、热爱社会主义祖国和热爱社会主义现代化事业的队伍。这是党和人民的宝贵财富。

我国科技队伍的迅速壮大，的确是划时代的社会进步。但是，现有科技队伍还远远不能满足社会主义现代化建设的需要，同发达国家相比也有较大差距。邓小平在 1977 年就说过："科研人员美国有一百二十万，苏联九十万，我们只有二十多万，还包括老弱病残，真正顶用的不很多。"[1]40 尽管现有科技人员数额剧增，但在人口总数中的比例并不高。据联合国教科文组织 1994 年"世界科学报告"透露，每 1000 人中科学家和工程师的数量，美国为 3.8 人，日本为 4.7 人，欧共体为 1.9 人，欧洲自由贸易联盟为 2.2 人，加拿大为 1.4 人，苏联为 1 人，而我国只有 0.4 人。加强科技队伍建设，大规模地培养各类科技人才，这已经成为影响我国经济发展的关键问题。邓小平指出："随着工业的发展，企业的科技人员数量应当越来越多，在全部职工中所占的比例应当越来越大。"[1]29 我国科技人员的分布并不合理，高等院校、科研机构人才密集，而企业尤其是农业战线科技人员较少；经济发达地区科技人员较多，而经济相对落后地区科技人员较少，特别是土地面积占全国 2/3 的边远省区的科技人员仅占全国科技人员总数的 13%；科技人员大都集中在传统学科，而从事新兴学科、跨学科研究的科研人员并不多。如果科技人员分布不平衡的状况不能得到改变，势必对科技进步和经济发展带来消极影响。此外，不应当看到，我国科技人员在职称结构、学历结构、年龄结构上也不同程度地存在问题：一是学历偏低。据 1990 年统计，全国科技人员中大专以上文化程度的只占 47.9%，而 52.1%的科技人员则未达到大专学历层次。二是年龄老化。比如农业科技人员中年富力强的不到 1/5，中国农科院研究员 206 人，平均年龄

58.8 岁，50 岁以下的一个也没有[11]。三是职称结构比例不协调，高级科技人员只占科技人员总数的 5.6%。科技人员职称的结构不合理，带来了很多负效应，比如若是人才降格使用，造成人才浪费；若是人才拔高使用，难以胜任工作。这就影响科技队伍的整体水平。

事物的结构决定事物的性质和功能，影响事物自身发展，进而也作用于外部环境。科技队伍的结构即各类科技人员的组合与关系，决定科技队伍的质量与功能。马克思指出：

> 由整个社会生产底结构中所产生的一般生产力，虽然是历史的产品，却表现为社会劳动所赠送的自然礼物。[12]

同一般生产劳动者的社会结构一样，科技队伍的结构具有重要意义，优化科技队伍的结构不仅有利于提高科技人员个人的创造力，而且有利于产生一种整体效应。

在社会劳动力的组合上，马克思曾经揭示了一个深刻的道理，即整体大于部分。

> 单个劳动者的力量的机构总和，与许多人手同时共同完成一不可分割的操作（例如举起重物、转绞车、清除道路上的障碍物等）所发挥的社会力量有本质的差别。……这里的问题不仅是通过协作提高了个人生产力，而且是创造了一种生产力，这种生产力本身必然是集体力。[5]378

以体力消耗为特征的简单劳动需要由协作来提高劳动能力，科学技术活动更应该是这样。尽管主要以脑力消耗为特征的科技工作以往可以由个体的活动方式完成，但在现代社会条件下，协作却是绝对必需的，只是不同的课题其协作方式不同罢了。各类科技人员只有合适地组合，才能人尽其才，优势互补。我国社会主义现代化建设本来就突现其整体性特征，更需要科技力量的优化组合。

世界科学技术发展史表明，科技队伍的优化组合，对科技进步和经济发展具有极大影响。现在，科学技术日新月异，新科技革命对科技人员的协作组合提出了更高的要求。我们既要面向经济建设的主战场，又要加强基础性研究，特别是要跟踪世界高科技发展趋势，这就更应该加紧优化科技队伍的结构。

科技队伍的结构，主要考察其职类结构、专业结构、职称结构、年龄结构。这些是衡量科技队伍整体水平的重要标志。

根据科技人员工作性质的差别，可以把他们区别为：科学研究人员、专业技术人员、科技教育人员以及科技管理人员等不同类别。他们各司其职，共同担负科技进步的繁重任务。不同类别的科技人员都有重要职责，没有理由忽视任何一个方面的工作。

　　科技人员职类结构是否合理，关系十分重大。无论哪一个国家，如果不顾国情，凭着主观想象确定科技人员的职类比例，就会造成消极的甚至是破坏性的后果。日本曾经重视技术人才和经营管理人才，虽然对其经济发展带来了好处，但由于忽视基础研究和科学研究人员的作用，其消极后果已在科学技术发展的今天明显地暴露出来。印度只重视开展理论研究，在基础理论上也有某些成就，但对本国的科学技术的发展没有起到预期的推动作用。世界上很多发达国家，为适应科学技术发展需要，在总结经验的基础上对科技人员的职类结构进行相应调整，比如日本正在改变只重视应用研究人才的做法，向加强培养基础科学研究型人才的方向转移，这种转移可以克服科技人才职类结构上的弱点，强化科学研究和技术开发的整体水平。

　　我国的科技进步和现代化建设同样需要科技人员职类结构合理，比例协调。我们急需改变时而忽视基础研究、时而忽视应用研究和技术开发研究的局面。邓小平指出：

> 我们向科学技术现代化进军，只有一支浩浩荡荡的工人阶级的又红又专的科学技术大军，要有一大批世界第一流的科学家、工程技术专家。[1]91

我们必须重视培养和造就各类科学技术人才，以适应科技工作在三个层次上同步发展的需要。在考虑科技人员的职类结构时，尤其需要重视杰出科学家、工程技术专家的数量和质量。他们是科技工作的骨干力量，既对科学研究本身起带头作用，也能够带动整个中华民族科学文化水平的提高。邓小平指出：

> 革命事业需要有一批杰出的革命家，科学事业同样需要有一批杰出的科学家。……也只有有了成批的杰出人才，才能带动我们整个中华民族科学文化水平的提高。[1]96

　　当代科学技术既日益分化又高度整合，学科和专业划分越来越细，而分支学科之间又相互交叉、相互渗透，出现了许多边缘学科、横断学科、综合性学科。这对科技队伍的专业结构提出了新的要求。科技队伍的专业配备既要整体把握，又要突出重点，注重培养和配备具有领先水平的新学科以及国民经济发展迫切需要的专业科技人员。

　　科技队伍的专业结构，往往受制于国民经济各部门的结构，必须同国民经济的发展相适应。如果科技人员配置在各部门的结构比较合理，就能促进一些部门乃至整个国民经济的发展，反之则不然。从我国的现实看，农业部门的科技人员力量比较薄弱，我国每万人中农业科技人员只有 7 名，这同美国每万人中农业科技人员 41 名，日本 46 名，法国 42 名相比，显然差距悬殊[11]。农业是国民经济的基础，及时地充实农业科技人员，是提高农业劳动生产率的重要途径。邓小平提出"要大力加强农业科学研究和人才培养"[3]23，这正是抓住了振兴我国农业的关键。我国科技人员相对集中在工业部门，而在工业部门内部，科技人员的分布也不合理，其中重工业部门占 84.5%，轻纺工业部门只占 15.5%。此外，商业和其他服务行业的科技人员所占比例较少。因此，除了大力加强农业部门科技力量外，对于轻纺工业、商业以及服务行业，也急需充实科技人员。采取特殊优惠政策引导科技人员到人才奇缺的新兴领域或地区，显得尤其重要。据人才部门预测，当前和今后相当长的一个时期内，社会对第三产业人才的需求量将逐年增加，甚至可能摆在首位。可见，优化科技队伍的专业结构和部门结构，是我国国民经济协调发展的迫切需要。

科技队伍专业结构的配置，要着眼于经济发展和科技进步的统一，近期利益和长期利益的统一，不能顾此失彼。如果仅仅局限于考虑经济建设的需要和眼前的利益，而忽视科学技术自身发展的规律和长远利益，那么到头来，只能是对科技进步和经济发展都带来消极影响。

邓小平指出：

> 在学校里面，应该有教授（一级教授、二级教授、三级教授）、副教授、讲师、助教这样的职称。在科学研究单位，应该有研究员（一级研究员、二级研究员、三级研究员）、副研究员、助理研究员、研究实习员这样的职称。在企业单位，应该有高级工程师、工程师，总会计师、会计师等职称。[1]224

职称是衡量科技人员水平和能力的重要标志，也是分配给科技人员工作任务的重要依据。因此，一个国家，一个单位，不同职称的科技人员应该有一个合理的比例，这样才能形成整体力量的最佳效应。

据有关资料介绍，国外科技人员高、中、初级的比例，在基础研究单位大体是 1：2～3：7，在应用研究单位是 1：3～5：6～15，在发展研究单位是 1：2～3：8～10。一支科研队伍中，既要有起学术带头作用的高级人才，也要有起骨干作用的中级人才，还要有具有发展潜力的初级科技人员以及实验、技术等方面的辅助人员，几个方面人员的比例必须合理。

应当看到，我国科技人员的职称结构也不甚合理，高级人才较少，初级辅助人员不足，因而造成了一些不良后果。辅助人员、实验室工作人员、图书资料人员较少，致使科技人员用于研究的有效时间往往不足 1/3，很多人不得不把宝贵的时间花在后勤工作上。邓小平认为,这是"耽误事情,浪费时间,是一种很大的损失"[1]56。根据我国的实际,必须尽快充实初级科技人员和辅助人员,并培养造就大批年轻的学术带头人。

1961年11月23日,邓小平发表《大批提拔年轻的技术干部》的讲话,指出:"世界上的科学家,成名的很多是在三十岁左右。"[7]291 这一论述,揭示了一种具有规律性的现象。朱克曼(Harriet Zuckerman,1937—)曾对诺贝尔奖获得者作了年龄分析,发现286名获奖者从事获奖研究的平均年龄为38.7岁。这说明,科技人员的年龄与其创造力具有十分密切的关系,30岁左右是科学创造的最佳年龄。

在科技队伍里,要求所有成员都处于最佳年龄是不可能的。但在力量的组合上则要求老、中、青合理配置。邓小平说:

> 搞科研要靠老人,也要靠年轻人,年轻人脑子灵活,记忆力强。大学毕业二十多岁,经过十年三十多岁,应该是出成果的年龄。[1]32

我国科技队伍中,老年科技人才尤其是那些院士们学术造诣高,是我国科技工作的骨干力量。中年科技人员既有经验,也有后劲,起着承上启下的重要作用。年轻科技人员思想活跃,接受新知识、新技术较快,适应能力强。邓小平说:"老科学家、中年科学家很重要,青年科学家也很重要。"[3]378 这不仅说明了不同年龄的科技人员对于科技发展的作用,也说明了科技队伍中不同年龄人员合理配置的重要性。

科学技术的发展,总是长江后浪推前浪,"往往是青年人赶过老年人"。[1]56 科技队伍年轻,科学技术就易于发展,而科技队伍老化,就会导致科学技术的缓慢发展甚至于停滞。世界上一些著名科研单位,年轻人所占比重都比较大,这不仅说明他们后继有人,也说明他们的工作充满活力。如贝尔实验室9000多名有学位的科技人员,平均年龄只有33岁,其中30~35岁的最多。人才资源的优势,也许正是美国科学技术在世界上居于领先地位的重要原因。相比之下,我国科技队伍年龄比较老化。尽管近些年来,科技队伍中人才辈出,涌现出了不少年轻科学家,但从总体上看,年龄老化,青黄不接的状况并没有从根本上得到改变。邓小平指出:"科学的未来在于青年。青年一代的成长,正是我们事业必定要兴旺发达的希望所在。"[1]95

在世纪交接时期,年轻科技人员对未来21世纪的科技进步和经济发展具有特殊意义。因此,要特别重视加强对年轻科技人员的培养和使用。邓小平早就指出:

> 把年轻人提起来，放到重要岗位，管的业务宽了，见识就广了，就能更好地发挥作用。

> 要重视二十几岁、三十几岁的年轻人。……现在再不重视培养提拔年轻人就晚了。[7]291。

他还说：

> 我们也希望中国出现一大批三四十岁的优秀的科学家、教育家、文学家和其他各种专家。要制定一系列制度包括干部制度和教育制度，鼓励年轻人。[3]179

重视年轻科技人员的培养和使用，不但要从认识上解决问题，而且要从制度上、机制上创造优秀人才脱颖而出的社会环境。最近，中国科学院采取了一项重大举措：向社会推出"百人计划"。按照这个计划，每年物色 10～15 名 45 岁以下素质优良的科技人才予以重点扶持，到 2000 年时，就有 100 人得到国家的重点支持。这一计划，对造就杰出年轻科技人才有着重要作用，必将激励广大年轻科技人员努力进取。

（二）提高科技人员的个体素质

科技队伍的整体效能当然不是个体素质的机械相加，但是，科技人员的个体素质必然影响科技队伍整体效能的发挥。试想，如果科技人员的个体不能又红又专，那么，建立一支又红又专的科技队伍的目标又从何实现呢？中共中央、国务院《关于加速科学技术进步的决定》指出："科技界在社会主义精神文明建设中要率先垂范，为全国的精神文明建设做出贡献。要坚持党的基本路线，大力弘扬爱国主义精神、求实创新精神、拼搏奉献精神、团结协作精神。要树立良好的科学道德风范。坚决反对科研工作中的弄虚作假行为，纠正研究课题评审、成果鉴定、科技奖励中的不正之风。鼓励科技工作者崇尚科学，追求真理，用知识报效祖国，服务人民。"这段论述，综合了邓小平关于提高科技人才个体素质的基本思想，是我国科技工作者加强自身修养的指导思想。

提高科技人员的个体素质，首先要解决政治态度问题，即邓小平说的"政治上要爱国，爱社会主义，接受党的领导"[1]41。这是科技人员的基本要求。科技事业是我国社会主义事业的重要组成部分，在我国社会主义条件下，热衷于科技事业的科技人员应当坚持社会主义道路，接受中国共产党的领导。邓小平强调："又红又专，那个红是绝对不能丢的。"[1]290 其实质正在于此。

解决政治态度问题树立科学世界观是联系在一起的。而要树立科学世界观，最重要的是学习马克思主义、毛泽东思想。邓小平反复讲，马克思主义、毛泽东思想是我们的指导思想，是无产阶级的世界观和方法论。学习马克思主义、毛泽东思想是科技人员树立科学世界观的重要途径。改革开放以来，中国共产党在探索建设有中国特色社会主义的伟大实践中创立的建设有中国特色的社会主义理论，是马克思主我同中国现代化建设实际相结合的最新成果，是当代中国的马克思主义。学习马克思主义、毛泽东思想，中心内容是学习建设有中国特色的社会主义理论。这对于科技工作者在国际风云变幻的形势下提高政治敏锐性，增强抵制各种错误思潮的能力，把握科学技术发展的正确方向，是完全必要的。

科学世界观的形成同自觉的思想改造是不可分割的。

> 历史不断前进，人们的思想也要不断改造。不仅从旧社会过来的知识分子要改造，就是建国以后培养出来的知识分子也要继续改造。[1]49

从认识论的视角分析，人的思想是对客观存在的反映，因而必然要随着客观存在的变化而变化，否则，就会思想僵化。社会主义现代化建设的新时期，有着许多不同于过去的新情况。邓小平要我们

> 研究新问题，接受新事物，自觉地抵制资产阶级思想的侵袭，更好地担负起建设社会主义现代化强国的光荣而又艰巨的任务。[1]94

思想改造本来是符合认识规律的，但由于"左"的错误影响，有些人对"改造"往往做了错误的理解，一提思想改造，就同阶级斗争联系在一起。这种认识上的误区，导致政治上的过激处理，又使人们在心理上无法承受。今后，仍然要强调科技人员的思想改造，但必须避免在这个问题上重现"左"的观点和错误做法。

邓小平说：

> 在科学技术人员中，也有一部分人资产阶级世界观没有得到根本改造，或者受到资产阶级思想的影响比较深，在尖锐、激烈、复杂的阶级斗争中，常常摇摆不定。对于他们，只要不是反党反社会主义的，也要团结教育，发挥他们的专长，尊重他们的劳动，关心和热情帮助他们进步。[1]93

在科技人员思想改造问题上，既要防止右，更要防止"左"。面对世界上资本主义制度和社会主义制度、资产阶级意识形态和无产阶级意识形态并存的背景，科技人员如果放松自己的思想改造，那是不对的，但是，如果用"左"的方式解决思想领域的问题，那也是极端错误的。

科技人员既要树立科学世界观，也要树立社会主义道德风尚。道德是调整人

们行为的规范，是人们应当自觉遵守的行动准则。邓小平多次倡导道德教育，指出："我们一定要在全党和全国范围内有领导、有计划地大力提倡社会主义道德风尚，……"[1] 262 科技工作的性质决定了科技人员必须具有高尚的道德。爱因斯坦说过：卓越的个人道德品质也许比单纯智力的成就具有更重大的意义。这说明，科技人员高尚的道德与其成就有着非常密切的关系。

社会主义道德体系包括社会公德、职业道德和共产主义道德三个层次。就职业道德而言，科技人员的道德规范主要表现为爱国主义精神、造福于人类的精神、敬业奉献精神、求实创新精神、团结协作精神诸方面。这些都是由社会主义道德的基本原则——集体主义所决定的。

邓小平历来倡导爱国主义精神和民族自尊心、民族自信心。科学家都有自己的祖国。我国老一辈的科学家李四光（1889—1971）、钱三强（1913—1992）、钱学森（1911—2009）等，早年都曾在国外留学，而在新中国建立前后，他们都毅然舍弃国外优越的条件，甚至于冒着很大危险回到祖国参加建设，并且在困难的条件下，为繁荣祖国的科学事业做出了巨大贡献。邓小平高度赞扬这种爱国主义精神，并希望所有出国学习的人员回到祖国，建设祖国。祖国是历史的、具体的，社会主义新中国不同于历史上的旧中国。因此，爱祖国与爱社会主义是不可分割地联系在一起的。科技人员的爱国主义精神自然表现为热爱社会主义的新中国。针对这个问题上的奇谈怪论，邓小平尖锐地指出：

> 有人说不爱社会主义不等于不爱国。难道祖国是抽象的吗？不爱共产党领导的社会主义的新中国，爱什么呢？[1] 392

科学家有祖国，而科学没有国界。尽管科学家的活动舞台往往限于一定的国度，但其活动的宗旨则在于造福全人类。从这一宗旨出发，科技人员的任何行为都应本着对人类负责的态度。我们知道，科学成果的社会效应具有两重性，既可以造福于人类，也可能给社会带来灾难。一些卓有成就的科学家，对科学成果应用所产生的后果十分关注。比如，爱因斯坦提倡科学成果应用于造福人类，并坚决抵制滥用科学成果的行为。资本主义社会的这些科学家尚能如此，社会主义国家的科技人员就更应该这样。邓小平在谈到杰出科技人才时指出："我们工人阶级的杰出人才，是来自人民的，又是为人民服务的。"[1] 96 我国的科技人员应该通过自己的科学创造来为人民服务，为人类造福。我们检验科技人员的道德品质，也应该把是否为人民服务、造福于人类作为一个重要尺度。邓小平对此也作了明确论述，他说："为人民造福，为发展生产力、为社会主义事业做出积极贡献，这就是主要的政治标准。"[1] 151

马克思曾经讲过，在科学的入口处，好比地狱的入口处一样，必须提出这样的要求：这里必须根绝一切犹豫，这里任何怯懦都无济于事。科学研究需要有坚强的意志和献身精神，在科学的道路上没有平坦的大道可走，崎岖连绵，坎坷不平，曲折和失败都在所难免，甚至还有可能献出生命。致力于科学事业，就要有敬业献身精神。邓小平多次赞扬科技人员连续奋战七天七晚的忘我精神，并指出：

> 无数的事实说明，只有把全副身心投入进去，专心致志，精益求精，不畏劳苦，百折不回，才有可能攀登科学高峰。[1] 94

马克思写作《资本论》花去了 40 年的光明，爱因斯坦创立相对论经过了 10 年的艰苦努力。科学家应当具有百折不挠、顽强拼搏、不怕牺牲的精神。在我国科技队伍中，许多人为真理而忘我奉献，涌现了许多可歌可泣的先进典型。

科学以客观事物的运动变化及其规律的理论内容。科学研究没有求实精神是不行的。邓小平指出："特别是科学，它本身就是实事求是、老老实实的学问，是不允许弄虚作假的。"[1] 57 只有坚持实事求是的科学态度，才能揭示客观事物的运动规律和事物内在的本质联系，才能获得真理性认识，求实与创新是不可分割的。科学是探索未知的活动，创新是科学的本质特征。邓小平多次说过，搞科学技术"没有一点创造性不行"[1] 131。1984 年，邓小平为宝钢的题词是："掌握新技术，要善于学习，更要善于创新。"[3] 51 求实创新精神是由科学的本质决定的。因此我们可以说，没有求实创新精神，也就没有科学的存在。

科学研究中的求实精神还表现为严以律己和客观公正地对待他人的研究成果这两个方面。每一个研究者提出自己的科学见解和结论都应该建立在严密论证和周密分析的基础上，不能轻率从事，更不能弄虚作假。与此同时，对于他人的研究成果也应客观分析，公正评判，不可以不负责任地加以菲薄。这是科技人员优良品质的重要表现。

投机取巧，弄虚作假，是同科学的本质格格不入的。因此，科学研究容不得这种态度和作风。科学发展史上确有这种歪曲事实，伪造数据，剽窃成果，甚至打击别人，抬高自己的科学研究人员，虽然在短期内也可以蒙蔽视听，骗取名誉，但到头来还是以毁灭自己的声誉而告终。实事求是是一条普遍适用的思想路线，科学技术又岂能与之相悖？

邓小平特别强调科技人员"和衷共济，大力协同"[1] 99，而坚决反对与此相反的态度。他说：

> 对于那些追求个人私利，互相封锁，不搞协作，甚至垄断、剽窃等等不利于

发展社会主义科学事业的错误思想和作风，应该进行批评教育。[1]99

科学研究需要有团结协作的精神。库恩认为，科学尽管是由个人进行的，科学知识本质上都是集团的产物，如不考虑创造这种知识的集体的特殊性，那就无法理解科学知识的特有效能，也无法理解它的发展方法。最早的科学活动是以科学家个人研究的形式表现的，随着科学活动规模的日益扩大，科学家个人难以承担越来越复杂的研究项目，而必须按照共同的研究项目进行合作。现代社会，科学劳动已成为社会化劳动。根据美国社会学家朱克曼的统计，1901 年至 1972 年间获得诺贝尔奖金的 286 位科学家中有 2/3（185）是与别人合作研究而获得的。合作研究的比例随时间的推移而增大。在诺贝尔奖设立的第一个 25 年，合作研究获奖的人数占总数 41%，在第二个 25 年，这一比例跃升为 65%，到第三个 25 年时已高达 79%[13]。据资料统计，我国国家级科学发明奖中，合作式获奖项目占 93%。科学家个人的力量总是有限的，而科学家之间团结协作的力量才更有成效。任何一项科技成果的问世，既有创立者的辛勤劳动，同时也凝结着先前其他科技人员的心血，甚至是一代人乃至几代人共同努力的结晶。其实，最早的科学活动虽然往往表现为科学家个人的研究活动，但也渗透着其他科学家的劳动成果。试想，如果没有阿基米德杠杆原理等静力学理论以及伽利略、惠更斯在动力学方面的贡献，牛顿又怎能发现力学上的三大定律？如果没有开普勒在 17 世纪初期的辛勤劳动，没有笛卡儿的解析几何提供的计算方法，牛顿又怎能奠定近代天文学的基础？牛顿并不讳言，他的成就正是站上巨人的肩膀上取得的。

当今世界的科学发展，使科技的交流与合作往往超出了一定的国度。科技人员之间如果没有团结协作精神，就难以适应科技发展的大趋势。我国以社会主义公有制为主导，与此相适应的道德准则自然是以集体主义为核心。团结协作既是由当代科学研究的特点决定的，也是由社会主义道德准则决定的。

科技领域的竞争是不可避免的。竞争是繁荣科技事业的重要途径，但也可能带来某种消极的作用。一方面我们要鼓励竞争，形成评比先进和赶超先进的生机勃勃的局面；另一方面，我们要互相帮助、共同进步，形成同心同德的道德风尚，反对相互封锁、损人利己等恶劣作风。应当肯定，我国科技队伍的主流是好的，但某些不良倾向需要引起重视。比如有的产品制造技术，在国内自己封锁自己。邓小平对这种现象提出了严肃批评。他指出：

搞封锁是害人又害己。我们要把对待封锁的态度，作为检验一个人世界观改造得如何的重要内容之一。凡是搞封锁的，就说明他的世界观没有得到很好的改造。[1]58

加强对科技人员社会主义道德的教育是一项长期的任务，在建立社会主义市场经济体制的过程中，这项工作显得更加紧迫。

科技人才之所以受到社会尊重，在于他们有知识和能力上的优势并藉此从事发明创造。当今科学技术突飞猛进，要求科技人员不断丰富自己的知识，提高自己的业务素质。邓小平指出：

专并不等于红，但是红一定要专。不管你搞哪一行，你不专，你不懂，你去瞎指挥，损害了人民的利益，耽误了生产建设的发展，就谈不上是红。[1] 262

科技人员不仅是红，而且要专。专，要求有渊博的专业知识；专，也要求有过硬的专业能力。

培根有一句名言：知识就是力量。有无丰富的科学知识在某种程度上决定着一个科技人员有无做出重大贡献的能力。一个卓越的科技人员总是具有广博而精深的科学知识的。科技人员不仅应该掌握本专业的知识，尤其是那些前沿知识，而且还要广泛了解相关学科的知识，做到精深与广博的统一。然而，在客观实际上，科技知识增长的无限性与每个科技人员接受信息的有限性，二者显然存在着尖锐的矛盾。任何一个科技人员即使耗费了毕生精力，也不可能猎取所有自己感兴趣或用得着的科学知识。科技创造与发明并不完全取决于知识数量的多寡和范围的广狭，关键是要围绕自己的研究方向和奋斗目标，不断地更新知识和优化知识结构。

科学知识是一个动态和开放的系统。有人作过统计，18 世纪知识老化的周期为 80～90 年，20 世纪 50 年代为 15 年，70 年代约为 8 年，到 80 年代已缩短为 4 年左右。在工业发达国家，理工科大学毕业生参加工作后，他们在校时所学的知识多则 10 年，少则 3 至 5 年就陈旧老化了。这就要求科技人员不断地充实新知识。当然，这种充实是有选择的，就是说，要尽量获取有利于实现自己奋斗目标的新的科学知识，至于那些即使十分重要但对实现自己的奋斗目标没有直接意义的知识，却未必都要求掌握。

科技人员的创造能力与其自身知识结构有着紧密的联系。知识结构往往是创造能力的决定性因素。因此，对于科技人员来说，不断调整和优化自身的知识结构显得特别重要。科技人员的知识结构从广义上看，包括科学文化基础知识、哲学知识和专业知识，而从狭义上看，主要指专业知识、专业理论知识、专业理论基础知识。后者是科技人员各自知识结构的特色所在。现代科学技术的发展要求科技人员具有精深的专业知识，同时也要求科技人员从科技发展整体的相互关系中建构自己的知识系统，注重向本专业移植相近专业的知识和方法，这样，才能促进学科的发展。

诚然，专业知识和专业能力有统一性，但二者是有区别的。科技人员不仅要有精深广博、结构合理的知识，而且要善于将知识转化为能力。只有知识和能力的结合才富有创造性。现代科技的发展对科技人员的专业能力提出了更高的要求。美国一些观察家认为学识渊博的工程师要赶上今日和未来的潮流，必须提高自己的能力，比如良好的团体合作能力，充分表达自己见解的能力，制造的能力，善于使用计算机辅助工具设计或制作实物模型的能力等。现代科学技术发展具有复杂多样性的特征，因此，科技人员还必须具有适应环境变化的应变能力，以便更敏捷、更精确地发现事物表面的种种假象，从而透过现象认识本质。

三、科技人才的教育

我国实施科教兴国的战略，关键是人才，而人才的培养，必须依靠教育。邓小平指出：

> 没有大批的人才，我们的事业就不能成功。所以，现在我们搞四个现代化，急需培养、选拔一大批合格的人才。这是一个新课题。[1]221

只有发展教育事业，才能培养大批合格人才，只有培养大批合格人才，才能振兴民族经济。形成良性的循环机制，就可以带来经济、科技、教育的共同繁荣。

（一）科技与教育同步发展

邓小平指出："发展科学技术，不抓教育不行。"[1]40 这就提出了进一步研究科技和教育之间内在联系的问题。

邓小平在考察世界经济和科技发展的规律时，得出了一个具有普遍意义的重要结论："抓科技必须同时抓教育。"[1]40 科技和教育作为两个领域存在，它们之间并不是相互分离、各自独立的，而是彼此互相依赖、互相促进并同步发展的。科技的发展离不开教育的发展，教育的发展也离不开科技的发展。科学技术的发展使教育内容和方法不断得到充实和更新，也为教学提供更先进更完备的物质手段，现代科学技术还规定了教育的发展方向。反过来，只有教育发展了，科学技术才能得到崭新的发展，这不仅是因为培养新一代的科技人才要靠教育，而且还因为任何部门现有劳动者素质的提高也要靠教育。一个国家的教育发展水平必将决定其科学技术发展水平。科学技术受制于教育，因而教育事业的发展必然带动科学技术的繁荣。

科学技术和教育的同步发展是带有规律性的。据专家们分析，当一个国家科学兴旺的时候，它的教育也必然很发达。比如第一次科学革命是以牛顿力学体系的创立为标志的，而伴随着这次科学革命则是培根的科学教育思想的提出和夸美纽斯大教学论的问世以及普及初等教育的倡导和实施。教育为科学的发展创造了条件。任何一个国家如果不重视教育的发展，科技的发展只能是空话。问题十分清楚，"靠空讲不能实现现代化，必须有知识，有人才"[1] 40。一个国家现代化建设的进程，同科技和教育是否同步发展有密切关系。邓小平曾就我国与美国、日本等发达国家进行比较研究，证明这一论点是正确的。明治维新是日本新兴资产阶级干的现代化，"日本人从明治维新就开始注意科技，注意教育，花了很大力量"[1] 40。当时的口号是"村无不学之户，户无不学之人"。从 20 世纪 50 年代起，日本经济界兴起了振兴产业教育与科学技术教育之议，大学生的增长速度与联邦德国并列世界第一位。日本人自己认为，战后经济奇迹般地恢复，首先应当归功于明治以来的教育所储备的力量，这就道出了日本经济步入高速发展的黄金时代的真谛。50 年代后期，日本提出"国际竞争是技术竞争，而技术竞争又变成了教育竞争"，并确立了"教育是最好的投资"的观念。日本 1960 年制定的《国民收入倍增计划》中专列了"培养人才和振兴科学技术事业"一章，强调了提高教育水平、振兴科学技术对促进经济的重大作用，因此，日本工业劳动生产率高速增长。

德国和美国的现代化同样是从抓科技和教育入手的。德国的工业化晚于英国半个世纪，赶超英国的基本途径是发展科学技术教育和创办高等院校。它不仅在 19 世纪 60 年代就普及了初等教育，而且它的中等教育、技术教育和业余教育也是欧洲搞得最好的。学校强调应用科学教育和基础理论训练，因此，其科学水平居欧洲之首，教育经费在当时的欧洲也是首屈一指的。美国的资产阶级经济学家注意到了所谓跨国性的知识存量的作用和劳动质量与教育的关系。尽管美国在科技方面居世界之首，但仍然把加速培养科技人才作为国家的迫切任务之一。这也正是它在经济上始终居于领先地位的重要原因。现在，美国正在实施"2061 工程"教育计划。这项工程从 1985 年开始，一直到 2061 年结束，其目的是提高全体国民的科学文化水平，增强教育和高科技竞争的后劲。

在我国，科技和教育的同步发展也是很有成效的。中国科学院 1958 年就创办了新中国第一所科学和技术结合、科学和教育结合以及理科和工科结合的新型大学——中国科学技术大学。40 多年来，中国科学院始终坚持科研和教育结合的道路，形成了重视教育的优良传统，在培养人才方面做了许多开创性的工作，为国家培养和输送了数以万计的高层次科技人才。应当看到，在现代化建设的新时期，科技和教育同步发展显得更加重要。

邓小平指出，建设四化有许多困难，但是最大的困难却只有两个：一个是知识不够，一个是人才缺乏。在工作中出现了其他失误还可以及时纠正，但知识、人才缺乏问题不同，他们不是一天就能够有的。人才从哪里来，人才要靠教育来培养，并且要从娃娃抓起；知识也靠教育。教育是一种非常重要的事情。培养人才是全民族根本利益的要求[14]。邓小平的这一论述充分说明了教育的重要性。

教育对于科技发展的重要性集中表现在三个方面：积累和传递科技知识；培养和造就科技人才；再生科技能力。

科学技术的发展不能割断历史，必须掌握前人已经创造出来的知识财富。然而，科学技术本身并不能遗传，只有借助于教育的作用才能使科学技术继承下来。积累和传递科学技术知识是教育的重要功能，它使人们能够站在比前人更高的基础上进行科学探索和技术开发。恩格斯指出：科学发展的速度"与前一代人遗留的知识量成比例地发展"[15]。现代科学技术的研究和发明创造，越来越要求以系统的教育为基础，现代教育体系凭藉规模宏大的各级各类学校和培训机构，利用先进的教育手段和方法，为科学研究和技术开发创造了智力条件。

现代教育发展带来了一系列新的变化，办学形式焕然一新，从世界的合作教育到我国近年来出现的厂校结合、校企结合的教学、教研、生产相结合的办学模式，对于传递科技知识、推广科技成果起到了重大作用。在我国农村，根据党的科教兴农的战略，积极开展农科教结合的试验，既推进了教育的整体改革，也促进了科技同农村经济的结合。从工厂到农村，科学知识的普及和应用，都是与教育分不开的。教育是传递科技知识的重要手段。

高度重视和充分发挥教育传递科技知识的功能，这在我国社会主义现代化建设中具有十分重要的意义。这对于提高整个中华民族的科技素质，实施科教兴国的战略将产生重大而深远的影响。提高全民的科技素质包括三个方面的工作，一是让广大人民掌握一定的科技知识；二是让广大人民了解科技的社会作用；三是让广大人民具有运用科技知识解决问题的技能。所有这些都离不开教育的作用。中共中央、国务院《关于加速科学技术进步的决定》简称《决定》指出："加强科学技术的宣传和普及工作。提高全民族的科学文化素质是推进科技进步、实现社会主义现代化的必要前提，是民族强盛的基础。宣传和普及科技知识是社会主义精神文明建设的重要任务。"《决定》要求科技、宣传、教育等部门都要认真贯彻落实《中共中央、国务院关于加强科学技术普及工作的若干意见》，"通过各种宣传媒介和舆论工具、设施场所，以群众喜闻乐见的形式，在广大人民群众中大力普及科技知识、科学思想和科学方法，进行辩证唯物主义和历史唯物主义的教育。用科学战胜迷信、愚昧和贫穷，把人民的生活、生产导入文明、科学的轨道"。科技普及工作是繁荣科技，推进潜在生产力转化为现实生产力进程的需要，而科技普及工作迫切需要办好各级各类教育。

教育的功能突出地表现为培养和造就科技人才。邓小平指出："科学技术人才的培养，基础在教育。"[1] 95 一个国家科技队伍的数量是影响其科技总体水平的重要因素，而充实科技队伍的数量必须依靠教育。美国、日本、德国等国家教育发达，因而这些国家有宏大的科技队伍。至于科技队伍的素质，它同样也受制于教育。任何科技人才，即使是那些有突出贡献的杰出人才，都毫无例外地要接受系统的科学技术教育。错综复杂的尖端的现代科学技术，绝不是只有狭隘的直接经验的人所能掌握的。任何一个科学家要想在现代科学活动中看准方向，抓住关键，有所发明创造，都必须经过高水准的教育和严格的训练。那些有卓越贡献的科学家从不忽视教育的作用，总是自觉地接受继续教育，以便不断地完善自身的素质。邓小平联系现代生产、现代科学技术的发展趋势，多次把培养科技人才作为教育的重要任务，他指出："我国科学研究的希望，在于它的队伍有来源。科研是靠教育输送人才的，一定要把教育办好。"[1] 50

教育不仅可以解决知识和人才两方面的问题，而且还可以增强社会科技能力。邓小平多次谈到科研机构和高等院校要人才、出成果。其实，出人才、出成果的过程就是再生科技能力的过程。当今世界上的很多著名大学坚持教学与科研并得，既培养了大批杰出的科技人才，也创造了很多科技成果。比如美国加利福尼亚大学以基础研究闻名于世，在原子核科学、化学、地震学、病毒、激光和光合作用等研究工作方面，声誉卓著，并拥有 10 名诺贝尔奖金获得者。我国很多高等院校在科学研究方面也取得了重大成就。这说明，教育在创造科技能力上有着重要作用。还应当看到，在世间的一切资源中，人的智力是急待开发的丰富资源，通过教育载体传递科技知识，使人的智力得到开发，就可以形成全社会的创造能力。邓小平非常重视教育的这种特殊功能，把它视为我国综合国力进一步增强的潜力。邓小平说：

> 我国的经济，到建国一百周年时，可能接近发达国家的水平。我们这样说，根据之一，就是在这段时间里，我们完全有能力把教育搞上去，提高我国的科学技术水平，培养出数以亿计的各级各类人才。我们国家，国力的强弱，经济发展后劲的大小，越来越取决于劳动者的素质，取决于知识分子的数量和质量。一个十亿人口的大国，教育搞上去了，人才资源的巨大优势是任何国家比不了的。[3] 120

综上所述，经济、科技、人才、教育之间存在连锁反应，具有因果制约性。经济的发展依靠科技，科技的进步依靠人才，人才的培养依靠教育。没有教育的发展，科技和经济的发展是不可想象的。在现代条件下，尤其需要确立这种观念。邓小平说："我们国家要赶上世界先进水平，从何着手呢？我想，要从科学和教育着手。"[1] 48 他还说："不抓科学、教育，四个现代化就没有希望，就成为一句空话。"[1] 68 今天的教育意味着明天的人才，后天的经济。经济要发展，应该首先抓好科技和教育。在社会主义建设事业中，把科技和教育摆在特别重要的位置，才能为将来的经济发展打好基础。邓小平在 1987 年 11 月 11 日与朝鲜总理李根模（1926—）会晤时，揭示了这样一个深刻的道理："现在要为将来的发展打好基础，第一位的是发展教育和科技。要从现在的娃娃抓起，因为将来管事的是他们。"

我国科学技术的现状，与社会主义现代化建设的要求相比存在着较大差距。正因为这个缘故，尽管我国劳动力充足，但生产出来的产品质量不高，大多缺乏竞争力。邓小平总结正反两个方面的经验教训，告诫全党：

> 从长远看，要注意教育和科学技术。否则，我们已经耽误了二十年，影响了发展，还要再耽误二十年，后果不堪设想。[3] 274-275

改变科技和教育落后的面貌是改变我国经济落后面貌的先决条件。

科技和教育同步发展及其对于社会主义现代化建设的意义，往往并不为人们所认识，这有其深刻的社会根源。一个重要的原因是封建主义的思想影响。我国封建社会历史较长，小农经济限制了人们的眼界，养成了不重视科学技术和教育的保守习惯。有鉴于此，邓小平把不承认科学和教育对社会主义的极大重要性，不承认没有科学和教育就不可能建设社会主义视为社会主义条件下遗留的封建主义思想影响，强调必须彻底清除这种思想影响。

（二）现代科技革命与教育的演进

邓小平关于科技和教育同步发展的思想，是建立在对现代科技革命深刻分析的基础之上的。那么，现代科技革命有何特点，它对教育提出了哪些新的要求呢？

新科技革命是当代世界性的潮流。依照一般流行的看法，科学革命是人类认识世界的一次飞跃，它是由新的科学理论的发现引起的，是新旧理论体系的更替，其结果必然引起整个科学世界图景的彻底改变，也引起人们认识能力和价值观念的深刻变化。技术革命是人类改造世界的手段的一次飞跃，它指的是决定技术体系性质的主导技术和决定某一时期生产力发展水平的社会主导生产技术发生变革，其结果必然引起生产组织乃至整个社会生产方式的变革。因而，科学革命、技术革命又会引起社会整个物质生产资料体系的变革，即产业革命。人们通常认为科学革命在先，由此必然导致技术革命，最后出现产业革命。目前，世界上新的科学革命、技术革命和产业革命有着更为密切的关系,形成了科学技术化、技术科学化、科学技术产业化和产业科学技术化的势态。科学成果将直接导致新兴技术产业和高科技产业的出现。

对新科技革命的特征和社会意义,学者们发表了多种多样的见解,从不同的角度刻画了新科技革命的特征及其对社会的深刻影响。

新科技革命是一次产业知识化的革命。它引起劳动大军的普遍知识化,也导致生产设备、生产过程及产品的普遍智能化。高新技术产业的兴起,要求劳动者掌握高新技术,这就推动着劳动者普遍知识化。过去的科技革命突出体现在硬技术方面,扩展人的体力,新科技革命则主要体现在软件上,扩展人的智力。工业化时期的经济以大量消耗人的体力为基础,新科技革命则以人的智力和物化在劳动中的知识为基础。新科技革命引出的产业属于知识密集型产业,工厂将是智能制造系统,微电子技术在传统产业部门的广泛应用,也引起传统产业部门的重大变革。

新科技革命是一场信息化的革命。社会的信息化不仅表现为通信技术现代化,而且信息业将成为国民经济的重要产业。据美国信息专家波拉特(Marc Porat)研究的结果表明,早在 1967 年,美国的信息经济在国民生产总值中就约占 46%,到 1987 年则高达 68%。信息在当今世界的经济发展中至关重要,甚至可以说它已成为生命线。由于信息作用的增长,人力的结构也产生了重大变化,对劳动者的文化素质提出了更高的要求。

新科技革命又是一场多学科、跨领域的革命。这与以往科技革命限于某一学科或某一领域是不同的。当代新兴学科层出不穷并且互相渗透、互相影响。在高新技术领域内,各门学科相互作用,导致新的高科技领域的形成和拓展,以及高新技术群的兴起和加速发展。比如信息技术与新材料技术相互作用,就推动了这两大技术领域的迅速发展。不仅如此,科学技术迅速扩大自己的运行范围,为经济活动的各个主要领域(科学、技术、生产、管理)形成统一体系创造了前提。

新科技革命对教育产生了特别深刻的影响,以下概述几个主要方面:

从教育对象看,教育社会化,具有全员性特征。传统教育所指的是学校教育,因而教育对象主要是青少年学生,而新科技革命则要求我们树立大教育观念,不仅面向青少年,而且面向其他所有社会成员,即每个社会成员都必须接受教育,只是内容和方式不同而已。因此,教育机构或实体除了学校以外,还包括其他一切具有教育职能的社会部门或社会群体。学校教育仍占很大比重,必须继续办好从幼儿园到大学的各级各类学校。然而,实现现代化仅有学校教育是不够的,必须实施一种全社会普遍关心并积极参与的社会化教育。新科技革命使生产过程中体力劳动和脑力劳动的界限模糊，特别是使大量体力劳动智能化，劳动者必然由体力型转向智能型，由传统经验型转向现代知识型。这种转变，必然要求提高全体劳动者的教育程度。邓小平指出："要把我们的军队教育好，把我们的专政机构教育好，把共产党员教育好，把人民和青年教育好。"[3] 380 注重教育对象的全员性，不仅是新科技革命的需要，而且也是我国物质文明建设和精神文明建设的需要。

从教育内容上看，具有综合性特征。传统教育主要限于一般文化知识和某一方面专业技能的传授，而现代教育则要求根据人的全面发展需要和时代发展的要求，传授以大科学、大文化、大经济为背景的，以文化科学教育、思想品德教育以及能力教育为主要内容的综合性教育。邓小平在总结我国教育正反两方面的经验教训时认为，"十年最大的失误是教育，这里我主要是讲思想政治教育"[3] 306。思想政治教育是教育内容的重要组成部分，因此，任何时候，我们都不能忽视思想教育的作用。现代大教育必须把科学文化知识作为主要内容。邓小平指出：

> 学校应该永远把坚定正确的政治方向放在第一位。但这并不是说要把大量的课时用于思想政治教育。学生把坚定正确的政治方向放在第一位，这不仅不排斥学习科学文化，相反，政治觉悟越是高，为革命学习科学文化就应该越加自觉，越加刻苦。[1] 104

新科技革命要求加快教育中的知识再生产，及时更新教育内容，用最新的科技知识武装受教育者。新科技革命所导致的学科综合化趋势，要求培养知识面宽、探索性强、一专多能的科技人才。与此相适应，要高度重视对受教育者进行技能培训，提高他们的职业技能。总之，新科技革命条件下，综合性教育是必要的和重要的。

从教育形式看，具有多元性特征。传统教育以学校为中心，尤其是以全日制学校为中心，办学模式带有封闭性、划一性的特点，现代大教育则既重视全日制教育，也重视灵活多样的学校教育和包括以大众传播媒介为载体的其他形式的社会教育。早在 50 年代，邓小平就提出发展职业技术教育，要求城市兴办职业中学，学生实行半工半读。党的十一届三中全会以后，邓小平又就建立和完善我国社会主义教育模式作了深入研究和大胆探索。比如他多次提出，"办教育要两条腿走路"[1] 40。在邓小平看来，教育绝不是形式单一的封闭系统，而是具有现代化特色的多元化模式，这种教育模式顺应当代科技的发展趋势，又同建设有中国特色的社会主义相适应。

从教育过程看，具有终身性特征。传统教育限于职前教育，因而具有一次连续性的特点，一旦受教育者进入社会生产领域或服务岗位，大多也就失去了再受教育的机会。而现代教育则要求用贯穿一生的教育取代管用一生的教育，因而具有终身性特征。新科技革命造成知识激增的局面，每 15 年、10 年甚至更短的时间内，就会出现全新的专门化领域。工程师的专业知识在 10 年后就有一半陈旧过时，这就是人们所说的"知识半衰期"现象。学生在学校里所学的知识不可能受用一生。国外有的教育家认为，在现代社会里，人们再也不能"一劳永逸地获取知识了，而需要终身学习如何建立一个不断演进的知识体系"[16]。

20 世纪 60 年代开始，美国、日本等国家纷纷建立终身教育制度。比如美国前总统布什要求美国成年人"回到学校去"，人人参加学习，把学习当作终身大事，把美国变成"学生这国"。日本在 1988 年教育白皮书中把终身教育作为衡量社会成熟的重要条件。1983 年 5 月，联合国教科文组织在汉堡召开世界终身教育会议，确定终身教育是"一个带全局性的教育指导原则"。邓小平综观世界经济和科技发展形势，高度重视对在职人员的继续教育，把包括职工教育在内的智力开发摆到重要的位置。人人都应懂得，教育已是人们的终身大事，即使是具有较高学历和能力的从业人员，也应不断接受继续教育，以适应新科技革命的形势。

新科技革命特别要求教育同生产劳动相结合。教育同生产劳动相结合是马克思主义教育思想的一贯主张。马克思和恩格斯从培养全面发展的人以及改造现代社会等方面，全面阐述了这种"结合"的意义。列宁从现代科学技术发展的要求出发，强调这种"结合"的必要性和重要性，他指出：

> 没有年轻一代的教育和生产劳动的结合，未来社会的理想是不能想象的：无论是脱离生产劳动的教学和教育，或是没有同时进行教学和教育的生产劳动，都不能达到现代技术水平和科学知识现状所要求的高度。[17]

列宁的论断至今仍具有现实意义。

在新的历史条件下，教育与生产劳动相结合也是应该坚持的，但由于历史条件的不同，它会显现出不同的特征。邓小平认为，在新的历史条件下，教育与生产劳动相结合的内容和方法要大胆创新。他说：

> 为了培养社会主义建设需要的合格的人才，我们必须认真研究在新的条件下，如何更好地贯彻教育与生产劳动相结合的方针。……现代经济和技术的迅速发展，要求教育质量和教育效率的迅速提高，要求我们在教育与生产劳动结合的内容上、方法上不断有新的发展。[1]107

我们过去对教育与生产劳动相结合的理解有一定的片面性，把它归结为教育系统内部的事情。其实，马克思提出的这种"结合"所指的是，在合理的社会制度下实现普遍生产劳动与普遍教育相结合。也就是说，教育与生产劳动相结合是教育系统和生产部门的共同任务。这种"结合"既是教育面向生产部门的过程，也是生产部门面向教育的过程。学校里实现教育与生产劳动相结合的目的在于培养合格人才，生产部门实现教育与生产劳动相结合的目的在于提高经济效益和管理水平。为此，生产部门要为学校创造条件，提供劳动场所和技术指导力量，学校则应为生产部门提供智力支持。这种双向结合是一个创造，顺应了科学技术发展的潮流。

现代经济和科技的发展，要求加强教育与生产劳动相结合的计划和预见性。就教育系统而言，不能满足于让师生到生产第一线做一些简单的体力劳动，"更重要的是整个教育事业必须同国民经济发展的要求相适应"[1] 107。也就是说，要在教育整体与社会经济发展之间建立协调一致的格局，把教育制度与社会经济、劳动就业制度结合起来，把教育的结构、专业、课程、教材教法与社会经济发展协调起来，建立起教育与社会经济发展之间相互促进的良性循环机制。因此，要注重学用一致，使学生学的与其将来所要从事的职业相联系，避免学非所用、用非所长的做法。教育与生产劳动相结合对于各级各类学校不应强求一律，要体现层次、专业特点。但在指导思想上都应注意适应新科技革命和国民经济发展的需要。

近 10 年来，教育与生产劳动相结合已发展成为世界性的教育趋势，受到国际教育界、有关国际组织以及各国政府的普遍关注和高度重视。1980 年，联合国教科文组织国际局为了给第 38 届教育大会作准备，曾向各会员国发出调查表，了解各国实现教育与生产劳动相结合的形势、政策、措施、效果和问题，有 55 个国家回答了调查表提出的问题。尽管这些国家的社会制度、历史背景、文化传统、发达程度、教育制度和体制等方面有很大差异，但所有国家的政府都表示他们越来越重视教育与生产劳动的相互作用，特别是教育活动与劳动界的相互关系。1981 年 11 月，联合国教科文组织在日内瓦召开第 38 届国际教育大会，把教育与生产劳动相结合问题作为专题列入议程，交流经验，进行认真研究、讨论，并通过了关于改善教育与生产劳动相互作用问题致各国教育部长的建议书。由此可见，教育与生产劳动相结合，反映了我国现代化建设的需要，也顺应了世界科技和教育发展的潮流。

参 考 文 献

[1] 邓小平，《邓小平文选》第二卷，北京：人民出版社，2005 年。

[2] 毛泽东，《中国革命和中国共产党》，载《毛泽东选集》第二卷，北京：人民出版社，1991年，第 641 页。

[3] 邓小平,《邓小平文选》第三卷, 北京: 人民出版社, 2005 年。

[4] 江泽民,《加快改革开放和现代化建设步伐 夺取有中国特色社会主义事业的更大胜利——在中国共产党第十四次全国代表大会上的报告》, 载《人民日报》, 1992 年 10 月 21 日。

[5] 马克思,《资本论》(第一卷), 载中共中央马克思恩格斯列宁斯大林著作编译局编译,《马克思恩格斯全集》第 44 卷, 北京: 人民出版社, 2001 年。

[6] 马克思,《霍布斯论劳动, 论价值, 论科学的经济作用》, 载中共中央马克思恩格斯列宁斯大林著作编译局编译,《马克思恩格斯全集》第 26 卷(第一册), 1972 年, 第 377 页。

[7] 邓小平,《邓小平文选》, 第二卷, 北京: 人民出版社, 2005 年, 第 210、291 页。

[8] 宋健,《宋健同志在全国科学技术大会上的讲话》, 科技进步与对策, 1995 年第 4 期, 第 11—17 页。

[9] 汤华,《第一生产力: 投入强度与使用效益并重》, 瞭望, 1995 年第 21 期, 第 10—11 页。

[10] 宋健,《发展科技, 振兴中华》, 载《科技日报》, 1991 年 9 月 16 日。

[11] 陈俊生,《向农业科技革命进军》, 载《光明日报》, 1991 年 8 月 23 日。

[12] 马克思,《政治经济学批判大纲(草稿)》第 3 分册, 刘潇然译, 北京: 人民出版社, 1977 年, 第 350 页。

[13] 朱克曼,《科学界的精英》, 北京: 商务印书馆, 1979 年, 第 243—245 页。

[14] 杨建业、杨瑞敏,《邓小平会见包玉刚、王宽诚、霍英东、李兆基等香港知名人士时说"教育是一件非常重要的事情"》,《中国教育报》, 1986 年 4 月 22 日。

[15] 恩格斯,《国民经济学批判大纲》, 载中共中央马克思恩格斯列宁斯大林著作编译局编译,《马克思恩格斯全集》第三卷, 北京: 人民出版社, 2002 年, 第 469 页。

[16] 联合国教科文组织国际教育发展委员会编著,《学会生存——教育世界的今天和明天》, 华东师范大学比较教育研究所译, 北京: 教育科学出版社, 1996 年, 第 2 页。

[17] 列宁,《民粹主义空想计划的典型》, 载中共中央马克思恩格斯列宁斯大林著作编译局编译,《列宁全集》第 2 卷, 北京: 人民出版社, 1984 年, 第 461 页。

32 论邓小平教育发展战略思想[*]

当今世界，战略研究为各国所重视，研究教育的发展战略也是特别重要的。教育的发展战略，牵涉到教育的全局，是指导教育发展的总体方针。

教育的发展战略，既涉及教育自身发展的问题，也涉及社会政治、经济、文化发展的问题。邓小平关于教育发展战略的思想包括两层含义：一是从社会发展战略的高度对待教育事业。他指出：

> 要以极大的努力抓教育，并且从中小学抓起，这是有战略眼光的一着。如果现在不向全党提出这样的任务，就会误大事，就要负历史的责任。[1] 120-121

二是教育自身的发展的战略。他给北京景山学校的题词："教育要面向现代化，面向世界，面向未来"，[1] 35 就是概括地表述了教育发展战略的基本内涵。邓小平对教育工作发表过许多极其重要的精辟见解，"三个面向"则是其教育思想的核心和精髓。它既顺应了世界新科技革命的发展趋势，也完全符合我国社会主义建设的实际，具有鲜明的时代特色和纲领性的指导意义。

一、论教育面向现代化

教育面向现代化也就是指要为社会主义现代化建设服务，同整个国民经济发展的战略目标、战略步骤相适应，努力提高全民族的文化和道德水平，为建设现代化的社会主义精神文明服务。教育面向现代化，最重要的是突破传统教育的模式和框框，从整个社会主义现代化建设的战略高度，规定教育的发展方向，规定教育发展的战略重点。

（一）"面向现代化"的基本内容

"现代化"作为口号提出并成为世界性潮流，则是始于第二次世界大战结束后。

---

* 本文选自张巨青等著：《邓小平科技思想与教育思想研究》，桂林：广西师大出版社，1995 年，第 166—199 页。

对于"现代化"一词的理解众说纷纭。据日美联合委员会的讨论，现代化意味着下列内容：①普及科学的、合理的生活态度；②人口和社会结构的城市化；③商品流通发达；④政治上民主化、经济上自由化；⑤大众宣传普遍渗透；⑥大规模的工业化以及官僚化；⑦确立国民国家和扩大国际社会。应当看到，不同制度的国家和不同的阶级对现代化的理解很不一样。社会主义现代化是社会生产力高速发展和社会关系（包括物质关系和精神关系）与之相适应的伟大的社会进步事业。我国所要建设的现代化，固然具有一般现代化的共同特征，但同时又具有自己的特色。就政治方向看，我国的社会主义现代化，根本不同于资本主义现代化。邓小平指出："现在我们搞四个现代化，是搞社会主义的四个现代化，不是搞别的现代化。"[1] 110 从目标体系看，我们要建设富强、民主、文明的社会主义强国。在我国，实现现代化必须从高度集中的计划经济向充满生机和活力的市场经济转变，要建立由广大人民群众当家做主的社会主义政治制度。还要建设社会主义精神文明，创造出以马克思主义为指导，既发扬优秀的传统文化又体现当代精神、既立足本国又面向世界的社会主义精神文明。

邓小平创建的建设有中国特色的社会主义理论，强调把发展生产力放在首位，以经济建设为中心。邓小平指出：

> 要把经济建设当作中心。离开了经济建设这个中心，就有丧失物质基础的危险。其他一切任务都要服从这个中心，围绕这个中心，决不能干扰它，冲击它。[2] 250

邓小平的论述，指出了教育服务的方向。教育面向现代化，最重要的就是面向经济建设这个中心，为建设现代化的经济服务。

教育具有不同类型，如何为经济建设服务，其方式自然不同。不仅如此，在社会主义发展的不同时期，教育服务于经济建设也会显现出不同的特点。尽管这样，教育服务于经济建设的方向是不会改变的。教育观念、教育结构、教育发展规模和速度、教育内容和方法等，都应立足于社会主义经济建设的实际需要，并据此进行必要的调整和改革。我国经济建设对教育的要求是多方面的，最重要的还是培养人才。教育面向经济建设，从根本上说就是培养经济建设所需的各类合格人才。现代化建设，需要数以亿计的工业、农业、商业等各行各业的有文化、懂技术的劳动者，需要数以千万计的具有现代科学技术和经营管理知识、具有开拓能力的厂长、经理、工程师、农艺师、经济师、会计师、统计师以及其他高级的技术工作人员，需要数以千万计的能适应当代科学文化发展和技术革命要求的教育工作者、新闻和出版工作者、外事工作者、法律工作者、军事工作者以及各方面的党政工作者。教育面向现代化，就必须面向全社会实施全员教育，提高整个中华民族的文化素质。只有这样，才能使所有劳动者（包括直接从事物质生产的劳动者和科技劳动者）既能完成现有生产、工作任务，又能迎接世界新科技革命的挑战，不断开拓新领域，向经济建设的新深度和新广度进军。

早在 30 年代，毛泽东就指出："用文化教育工作提高群众的政治和文化的水平，这对于发展国民经济同样有极大的重要性。"[3]教育在这方面的作用就是可以促使劳动密集型经济向知识密集型经济转变。在知识密集型的企业中，劳动者必须具有较高的科学文化水平，较熟练的劳动技能。如不依靠教育，显然是无法达到这个要求的。我国作为发展中国家，经济发展在总体上仍然属于劳动密集型，发展教育对于从劳动密集型向知识密集型转变具有极端的重要性。

社会主义优越性的重要表现是能够创造出比资本主义更高的劳动生产率。当然，这是就两种社会制度可能取得的成就而言的。由于历史的原因，我国在经济方面暂时还不如发达的资本主义国家。改变现状的出路何在呢？一个不可忽视的问题还是提高劳动者的素质。邓小平说：

> 在我们的社会里，广大劳动者有高度的政治觉悟，他们自觉地刻苦钻研，提高科学文化水平，从而必将在生产中创造出比资本主义更高的劳动生产率。[2]88

社会主义制度已经初步改变了我国极端贫穷的面貌。今后如果充分地发挥社会主义制度的优越性，那么，创造出比资本主义更高的劳动生产率就是历史的必然性。教育面向现代化，也必须从这样的视角思考问题。

经济建设是社会主义现代化建设的中心任务，但毕竟不是现代化建设的全部任务。邓小平强调以经济建设为中心，正是为了推动社会的全面进步。众所周知，物质文明和精神文明是社会文明的两大基本标志，不可分割地联系在一起。在建设物质文明的同时，要丰富人们的精神生活，提高人们的精神境界。邓小平多次强调两个文明一起抓，一再肯定建设精神文明的重要性。教育面向现代化，既要进行科学技术教育，为现代化的经济服务，又必须以"有理想、有道德、有文化、有纪律"为标准，造就社会主义的一代新人。一个民族要有精神文明，一个人也要有点精神。在当前的国际环境和国内向市场经济过渡的背景下，应该加强思想政治教育，树立正确的世界观、人生观和价值观，使人们能自觉抵制拜金主义、享乐主义、极端个人主义。这也是经济发展能保持正确方向的重要保证。

政治是经济的集中表现。民主和法制建设是我国社会主义现代化建设的重要组成部分。教育面向现代化，也理应为民主和法制建设服务。邓小平把民主法制建设作为社会主义现代化建设的长期方针和重要目标。他告诫我们，没有民主和法制就没有社会主义。无论是民主建设还是法制建设，都需要有教育的发达。试想，如果人民缺乏教育，科学文化水平很低，岂能正确理解社会主义民主的实质和行使民主权利？如果没有系统的法制教育，人们又怎能自觉地用法律规范自己的行为？民主建设和法制建设的成就如何，要看民主教育和法制教育的效能是否得以发挥。

社会主义现代化是一个整体性概念，涵盖着经济、政治、思想文化诸方面的内容。教育作为上层建筑，它既受制于经济、政治以及意识形态的其他形式，同时，它又积极地影响经济、政治以及意识形态的其他形式，为现代化的物质文明建设和精神文明建设服务。

（二）教育自身的现代化

面向现代化的教育，要求其自身实现现代化。教育自身的现代化，同样牵涉很多方面，我们着重讨论教育内容、教育方法和教育手段的现代化。

教育走向现代化，首先要求教育内容现代化。从国际上看，教育内容现代化并非始于今天，60年代的课程现代化运动是一种世界性的潮流，也是20世纪后半叶教育改革的中心课题之一。美国、东欧一些国家先后进行了被称之为"科学教育的文艺复兴运动"的课程改革，虽然在实践中成败参半，但至少表现出要求教育内容现代化的动向。在我国，教育内容现代化是适应社会主义现代化建设的要求提出来的，以服务社会主义现代化建设为宗旨。邓小平洞察世界教育改革前景，适时指出"教书非教最先进的内容不可"。[2] 69 他还说：

> 我们要在科学技术上赶超世界先进水平，不但要提高高等教育的质量，而且首先要提高中小学教育的质量，按照中小学生所能接受的程度，用先进的科学知识来充实中小学的教育内容。[2] 104

总之，教育内容现代化已发展成为世界性潮流。

20世纪中期以来，科学知识出现了整体化趋势，其主要表现是：①大量边缘学科、横向学科、综合学科涌现。如环境科学的创立，使物理学、化学、生理学、社会学、法学、经济学、伦理学等学科得以携手合作；②新兴横向学科的发展，使不同科学部门发现了研究对象上的共同点。系统论、控制论、信息论及其所提供的方法，使属于不同科学部门的学科在系统、控制、信息方面找到了共性。耗散结构论、协同论、突变论也都具有横向学科的性质和特征；③数学方法在众多学科中的广泛应用，使不同学科有了共同语言。建立了许多新的学科，如数理语言学、定量社会学、计量经济学、计量历史学等。总之，各门学科的相互渗透、交融、汇流，各种科学方法的广泛移植、借鉴、共生，填平了传统学科门类之间的鸿沟，使之紧密联系，形成了一个统一的、完整的网络体系。科学知识整体化的趋势，不能不引起教育内容的系统变革。学校教育，尤其是普通教育必须打破专业、学科的传统界限，拓宽受教育者的知识面和视野。

现代科学技术发展呈现出知识激增的局面，科学知识的信息容量在急剧扩充，新知识不断取代已有的知识，教育内容也应及时地加以反映，即删除陈旧落后的知识，充实新颖先进的知识，适当提高课程难度，改变课程的内部结构体系，使学生的知识结构更趋近于时代发展的要求。比如根据受教育者的实际条件开设综合课程，对受教育者普遍加强外语、数学和计算机教育和训练，充实有关人类命运、地球未来的教育内容，包括社会发展史、科学社会主义、未来学、人口学、环境科学等等。

我国教育内容的现代化是从以下几个方面展开的，并且取得了一定成效。

一是按照学生可能接受的能力调整教材内容，引入先进的科学知识。教材建设是教育内容现代化的关键，建立反映现代科学技术水平的教材体系是教育内容现代化的必然要求和重要表现。邓小平指出："关键是教材。教材要反映出现代科学文化的先进水平，同时要符合我国的实际情况。"[2]55调整教材要把现代科学技术的先进水平同我国的具体实际结合起来，在有限的课堂教学时间内把握当代科学技术的前沿知识，在相对稳定中展现知识更新的特征。我国十分强调基础训练，能力培养。大学教育要充实最先进的知识，及时反映当代科技成果，大学的某些教学内容诸如微积分初步、集合论等可逐渐下放到中学。目前，有的中小学增设现代科技、思维科学、环境科学、生态教育等课程，也有的中小学开设了有关的综合性课程，使分支学科或不同学科的内容综合交融为一体。为了不至于使学生负担过重，有些内容采取了选修的形式列入课程体系。经过几次较大规模的调整，目前我国全日制大、中学校使用的教材，尤其理科教材处于较先进的水平。但是，随着科学技术和我国现代化建设的推进，教材内容必须再调整，以达到更新的突破。

二是电子计算机理论被列入教学内容。电子计算机是现代管理、政策研究、未来预测的重要工具，因此，各国普遍重视电子计算机教育。在我国，近10年来，也全面引入了电子计算机教育，向青少年普及电子计算机知识。高等院校大都设置有计算机的硬件和软件方面的专业。城市里大部分中学也拥有电子计算机，并通过选修课、第二课堂活动等形式向学生介绍有关计算机的知识、基本程序的编制以及指导学生上机操作等。一些地区还举办了中学生计算机程序设计竞赛。根据邓小平有关电子计算机要从娃娃抓起的指示，我国向小学生推广计算机的系统知识也在试验之中。社会还通过电视、广播等大众传播工具向公众传播计算机知识。这项工作还有待于今后继续努力。

三是出现了主辅兼修，培养学生的完整能力和完美品格的态势。很早以前，有关学科之间的联系问题就引起了一些学者的兴趣，夸美纽斯就曾主张语法和哲学、哲学和文学的学习相结合。随着现代科学技术的发展，人们愈来愈认识到各学科之间具有统一性。教育内容必须具有综合性特征。我国高等院校重视文理渗透、学科交叉，出现了一些综合性专业和课程。师范院校实行主辅兼修或双学位制，培养学生的综合性能力，从而增强了学生的社会适应性。在教育内容现代化的过程中，我国特别强调学生在德、智、体、美、劳等方面全面发展，使之具有坚定正确的政治方向和高尚的品德、坚实的科学文化知识、健全的体魄、正确的审美观念和过硬的劳动技能。

教育内容现代化是一个历史发展的过程。现代科学技术发展具有加速的特征，科学技术的日新月异，导致知识更新周期缩短，信息容量剧增，用美国广播教学专家希列德的话说，"知识若以现有的速度发展的话，今天出生的一个孩子当他到大学毕业时，人类知识的总和将增长3倍，当这个孩子到50岁时，知识的总量将是现在的32倍，他所学的知识97%是他出生后被发现的。"有人做过统计，知识失效一半的周期：18世纪是10代人，20世纪是40年，70年代是6年，现在只要3至5年。由此可见，教育内容现代化不可能是一劳永逸的。

教育的现代化也要求教育方法和手段的现代化。

教育方法和手段是同社会发展水平相联系的，受到科学技术条件的制约。新科技革命为教育方法和手段的更新创造了前所未有的优越条件，现代电子技术的飞速发展，大量新的科技成果被应用于教学领域，形成了现代化的教育方法和手段。目前，现代化教育手段主要表现为电化教育，即应用记录、储存、传输和调节教育信息的电子声光技术媒体进行教学。与传统的教育方法和手段相比，这无疑是一次飞跃，比较有利于提高教学效率。研究表明，人们从听觉获得的知识可记忆15%，从视觉获得的知识可记忆25%，而视听结合所获得的知识则可记忆65%。电化教育利用声音和图像，创造合适的学习环境，使教育内容形象化，对于各级各类教育都能发挥重大的作用。

在我国，中华人民共和国成立前就开始运用电化教育手段，但旧的社会制度不可能使之得到充分发展。新中国成立以后，电化教育有了一定程度的发展，一些地区如北京、沈阳等地建立了电化教育专门机构。然而，"文化大革命"的十年动乱终止了这一良好的开端。粉碎"四人帮"后，邓小平及时指出："要制订加速发展电视、广播等现代化教育手段的措施，这是多快好省发展教育事业的重要途径，必须引起充分的重视。"[2] 108 从此，我国的电化教育得到了迅速发展。

一是建立了电化教育管理机构。国家教育行政部门成立了电化教育局，建立了中央电化教育馆，以统筹全国电化教育工作。各级教育行政部门以及高等学校也成立了相应的机构或组织，并形成了一支由专职和兼职联合的电化教育工作队伍。

二是各级各类学校程度不同地运用了现代化教育手段，添置了电化教育设备，加强了电化教育的教材建设，配备了师资和技术力量。电化教育诉诸形象，使抽象知识形象化，突出重点难点，化难为易，激发了学生的学习兴趣，提高了教学效果。

三是广播电视大学得到迅速发展。中央和各省、市、自治区创办了以电化教育为主要手段的广播电视大学，地区一级甚至县级也设有广播电视大学或分校。1987 年成立的中国电视师范学院，意味着电化教育手段被纳入师资培训网络。

同发达国家相比，我国现代化教育手段的应用尚不广泛，技术程序也不算高。当前亟待解决的问题是：加强师资培训，让教师掌握电化教育的基本知识和技能；创造条件增加投入，充实设备；加强电化教育的管理与研究，进一步提高教育质量和效益。总之，教育手段的现代化还需要我们付出巨大的努力。

二、论教育面向世界

教育面向世界，主要是指教育要着眼于学习和赶超世界的先进水平。教育的发展，既是立足于中国，又要放眼全世界。这就要求了解、研究外国，吸收和借鉴外国先进的东西，努力赶超世界的先进水平。须知，教育不仅是我国社会主义事业的重要组成部分，也是人类文明不可缺少的重要组成部分。我们必须从世界各国发展的大趋势考虑和制定我国教育发展战略和规划，使之为我国社会主义建设服务，为人类文明的进步做出贡献。

（一）"面向世界"的战略意义

早在 100 多年以前，马克思主义的创始人就对社会开放问题分析得十分清楚。

资产阶级，由于开拓了世界市场，使一切国家的生产和消费都成为世界性的了。……新的工业的建立已经成为一切文明民族的生命攸关的问题；……过去那种地方的和民族的自给自足和闭关自守状态，被各民族的各方面的互相往来和各方面的互相依赖所代替了。物质的生产是如此，精神的生产也是如此。各民族的精神产品成了公共的财产。[4]

马克思主义创始人在资本主义社会所做的这一论断在今天仍然具有现实意义。随着人类的进步，社会的开放越来越显得重要。针对当今世界的特点，邓小平对中国开放的必要性和重要性讲得非常明确。他指出："现在的世界是开放的世界。"[1]64 "关起门来搞建设是不能成功的，中国的发展离不开世界。"[1]78

我国实行开放政策，并把它作为党在社会主义初级阶段基本路线的基本点之一。邓小平指出："我们要向资本主义发达国家学习先进的科学、技术、经营管理方法以及其他一切对我们有益的知识和文化，闭关自守、故步自封是愚蠢的。"[1]44 据此，党的十一届三中全会以来，我国始终坚持对外开放，与外国进行经济、技术和文化交流，促进了民族经济的发展，加速了社会主义现代化建设的进程。必须看到，虽然我国社会主义制度是先进的，但绝非尽善尽美。况且，社会主义本身有一个不断完善的发展过程。这个过程也要不断吸收外国的先进的有用的东西。1992年初邓小平南行谈话时再一次谈到，

> 社会主义要赢得与资本主义相比较的优势，就必须大胆吸收和借鉴人类社会创造的一切文明成果，吸收和借鉴当今世界各国包括资本主义发达国家的一切反映现代社会化生产规律的先进经营方式、管理方法。[1]373

实践证明，对外开放绝不是权宜之计，而是我国社会主义建设的一项长期的指导方针。

对外开放是涉及全局的发展战略。教育是社会的子系统，自然也要开放办教育。所以，我们可以说，教育面向世界是对外开放的必然延伸。随着我国对外开放的扩大，国际之间在教育方面的交流与合作也必将日益频繁。教育要适应于对外开放而发展。我们应当在世界的大背景和复杂多变的国际环境中，从全球战略的高度去认识和解决教育问题。我们应当摒弃封闭、陈旧的思维模式和教育模式，学习外国先进的科学和技术，以此充实教育内容、教育方法，并结合我国的具体实际完善我国社会主义教育体系。必须承认，西方发达国家社会化大生产比我们早，步入现代化社会的历史比我们长，为现代大生产及现代化社会培养劳动者和技术人才的经验也比我们丰富，其中有不少东西是我们应当吸取和借鉴的宝贵精神财富。

1978年以来，我国在教育领域对外交流人员方面取得了显著成绩。先后向美国、日本、英国、德国、法国等86个国家和地区派出各类留学人员16万人，目前，学成回国的有5万多人，他们中的90%是公派留学人员与此同时，我国接受

了来自日本、朝鲜、南亚国家、非洲国家和加拿大等 100 多个国家和地区的 3.5 万人来华留学。1989 年以来，每年公派留学人员大体上在 9000 人左右，自费留学人员 20 000 人左右。来华留学生 1989 年为 3901 人，1990 年为 8362 人，1991 年为 10 000 人左右，而改革开放前的 30 年中接受各国来华学生总数也只有 9357 人。由于我国对外开放，人才交流已经形成有来有往的局面。特别值得一提的是，通过引进人才，外国的学者和专家帮助我国高校新建和改造了不少专业，新建了一些学科，开设了数百门新课程，传授了一些先进的教学、科研方法，并协助我国培养了一支教学、科研骨干队伍，这些对提高我国的教育质量和学术水平起了相当有益的作用。

任何一个国家的开放都是有条件的，对于外国的东西，应当吸收什么，抛弃什么，总是依据本国实际需要和利益做出选择的。我们必须采取有分析的科学的态度，即吸收对我们有益的东西，而不是不分良莠，盲目接受，更不能让资产阶级腐朽的东西自由泛滥。邓小平指出："资产阶级思想影响的渗透是不可避免的。"[2] 262 他还指出：

> 绝不允许把我们学习资本主义社会的某些技术和某些管理的经验，变成了崇拜资本主义外国，受资本主义腐蚀，丧失社会主义中国的民族自豪感和民族自信心。[2] 262

教育面向世界，要造就适应国际竞争的人才，必须教育青年一代正确地认识世界，能在复杂多变的国际环境中辨别是非，保持清醒的头脑。特别是要教育青少年抵制西方资本主义腐朽的社会生活方式和价值观念。邓小平多次强调在引进资本主义国家先进的和有益的东西的同时，要抵制和批判资本主义社会反动的腐朽的东西，这就进一步为教育面向世界作了具体而明确的导向。

（二）赶超先进国家的预备条件

落后和先进是一对矛盾。落后要赶超先进，首先应该认识到自己落后。只有认识自己的落后，才能赶超先进。邓小平指出："要承认落后，承认落后就有希望了。"[1] 120-121 如果不敢承认我国落后，或者看到落后就丧失信心，那就不是马克思主义的科学态度。只有实事求是地承认落后的现实，认真地分析落后的原因，才能激发我们奋发进取的精神，迅速地掌握世界最新的科学技术和先进的管理经验。反之，如果无视自己的落后，就会夜郎自大，闭关自守，盲目排外。"承认落后就有希望了"，就是说，承认落后就能正视自己的不足，采取相应的对策急起直追，以改变落后的状况。无疑的，只要教育面向世界，那么就会认识我国的落后现状。

　　诚然，中华人民共和国成立以来我国在政治、经济、科技、文化诸方面发生了深刻的变化，但是，并没有彻底改变落后面貌。按照邓小平的看法，我们国家在下列诸方面是落后的：

　　一是经济上比较落后。我国工农业从中华人民共和国成立以来每年平均增长速度在世界上是比较高的。"但是由于底子太薄，现在中国仍然是世界上很贫穷的国家之一。"[2] 163 国家经济力量有限，人民生活水平较低。而落后的经济同教育落后又具有内在联系。二是科技比较落后。"我们的科学技术水平同世界先进水平的差距还很大，科学技术力量还很薄弱，远不能适应现代化建设的需要。"[2] 90 我国科学技术队伍数量少，多数国民的科技素质低，比不上发达国家。据联合国教科文组织 1994 年《世界科学报告》介绍，每千人中有科技人员：日本为 4.7 人，美国为 3.8 人。在我国，截至 1993 年底，科技队伍已达 2551 万人，比上年末增长 2.3%。①虽然绝对数量不断增加，但同人口的比率则远不如上述发达国家。同时，我国现代化的劳动手段少，设备陈旧，技术工艺落后，科技发展水平也不平衡，传统小生产与现代化大生产并存，手工劳动与机械劳动并存，由此带来了劳动生产率低下的局面。三是教育比较落后。由于经济方面的原因，办学条件差，教育规模和水平也受到了影响。尤其是教育内容和方法跟不上当代科技的迅速发展。

　　中国人民从自己的亲身经历中体会到，落后就会挨打。因此，摆脱落后是我国人民的迫切愿望。如何才能摆脱落后呢？邓小平反复说过：摆脱落后要从科学和教育着手。

　　落后的教育不可能有发达的经济，教育的振兴同经济的振兴是相伴随的。中国经济要在下一个世纪中叶达到世界中等水平，最重要的是大力发展教育，赶超世界先进水平就更是离不开教育的发展。当代许多有识之士对教育的战略地位发表了许多真知灼见，对我们认识"教育要面向世界"颇有启迪。1979 年，世界监测研究所所长布朗（Lester Russel Brown，1934—）认为，今后提出的根本性的挑战，首先是在教育领域。1982 年，莱斯比特（John Naisbitt，1929—）在《大趋势》中提出：我们所面临的最大挑战是如何训练人员为信息服务。同年，联合国教科文组织总干事提出：为了迎接仍然模糊不清的未来要做的最好准备，就是教育。印度领导人也认为，印度的命运取决于教育。发展教育对于所有国家尤其是发展中国家是刻不容缓的事情。

　　落后的教育不可能有先进的科学技术，而且科学技术转化为现实生产力也要

---

　　① 见国家统计局：《关于 1993 年国民经济和社会发展的统计公报》。

依靠教育。如前所述，现代科学技术发展的一大特点是科学发现与其实际应用的时间跨距缩短，而且越来越短。这就要求教育部门面向世界，培养出富有创造力和竞争力、能够把所学知识迅速应用于生产中去的人才。邓小平指出：

> 我们进行社会主义现代化建设，是要在经济上赶上发达的资本主义国家，在政治上创造比资本主义国家的民主更高更切实的民主，并且造就比这些国家更多更优秀的人才。[2] 322

他还多次强调要"把尽快地培养出一批具有世界第一流水平的科学技术专家，作为我们科学、教育战线的重要任务。"[2] 96 其根本目的也在于改变我国的落后面貌。

教育面向世界是双向的发展过程：一是向世界敞开国门，向先进学习，借鉴各国先进的科学技术、教育经验，以此促进我国的经济、科技和文化教育的发展；二是在国际交往中弘扬中华民族文化，使之在国际范围内得以发扬光大。提倡学习外国，绝不是说我们一无所长，更不应该妄自菲薄，不能对我国的优秀文化传统加以否定。中华民族具有历史悠久的传统文化，12亿人口的现代中国在国际上占有举足轻重的地位。教育面向世界，理应大力弘扬我国的优秀文化传统。对我国古代和近代的优秀文化遗产和中华人民共和国成立以来科技、文化、教育的成就和宝贵经验，有必要认真加以总结，并把它推向世界，对人类文明不断地做出贡献。我们在学习世界上先进科学、技术、文化、管理经验的同时，也派出各种团体出国献艺，传授生产技术，扩大中国优秀文化的影响。面向世界既要引进、吸收，也要输出、传播。无论哪个方面，都是为了振兴民族经济，繁荣民族文化，赶超世界的先进水平。

三、论教育面向未来

面向未来就是指今天的教育和未来社会的关系。教育不仅要满足当今社会对人才的需要，而且还应着眼于未来社会的发展需要，走在经济建设的前面，发挥先导作用。这就启发我们树立超前意识，能够考虑教育发展的前景，制定教育未来的发展战略。

（一）跨世纪的超前意识

教育是为未来培养人才的瞻前性事业。教育的周期长，"十年树木，百年树人"。今天的教育是为了明天的世界。"百年大计，教育为本。"教育发展状况影响整个中华民族的命运和前途。教育领域所采取的一切措施，实际上都是为未来社会做准备。由此可见，教育面向未来是教育的本质所决定的。邓小平在 1987 年 11 月 11 日会见朝鲜总理李根模时，对教育面向未来的意义作了很好的说明，他说："进入下一个世纪，我们面临的竞争将相当激烈。我们的发展很不容易。翻两番要 50 年，前一段是 20 年翻两番，下一个翻两番是 50 年，而且 50 年翻两番也要在 20 世纪打好基础。因为那时候管事的是我们现在的娃娃，从娃娃时代起就要打好基础。"这就道出了面向未来的精神实质。

从教育对象的成长过程看，学生从小学到中学毕业，一般需要十一、二年的时间，把他们培养成为大学生一般需要 16 年，培养成为硕士一般是 19 年，培养成为博士一般是 22 年，培养一个真正优秀的人才所需的时间可能更长。人才的培养过程反映了教育效应的滞后性。诚然，教育的作用有时可以很快在学生身心上表现出来，也可能对社会的政治、经济产生某些近期效应。但是教育对社会政治、经济的较大影响最终是通过受教育者的素质得到体现的。而改变人的素质状况往往需要有一个较长的时间。一方面，个体掌握知识和技能需要有一个过程，另一方面，从知识的掌握到付诸实践也需要一个过程。教育作用的滞后性决定了教育必须面向未来，必须具有超前意识。

教育面向未来，也是由教育所面临的社会背景决定的。从前述科学技术的发展态势中可知，当今科学技术作为社会发展的重要力量已经在很大范围内引起社会全方位的变化，科学技术促进社会发展的价值也逐渐渗入人们的思想意识之中，人们通过对于历史的透视和现实的考察，愈来愈明确了科学技术的巨大效用，科学技术成为社会生产力、竞争力、经济成就的决定性因素。随着人类认识的深化，科学技术应用于具体领域的速度日益加快，对于社会发展的推动作用也越来越旺盛。在这样的社会背景下，人们在组织教育活动时就必须具有战略远见，对社会诸领域的复杂变化所引起的未来社会状况及其需要必须进行周密思考，进而采取相应的对策。比如，把现代科学技术发展趋势同我国的实际情况结合起来，改革教育内容，建立新的专业、学科、课程，改建实验室等等。如果不是这样，教育就无法适应未来社会的发展需要，教育的社会效应也将日益削弱。我们正处在新旧世纪交替的重要历史时期，我们面临着国际之间的竞争，关键是科学技术的竞争和培养人才的竞争，这也表明教育必须面向未来。

从全球范围的历史发展看，当新旧世纪转换时，人们对未来包括对教育的未来总要进行冷静的思考。人类社会即将跨入 21 世纪，走进了人类纪元史上的第三个一千年。在新世纪到来之前，人类必须为迎接未来创造良好的经济、政治、文化等社会环境和生态环境，尤其是要着手塑造未来世纪的新人，并以此为目标促进教育模式、教育体系的更新换代。20 世纪 70 年代中期以来，一些重要的国际会议和论著开始重视教育面向未来，如瑞士教科文委员会总干事于梅尔就明确地阐述了今天的教育是为了明天的世界，并以此为书名于 1977 年出版了他的著作。1978 年，国际教育规划研究所举行了"教育之未来与未来之教育"的国际研讨会。1982 年 2 月日本首相中曾根康弘（1918—）在国会发表施政演说时宣称："展望即将来临的 21 世纪，一个势在必行的全面改革教育的时代正在到来。"同年，日本成立了临时教育审议会，后来又提出《展望 21 世纪的日本教育发展趋势》。1983 年，美国在周密研究的基础上连续发表了《国家在危险中：迫切需要教育改革》《为了 21 世纪培养美国人》两篇报告，强调挖掘教育潜力，提高教育质量，改革教育制度。所以，邓小平提出教育面向未来，既反映了教育的本质和教育规律，也顺应了世界发展的历史潮流。

教育面向未来的根本问题是造就新人。邓小平指出："现在小学一年级的娃娃，经过十几年的学校教育，将成为开创二十一世纪大业的生力军。"[1] 120 我们正处在 20 世纪的最后年代，培养的是跨世纪的人才。正因为如此，就必须按照新世纪对人才素质的要求塑造人才。德育是这样，智育和其他方面教育都应该这样。我们必须改变思想滞后的现象，树立超前意识，发挥教育的先导作用。只有这样，培养出来的人才才能在未来的世界中有所作为，否则，就难以适应未来世界的要求。邓小平主张从小学抓起，一直到中学、大学。教育面向未来，就要抓得早，抓得及时，形成良性的循环机制。邓小平指出："我希望从现在开始做起，五年小见成效，十年中见成效，十五年二十年大见成效。"[2] 40 90 年代，是我国社会主义现代化建设的关键时期，是"三步走"战略的重要阶段，我们在搞好经济建设的同时应该对教育的前景进行冷静思考，使教育不仅为当前的经济建设服务，更要为我国下世纪中叶达到世界先进水平作好人才准备。

综观世界教育发展形势，许多国家在考虑未来教育、未来人才的同时，在教育内容方面增加了未来学的内容，尤其是美国，率先形成了一整套未来学的教育体系，无论大、中、小学，都不同程度地开设了未来学课程。在小学以激发学生想象力为目的，小范围试行未来学教育；在中学设置有 700 多种未来学选修课，并让中学生尝试设想他们所面临的未来世界和自己在未来世界中的生活和工作情况，以此启发中学生对未来问题与现实对策的关心；大学则广泛地设置未来学课程，通过未来学的教学，帮助大学生有效地探索未来问题和现实对策，掌握研究未来学的理论和方法。未来学教育与培养未来人才具有密切关系，它是为造就人才准备条件。然而，在我国，未来学教育接近空白，中、小学尚未涉及相关课题的教学，即使是在高等院校，能开设未来学课程或讲座的也寥寥无几。这种状况显然同教育面向未来的战略不相适应，必须大力改进。

教育面向未来必须对今天的教学提出更高的要求。我们必须充分考虑未来社会状况及其需求，以便最大限度地保证今日的教育服务于未来社会的实际需要。只有对未来社会有了充分的估计和认识，才能科学地制定教育规划、战略目标、实际步骤和具体对策。实施教育面向未来的战略，需要从多方面努力。其中不可忽视的一项工作就是根据未来社会的需求，改进现有的教学内容和教学体系，使学生及早掌握一些在未来社会中能充分发挥效益的知识、技能和价值观念。必须建设相应的教材，通过课堂和课外的教学实践，以多种多样的方式帮助受教育者形成未来意识和具有预测未来的能力。对上述这些，我们至今尚未足够重视。

（二）对教育之未来的预见

面向未来的一项重要工作是对教育发展前景做出科学预测，为制定教育发展战略提供决策依据。邓小平指出：

> 我们培养训练专门家和劳动后备军，也应该有与之相适应的周密的计划。我们不但要看到近期的需要，而且必须预见到远期的需要；不但要依据生产建设发展的要求，而且必须充分估计到现代科学技术的发展趋势。[2]108

这一论述，对于我们研究战略，制定我国的教育规划具有重大和深远的意义。教育发展战略绝非凭空产生的，必须以对当前和未来、近期需要和长远需要的认真分析为前提。当前和未来、近期需要和长远需要相互制约、相互转化。要科学地制定教育发展战略规划，必须全面分析，把握教育运行的不同方面，尤其要注重未来和长远需要。为此，就要对社会的未来、教育的未来进行研究。

20世纪60年代，面向未来的教育研究已经在世界范围蓬勃发展，形成了若干联系密切的分支学科，诸如教育预测、教育规划、教育未来学等。教育预测是对教育发展的速度和规模之临界点进行预测；教育规划是对教育发展进程进行系统分析，使教育更有效地满足社会的需要；教育未来学则是研究促进教育发展的诸因素，以及对未来教育进行展望的学科。面向未来的教育研究，目的在于为制定教育发展战略提供理论依据。这些理论研究表明，制定教育发展战略规划必须考虑：未来社会经济结构和水平对教育的要求；未来科学技术对教育的影响；未来人口结构与教育的总体规划；未来人才的知识结构、心理素质对课程设置、教学方式的要求等等。邓小平有关教育发展战略的思想，正是在对这些问题深入研究的基础上提出的。他指出："我们要千方百计，在别的方面忍耐一些，甚至于牺牲一点速度，把教育问题解决好。"[1]275 这正是基于对长远利益、科学技术发展趋势以及教育的社会效益的综合认识而做出的对策。

世界各国有关未来教育的研究中，对教育的发展前景提出了种种预测。

未来学者考夫曼（Draper Kaufmann）曾从课程、培养目标上对未来人的能力提出预测，认为他们应该具有：①利用信息的能力；②清晰的思维能力；③有效的交际活动能力；④理解人类环境的能力；⑤理解人类和社会的能力；⑥个人生活的能力等等。1977年，联合国教科文组织举行专家会议，讨论教育改革和未来学研究的问题，提出了关于制定教育政策时占主导地位的三大目标：①教育民主化；②尊重本国文化特征的教育现代化；③教育与生产劳动相结合。

教育发展战略规划同各国的政治、经济、历史、文化等特点是紧密联系的。因此，没有对世界所有国家都普遍适用的教育发展战略规划。但是，对未来教育前景的预测能够在一定意义上认识某些共同特征，对我们制定教育发展战略规划不无启迪。根据邓小平的论述，可以看到我国的未来教育将出现下列趋势。

其一，教育体制社会化。教育将成为全体社会成员的活动，每个人在其一生的不同时期都要接受教育，接受教育将成为终身性，形成学前教育、普通基础教育、职业技术教育、高等教育、成人教育以及老年人教育融为一体的终身教育模式。教育社会化、社会教育化将成为必然趋势。随着科学技术的发展，劳动密集型产业将被知识密集型产业取而代之，每个劳动者都需要获得更多的新知识、新技术，以求谋生；社会也需要劳动者用新科技武装起来，以扩大再生产。在这样的大背景下，需要实施终身教育或继续教育工程。20世纪60年代开始，美国、日本等国家纷纷建立终身教育制度，作为改革教育体制的重要措施。比如美国前总统布什要求美国成年人"回到学校去"，人人参加学习，把学习当作终身大事，把美国变成"学生之国"。日本在1988年教育白皮书中把终身教育作为衡量社会成熟的重要条件。1983年5月，联合国教科文组织在汉堡召开世界终身教育会议，确定终身教育是"一个带全局性的教育指导原则。"自80年代起，我国加强了职工教育，国家教育行政部门、劳动人事部门联合发文，强调职工岗位培训和大学后继续教育。所以，成人教育得到了迅速发展。对在职教师要求在达到规定学历标准的基础上，继续接受不同层次的教育，提高政治思想素质和教学能力。所有这些，都是教育面向未来的要求，也反映了未来教育体制社会化的趋向。

其二，教育功能多元化。教育具有进行科学研究、普及科技知识、培养科技人才的科技效应的功能；也具有提供管理知识、培养管理人才的管理效应的功能；还有为经济、政治、军事、文化艺术、伦理规范等等提供咨询服务的效应的功能。教育将对社会生活的一切领域发挥重大作用。

其三，教育内容综合化。新科技革命引起了学科关系的深刻变化，学科之间的关系已经进入整体化趋势。这种整合的趋势，必将对教育产生重大影响。专业设置、课程设置必然出现高度整合化趋势。因此，未来教育培养出来的人才将是应变能力很强的"通才"，能够适应不同领域的工作要求。

最后，教育方式信息化。学校与广播、电视、自学等多种办学形式并存，尤其是广播电视教育、闭路电视教育的不断发展，使教育朝着信息化方向发展，受教育者可以按照需要选择课程和专业，主动积极地进行学习。这就克服了现在教育方式工厂化、教育内容标准化、教育进度同步化的局限，能够最大限度地满足社会成员的不同需要。

对教育发展前景的预测必须具有科学的态度，切忌主观臆断。否则，就会使决策失误。邓小平反复强调实事求是，这也是科学预测必须遵循的基本原则。具体地说，要重视下列各个原则：

首先，客观性原则。我国正处在社会主义初级阶段，底子薄、人口多、耕地少是中国的基本国情。尽管中华人民共和国成立以来尤其是十一届三中全会以来经济建设取得了伟大成就，但仍然还是比较贫穷落后的。这就决定了在今后相当一段时间内不可能拿出很多钱办教育。教育要发展，但其规模、速度既要考虑社会需要，也要考虑实际可能。中国有 12 亿人口，80%是农民，发展教育事业必须兼顾人口的数量和结构，做到普及与提高相结合。普及义务教育和扫除青壮年文盲是教育的一项长期任务。随着社会发展和科技进步，对从业人员的继续教育必须摆到重要位置，力求实施全员教育。必须依据中国的国情决定专业的设置、培养规格、教学模式以及教育体制等等。

其次，全面性原则。我国各条战线、各个地区的具体实际不同，对人才的需求也有所区别。因此要全面周密地分析，区别长线和短线，弄清哪些专业、学科要压缩，哪些专业、学科要扩充。如果不作全面分析并采取相应对策，其结果有可能是急需的人才没有培养出来，培养出来的人才又找不到用武之地。对长线和短线的合理规划还应该把静态的分析和动态的考察结合起来，根据社会结构和科技进步的态势适时地调整。规划的全面性原则就是，既要重视人才的数量，又要注重人才的结构与素质，力求做到优化结构，提高素质。

最后，协调性原则。要把人才需求与部门分布、岗位编制等结合起来，以社会需求为依据，对招生工作、培养方式以及办学形式进行合理调整，真正做到按需施教，注重实效。

教育的"三个面向"各有侧重，但又是统一而不可分割的。其中，面向现代化是核心，而面向世界、面向未来则是面向现代化的必然延伸。这是因为，现代化是世界性的潮流，一个闭关自守的国家不可能建成现代化。国家在经济、技术、文化等方面对外开放和交流本身就是现代化的重要表现。所以，面向现代化就一定要面向世界。同时，现代化是历史发展的过程，它不可能光是停留在一个水平上。要在现代化过程中不断有所发现、有所发明、有所创造、有所前进，那么，作为现代化之基础的教育就必须走在经济建设的前面，从而面向未来。可见，相应于现代化走向世界的需求，教育必须面向世界；而相应于现代化的发展过程的要求，教育必须面向未来。理解"三个面向"之间的统一，形成整体性认识，这样才能正确把握它的精神实质。

　　总而言之，教育的"三个面向"体现了当前利益和长远利益、现实需求和未来发展的科学统一。因而，它是指导我国教育改革和发展的总方针。

参 考 文 献

[1] 邓小平，《邓小平文选》第三卷，北京：人民出版社，2005 年。

[2] 邓小平，《邓小平文选》第二卷，北京：人民出版社，2005 年。

[3] 毛泽东，《必须注意经济工作》，载《毛泽东选集》第一卷，北京：人民出版社，1991 年，第 125—126 页。

[4] 马克思，恩格斯，《共产党宣言》，载中共中央马克思恩格斯列宁斯大林著作编译局编译，《马克思恩格斯文集》第 2 卷，北京：人民出版社，2009 年，第 35 页。

33 论邓小平的科学技术思想*

当今世界，科学技术在社会发展中的巨大作用与日俱增，发展科技事业已成为世人关注的头等大事。面对现代社会发展的新特点和我国社会主义现代化建设的迫切需要。邓小平致力于探讨和解决一系列与科技相关的问题，形成了具有时代特色的科技思想。这些思想丰富和发展了马克思主义的理论宝库，并促使我国的科技事业迅速地改变了面貌。

一、邓小平科技思想的精髓和特征

邓小平的科技思想内容十分丰富，既有关于我国科技发展战略的宏观把握，也有关于科技领域各个方面的具体分析。它不仅在理论上提出了许多重要原理，而且在实践上做出了一系列科学决策。邓小平科技思想的主要内容包括以下几个方面：

1）关于科学技术是第一生产力的思想。邓小平继承了"科学技术是生产力"这一马克思主义的基本观点，并且根据当代社会和科技发展所出现的新特点，在马克思主义发展史上第一次明确地提出了"科学技术是第一生产力"的原理，从而把科学技术的本质和功能更加精辟地揭示出来。邓小平结合我国社会主义现代化建设的实际，全面地阐明了科学技术是社会主义现代化建设的关键，是经济发展的决定性因素，是社会主义精神文明建设的重要部分，是进一步巩固和完善社会主义制度的重要条件。

2）关于科学技术的内部结构和管理系统的思想。科学技术的发展需要不断地优化内部结构，健全组织机构和管理系统，邓小平对此都做了很有深度的研究。他通过对科学与技术相互关系的分析，强调基础科学和应用科学应当兼顾。他提出要健全科学技术的管理机构，发挥高等院校特别是重点大学在科技发展中的作用，并要求加强企业的科学研究和技术开发工作。科技体制是制约科技

* 本文原载武汉大学哲学系和社会学系（编），《珞伽哲学论坛》（第一辑），武汉：武汉大学出版社，1996年，第467—481页。

发展的关键。针对我国的科技体制以往存在的种种弊端，邓小平阐明了科技体制改革的重要性和紧迫性，指出科技体制改革的核心是建立适应社会主义经济发展要求、符合科学技术自身发展规律的新的科技体制。他还就科技体制改革的内容及其重点发表了许多卓越的见解，诸如改革用人制度、改革管理形式、改革投资体制等。邓小平强调要加强和改善党对科技工作的领导以及进一步贯彻"百家争鸣"的方针，所有这些都为我国科学技术的健康发展提供了正确的思想指导。

3）关于科学技术运行机制的思想。科学技术的运行要有宏观调控，也要有市场调节。邓小平关于计划和市场都是手段的论述，对于我国科学技术的发展同样具有极其重要的指导意义。邓小平还提出要加强科技领域的国际交流与合作，向世界各国特别是发达资本主义国家学习先进的科学技术。邓小平要求加大对科技的投入，改革科技经费的使用办法。他还要求制定科技奖励政策，调动广大科技人员的积极性和创造精神。以上这些思想的提出，对我国科技事业的加速发展并形成良性的运行机制具有深远影响。

4）关于科技人才的地位、构成以及培养的思想。邓小平特别强调应树立正确的人才观念，他明确提出知识分子是工人阶级的一部分，脑力劳动者是社会主义的劳动者，是社会主义的一支重要依靠力量，并告诫全党，要尊重知识、尊重人才，为科技人员的工作创造条件。他十分重视优化科技队伍的结构，提高科技人员的个体素质，要求包括科技人员在内的广大知识分子走又红又专的道路，不断提高自己的思想素质和研究水平。鉴于我国科技事业发展的迫切需要，邓小平尤其重视造就一支宏大的具有世界先进水平的科技队伍。

5）关于科学技术发展趋势与我们的对策的思想。邓小平揭示了当代世界科学技术发展的趋势，概括了现代科学技术异乎寻常地加速发展、科技与经济的一体化和高科技的涌现及其产业化等的特征。他针对我国科学技术落后的现状提醒我们，要承认落后，努力改变落后状况。为了迎头赶上当代世界科学技术发展的先进水平，邓小平提出：中国必须发展自己的高科技，在世界高科技领域占有一席之地。邓小平对未来充满信心，他预言中国在 21 世纪大有希望。

邓小平的科技思想既有属于理论方面的，着重于论述科技发展的规律性；也有属于应用方面的，着重于解决实践方面的问题。这两方面的内容并不是彼此孤立的，而是相互联系的，共同构成为完整的邓小平科技思想体系。

邓小平的科技思想，并不是经验感想的记述，也不是思想观点的简单堆砌，它是在当代新的历史条件下，以指导我国的科技改革和发展为基本目的的，对当代科技问题进行创造性探讨所做出的理论概括和总结。综观邓小平的科技思想，有如下几个非常鲜明的特点：

1）整体性。科学技术历来就是社会的事业。邓小平精辟地指出，我国社会主义现代化建设的关键是科学技术的现代化，而科学技术现代化也正是为社会主义现代化建设的全局服务的。邓小平不仅透彻地阐明了在社会体制中科技与外部所处的网络关系，而且还精确地考察了科技内部各方面、各环节之间的协调发展，比如在科技人才的使用和科技人才的造就上，他高度重视二者之间的统一性，把它们放在同等程度上加以强调。他清晰地论证了现代科学技术与教育同步发展的观点。

2）创造性。邓小平的科技思想充满着创造精神。在马克思主义的理论体系中，包含有丰富的科技思想，邓小平不只是继承了这些思想，而且还根据当代的新情况和新特征做了进一步的深化和发展。比如，邓小平关于科学技术是第一生产力的思想，既以马克思主义关于科学技术是生产力的理论为根据，又指明了科学技术在生产力系统中的"第一"地位，在新的历史条件下赋予马克思主义原理新的内容。

3）应用性。邓小平的科技思想具有深刻的内涵，反映了科技的发展规律。"一个新的科学理论的提出，都是总结、概括实践经验的结果。"[1] 57-58 邓小平科技思想是建立在实践基础之上的，又是为实践服务的。我国尚处在社会主义初级阶段，生产力不很发达，科学技术比较落后。邓小平阐明了我国科技发展中面临的一系列复杂的问题。比如管理体制，运行机制，科技人才的培养、选拔、使用、管理以及科技体制的改革等。这些科技思想富有应用性特征，它从实践中来，又到实践中去，是为中国走向现代化导航的灯塔。

4）超前性。当今世界国与国之间的竞争日益激烈，而各国的经济竞争、综合国力的竞争；关键是科学技术的竞争。国力的强弱，后劲的大小，越来越取决于科学技术的发展水平。今后 10 年到 21 世纪中叶，科技领域将发生一系列新的重大突破，人们对自然现象的新认识及新的生产技术的采用，必将改变整个人类社会的面貌。因此，必须具有超前意识，充分估计未来社会的发展趋势，及早制定我们的对策。邓小平高瞻远瞩地指出："我们不仅着眼于本世纪，更多的是着眼于下一个世纪（指 21 世纪）。"[2] 268 他还提出了一系列具有发展战略意义的见解。比如，他预测未来的世纪是高科技的世纪，反复强调发展高科技的重要性和紧迫性。邓小平深刻地揭示了现代科技的发展趋势，引导我们面向未来，力争在 21 世纪的国际竞争中在战略上占有主动地位。

二、邓小平科技思想的形成和发展

马克思和恩格斯指出:"一切划时代的体系的真正的内容都是由于产生这些体系的那个时期的需要而形成起来的。"[3] 任何一种思想的形成都植根于特定的历史条件,观念的东西无非是客观的物质过程在人们头脑中的反映。邓小平的科技思想不是主观臆想的,其形成和发展也绝非偶然。它是在我国社会主义建设过程中逐渐形成和发展起来的,我国社会主义现代化建设的伟大实践和当代科学技术的迅速发展为邓小平的科技思想提供了客观基础和源泉。

任何重大思想的形成和发展都要经历一个过程,邓小平的科技思想也是这样的。

邓小平作为党的第一代领导集体的重要成员,早在 20 世纪 50 年代末和 60 年代初,就对科技工作十分关注,发表过许多论述。概而言之,主要包括三个方面:其一,阐明了科学研究的地位和作用。1952 年 9 月 12 日在政务院讨论中国科学院工作的会议上,他提出科学研究是一项基本建设,在这方面的投资就叫基本建设投资。其二,倡导尊重科技人才,提高科技人员的待遇。50 年代中期,邓小平指出:"知识分子的绝大多数在政治上已经站在工人阶级方面。"[4] 245 60 年代初,他又肯定科技人员是工人阶级的一部分。1954 年 7 月 9 日邓小平在政务院讨论教育工作的会议上指出,要提高真正有本领的教授、副教授、高级工程师、高级医生以及其他方面高级专门人才的工资待遇。邓小平在党的"八大"所作的《关于修改党的章程的报告》中指出:"党必须特别注意培养精通生产技术和其他各种专门业务知识的干部,因为这是建设社会主义的基本力量。"[4] 251 其三,倡导开发人力资源。针对我国技术人员不足而又浪费专业技术力量的情况,他提出要合理使用大学毕业生,"注意发挥他们的专长"[4] 292。

1975 年邓小平在主持中央日常工作时,重点抓整顿。针对"四人帮"在科技领域造成的恶劣影响,他发表了一系列的评论,提出了许多重要思想。同年 7 月 14 日在中央军委扩大会议上,邓小平发表讲话,要求抓好军队的科研工作,并且提出:"科研要走在前面。不单是尖端武器、常规武器有科研问题,就是减轻战士身上带的东西的重量,同样有科研问题。"[1] 20 8 月 3 日邓小平在国防工业重点企业会议上指出:

要发挥科技人员的积极性,要搞三结合,科技人员不要灰溜溜的。不是把科技人员叫"老九"吗? 毛主席说,"老九不能走"。这就是说,科技人员应当受到重视。……要给他们创造比较好的条件，使他们能够专心致志地研究一些东西。这对于我们事业的发展将会是很有意义的。[1] 26-27

8 月 18 日邓小平在国务院讨论国家计委起草的《关于加快工业发展的若干问题》时，提出要"引进新技术、新设备，扩大进出口"[1] 29，"加强企业的科学研究工作"[1] 29。9 月 26 日邓小平在听取中国科学院负责同志汇报《关于科技工作的几个问题》（汇报提纲）时，除了重申上述思想外，还明确提出了"科学技术叫生产力，科技人员就是劳动者"[1] 34 的见解。在"左"的错误思潮占统治地位的情况下，邓小平敢于就人们不敢触及的科技事业问题对"四人帮"进行批判，并提出上述重要思想，这充分显示了邓小平的政治胆识和理论素养。

作为党的第二代领导集体的核心，邓小平面临着领导社会主义现代化建设的历史使命。随着我国社会主义建设事业的进展，他的科技思想也不断地得到充实和完备，科学技术是第一生产力的思想正是在这个时期形成和发展起来的，大体上经历以下几个阶段：

第一个阶段，重申马克思主义关于科学技术也是生产力的思想。

"文化大革命"年代，科技人员被作为资产阶级分子加以批斗，科研活动竟然成为不容触及的禁区。历时 10 年的动乱结束之时，百废待兴。邓小平自告奋勇要求治理科技和教育。他发表过很多谈话，在科技领域大力开展拨乱反正、正本清源的工作。1977 年他发表了《尊重知识、尊重人才》《关于科学和教育工作的几点意见》，特别是 1978 年《在全国科学大会开幕式上的讲话》，可以视为他在这个阶段的代表作。综观邓小平这个阶段的论述，着重阐述两个基本观点：一是重申马克思主义关于科学技术也是生产力的思想，论证了科学技术的社会功能。针对"四人帮"的种种谬论，他旗帜鲜明地指出："科学技术是生产力，这是马克思主义历来的观点。"[1] 87他把科学技术同我国的现代化建设紧密地联系在一起，告诫全党和全国人民："我们要实现现代化，关键是科学技术要能上去。"[1] 40"不抓科学、教育，四个现代化就没有希望，就成为一句空话。"[1] 68二是重申了知识分子是工人阶级的一部分的思想。他从科技队伍在社会主义建设中的历史贡献，从脑力劳动和体力劳动两类劳动的分工及其发展趋势的角度，充分肯定科技人才的社会地位，这就使人们的思想认识重新回到马克思主义的正确轨道上来。

在科技领域的正本清源、拨乱反正方面，邓小平抓住这样两个关键问题：一个是对科技的本质和功能的认识，另一个是对科技工作主体的认识。对前者的正确认识，有利于把握社会主义建设的战略全局。对后者的正确认识，有利于调动科技工作者的积极性。对这两个问题的解决将极大地影响到科技工作乃至整个社会主义现代化建设。因此，邓小平明确地指出：

> 正确认识科学技术是生产力，正确认识为社会主义服务的脑力劳动者是劳动
> 人民的一部分，这对于迅速发展我们的科学事业有极其密切的关系。我们既
> 然承认了这两个前提，那末，我们要在短短的二十多年中实现四个现代化，
> 大大发展我们的生产力，当然就不能不大力发展科学研究事业和科学教育事
> 业，大力发扬科学技术工作者和教育工作者的革命积极性。[1]89-90

这一精辟论述为我国科技方针和政策的制定奠定了思想基础，也为进一步提出科
学技术是第一生产力的原理做了思想准备。

第二个阶段，从总体上规定科学技术工作的方针。

随着党和国家工作重点实行战略的转移，上层建筑必然要做出一系列调整。
领导科技工作，就不能再停留在原来对科技的本质、功能以及科技主体的思想认
识上，而是必须面向实际，制定发展科学技术的方针和政策，并付诸实施。80 年
代是我国历史发展的重大转折时期。邓小平曾将 80 年代的主要工作概括为三件
事：反对霸权主义，维护世界和平；台湾归回祖国，实现祖国统一；加强社会主
义现代化建设。

> 三件事的核心是现代化建设。这是我们解决国际问题、国内问题的最主要的
> 条件。……在国际事务中反对霸权主义，台湾归回祖国、实现祖国统一，归
> 根到底，都要求我们的经济建设搞好。[1]240

因此，邓小平提出："科学技术主要是为经济建设服务的。"[1]240 这就为科技工作
规定了正确的方向。80 年代前期，我国提出的科技工作发展方针，强调科学技术
必须为经济建设服务，而经济建设必须依靠科学技术。继之，以"全面开创社会
主义现代化建设的新局面"为主题的党的第十二次全国代表大会，进一步强调四
个现代化的关键是科学技术的现代化，第一次把科学技术视为我国经济发展的战
略重点。"十二大"闭幕后不久，邓小平在陪同朝鲜劳动党中央总书记金日成
（1912—1994）赴四川访问途中再次谈道："战略重点，一是农业，二是能源和交
通，三是教育和科学。搞好教育和科学工作，我看这是关键。"[2]9 这些论述，表
明邓小平的科技思想与解决实践问题是紧密相关的。

第三个阶段，论证科技体制改革的目的是为了解放生产力。

1984 年 10 月，中共中央做出了《关于经济体制改革的决定》，这标志着我国
经济发展进入了一个新的阶段。《关于经济体制改革的决定》对科学技术的发展提
出了新的要求，其中最重要的是要建立起同社会主义经济体制相适应的新科技体

制。旧经济体制束缚了生产力的发展，也束缚了科学技术的发展。改革经济体制的任务就在于从根本上改变这种状况，建立具有中国特色的、充满生机和活力的社会主义新经济体制。科技体制必须同经济体制相适应，然而，旧的科技体制却存在严重弊端，不仅不利于科技的进步，而且影响了经济的发展。1985 年 3 月 7 日，邓小平在全国科技工作会议上发表重要讲话，提出了"改革科技体制是为了解放生产力"的重要论断。他强调经济体制和科技体制互为条件、互相作用，因此要同步改革，有机结合，协调发展。邓小平有关改革科学技术体制是为了解放生产力的论断，可以看作科技是第一生产力思想的萌芽。

根据邓小平的思想，党中央在 1985 年 3 月做出了《关于科学技术体制改革的决定》，对科学技术体制改革的大政方针做出了明确规定。《关于科学技术体制改革的决定》指出："现代科学技术是新的社会生产力中最活跃和决定性的因素。""成为提高劳动生产率的重要源泉，成为建设现代精神文明的重要基石。"显然，《关于科学技术体制改革的决定》体现和展开了邓小平关于科技体制改革是为了解放生产力的思想。1987 年 10 月党的第十三次全国代表大会，再次强调科学技术的重要性，把它摆在我国经济发展的首要地位，认为现代科学技术"是提高经济效益的决定性因素，是使我国经济走向新的成长阶段的主要支柱"。科学技术的进步，"将在根本上决定我国现代化建设的进程，是关系民族振兴的大事"。因此，要"使经济建设转到依靠科技进步和提高劳动者素质的轨道上来"。这说明邓小平提出科学技术是第一生产力的思想业已成熟。

第四个阶段，创造性地阐发"科学技术是第一生产力"的原理。

党的"十三大"的理论贡献之一，是根据邓小平关于"讲社会主义，首先就要使生产力发展"[1] 314 的论述，明确提出了生产力标准。大会指出："一切有利于生产力发展的东西，都是符合人民根本利益的，因而是社会主义所要求的，或者是社会主义所允许的。一切不利于生产力发展的东西，都是违反科学社会主义的，是社会主义所不允许的。在这样的历史条件下，生产力标准就更加具有直接的决定意义。""十三大"以后，我国理论界围绕生产力标准展开了大讨论。与此同时，邓小平对科学技术与生产力的关系进行了更加深入的研究。1988 年 9 月 5 日他在会见捷克斯洛伐克总统胡萨克（Gustáv Husák，1913—1991）时指出："马克思说过，科学技术是生产力，事实证明这话讲得很对。依我看，科学技术是第一生产力。"[2] 274 同年 9 月 12 日在听取关于价格和工资改革初步方案汇报时，邓小平又一次指出："马克思讲过科学技术是生产力，这是非常正确的，现在看来这样说可能不够，恐怕是第一生产力。"[2] 275 邓小平把科学技术上升到生产力系统的第一位，深化了对现代科学技术的本质和功能的认识，也发展了马克思主义。

继提出"科学技术是第一生产力"之后，邓小平又发表了许多论述，使这一思想得到了充实和完善。比如，关于发展高科技的论述，关于现代化建设最终可能是靠科学解决问题的论述，关于加速发展经济必须依靠科技和教育的论述，等等。邓小平关于科学技术是第一生产力的原理，具有非常丰富的内容，由诸多相关的方面构成了一个完整的理论。

邓小平关于科学技术是第一生产力的思想，从初始的萌芽状态到"十三大"前后明确提出这样的命题以及其后的进一步展开和充实，虽然区分为几个不同的阶段，但它们之间是连续的，不同阶段的论述可以相互联系起来。比如在第一个阶段，主要重申马克思主义关于科学技术是生产力的观点，在提出"科学技术作为生产力，越来越显示出巨大的作用"[1] 87 的同时，又阐明了科技体制改革的必要性和重要性；又比如在第四个阶段，在明确提出科学技术是第一生产力的同时，再次强调科技人才的重要性，要大力培养和合理使用科技人才，为科技人才充分发挥作用创造优越的社会环境。所以，邓小平关于"科学技术是第一生产力"的思想是个内容非常丰富的原理，是个完整的理论。

三、研究邓小平科技思想的重大意义

邓小平的科技思想博大精深，具有重要的理论意义和实践意义。它总结了 20世纪 40 年代以来特别是 20 世纪 70 年代以来新科技革命对社会经济发展的重大推动作用，创造性地发展了马克思主义的科技学说和生产力的理论；它揭示了科技与现代化的关系，阐明了科技进步的一系列重大问题，是我国社会主义现代化建设的重要指导思想。因此，学习和研究邓小平的科技思想，不仅是坚持和发展马克思主义的需要，也是实现社会主义现代化的宏伟事业，推进我国社会全面进步的需要。

首先，学习和研究邓小平的科技思想，有助于深刻理解邓小平提出的建设有中国特色的社会主义理论，正确制定党关于科技工作的方针以及我国科技的发展战略。

邓小平作为我国改革开放的总设计师，在绘制我国现代化建设的宏伟蓝图和领导我国现代化建设的伟大实践中，集中全党智慧创立了建设有中国特色的社会主义理论。这个理论，明确了社会主义的本质是解放生产力，发展生产力，消灭剥削，消除两极分化，最终达到共同富裕的目标。因此，必须把发展生产力摆在首位，以经济建设为中心，推进社会的全面进步。按照这个理论，科学技术是第一生产力，经济建设必须依靠科技进步和提高劳动者的素质。邓小平从社会主义本质的高度提出要解放生产力和发展生产力，与此同时，他又把科学技术纳入生产力范畴，并把它提到"第一"的高度，这就从理论上回答了社会主义制度与科学技术的结合问题。

我们知道，生产力是社会发展的最终决定力量。社会主义要向前发展，必须不断地解放和发展生产力。发展生产力，牵涉两个相互联系又相互区别的问题：一是外部环境问题；二是内部机制问题。生产力的发展受制于生产力和生产关系的矛盾运动。发展生产力，首先，必须选择适应生产力发展要求的生产关系，其中包括社会制度的根本变革。社会主义制度的建立，解放了被旧的社会制度束缚了的生产力，为生产力的发展开辟了广阔前景。但是，社会主义制度只是为生产力的发展创造了条件，它本身并不能代替生产力的发展。生产力的发展既是生产力和生产关系矛盾运动的结果，也是生产力内部矛盾运动的结果。生产力是人与自然之间关系的反映。人们在生产实践中，要改造自然，不仅要不断积累生产经验，提高生产技能，而且也要不断地改进生产工具，拓宽劳动领域，而所有这些问题的解决都是不能离开科学技术的。

邓小平多次提出：社会主义的根本任务就是发展生产力。而如何才能发展生产力呢？基本途径无外乎两条：一是对影响生产力发展的生产关系和上层建筑的某些方面或环节进行改革。我国进行的经济体制、政治体制等方面的改革正是为了发展生产力；二是依靠科技优化生产力诸要素的构成，最重要的是提高劳动者的素质，采用先进的生产技术以及先进的生产方式。这两条途径是统一的，如果不依靠科技进步，那么，即使解决了社会各种体制问题，也难以完成发展生产力这一社会主义的根本任务。

社会主义的本质是解放生产力、发展生产力，而科学技术则是第一生产力。从我国的现实情况看，建设社会主义现代化比以往任何时候都更需要发展科学技术。随着社会主义改革的深化，科学技术能够得到更充分的发展，而科学技术的发展又为巩固和完善社会主义制度提供了物质技术基础。

邓小平的科技思想是建设有中国特色社会主义理论的重要组成部分。邓小平对科学技术的社会功能、地位与作用、发展方向、基本任务、战略重点、体制改革、对外开放、人才培养等进行了全面的、深刻的论述，为我国新时期的科技工作提供了正确的指导思想。邓小平的科技思想是对马克思主义的继承和发展，同时，这些思想对于中国这个人口众多、经济文化落后的东方大国，如何迎头赶上当今世界先进发达国家，无疑具有重大现实意义。

其次，学习和研究邓小平的科技思想，有助于增强全民的科技意识，特别是增强各级领导干部的科技意识。

发展我国的科技事业，不仅需要广大科技人员不懈努力，而且需要亿万人民群众积极参与。只有全国人民群众自觉地投入新科技革命的行列，增强科技意识，掌握科技知识，参与科技应用，我们的科学事业才能蓬蓬勃勃地向前推进。当前，党和国家做出了科教兴国的战略决策，这就更需要在全党、全国人民中牢固地树立起科教兴国的意识。特别是各级领导干部，对实施科教兴国战略具有决定性影响，更需要带头增强科技意识。

科技意识是人们对于科学技术所持的看法和态度，主要包括科技的本质和功能的意识、科技成果转化为现实生产力的意识、科技竞争意识、科技体制改革意识以及尊重科技人才的意识等。

强调科技对经济、社会的巨大推动作用是邓小平科技思想的核心内容。必须清醒地看到，

> "从现在起到 21 世纪中叶，是实现我国现代化建设三步走战略目标的关键历史时期。这一时期，科学技术的迅猛发展，必将对经济、社会产生巨大推动作用，也将给人类的生产、生活方式带来革命性的变化。科学技术实力已经成为决定国家综合国力强弱和国际地位高低的重要因素"[5]。

能不能用科学的思想观察问题，能不能用科学的方法处理问题，能不能用科学技术进行生产、生活等实践活动，直接关系到我们国家能不能自立于世界先进民族之林。由此可见，国民科技意识的强弱，决定国家的发展与未来。伴随我国现代化建设的进程，人们对科学技术的认识较之过去有了明显的提高。但是，增强国民的科技意识还需要做大量的工作。比如有些领导人一方面享受着高科技商品给个人带来的乐趣，另一方面却目光短浅，只顾眼前利益，不愿在科技发展上下功夫。有些生产部门只是把科技摆在配角的位置上，看重的往往是人力、财力的多投入，而忽视科技对经济增长的独特作用；在扩大再生产是以外延式为主，还是以内涵式为主的问题上，往往只是想到增加基本建设投资，增加厂房设施，而很少想到以科技为向导，调整产品结构，改善管理方式，提高产品质量。要改变这种状况，就需要引导人们特别是领导干部树立科学技术是第一生产力和经济建设必须依靠科技进步的观念。

科学技术必须为经济建设服务。科学技术作为潜在的生产力，只有在生产过程中才能转化为现实的生产力。经济建设的需求是科学技术发展的源泉，科学技术只有为经济建设服务，才能获得蓬勃发展的生机。增强科技意识，不仅要看到经济发展必须依靠科技进步，同时也要看到科学技术必须面向经济建设。"依靠"和"面向"是相互联系的统一体。这个统一体的构成及其协调发展，既需要社会

各界尤其是经济界充分认识科学技术的重要性，同时也要求科技界在科技的创造及成果的推广、应用中做出艰巨的努力。

毛泽东曾经说过，正确的理论一旦被广大群众所掌握，就会变成改造世界的强大物质力量。邓小平的科技思想不仅全面系统地阐明了我国科技工作的一系列基本问题，而且也阐明了科技意识的最本质的内涵和要求。毫无疑问，学习和研究邓小平的科技思想，有助于增强全党和全国人民的科技意识，有利于提高整个中华民族的科技素质。

最后，学习和研究邓小平的科技思想，有助于在全社会形成尊重知识、尊重人才的新风尚。

尊重知识、尊重人才，这是邓小平的一贯思想，也是我国社会主义现代化建设的迫切需要。

在我国现实条件下，人才同社会主义的前途和命运是紧密联系在一起的。实施科教兴国的战略，关键是人才。邓小平总是提醒我们：靠空讲不能实现现代化，必须有知识，有人才。没有人才，什么事情也搞不成。我国的现代化建设是在激烈竞争的国际环境下进行的，要想在竞争中赢得主动，就不能不充分调动科技人才的积极性、主动性和创造性。

改革是我国社会主义发展的动力，而改革的成功与否，同样取决于人才。邓小平亲自设计并高度关注我国的改革，因此也高度重视人才。他说过："改革经济体制，最重要的、我最关心的，是人才。改革科技体制，我最关心的，还是人才。"[2] 108 改革作为创造性的事业，既需要有力度，也需要有效率、速度，因此必须进行科学论证和认真探索。显然，没有各类人才的努力，改革是难以成功的。邓小平讲：事情成败的关键就是能不能发现人才，能不能用人才。邓小平把人才同改革联系在一起，这完全符合我国改革的实际。

尊重知识，尊重人才，需要作大量的工作。首先是加强宣传教育，改变鄙视知识、轻视人才的陈旧观念。在实际工作中，必须大胆使用人才。当前，最重要的是把科技人员推向四化建设和改革开放的第一线，做到人尽其才，充分显示他们在创造社会物质财富和精神财富方面的巨大作用和无穷潜力。与此同时，要注重培养人才，造就一大批世界第一流的科学家和技术专家。邓小平多次讲，要抓紧培养、选拔专业人才。人才不断涌出，我们的事业才会有希望。他还把善于发现、团结和使用人才作为领导者成熟的主要标志之一。总之，邓小平不懈地倡导尊重知识、尊重人才，他的论述对于形成尊重知识、尊重人才的社会风尚具有重大的意义。

参 考 文 献

［1］邓小平，《邓小平文选》第二卷，北京：人民出版社，2005年。

［2］邓小平，《邓小平文选》第三卷，北京：人民出版社，2005年。

［3］马克思，恩格斯，《德意志意识形态》，载中共中央马克思恩格斯列宁斯大林著作编译局编
译，《马克思恩格斯全集》第3卷，北京：人民出版社，1960年，第544页。

［4］邓小平，《邓小平文选》第一卷，北京：人民出版社，2005年。

［5］中共中央、国务院关于加速科学技术进步的决定，http://www.most.gov.cn/ztzl/jqzzcx/
zzcxcxzzo/zzcxcxzz/zzcxgncxzz/t20051230_27321.htm，中华人民共和国科学技术部网站。

34　邓小平对科技本质与功能的阐述[*]

大家知道正确地认识科学技术的本质与功能，是制定科技政策的需要，也是制定社会发展战略的需要。邓小平对科技的本质与功能作过一系列深刻的说明。

一、论现代科学技术的特征

科学和技术识一种社会历史的现象，一方面，它们的渊源可追溯至人类的古代社会。另一方面，作为系统的严整的科学和技术，其形成则是近代的事。

科学和技术的关系问题，人们对此有过不同的看法：或曰科学和技术之间有着根本的差别，或曰科学和技术是一致的。这两种意见都有其合理的一面，但也都是只知其一不知其二，失之于偏颇。

从认识论的视角看，科学是在社会实践的基础上形成的系统知识，它通过概念、判断、推理、假说等反映形式正确地描绘现实世界及其规律。而技术则有所不同，它是以知识和经验、技能和方法以及物质手段的形式表现出来的某种功能系统。从历史演变的视角看，科学和技术也存在着一定的差别，近代甚至20世纪初，科学和技术在一定程度上还是相互分离、各自相对独立地发展的。在19世纪中叶以前，科学和技术几乎是分离的：常常是科学理论尚未弄清而技术却已实现，比如蒸汽机的出现就是这样的。也常常有另一种情景，即科学上已经做出发现了，但在技术上则长期得不到应用，比如电磁波发现的初期就是这样的。但是，科学和技术的关系将随着历史条件的变化而不断地演变。

科学和技术之间的关系演变的总趋势如何呢？随着社会的发展和进步，科学和技术之间的差别将日益缩小，而二者的联系则愈来愈密切。邓小平指出：

> 现代科学为生产技术的进步开辟道路，决定它的发展方向。许多新的生产工　具，新的工艺，首先在科学实验室里被创造出来。一系列新兴的工业，如高

* 本文选自张巨青等著，《邓小平科技思想与教育思想研究》，桂林：广西师范大学出版社，1995年，第7-65页。作者与本章内容相关的著述，请参见张巨青等著：《邓小平科技思想与应用》，杭州：浙江科学技术出版社，1996年，第264-312页。

分子合成工业、原子能工业、电子计算机工业、半导体工业、宇航工业、激光工业等，都是建立在新兴科学基础上的。当然，不论是现在或者今后，还会有许多理论研究，暂时人们还看不到它的应用前景。但是，大量的历史事实已经说明：理论研究一旦获得重大突破，迟早会给生产和技术带来极其巨大的进步。[1]87

自然，技术对科学的反响也不是消极的。技术的发展也会为科学的进步创造条件，包括物质条件和技术的实验手段。假如没有高能加速器，那就不可能有基本粒子理论方面的突破。如果没有微波技术，那就不会出现射电天文学。恩格斯早就指出："社会一旦有技术上的需要，则这种需要就会比十所大学更能把科学推向前进。"

20 世纪以来，特别是在第二次世界大战以后所形成的"科学→技术→生产"的新发展形式，更表明了现代科学和现代技术之间是不可分割的。

总而言之，随着时代的进步，科学和技术的不断演变，现代科学技术呈现出一系列新的特征。对此，邓小平作了概括和说明。

（一）异乎寻常的加速趋势

现在世界的发展一日千里，每天都在变化，特别是科学技术，追都难追上。[2]299

世界形势日新月异，特别是现代科学技术发展很快。现在的一年抵得上过去古老社会几十年、上百年甚至更长的时间。[2]291

邓小平的这些论述，揭示了现代科学技术发展日益加速的趋势。科学技术的加速发展首先表现为信息容量的增大和知识更新周期的缩短。据英国技术预测专家马丁（James Martin，1933—2013）预测，人类科学技术知识在 19 世纪是 50 年增加一倍，20 世纪中期是 10 年增加一倍，20 世纪 70 年代是每 5 年增加一倍，而目前已经发展到大约每 3 年增加一倍。美国未来学家内斯比特甚至预测这个变化将很快发展到每 20 个月翻一番。因此，用"知识爆炸""信息爆炸"来描述当代科学技术的迅猛发展并不过分。有人曾经作过统计，全世界平均每天发表科学论文 13 000—14 000 篇，平均每 35 秒钟就有一篇论文问世。

其次，科学技术的加速发展又表现为科技成果转化为现实生产力的进程不断加速。在 18 世纪末以前，这种转化一般在 70 年以上，19 世纪需要 40—50 年，20 世纪前期一般也得要 10 多年，而在二次大战之后，甚至只需用 1—3 年。如晶体管为 5 年，太阳能电池为 2 年，集成电路为 3 年，激光为 1 年。正因为如此，在最近的 10 年里,工业部门的技术手段有 30%左右需要淘汰,而在电子工业部门,技术手段的淘汰率竟高达 50%以上。科技成果向现实生产力的转化进程加速,使得新产品新工艺层出不穷,仅就空间研究而言,自 60 年代以来,就研制出了 12 000 件新产品新工艺。邓小平指出:

> 今天,由于现代科学技术的日新月异,生产设备的更新,生产工艺的变革,都非常迅速。许多产品,往往不要几年的时间就有新一代的产品来代替。[1]88

"当代的自然科学正以空前的规模和速度,应用于生产,使社会物质生产的各个领域面貌一新。"[1]87

最后,科学技术的加速发展还表现为科学技术领域的总体飞跃。如果说,近代科学技术领域的变化大多只是在局部范围进行的话,那么,现代科学技术领域的变化则超出了局部范围,走向整体推进和根本性的变革。对此,邓小平作了精彩的概括和科学的升华。他指出:

> 现代科学技术正在经历着一场伟大的革命。近三十年来,现代科学技术不只是在个别的科学理论上、个别的生产技术上获得了发展,也不只是有了一般意义上的进步和改革,而是几乎各门科学技术领域都发生了深刻的变化,出现了新的飞跃,产生了并且正在继续产生一系列新兴科学技术。[1]87

据 1978 年统计,近 10 年里,科学技术的发明和发现比过去两千年的总和还要多。从牛顿到现在的 300 年来,科学技术领域扩大了 100 万倍。特别是 20 世纪 70 年代以来,原子、电子、生物、材料等学科领域取得了突破性进展,预示着新科技革命正在兴起,它必然引起社会经济结构、生活方式等方面的一系列深刻变化。

(二) 高科技的涌出及其产业化

当今,世界上许多国家都在制订实施高科技发展的计划。1983 年,美国向世界公布了可能耗资 1 万亿美元的"星球大战计划",试图以此为龙头推动科技的全面发展。1984 年日本提出了《振兴科学技术的政策大纲》。1985 年英法等国制定了"尤里卡"高科技发展规划。同年,以原苏联为首的 10 个经互会成员国在莫斯科正式签署了"2000 年科技进步综合纲要"。1986 年,日本又公布了被称之为可与"星球大战计划"和"尤里卡"计划相匹敌的"人类新领域研究计划"。韩国也明确提出 2000 年要跨入世界十大高科技强国的行列。高科技的发展经历了始初阶段,现在正处于壮年期,参加高科技竞争的国家和地区越来越多,既有大国和发达国家,也有小国和发展中国家。高科技发展在其深度和广度上都已有重大进步,比如可控核聚变、室温超导和生命科学领域都有重大突破。邓小平预言,下世纪将是高科技发展的世纪。这一预言描述了当代科技发展的必然趋势。

高科技由高技术和高技术产业两大部分组成,主要包括六大技术群体,即信息技术、新材料技术、新能源技术、生物技术、海洋技术和空间技术。高科技已是世界各国的科技、经济和军事竞争的制高点,它对于各国经济文化的发展、未来的国际地位以及国际间的政治格局都有极为深远的影响。所以,邓小平明确指出:高科技的发展和成就,"反映一个民族的能力,也是一个民族、一个国家兴旺发达的标志"[2] 279 进入 80 年代以后,邓小平对高科技给予极大的关注,并亲自领导了一系列重大科技项目的决策和科技计划的制定。他多次指出:现在世界的发展,特别是高科技领域的发展一日千里,中国岂能不参与。"中国必须发展自己的高科技,在世界高科技领域占有一席之地。"[2] 279 又说:

> 在高科技方面,我们要开步走,不然就赶不上,越到后来越赶不上,而且要花更多的钱,所以从现在起就要开始搞。[2] 279

正是以邓小平的这种见解为指导,我国于 1986 年决定实施高科技发展计划(863计划);1988 年又决定实施高新技术产业发展计划(火炬计划);到 1991 年,全国已有 27 个高科技产业开发区,已进入开发区的高技术企业近 1690 家。[3] 到 1993 年末,我国批准设立的高新技术产业开发区 52 个,有高新技术企业 1.4 万家。[4] 我国在高科技领域又迈出了更大的步伐。

高科技产业化是现代科技发展的一个鲜明特点,也是科学技术转化为现实生产力的生动体现。世界上,高科技产业开发区的发展日益迅猛,这已成明显的势态。据统计,1989 年全世界已经建立 400 多个高科技产业开发区,其中 80%集中在西方发达国家。尤其是美国,高科技产业开发区占世界总数的 1/3 以上。高科技产业的迅速发展引起了产品结构的变化。据统计,在经济合作与发展组织(OFCD)的 24 个成员国的制成品出口中,高技术产业的产品达 40%,高技术研究开发品的出口量增长已超过低技术产品的出口量。[5] 121 邓小平关于"发展高科技,实现产业化"的题词,表明了发展高科技与其产业化之间的必然联系以及我国发展高科技的必要性和重要性。

高科技及其产业化,有利于改造传统产业,有利于资源开发和综合利用,也有利于现代科学技术自身的发展和社会的进步。根据世界经济发展的趋势和我国具体国情,在进行传统技术改造的同时,创造性地建立和发展高科技产业开发区,将高新技术转化为现实生产力,必然产生巨大的经济效益,反过来义加速了高新技术的研究与开发。发展高科技已经对我国经济发展产生巨大效益。目前,高科技产值已在国民经济总产值中占 6% 左右，如果在"八五"和"九五"期间使之加速发展，势必成为我国经济腾飞的重要支柱。

（三）科学技术的国际化

卢瑟福说过："科学是国际性的。"而今，科学技术发展进入了国际交流与合作的时代，类似爱迪生那样的个人发明已不是当代科技活动的主流。联合国教科文组织举办的一系列全球性研究课题诸如"人与生物圈"等，世界气象组织开展的对南太平洋气候和海洋资源的考察，这些都是国际性的科研活动。1979 年以丁肇中为首进行的胶子喷注实验的成功，同样也是国际合作的结果。随着高科技兴起，国际合作与交流日益频繁，不仅有政府间的合作，也有民间形式的合作。由于高科技风险大、投资多、周期长，迫使竞争对手变为盟友。比如在宇航方面，法国宇航员搭乘苏联的"联盟者"飞船；在航空方面，法国既与美国合作，也与苏联合作。再如法国的汤姆逊公司、荷兰的飞利浦公司和德国的西门子公司之间，西门子与日本东芝、富士之间，美国的通用电气与日本的日立之间，美国的西屋与日本的三菱之间，都有很多的合作项目。人们还应当更深入地了解，"任何一项科研成果，都不可能是一个人努力的结果，都是吸收了前人和今人的研究成果。"[1] 57 "没有前人或今人、中国人或外国人的实践经验，怎么能概括、提出新的理论？"[1] 58

现时代，无论哪一个民族或地区，要掌握现代科学技术，就必须走国际合作与交流的道路，加强国际领域的科技交流与合作，吸收世界一切国家包括资本主义发达国家的优秀成果。一个闭关自守的国家不可能步入现代文明的行列。邓小平指出：

> 科学技术是人类共同创造的财富。任何一个民族、一个国家，都需要学习别的民族、别的国家的长处，学习人家的先进科学技术。[1] 91

现代科学技术本身就是一个开放的系统，只有不间断地同外界进行信息交流，从事多种形式的合作，才能吸收新的东西，才能得到蓬勃发展。据此，邓小平又指出："我们要积极开展国际学术交流活功，加强同世界各国科学界的友好往来和合作关系。"[1] 91 以适应现代科学技术国际化的客观要求。

我国古代的科学技术曾经创造了辉煌的成就，四大发明对世界的文明起过伟大的作用。英国科学史专家李约瑟对此赞叹不已，他说："在公元 3 世纪到 13 世纪之间，中国保持一个西方望尘莫及的科学知识水平。"[6] 但是，我们祖先的成就只能用来坚定我们赶超世界先进水平的信心，而不能用来安慰我们现实的落后。

现实的情况是，"中国的科学技术力量很不足，科学技术水平从总体上看要比世界先进国家落后二三十年。"[1]163"我们现在在科学技术方面的创造，同我们这样一个社会主义国家的地位是很不相称的"[1]90 这就要求我们应当加倍努力赶超世界先进科技水平，并把这作为我国的一项长期方针。

落后国家要赶超世界先进水平，关键在于要吸收和应用国际上最新的科技成果。比如美国建国后依靠大量引进欧洲大陆各国的知识和人才，把引进科学技术和科学普及结合起来，提高了社会生产力，迅速发展成为世界上首屈一指的先进国家。日本战后的崛起，同样与其引进技术并使之转化为现实生产力息息相关。越是落后，越是需要加强科学技术的国际交流，尤其是向科技先进的国家学习。"认识落后，才能去改变落后。学习先进，才有可能赶超先进。"[1]91 这就是历史的辩证法。

为了改变我国科学技术落后的面貌，在基础研究、科技攻关及传统技术改造方面，都必须加强国际交流与合作，尤其是高新技术的发展及其产业化更要着眼于国际先进水平。邓小平指出：

　　资本主义已经有了几百年历史，各国人民在资本主义制度下所发展的科学和技术，所积累的各种有益的知识和经验，都是我们必须继承和学习的。[1]167-168

资本主义国家的先进科学技术和有益经验，"这些东西本身并没有阶级性。"[1]351 如果因为社会制度的不同就否认科学技术的国际交流，那是错误的。

改革开放以来，我国在科技领域的国际交流与合作，得到了前所未有的发展，已先后同 57 个国家缔结了政府间的科技合作或经济技术协定，同 108 个国家和地区建立了合作关系，在联合国系统的 30 多个科技机构中取得了自己的地位，加入了 280 多个国际性学术组织，所有这些，都有力地促进了我国科学技术的发展，对改变我国科学技术落后状况发挥了积极作用。

现代科学技术的国际化已成为科技发展的趋势，我们加强科技领域的国际合作与交流，就有利于锻炼科技队伍，提高科技水平，就有利于取得重大的城有领先水平的科技成果。这并非权宜之计，而是适应现代科技发展规律的科学决策。邓小平指出：

　　我们不仅因为今天科学技术落后，需要努力向外国学习，即使我们的科学技术赶上了世界先进水平，也还要学习人家的长处。[1]91

邓小平不仅就现代科学技术国际化特征作了许多论证，而且就加强科学技术的国际交流与合作提出了许多正确的原则和方法，诸如利用外国智力，把外国人请来参加我们的重点建设，接受华裔学者回国讲学，选派人员出国留学以及有计划、有选择地引进资本主义国家先进技术，但不引进资本仁义制度和各种丑恶颓废的东西等。这些思想，对于繁荣我国科学技术具有至关重要的意义。

二、论科学技术是第一生产力

在马克思主义发展史上，邓小平首先提出了科学技术是第一生产力的思想。他继承和发展了马克思主义关于科学技术是生产力的原理，揭示了科学技术对于当代生产和经济发展的第一位作用。这对于我国社会主义现代化建设具有深远的意义。

（一）第一生产力思想的形成与发展

任何一种思想的形成和发展都根植于特定的历史条件。观念的东西无非是客观的物质过程在人们头脑中的反映。

远古时代，系统化、理论化的科学并不存在，这是由当时的社会条件决定的。欧洲古希腊、古罗马和我国春秋战国时期，科学技术开始萌芽，直到十五、十六世纪以后，精密的专门科学才开始形成和发展。十七、十八世纪发生工业革命，科学和技术日益结合，并成为生产力。在这样的历史条件下，马克思发现"劳动生产力是随着科学和技术的不断进步而不断发展的"。[7]698 并提出了"生产力中也包括科学"[8] 的重要论断。

马克思在资本主义竞争时期提出了科学技术是生产力的思想。而在当代，科学技术日新月异，它在生产中的应用也远非马克思时代所能比拟。马克思的论断虽然与第一次产业革命后的现实是相适应的， 但在今天则显得淡化了。20 世纪 40 年代以来，整个世界兴起了一场新技术革命，引起了社会的深刻变化。邓小平提出科学技术是第一生产力，这是在新的历史条件下，发展了马克思主义的理论内容。科学技术是第一生产力的论断，是对二次世界大战以来特别是本二十世纪七八十年代以来世界经济发展的新情况和新特征的科学总结，它描述了新产业革命之后当代世界的客观实际，具有时代特征。

任何重大思想的形成和发展都要经历一个过程，邓小平提出科学技术是第一生产力的思想也是这样。邓小平作为党中央第一代领导集体的重要成员，早在 50 年代末和 60 年代初，他就对科技工作十分关注，发表过很多论述。比如在 50 年代末期，他曾经提出科学研究是一项基本建设。60 年代初他肯定科技人员是工人阶级的一部分。1975 年，邓小平在主持中央日常工作时，重点抓整顿，针对"左"倾错误在科学领域造成的恶劣影响，他对《科学院工作汇报提纲》十分重视，并肯定其中阐述的科技也是生产力的思想，强调科技工作应该走在国民经济的前面，对有水平的科技人员要保护，发挥其作用。在同年召开的军委扩大会议及国防工业重点企业会议上，再次阐述了这些思想。这期间，邓小平就整顿工作提出了一系列原则意见，比如引进新技术、新设备，增加进出口，加强企业的科学研究等。作为党中央第二代领导集体的核心，邓小平领导了社会主义现代化建设的宏伟事业，伴随着社会主义建设事业的进展，他的科技思想也不断地得到充实和完备。科学技术是第一生产力的思想正是在这个时期形成和发展起来的，大体上包括以下几个阶段：

第一阶段，重申马克思主义关于科学技术也是生产力的思想。

"文化大革命"的年代，科技人员被作为资产阶级分子加以批斗，科研活动成为不容触及的禁区。历时 10 年的动乱结束之时，百废待兴。邓小平自告奋勇要抓科技和教育。他发表过很多谈话，在科技领域大力开展拨乱反正、正本清源的工作。1977 年发表了《尊重知识，尊重人才》《关于科学和教育工作的几点意见》，特别是 1978 年《在全国科学大会开幕式上的讲话》，可视为他在这个阶段论述科技和教育的代表作。综观邓小平这个时期的相关论述，着重阐述两个基本观点：一是重申了马克思主义关于科学技术也是生产力的思想，论证了科学技术的社会功能。针对"四人帮"的奇谈怪论，他旗帜鲜明地指出："科学技术是生产力，这是马克思主义历来的观点。"[1]87 并把科学技术同我国的现代化建设紧紧地结合起来，告诫全国人民，不抓科学技术，四个现代化建设就没有希望。二是重申了知识分子是工人阶级的一部分的思想，从脑力劳动和体力劳动两类劳动的分工及其发展趋势的角度，充分肯定科技人才的社会地位，从而使人们的思想重新回到马克思主义的轨道上来。

为了正本清源、拨乱反正，邓小平抓住这样两个关键问题：一个是对科技的本质和功能的认识；另一个是对科技工作主体的认识。对前者的正确认识，有利于把握社会主义建设的战略重点，而对后者的正确认识，有利于调动科技人员的积极性。对这两个问题的解决将影响到科技工作乃至整个社会主义现代化建设。因此，邓小平明确地指出：

> 正确认识科学技术是生产力，正确认识为社会主义服务的脑力劳动者是劳动人民的一部分，这对于迅速发展我们的科学事业有极其密切的关系。我们既然承认了这两个前提，那末，我们要在短短的二十多年中实现四个现代化，大大发展我们的生产力，当然就不能不大力发展科学研究事业和科学教育事业，大力发扬科学技术工作者和教育工作者的革命积极性。[1]89-90

这一论述，为我国科学技术方针和政策的制定奠定了思想基础，也为进一步提出科学技术是第一生产力做了思想准备。

第二阶段，从总体上规定科学技术的服务方向。

随着党和国家的工作重点实行战略的转移，这必然要在上层建筑做出系列调整。对于领导科技工作来说就不能再停留在对科技的本质、功能及科技主体的思想认识上，而是必须面向实际，制定发展科学技术的方针和政策，并付于实施。

20世纪80年代是我国历史发展的重大转变时期。邓小平概括80年代的重要工作为三件事：反对霸权主义，维护世界和平；台湾回归祖国，实现祖国统一；加紧社会主义现代化建设。三件大事中最主要的是社会主义现代化建设，特别是经济建设。四个现代化，集中起来就是经济建设。无论是国际事务中反对霸权主义，维护世界和平，还是实现祖国统一，都要求我们把经济建设搞好。这就是各行各业制定方针政策的依据。因此，邓小平指出："科学技术主要是为经济建设服务的。"[1] 240 这就为科技工作的发展规定了正确方向。80年代前期，我国提出的科技工作发展方针，强调科学技术必须为经济建设服务，而经济建设必须依靠科学技术。继之，以"全面开创社会主义现代化的新局面"为主题的党的第十二次全国代表达会，提出建设有中国特色的社会主义的战略方针，进一步强调科学技术对于四个现代化建设的关键作用，第一次把科学技术视为我国经济发展的战略重点。十二大闭会后不久，邓小平在陪同朝鲜党中央总书记金日成赴四川访问途中又谈道："战略重点，一是农业，二是能源和交通，三是教育和科学。搞好教育和科学工作，我看这是关键。"[2] 9 再一次阐发了科学技术的战略意义。可以说，邓小平在这个阶段的有关论述，由解决认识问题深入到实践问题。

第三阶段，明确科技体制改革的目的是为了解放生产力。

1984年10月，中共中央做出的《关于经济体制改革的决定》，标志着我国经济发展进入一个新的阶段，对于科学技术的发展提出了新的要求，最重要的是建立同社会主义经济建设相适应的新科技体制。旧经济体制束缚了生产力的发展，也束缚了科学技术的发展。改革经济体制的任务就是在于从根本上改变这种状况，建立具有中国特色的充满生机和活力的社会主义经济体制。科技体制必须同经济体制相适应。然而，旧的科技体制存在着严重弊端，不仅不利于科技的进步，也影响了经济的发展。1985年3月7日，邓小平在全国科技工作会议上发表讲话，提出了改革科技体制是"为了解放生产力"的重要论断。他强调，经济体制和科技体制互为条件，互相作用，因此要同步改革，有机结合，解决长期的科技和经济脱节的问题。邓小平有关改革科技体制是为了解放生产力的论断，可以看作为科学技术是第一生产力思想的初始萌芽形态。

根据邓小平的思想，党中央在 1985 年 3 月做出了《关于科学技术体制改革的决定》（简称《决定》），对科技体制改革的大政方针做出了明确规定。《决定》指出："现代科学技术是新的社会生产力中最活跃和决定性的因素。""成为提高劳动生产率的重要源泉，成为现代精神文明的重要基石。"显然，《决定》体现和展开了邓小平关于科技体制改革是为了解放生产力的思想。1987 年 10 月，党的第十三次全国代表大会，再次强调科学技术的重要性，把它摆在我国经济发展的首要地位，认为现代科学技术"是提高经济效益的决定性因素，是我国经济走向新的成长阶段的主要支柱。"，上述这些表明，邓小平提出科学技术是第一生产力的思想至此业已走向成熟。

第四阶段，创造性确定"科学技术是第一生产力"的原理。

党的十三大的理论贡献之一是明确提出了生产力的标准，理论界围绕生产力标准展开了大讨论。与此同时，邓小平对科学技术与生产力的关系进行了更加深入的研究。1988 年 9 月 5 日，在会见捷克斯洛伐克总统胡萨克时，他指出："马克思说过，科学技术是生产力，事实证明这话讲得很对。依我看，科学技术是第一生产力。"[2] 274 同年 9 月 12 日在听取关于价格和工资改革初步方案汇报时，邓小平又一次指出："马克思讲过科学技术是生产力，这是非常正确的。现在看来这样说可能不够，恐怕是第一生产力。"邓小平把科学技术上升到生产力中第一位的高度，揭示了现代科学技术的本质和功能，也发展了马克思主义。

继"科学技术是第一生产力"提出之后，邓小平又发表过许多论述，使这一思想得到了充实和完善。如关于发展高科技的论述，关于最终取决于科学技术竞争的论述，关于加速发展经济必须依靠科技和教育的论述等。邓小平关于科学技术是第一生产力的观点具有非常丰富的内容，它与其他论述一起，构成了一个完整的理论体系。

邓小平关于科学技术是第一生产力的思想从开始酝酿到十三大前后明确提出这样的命题，以及其后的进一步展开和充实，虽然区分为几个不同的阶段，但它们之间是连续的，往往是重点强调一个问题，同时又兼顾其他问题，这就使不同阶段的论述内容相互联系起来。比如在第一个阶段，主要重申马克思主义科学技术是生产力的观点，在提出"科学技术作为生产力，越来越显示出巨大的作用"[1] 87 的同时，又阐述了科技体制改革的必要性和重要性。又比如，在第四个阶段，明确提出科学技术是第一生产力的同时，再次强调人才的重要性，要大力培养和合理使用人才，为人才充分发挥作用创造优越的社会环境。所以，邓小平关于"科学技术是第一生产力"的思想是个内容丰富的原理，是个完整的理论。

（二）第一生产力思想的理论内涵

现代科学技术作为一种社会现象，同促进生产力变革的其他社会现象相比，已成为第一位的决定性的东西。在社会生产力的增长中，科学技术日益成为首要的因素。同时科技进步越来越超前于生产的发展，起着先导的作用。现代科学技术加速转化为生产力的事实表明，科技和生产越来越一体化。不难理解，科学技术是第一生产力的思想含义，一是说现代科技对生产力的发展起着第一位的作用；二是说现代科学技术在生产发展过程中起着先导的作用。邓小平所说的"科研要走在前面"，[1] 20 正是对后一含义的科学概括。

对科学技术是第一生产力的理解仅靠抽象的定义是不够的，还必须联系生产力系统的结构和特点来加以把握。

按照系统论的观点，任何一个相对独立的事物都是作为系统而存在的，都是由互相联系、互相作用的若干因素按照一定方式组成的统一的整体。生产力也是一个系统。按照表现形态划分，包括实体性要素（劳动者、劳动工具、劳动对象）、智能性要素（即科学技术和教育）、运筹性要素（包括分工、协作、管理等）。这是生产力系统的三个基本层次。生产力的性质和功能取决于各种要素的组合。科学技术不仅是构成现代社会生产力的重要组成部分，而且对于实现实体性要素、智能性要素、运筹性要素都具有决定性作用。

邓小平指出：

> 生产力的基本因素是生产资料和劳动力。科学技术同生产资料和劳动力是什么关系呢？历史上的生产资料，都是同一定的科学技术相结合的；同样，历史上的劳动力，也都是掌握了一定的科学技术知识的劳动力。[1] 88

科学技术在生产力中发挥第一位的作用并不是孤立进行的，而是通过引起劳动者、生产工具和劳动对象这些实体性要素的变化而显现的。

劳动者是生产力中人的因素，也是能动的因素。然而，劳动者作为现实生产力应该包括体力和智力。现代生产要求劳动者不仅用手劳动，而且也要用脑劳动。单纯依靠体力支出的时代已经基本结束。马克思早就说过：

> 我们把劳动力或劳动能力，理解为人的身体即活的人体中存在的、每当人生产某种使用价值时就运用的体力和智力的总和。[7] 195

无疑的，人的体力支出是有限的，而科学技术的力量是无限的。研究表明，劳动者的科学文化水平同劳动生产率一般成正比。联合国教科文组织的一份研究资料表明，不同文化水平的人在同等条件下提高劳动生产率的程度大不相同。同文盲劳动者相比，小学程度的劳动者可以提高劳动生产率 43%，中学文化程度的劳动者则可以提高 108%，大学文化水平的劳动者则可以提高 300%。[9] 据统计，普通教育程度每提高一个年级，掌握新工种的时间平均缩短 50%，合理化建议的数量平均增加 6%，受过完全中等教育的劳动者比没有受过该教育的劳动者的合理化建议多 5 倍，而受过高等教育的劳动者，他们在技术上的创造性则更高。社会越是发展，劳动者的智能支出所占的比重就越大，在劳动者身上科技的作用就表现得越充分。

纵观世界经济的发展，从 1900 年至 1955 年的 55 年中，世界固定资本每增加 1%只能使生产增长 0.2%，劳动力每增长 1%可使生产增长 0.76%。而经过科学技术培训的劳动者每增长 1%则可使生产增长 1.8%。邓小平指出，作为生产力的人，"是指有一定的科学知识、生产经验和劳动技能来使用生产工具，实现物质资料生产的人。"[1] 88 现代社会对劳动者智能的要求越来越高。生产设备的更新、生产工艺的变革，产品的更新换代，都要求劳动者掌握新的科学技术和生产技能。

生产工具是衡量生产力发展水平的客观尺度。而生产工具的革新与科学技术的进步是密切相连的。每一项新工具的发明和创造都是科学技术进步的结晶。自资本主义大工业生产以来，经历过三次较大的技术革命。第一次技术革命以蒸汽机的发明及在工业上的应用为标志，这场技术革命是由蒸汽机动力及其机械化技术向工业部门的转移而引起的；第二次技术革命以电力在工业上的应用为标志，从而开创了电气化的新时代；第三次技术革命以原子能、电子计算机和空间技术在工业上的应用为标志，开创了智能工具的新时代，其劳动生产率是过去的时代无法比拟的。比如日本松下电气公司用机器人生产真空管清洁器，其生产效率比人工提高了 29 倍。实践证明了马克思的论断：

> 随着大工业的发展，现实财富的创造较少地取决于劳动时间和已耗费的劳动量，较多地取决于在劳动时间内所运用的作用物的力量，……取决于科学的一般水平和技术进步，或者说取决于这种科学在生产上的应用。[10]

科学技术还对劳动对象发生变革的作用。任何资源之所以成为劳动对象，也是同科学技术的进步结合在一起的。马克思说：

> 自然因素的应用——在一定程度上自然因素并入资本—一是同科学作为生产过程的独立因素的发展相一致的。生产过程成了科学的应用，而科学反过来成了生产过程的因素即所谓职能。[11]

从广度上看，科学技术在生产上的应用，使人们进一步认识物质世界，拓宽了劳动对象的范围。比如通过海洋开发，可以把海底的石油大量开采出来。目前，世界上从海底开采的石油量已达到石油总产量的 22%。科学技术的发展使过去未曾利用的自然资源变得被人类充分利用了。从深度上看，科学技术能使加工深度不断提高，优化劳动对象的质量。比如随着材料科学的发展，从利用天然材料发展到利用合成材料，现在又朝着利用指定性能的分子设计材料发展。科学技术的不断进步，拓宽了生产的领域，使自然资源的利用无论在广度还是深度方面，都是以往难以想象的。既扩大了劳动对象的量，也优化了劳动对象的质。

由于科学技术同时对生产力诸要素发生作用，因而邓小平主张不能分别只从劳动生产力的各个要素去认识生产力的发展，而是要把科学技术同劳动者和劳动资料结合起来整体地加以把握。我国理论界有人提出用下列公式表述：

生产力＝（劳动者＋生产工具＋劳动对象）×科学技术

无疑，这个公式反映了现代科学技术的多样功能。江泽民同志在全国科学技术协会第四次代表大会的讲话中指出："当今世界，科学技术飞速发展并向现实生产力迅速转化，愈益成为现代生产力中最活跃的因素和最重要的推动力量。科学技术为劳动者所掌握，就会极大地提高人们认识自然、改造自然和保护自然的能力；科学技术和生产资料相结合，就会大幅度地提高工具的效能，从而提高使用这些工具的人们的劳动生产率，就会帮助人们向生产的深度和广度进军。"上面的论述进一步说明了邓小平科学技术是第一生产力的思想，更具体地阐明了科学技术的社会本质与功能。

作为生产力的科学技术具有非常鲜明的特点：首先，科学技术作为生产力具有潜在性。特别是科学，属于知识形态的生产力，而不是现实的生产力。正因为这样，马克思把科学技术称之为"一般生产力"。其次，科学技术作为生产力又具有依存性。无论科学技术对于现实生产力如何重要，它本身并不能脱离生产力的三要素而独立存在。相反，只有同它们结合在一起，才能显示其最突出的社会功能，即转化为现实的生产力。即使在现代科学技术飞速发展，并出现了科学技术产业的条件下，同样未能改变科学技术对于现实生产力的依附关系。科学技术作为独立的产业部门与科学技术作为生产力的独立要素是两个不同的概念，不能因为前者的现实性而推断后者是现实生产力的独立要素。因为前者已经是科学技术转化为现实生产力的具体表现。依存性的特征表明，知识形态的科学技术生产力和现实生产力相互联系，相互作用。现实生产力是科学技术生产力的结合对象，科学技术生产力是现实生产力的发展动力。最后，科学技术作为生产力还具有协调性，科学技术对生产力系统的诸要素起着重组、调控的价用。作为自然科学和社会科学交汇产物的软科学，已经日益深入到物质生产过程的管理中，不断地优化生产力的结构。生产力的诸要素如果是各自独立存在的，那还不能成为现实的生产力。要使其成为现实的生产力，必须把诸要素组建成为一个整体的、均衡的、有序的、多层次的系统。科学技术能够担负起这种使命，科学技术为现代管理提供了理论和方法，为现代管理创造了技术手段和物质条件。比如系统理论，现代管理理论、经济学理论、运筹学理论、决策科学及微电子技术、新通信技术、信息加工技术等的应用，改进了生产力体系的结构、布局、时序、运转等等。这将有利于对资源、市场、人才、金融流动等进行调控，有利于人力、物力、财力的合理配置，从而生产力各种要素的组合优化，发挥最佳效能。马克思认为，管理业是一种生产力，并认为这种生产力本身必然是集体的。这说明，科学技术作为生产力具有协调性特征。此外，科学技术还可以通过对生产关系、上层建筑的影响，改变社会的政治、经济条件，为生产力诸要素的最佳组合创造良好的社会氛围。

科学技术作为生产力的上述诸特点既相区别又相联系。潜在性决定了它的依存性，不依附于生产力的诸要素，潜在的生产力就不能转化为现实的生产力，协调性体现了依存性，协调作为生产管理的方式，同生产力诸要素不可分割。没有生产力诸要素相对独立存在，协调无从发生，也没有必要。科学技术在生产力诸要素中的渗透，改变它们的存在状态，其结果是提高生产力水平；科学技术对生产力诸要素进行重组和调控，其结果是提高经济效益。

（三）第一生产力思想的理论研讨

一个新的理论命题往往同某些传统观念不尽一致，甚至有可能相违。"科学技术是第一生产力"的命题虽然渊源于马克思关于科学技术是生产力的思想，但增添了"第一"的新意，便引起了种种看法，某些传统观念也影响着人们对它的实质的认识。

我们首先遇到的是，科学技术是第一生产力的观点和传统认为劳动者是生产力首要因素的关系问题。按照传统生产力的定义，在现实生产力的诸要素中，劳动者是首要的。马克思说过："最强大的一种生产力是革命阶级本身。"[12]列宁也说过："全人类的首要的生产力就是工人，劳动者。"[13]马克思和列宁都把劳动者摆在生产力诸要素的首要地位。虽然他们都十分重视科学技术的重要作用，但毕竟还没有把科学技术的作用上升到第一或者首要的位置。那么，邓小平提出科学技术是第一生产力的观点，是否就同马克思、列宁的思想相矛盾呢？回答是否定的。

探讨任何问题都要讲究论域。劳动者是生产力的首要因素是相对于劳动工具、劳动对象这些物化的因素而言的，反映的是现实生产力系统诸要素的内在联系，突出了劳动者是现实生产力中活的、能动的因素。所谓科学技术是第一生产力，揭示的是社会生产力系统中科学技术与三要素的关系，强调的是科学技术对生产力变革的第一位的作用。因此，两个"第一"的提法是统一的，并不会因为科学技术是第一生产力而否定劳动者在生产力诸要素中的能动作用和中心地位。我们知道，生产工具的运用和革新，劳动对象的开拓以及科学技术在生产力中的应用都是同劳动者息息相关的，没有劳动者的积极性和创造性，整个社会生产力都不可能得到发展。邓小平强调科学技术是第一生产力，但从没有忽视生产力三要素尤其是劳动者的作用。他要求"广泛开展群众性的科学实验活动，做到在技术上、生产上不断有新创造和新纪录。"[1] 97 并认为，只有每个生产单位都来"大搞技术改造，大搞科学实验，先进的科学技术才能广泛地在工农业中得到应用，才能多快好省地发展生产"。[1] 97 可见，邓小平强调科学技术作为生产力的作用，是从不忽视劳动者的重要作用。

诚然，科学技术是第一生产力的提法与劳动者是生产力的首要因素的提法相比，两者之间确有不同。强调劳动者的作用所重视的是人的因素，而强调科学技术是第一生产力，就赋予劳动者新的含义，即对人的素质提出了更高的要求。劳动者只有掌握科学技术，才能成为生产力中最积极、最活跃的因素。如果劳动者没有科技知识和现代化生产的技能，就不可能在现实生产力系统中发挥能动性、也就不能提高劳动生产率。就这个意义上说，科学技术对劳动者是具有决定性影响的。邓小平指出：

> 同样数量的劳动力，在同样的劳动时间里，可以生产出比过去多几十倍几百倍的产品。社会生产力有这样巨大的发展，劳动生产率有这样大幅度的提高，靠的是什么？最主要的是靠科学的力量、技术的力量。[1] 87

可见，邓小平提出科学技术是第一生产力非但没有背离马克思、列宁的思想，而且在坚持的基础上又有了新的发展。

强调科学技术是第一生产力会不会导致科学技术决定论或科学主义呢？回答也是否定的。起源于17世纪英国并逐渐在全欧洲发生影响的科学主义，是资产阶级世界观的表现，未能对科学技术的作用做出合理的解释。悲观派把当今社会的种种危机归因于科学技术的广泛应用，而乐观派则另执一端，认为一切社会问题，如人口过多、食物和能源短缺、环境污染、气候恶化等，都可以由科学技术来解决。科学主义的错误实质在于片面夸大科学在社会发展中的作用，而看不到社会的基本矛盾是社会发展的根本动力。科学技术是对社会发生影响的伟大革命力量，但又不是唯一力量。科学技术发挥杠杆作用总是受着社会基本矛盾的制约。在阶级社会中，阶级斗争是社会发展的直接动力，科学技术无论如何不能代替阶级斗争的作用，恰恰相反，科学技术的应用不可避免地受到不同阶级利益的制约。科学技术为资本家所利用，可以使资本增值，加重对雇佣劳动的剥削，甚至被用于战争和掠夺。在社会主义国家，科学技术可用于最大限度地改善广大群众物质和文化生活。因此，科学主义把科学技术夸大为社会发展的唯一动因是没有根据的。

再就生产力系统的诸因素看，尽管科学技术具有第一位的变革作用，但不能因此否认劳动者的中心地位和创造作用。科学主义的错误在于否认了劳动者是历史的创造者。诚然，科学主义并不完全否认人的因素，但所重视的仅仅是那些掌握现代化科学技术知识的所谓"科技精英"，把他们同劳动者大众对立起来，这就不能不陷入历史唯心主义的深渊而不能自拔。

邓小平既肯定科学技术是第一生产力，又同科学主义划清了界限。他明确指出：

现在世界上有人说，什么都是技术决定，不要完全迷信这个。当然，我们也要讲究技术，不讲究技术是要吃亏的。但是，把电子计算机看成能代替全部指挥职能，那不可能，那样人的能动性也就没有了。[1]77

从这里我们可以看到，任何夸大科学技术的作用，而否认劳动者的能动作用，都是错误的。现代科学技术的发展，特别是智能机的出现，不仅人的体力可以由机器来代替，而且人的部分思维活动也可以由电脑来承担。即使在这样的条件下，人的能动作用仍然是重要的，智能机的诞生和发展本身就是人的能动性的重要成就，它也不可能代替人的全部活动。

树立科学技术是第一生产力的观念，不仅需要对生产力范畴及其结构做出新的理解，而且需要深化对科学本身的认识。目前对科学技术是第一生产力的命题，不少人仍然只是局限于自然科学的范围去理解，而把哲学和社会科学排除在科学技术之外。其实，这是一种片面的认识。

邓小平指出："科学当然包括社会科学"。[1]48 由此进行逻辑演绎，作为生产力的科学技术也必然包括社会科学和各种应用技术在内。社会科学是大科学（即自然科学、社会科学和思维科学的总和）的一个重要组成部分。社会科学对生产力的发展所产生的作用是实际存在的。如我国著名科学家钱学森认为：为什么不能说社会科学是生产力呢？如果说科学技术是生产力，这里说的科学技术要包括社会科学。它认为，在我国目前，社会科学比自然科学更有关键性。社会生产力的发展，不仅要受到自然科学的制约，而且也要受到社会科学的制约，特别是经济学、政治学、文化学、管理学等等，对生产力的发展具有突出的影响。我国的经济还十分落后，究其原因，很大程度上在与自然科学和社会科学的研究工作都还比较落后。邓小平说：

> 我们已经承认自然科学比外国落后了，现在也应该承认社会科学的研究工作（就可比的方面说）比外国落后了。我们的水平很低，好多年连统计数字都没有，这样的情况当然使认真的社会科学的研究遇到极大的困难。[1] 181

社会科学落后不仅影响了我国科学技术的整体水平，而且也影响了潜在生产力向现实生产力的转化。所以，有人主张，科技现代化，必须有社会科学的现代化。这是很有见地的。

从世界范围看，社会科学的研究为许多国家所重视，并且正在朝着应用研究的方向发展。现有的 427 个国际性社会科学研究机构，其中多数是二次世界大战以后建立起来的，大都以应用研究为主，特别是那些"思想库"的研究机构，基本上都在搞对策、咨询、调研、传播和陪训工作。在应用研究领域，已迅速兴起了一批同社会经济、产业、企业生产紧密联系的学科。比如经济学的 390 门学科中就有 80%以上为应用学科。价值工程学是从合理利用资源的应用研究中发展起来的，它一经形成，即刻受到军工生产的重视，并在应用范围上向研究、开发、设计及生产的经营管理领域不断扩展，已成为国际上公认的一种行之有效的管理技术。30 年代以来，"迪扎因"中心遍及发达国家，实现了技术和工艺的结合，远离自然科学的美学也被应用于工业生产，形成了技术美学。最具有决定意义的是社会科学的可操作性取得了突破性进展，形成了范围广泛的社会技术即社会工程，成为社会科学渗透着自然科学而应用于生产的桥梁。社会科学这种发展势态正好说明它也是潜在的生产力。

其实，当马克思提出"生产力里面当然包括科学在内"的时候，科学是泛指的，决非只限于自然科学。生产力作为社会现象，是自然力量和社会力量的综合反映；自然科学解决人与自然的关系，社会科学解决人与人的关系，因而都包括在生产力之中。就潜在生产力向现实生产力转化的角度看，生产力中人的因素同社会科学具有密切关系，正是社会科学提高了劳动者的思想素质、道德素质，也正是社会科学为生产力诸要素的合理配置提供了理论框架。历史和现实证明，社会科学是属于生产力，而且也是属于第一生产力。

对科学技术是第一生产力的深入研究，我们还会遇到这样一个问题：知识形态的生产力和实体性的生产力究竟何者为第一？如果机械地从社会存在和社会意识的关系出发则将怀疑甚至会否定科学技术是第一生产力的观点。

应该肯定，社会存在决定社会意识的历史唯物主义原理，在这里并没有失去意义。科学技术是第一生产力的论断，并没有违背历史唯物主义的上述原理。如果从本原发生学的意义认识问题，那么，自然科学也好，社会科学也好，毫无疑问都属于精神现象，是第二性的东西。现代科学技术在实质上属于科学理性，是对现代社会实践的概括和总结，因而并非第一性的东西，肯定科学技术是第一生产力，并不是要改变这种无法改变的客观规律：存在决定意识。但是，当我们换一个角度即从功能意义上看问题时，科学技术在生产力系统中的作用的确是第一位，而不是第二位。功能，是事物对环境作用的能力，现代科学技术能不能用"第一生产力"来称谓，就看它对于生产力结构乃至整个社会经济的发展起何种作用。现实的情况是，现代科学技术作为相对独立的社会化的知识部门，在社会发展和变革中已经成为最活跃的最革命的力量，对社会生产力的演进和社会经济的发展发挥着第一位的变革作用。

由此可见，科学技术在本原发生学意义上的第二性和作为生产力的功能意义上的第一位属于两个不同方面的问题，不应混淆，既不能用本原发生学意义上的第二性去否定作为生产力功能意义上的第一位，也不能用后者而对前者表示怀疑。

三、论科学技术与社会进步

"科学是一种在历史上起推动作用的、革命的力量"，[14] 597 并且是"最明显的字面意义而言的革命力量"。[14]592 科学技术作为人类认识自然和改造自然的强大思想武器，它既引起自然界的变化，也引起了社会生产方式的变化。火药把骑士阶层炸得粉碎，指南针开辟了世界市场并建立了殖民地，而印刷术变为新教的工具。

> 蒸汽和新的工具机把工场手工业变成了现代的大工业，从而使资产阶级社会的整个基础发生了革命。工场手工业时代的迟缓的发展进程转变成了生产中的真正的狂飙时期。[15]

历史早已表明，科学技术的发展震撼了整个旧世界，科学技术的发展不仅推动了社会经济的进步，而且也促进了社会各个领域的全面进步。学习和理解邓小平的科技思想，将使我们对科学技术的社会功能获得更为深刻的认识。

（一）现代化建设的关键

邓小平说："四个现代化，关键是科学技术的现代化。没有现代科学技术，就不可能建设现代农业、现代工业、现代国防"。[1] 86 又说："不抓科学、教育，四个现代化就没有希望，就成为一句空话。"[1] 68

众所周知，我国的基本国情是人口多，耕地少，全国农业人口占总人口的80%以上，我们要用占世界7%的耕地解决占世界22%人口的吃饭问题。实现现代化，农业必须有一个很大的发展。比如粮食生产"八五"期间要达到9000亿斤，2000年达到10000亿斤。[16] 实现这一目标，最重要的是依靠科学技术。正如邓小平所说的那样："农业的发展一靠政策，二靠科学。科学技术的发展和作用是无穷无尽的。"[2] 17

农业的发展必须依靠科学技术，这已为国际经验所证明。拿粮食来说，1961年，美国洛克菲勒基金会的一个农业小组在墨西哥育成的"墨西哥小麦"，从而使平均亩产由1950年的120斤提高到1969年的400多斤。随后，这个基金会和福特基金会又在菲律宾育成"菲律宾水稻"，其生长期只有105天，热带地区一年三熟，亩产共3000余斤。[17] "墨西哥小麦"和"菲律宾水稻"的培育成功，改变了这两个国家的粮食生产与供应的情况，由大量进口转变为大批出口。不仅如此，它们对其他国家的农业生产也产生了巨大影响。比如印度应用这种技术，1966—1971年的小麦产量增长了一倍，一般年增长率在5%以上。[17] 之所以如此，在于应用了遗传学原理，培育出高产矮秆谷物品种，以及采用扩大资源面积、增施化肥、农药等一系列农业生产技术。

农业的现代化实质上是农业的科学技术化。这需要全面提高农民的科学文化素质，需要生产力其他诸要素中应用和渗透现代科技，使农业真正由经验型和劳动密集型转向由掌握现代科学技术的劳动者来经营管理的知识技术密集型产业。"提高农作物单产、发展多种经营、改革耕作栽培方法、解决农业能源、保护生态环境等等，都要靠科学。"[18] 邓小平指出："农业现代化不单单是机械化，还包括应用和发展科学技术等。"[1] 28 现代农业当然广泛应用农业机械。使农业操作由依靠手工和畜力农具转为依靠以化石燃料，为能源的机器。不仅如此，现代农业还应用电子、原子能、激光、遥感、人造卫星以及电子计算机等现代技术手段于经营管理。

农业问题最终要靠科学来解决。

今后10年，国家要通过实施"星火计划"、"丰收计划"、"燎原计划"和多种

形式的开发推广活动，使现有农业（包括林业、水利）科技成果的推广率达
60%以上，着力解决一批农业发展的重大问题，在土壤改良、作物多抗性育种、
杂种优势等一些优势领域继续保持在世界上的领先地位，努力做到主要农作物
品种更换一次，增产粮食 10%以上；全面提高乡镇企业的技术水平和管理水平，
使科技进步因素在乡镇企业总产值增长中的贡献提高 40%～50%。[19]

向农业提供先进技术装备，培训农业科技人员，完善适合农业经济发展需要的农
村科技服务体系。

工业现代化同样要以科技现代化为先决条件。现代工业必须以现代科技为基
础，没有科技现代化，就不可能有工业现代化。我国的现实情况是，相当部分企
业设备陈旧，技术落后，产品质量差，消耗高，专业化水平低，技术进步慢，以
致缺乏新产品的开发能力，产品严重老化。因而企业综合经济效益差。多数企业
未能摆脱投入大，产出小的窘境。要走出困境，只能在科学技术上找出路。

我国的工业现代化，需要从两个层次上作出努力。其一，要推进大机器生产
和以电气化为特征的传统产业革命，也就是实现工业化。我国的工业化是在 20
世纪 80 年代后的国际环境中进行的，必须积极采用当代先进科学技术，以此改进
和变革传统工业，即革新生产工具和技术装备，改革生产工艺，实现生产的自动
化。从世界范围看，由于电子计算机、控制论和自动化技术的广泛应用，正在迅
速提高生产自动化的程度。实现生产自动化，既是工业现代化的必然趋势，也是
一项十分艰巨的任务。因此，要运用电子信息技术、自动化技术改造传统产业，
大力推广、运用现有成熟的、先进的、适合我国国情的科技成果，在大范围内形
成较具规模的效益。

其二，要努力追赶以微电子技术、信息技术、生物工程、新材料技术等高技
术为标志的世界新技术革命，运用现代科学原理和先进的技术手段加强管理，调
整产业结构和工业结构。江泽民同志在《论世界电子信息产业发展的新特点与我
国的发展战略问题》一文中指出：

进入 80 年代，世界电子信息产业以磅礴的气势高速发展。1988 年世界电子
信息产业的产值达 5875 亿美元。据预测，至 90 年代中期，世界电子信息产
业的年产值将突破 1 万亿美元大关，跃踞世界传统产业之上，成为最大的产
业部门之一。[20]

电子计算机对发达国家国民生产总值增长的贡献非常突出，计算机辅助设计，推动
了几乎一切领域的设计革命，可降低土木工程设计成本 15%～30%，产品从设计到

投产时间可缩短 30%～60%，废品率可降低 80%～90%，设备利用率可提高二三倍。[16] 无疑的，世界新技术革命为我国工业现代化提供了难得的机遇，我们要不失时机地发展知识密集型和技术密集型产业，逐步增加新兴工业的比重，把微电子技术的应用和研究作为突破口，把电子计算机工业和信息系统、自动化系统、机械工业系统结合起来，这是实现工业现代化的重要途径。

国防现代化更是不能不依靠科学技术。早在 1977 年中央军委全体会议上，邓小平针对军队建设问题时曾提出："我们也要讲究技术，不讲究技术是要吃亏的。"[1] 77 我们不是唯武器论者，在战争的胜负问题上，不能把一切都归结为由技术决定，而忽视人因素。然而，先进的武器装备毕竟是制约战争胜负的重要因素。科学技术对于国防建设是十分重要的。

军事技术、武器装备是军队战斗力的重要标志，其优劣状况是直接与科学技术相联系的。须知，科学技术是生产力，也是战斗力。科学技术渗透到生产力的诸要素中就表现为生产力，一旦渗透到军事体系中则表现为战斗力。现代战争的一个重要特点在于它的立体性，从陆地延伸到海洋，从地球表层扩展到宇宙太空，打一场现代化的战争，既要求军队掌握现代军事科学技术，也要求在军队建设中应用先进的科技成果，改革军事技术和武器装备。邓小平指出："我们军队打现代化战争的能力不够"。[1] 61 因此，"在没有战争的条件下，要把军队的教育训练提高到战略地位。"[1] 60

在当代，一些发达国家把保持技术优势视为比直接使用武力更为有效的威慑手段，因而制订了一系列发展国防的高科技计划。不少发展中国家，也通过发展高科技来不断增强其军事潜力。未来战争同高科技的应用紧密地联系在一起，电子战，情报侦察和指挥通讯将对整个战争进程产生重大影响。军事卫星将成为影响战争胜利的重要手段，以光电夜视装备各种武器对实现夜战和发挥作战效能有着重要作用，如此等等。因此，必须着眼于武器装备总体质量的提高，研究和发展高质量的武器系统，这是实现国防现代化的重要课题。

综上所述，农业现代化、工业现代化以及国防现代化，都依赖于科技现代化。现代化建设的关键是优先发展科技，这是一条普遍规律。现代化建设，对于不同的社会制度、经济状况和文化背景的国家来说，其具体道路会有不同的特点，但必须重视发展科学技术，这一点显然是共同的。邓小平说："要提倡科学，靠科学才有希望。"[2] 377-378 这正是对客观规律的认识和自觉运用。

（二）经济发展的决定性因素

社会经济能否迅速发展涉及的因素固然很多，但最重要的因素则在于掌握和应用科学技术的状况。任何一个国家发展经济存在两种可能的途径：一是靠资金和人力的大量投入，搞外延式的扩大再生产，但实践证明这是笨拙的选择；二是依靠科技进步和劳动者素质的提高，优化质量，创效益，增加竞争力，走投入少、产出多的内涵式发展道路。邓小平强调指出："经济发展得快一点，必须依靠科技和教育。"[2] 377 实践证明，选择这样一条发展经济的道路是正确的，符合我国的国情，有利于我国经济繁荣。振兴我国的经济，必须充分重视科学技术来的经济效益。不断提高物质产品中的科技含量。战后的一些发达资本主义国家经济所以有活力而不死，而且还能较快发展，究其原因，无非是高度重视科技的发展。据统计，在 20 世纪初，一些发达国家的经济增长中有 5%—20%依靠科技的进步。而到了 20 世纪中叶，就有 50%以上依靠科技进步。进入 80 年代，科技进步在经济增长中的份额竟高达 60%~80%[10]。日本是世界上经济腾飞较快的国家，在经济增长中科技所占的比重很大，而且不断递增：50 年代为 19.5%，60 年代为 38%，70 年代为 60%，80 年代上升为 80%。南北经济之所以存在较大差距，同样与科学技术是相关的。据统计，南北国家人均国民生产总值之比 1965 年为 1：4，1977年为 1：15.5，1987 年为 1：20.2。[21] 97 经济的差距实质上是科学技术的差距。

同发达国家相比，我国经济比较落后。这固然有历史的原因，但科学技术的落后则是不容忽视的重要因素。迄今，科技进步在我国经济增长中的比重也未超过 30%。[22] 104 我国手工业和自然经济生产平均每个劳动力每年的产值只有 1000元，传统工业每人每年只能创产值几万元。而高新技术的人均年产值都在 10 万元以上，甚至可达 30—50 万元。[23] 86 高科技产业的劳动生产率其所以如此之高，无非是产品中的技术含量高。可见，要改变我国经济落后的状况，主要是依靠发展科学技术。

我国的现代化建设分三步走，摆脱贫困，步入小康水平，位居世界先进国家中等水平，这些步骤都要科技的进步。实现"三部曲"的战略目标，国民经济保持年增长 7.2%的速度。 这只靠硬投入是不行的。国家长远规划要求有一半增长速度是依靠科学技术。然而，实际情况则不容过于乐观。从 1964 至 1982 年近 20年间的国民经济发展情况看，资金投入产占 21.4%，劳动力贡献占 58.6%，而科技进步只占 20%。如果不能迅速改变这种状况，国民经济增长要保持 7.2%的速度是不可能持久的。邓小平指出，"没有科学技术的高速度发展，也就不可能有国民经济的高速度发展。"[1] 86

科学技术的经济影响还在于它能导致产业结构探刻变化。调整和完善产业结构是现代经济发展的必然结果，而导致这种结果又是依靠科学技术的进步。历史上一项重大的科学发明或科学发现可以把人类社会引入一个新的时代。瓦特发明蒸汽机及其在纺织、冶金、机器制造业中的广泛应用，促进了工业的迅速发展，出现了人类历史上的第一次工业革命。电磁现象的发现和电磁感应定律的利用，使人类进入电气时代。20世纪初相对论、量子力学、核物理的发现以及1942年原子反应堆的建立，产生了原子工业。产业结构的变化不能完全归因于科学技术，但科技进步是产业结构变化的推动力量则不容否认。在其他因素具备的条件下，科技进步对于产业结构的变化具有决定的意义。

科学技术引起产业结构的变化，或表现为改造传统产业，或表现为开拓新兴产业。值得重视的是，"高科技领域的一个突破，带动一批产业的发展"。[2] 377 20世纪以来，伴随着以电子技术为核心的新技术的发展，许多国家的产业结构发生了巨大变化。比如美国，近年来迅速发展的10个工业部门中，就有9个属于高技术工业。美国国会预计，到20世纪末，信息工业将成为世界上仅次于能源的第二工业。日本官方也预测，90年代以后，日本的电子工业将超过钢铁工业和汽车工业。纵观世界经济和科技发展形势，产业结构的变化将突出地表现为由以物质生产为主要内容的产业向以非物质生产为主要内容的产业转变。传统的物质生产部门即第一产业和第二产业，在国民经济中的比重逐渐下降，而服务性行业包括为生产服务和为生活服务的行业（第三产业）的比重逐渐上升。比如美国，1950年，第一、二、三产业的比重分别为7.3∶36.9∶54.7，而到了1982年，这个比例演变为2.3∶27.3∶69.2。显然，第一、二产业呈下降趋势，而第三产业呈上升趋势。顺应世界经济和科技发展的总趋势，近年来，国务院也做出了大力发展第三产业的决策，我国产业结构开始发生了深刻变化。1986年同1978年相比，第一、二、三产业产值在国民生产总值中的比重分别由29.2∶47.8∶23变为29.4∶25∶45.6。同发达国家相比，我国产结构仍然比较落后，因此，需要依靠科技进步来加大调整产业结构的力度。

最后，科学技术的经济影响还表现在优化经济管理。邓小平指出："管理也是一种技术。"[2] 65 一方面，管理要求管理者掌握技术，另一方面，管理本身也是一门科学，一种技术。时至今日，管理的科学化已呈明显态势，科学的管理是提高经营、决策水平的基础，对生产力诸要素的组合、调度、控制起着重要作用，可以优化生产力系统的结构，使之充分发挥效能。现代电子技术和信息技术的发展以及在此基础上形成的系统工程管理论和管理技术，对企业的管理已经并将进一步产生重大影响。美国近年来100家最大的工业企业已裁减管理人员三分之一，大量地减少中间管理层次，由最高层的经理直接过问产、供、销的情况，直接做出经营决策。比如布伦维克公司的人事表中已经没有副经理职务，分部经理可直接向总经理汇报。

按照现代管理理论，管理的重心在经营，而经营的重心在决策。科学的决策必须建立在对经济发展的新情况做出科学分析的基础上。企业内部全面的质量管理、全面的成本目标管理和管理形式的多样化，要求采取系统管理。电子计算机和自动技术的出现，要求我们在管理中尽可能采用现代科学技术成就。西方许多大企业正在利用电子计算机建立一种管理企业的"专家系统"。它把专家的专业知识编入计算机程序，为企业决策提供咨询，为生产管理解决各种难题。总而言之，管理是科学，也是技术。管理者必须掌握新技术，提高自身素质，使管理走上科学化轨道，促进人力、物力、财力的优化组合，使之发挥最大效能。

（三）社会主义文明建设的重要组成部分

社会主义现代化建设要把发展生产力摆在首位，以经济建设为中心，推进社会的全面进步。邓小平多次指出：我们的国家已经进入社会主义现代化建设的新时期。建设有中国特色的社会主义，一定要坚持物质文明和精神文明同时建设。

> 我们要在建设高度物质文明的同时，提高全民族的科学文化水平，发展高尚的丰富多彩的文化生活，建设高度的社会主义精神文明。[1]208

社会主义精神文明建设，是我国的一项长期战略任务。

社会，是一定经济、政治和思想文化的整合。对特定社会的认识首先要着眼于经济的分析，与此同时，还必须对社会的精神领域做出考察。邓小平提出"两个文明"同时抓，深化了关于社会主义建设的认识。马克思在创立科学社会主义的时候，主要阐述了经济和政治方面的特征，限于历史的原因，马克思还没有提出在精神方面社会主义应当具有什么样的本质特征，只是从历史唯物主义的视角提出了社会主义在思想文化方面的一些原则意见，诸如在社会主义社会，人们的精神摆脱了受奴役的状态，社会主义同传统所有制观念实行最彻底的决裂，等等。列宁从俄国的具体情况出发，认识到在社会主义社会里人们思想觉悟的重要性，提出了文化革命的深刻思想。毛泽东在新民主主义革命时期曾提出建立无产阶级新经济、新政治以及与此相适应的新文化，但是，并没有明确提出精神文明是社会主义的本质特征，也未曾把精神文明当作题中之义。邓小平把精神文明作为社会主义的本质特征，丰富了马克思列宁主义、毛泽东思想。

物质文明和精神文明是社会进步的两大标志。与此相联系，物质文明建设和精神文明建设是社会主义的两项基本任务。作为统一的整体，两个文明建设互为保障、互为条件、互相促进。物质文明建设是精神文明建设的基础，而精神文明建设为物质文明建设提供精神动力和智力支持，并保证它的发展方向。实践证明，

　　不加强精神文明的建设，物质文明的建设也要受破坏，走弯路。光靠物质条件，我们的革命和建设都不可能胜利。[2]144

加强物质文明建设就必须加强精神文明建设，否则，振兴民族经济就会成为空话。就物质文明建设和精神文明建设的内在联系看，后者的意义不可低估。

　　所谓精神文明，不但是指教育、科学、文化（这是完全必要的），而且是指共产主义的思想、理想、信念、道德、纪律，革命的立场和原则，人与人的同志式关系，等等。[1]367

精神文明的建设，包括社会伦理建设和文化智力建设。发展科学技术是建设精神文明的重要内容。

　　首先，科学技术为社会主义精神文明建设提供了物质条件。现代科技创造了丰富多彩的文化用品和生活品，提供了崭新的精神生产和精神生活的手段，文化传播具和文化基础设施，开拓了文化活动的形式和范围。电话、电视、计算机走进家庭、工厂、办公室，推进了家庭、工厂、办公室的自动化。人们不走出家庭、工厂、办公室，就可以通过现代通信手段，看到多姿多彩的文艺表演，了解到世界各地发生的大事。现代交通工具的发展，打破了空间界限，人们能够凭借其作用，到世界各地观光旅游，博览、欣赏各国的名胜古迹。科学技术的高度发展，势必创造一个无限广阔的文化生活园地。

　　其次，科学技术导致人们思想观念的不断更新，哥白尼的日心说和达尔文的进化论，在受基督教影响最深的西欧激起了剧烈的斗争，它们给旧的意识形态很大的冲击，并终于导致了人们思想观念的深刻转变。恩格斯说过，真正推动哲学家前进的，不是纯粹等思想的力量，而"主要是自然科学和工业的强大而日益迅猛的进步"。[24]280

　　随着自然科学领域中每一个划时代的发现，唯物主义也必然要改变自己的形式；而自从历史也得到唯物主义的解释以后，一条新的发展道路也在这里开辟出来了。[24]281-282

20世纪初期，物理学领域的革命，导致了人们时空观念的转变。现代科学技术的发展，尤其是系统论、控制论和信息论以及突变论、协同论、耗散结构论的创立，使马克思主义世界观和方法论的科学基础更加坚实，必将使之得到丰富和发展。邓小平指出：

　　世界形势日新月异，特别是现代科学技术发展很快。……不以新的思想、观

点去继承、发展马克思主义，不是真正的马克思主义者。[2] 291-292

最后，科学技术的普及有利于提高人们的文化素质和道德素养。社会主义精神文明建设的根本任务是造就有理想、有道德、有文化、有纪律的社会主义新型人才。这是邓小平的一贯主张。造就"四有"人才是一项系统工程，而科学技术的普及、传播，无疑是造就这种人才的重要方式。联系精神文明建设的双重任务来分析，科学技术的传播，对于确立科学世界观、人生观、道德观，是十分有益的。社会成员的思想觉悟、道德水准，总是同他们的科学文化素养相联系。不能想象，一个科学文化极为落后的地区或国家，能够在全社会自觉地形成高尚的精神境界和道德风尚。人们要树立正确的信念、理想，就需要有科学文化知识。不用人类的全部知识财富丰富头脑，就不能成为一个共产主义者。要使人们把理想、信念、道德建立在科学的基础上，就必须提高全民族的科学文化素质。从文化体系自身分析，科学技术对于精神文明建设也有着重要的作用。系统化、理论化的科学技术，既是文化的重要组成部分，也是创造和发展文化的重要手段。科学技术进步，促使文化不断发生变革，创造出新的文化。科学技术是人类文明的重要标志，一个国家或社会的成员掌握科学技术的状况，也是衡量其精神文明的重要尺度。我们要建设社会主义精神文明，必须努力提高全民族的科学文化素养，造就"四有"新人。只有这样，才能说我们的精神文明是社会主义的精神文明。

对于科学技术在社会主义精神文明建设中的地位和作用，不能作简单化的理解，既要充分肯定它的积极作用，又要看到在某种条件下也可能发生消极的作用。比如电视传播媒介，可以使人们在健康有益的节目中陶冶情操，增长知识，开阔视野。然而，也可能被利用于制作些带色情、恐怖、凶杀等内容的节目，对人们尤其是青少年起到毒害的作用，导致一些青少年堕落、犯罪。科学技术的进步，有利于破除迷信抵制宗教。然而，教会利用电台又能在教堂里传播影响更多的听众。现代交通工具为人们的工作。生活带来了极大的方便，当然也使朝圣者免除长途跋涉之苦。必须全面地、辩证地具体认识科学技术在精神文明建设中的作用，以限制其可能发生的消极作用。

（四）巩固和完善社会主义制度的重要条件

社会主义制度的建立，为科学技术的发展开辟了广阔的前景。而科学技术的发展又为社会主义制度的巩固和完善提供物质技术基础。

社会主义制度能不能巩固，首先要看有无坚实的物质基础。马克思恩格斯在创立社会主义理论，领导共产主义运动时，从一开始就意识到这个十分重要的问题。在第一部科学社会主义的论著《共产党宣言》中，他们首先提出了无产阶级运动的第一步是争取政治统治，然后运用政治的力量去增加社会生产力的总量。列宁领导建立了第一个社会主义国家，要求创造出比资本主义更高的劳动生产率，并提出了"共产主义就是苏维埃政权加全国电气化"的公式[25]，他把科学技术视为巩固社会主义制度的重要条件。

我国的社会主义社会是在旧中国的半殖民地半封建社会的废墟上建立起来的，物质技术基础十分薄弱。中华人民共和国成立以来，尤其是改革开放以来，经济和科学技术得到空前发展，某些科学技术在世界上具有领先水平。但从总体上看，经济和科学技术仍然是十分落后的。农业主要建立在手工劳动的基础上，在很大程度上受着自然条件的影响，现代工业也不甚发达，总的生产水平仍然很低，以直接劳动为主体的技术生产形态占很大比重。邓小平多次指出，贫穷不是社会主义，社会主义要消灭贫穷。如果经济不能得到发展，社会主义制度就无法巩固，它的优越性就不能充分发挥出来。我们的任务就是要完成由直接劳动向科学学劳动的转变，途径只能是依靠发展科学技术，舍此无法达到目的。邓小平说：

> 在无产阶级专政的条件下。不搞现代化，科学技术水平不提高，社会生产力不发达，国家的实力得不到加强，人民的物质文拿化生活得不到改善，那末，我们的社会主义政治制度和经济制度就不能充分巩固。[1]86

只有发展科学技术，建设现代化的社会主义强国，"才能更有效地巩固社会主义制度"。[1]86 如前所述，科学技术是经济发展的决定性因素，只有依靠科技进步，才能繁荣社会主义经济，为社会主义制度的巩固和发展提供强大物质基础。

社会主义制度的巩固和发展有赖于社会的稳定和安全，同样离不开科学技术的进步。旧中国常常被动挨打，饱受外国侵略者的欺凌，原因在于落后。列宁说过：

> 只要我们还没有把其他国家的资本推翻，只要资本还比我们强大得多，那么，它随时都能用自己的力量来反对我们，重新对我们开战。[26]

毛泽东也说过："如果不在今后几十年内，争取彻底改变我国经济和技术远远落后于帝国主义国家的状态，挨打是不可避免的。"[27]落后就会挨打，这是国际斗争的一条规律。

我们正处在新旧世纪交替的重要时期，面临一个充满矛盾和激烈竞争的世界。任何一个国家的发展都是一场国际性竞争。不同制度的国家之间在综合国力上的竞争本身就具有政治意义。科学技术落后就不可能有强大的经济和国防，就势必受制于人。现代战争，在某种意义上讲是高科技的竞争。战争的胜负，或因双方力量悬殊，或因武器装备的优劣，或因战争指挥正确与否。无论从哪一方面看，科学技术的作用都是不可轻视的。军队需要掌握现代战争的知识和技术，指挥员需要进行科学决策，至于武器装备本身就是表明科学技术水平的标志。海湾战争表明，科学技术是现代战争的最重要手段。

西方敌对势力在武力颠覆社会主义国家的企图难以实现的情况下，便转移战略，寄希望于社会主义国家发生和平演变。邓小平指出："帝国主义搞和平演变，把希望寄托在我们以后的几代人身上。"[2] 380

在我国建设社会主义的过程中，和平演变与反和平演变的斗争化将长期存在。粉碎国际敌对势力对我国和平演变的阴谋，需要采取多方面的过硬措施。而说到底，还是要把科学技术搞上去，把国民经济搞上去，创造出比资本主义更高的劳动生产率。邓小平说："我们的农业、工业、国防和科学技术越是现代化，我们同破坏社会主义的势力做斗争就越加有力量"。[1] 86 否则，我们国家的安全就没有可靠保障。

科学技术不仅是巩固和完善社会主义制度、维护国家稳定和安全的可靠保证，而且也是实现共产主义的重要条件。只有发展科学技术，"才能比较保证地逐步创造物质条件，向共产主义的伟大理想前进。"[1] 86 巩固善社会主义制度，最终目的是实现共产主义。而从社会主义过渡到共产主义，首要发展生产力，造就强大的物质基础。仍然是首先必须发展科学技术。

总而言之，科学技术是推进社会进步的伟大动力。学技术则是建设社会主义和实现向共产主义的强大力量。邓小平精辟地指出："中国要发展，离开科学不行。"……实现人类的希望离不开科学，第三世界摆脱贫困离不开科学，维护世界和平也离不开科学。"[2] 183

参 考 文 献

[1] 邓小平，《邓小平文选》第二卷，北京：人民出版社，2005年。

[2] 邓小平，《邓小平文选》第二卷，北京：人民出版社，2005年。

[3] 宋健，《发展科技振兴中华—中国科技事业的回顾和展望》，载中共中央办公厅调研室编，《新科技革命的趋势和对策》，北京：法律出版社，1991年，第29页。

[4] 中华人民共和国国家统计局，《中华人民共和国国家统计局关于1993年国民经济和社会发展的统计公报》，载《中国统计》，1994年，第3期，第7—11、6页。

[5] 朱丽兰，《90年代世界高科技发展的特点》，载《科技日报》（编），《中国科技瞭望》，北京：法律出版社，1991年，第121页。

[6] 李约瑟,《中国科学技术史》第一卷,北京:科学出版社,上海:上海古籍出版社,1990年,第1页。

[7] 马克思,《资本论》第一卷,载中共中央马克思恩格斯列宁斯大林著作编译局编译,《马克思恩格斯全集》第44卷,北京:人民出版社,2001年。

[8] 马克思,《经济学手稿(1857—1858年)》下册,载中共中央马克思恩格斯列宁斯大林著作编译局编译,《马克思恩格斯全集》第31卷,北京:人民出版社,1998年,第94页。

[9] 张永谦,《科技是生产力与知识分子的作用》,载《人民日报》,1992年2月3日。

[10] 马克思,《<政治经济学批判>(1857—1858年手稿)》摘选,载中共中央马克思恩格斯列宁斯大林著作编译局编译,《马克思恩格斯文集》第8卷,北京:人民出版社,2009年,第195—196页。

[11] 马克思,《<政治经济学批判>(1861-1863年手稿)》摘选,载中共中央马克思恩格斯列宁斯大林著作编译局编译,《马克思恩格斯文集》第8卷,北京:人民出版社,2009年,第356页。

[12] 马克思,《哲学的贫困》,载中共中央马克思恩格斯列宁斯大林著作编译局编译,《马克思恩格斯文集》第1卷,北京:人民出版社,2009年,第655页。

[13] 列宁,《<关于用自由平等口号欺骗人民>出版序言》,载中共中央马克思恩格斯列宁斯大林著作编译局编译,《列宁全集》第36卷,1985年,第346页。

[14] 马克思,恩格斯,《马克思恩格斯全集》第25卷,北京:人民出版社,2001年。

[15] 恩格斯,《反杜林论》,载中共中央马克思恩格斯列宁斯大林著作编译局编译,《马克思恩格斯文集》第9卷,北京:人民出版社,2009年,第277页。

[16] 江泽民,《高度重视和大力发展科学技术》,载《经济日报》,1991年8月8日。

[17] 佟子林,刘志新,刘春玲主编,《邓小平理论与现代科学技术革命》,哈尔滨:黑龙江人民出版社,2000年,第154页。

[18] 邓小平,《建设有中国特色的社会主义(增订版)》,中共中央文献研究室编,北京:人民出版社,1987年,第12页。

[19]《科技日报》特约评论员,《最大限度地解放科技第一生产力》,载《科技日报》编,《中国科技瞭望》,北京:法律出版社,1991年,第180页。

[20] 江泽民,《论世界电子信息产业发展的新特点与我国的发展战略问题》,载《中国科技论坛》,1991年第1期,第2页。

[21]《科技日报》特约评论员,《科学技术:当代第一生产力》,载《科技日报》编,《中国科技瞭望》,北京:法律出版社,1991年,第97页。

[22]《科技日报》特约评论员,《社会主义制度与科技史第一生产力》,载《科技日报》编,《中国科技瞭望》,北京:法律出版社,1991年,第104页。

[23]《科技日报》特约评论员，《发展高科技 实现产业化》，载《科技日报》编，《中国科技瞭望》，北京：法律出版社，1991 年，第 86 页。

[24] 恩格斯，《费尔巴哈和德国古典哲学的终结》，载中共中央马克思恩格斯列宁斯大林著作编译局编译，《马克思恩格斯文集》第 4 卷，北京：人民出版社，2009 年。

[25] 列宁，《全俄中央执行委员会和人民委员会关于对外对内政策的报告》，载中共中央马克思恩格斯列宁斯大林著作编译局编译，《列宁选集》第 4 卷，北京：人民出版社，2012 年，第 364 页。

[26] 列宁，《在俄共（布）党团会议上关于租让问题的报告（12 月 21 日）》，载中共中央马克思恩格斯列宁斯大林著作编译局编译，《列宁全集》第 40 卷，北京：人民出版社，1986 年，第 116 页。

[27] 毛泽东，《关于工业发展问题（初稿）》，载《毛泽东文集》第 8 卷，北京：人民出版社，1999 年，第 340 页。

主 题 索 引

A

艾奥利亚学派　85，244

B

本体论　33，154，155，156，157，161，164，165，166，167，168，169，170，172，176，177，179，185，205，208

本质　7，20，25，29，37，48，53，56，69，61，88，90，97，101，114，115，129，130，140，142，149，155，156，157，160，169，170，172，173，174，179，180，183，186，187，189，195，242，244，251，254，257，258，273，276，277，278，290，313，318，319，335，342，345，366，372，380，384，391，392，393，396，407

比较　123~134

必然联系　92，387

辩护　30，38，39，103，120，121，214，215，216，217

变量　140

变数　140，149，150，151

变项　93

变异　106，108，132，230，241

辨异　128，130

辩证

辩证法

　自然辩证法　14，27，89，103，110，145，157，159，170，182，190，248，295

　历史辩证法　157，182

　唯物辩证法　10，49，92，144，155，157，160~171，176，177，179，180，226，296，308，309，310，318，320

　辩证思维　85，87，88，89，128，136，137，140，143，144，150，157，158，159，174，185，186，241

表象　90，125，184，294

并协原理　245

波动说　24，88，244，246

波性　88，245

不可通约性　34，63，65，75，77，78

不可知论　164，177，294

C

测量　26，72，87，131，225，244，304

差异性　112，113，117，120，127，134，238，239

产业革命　349，350，390，403

常数　10，56，67，60，140，149，150，151

充足理由律　136

L

劳动　125，291，298，317，318，322，323，325，326，327，328，331，335，343，350，352，357，364，369，373，378，380，391，394，395~405

　劳动对象　354~398

　劳动者　3，317，318，322，323，325，326~329，333，335，345，348，350，351，356，357，359，369，373，379，391，394~399

类比　6，9，11，44，48，49，61，62，106，107，111~122，129，143，183，189

　否定类比　115~117

　关系类比　117~118

　肯定类比　115~117

　性质类比　117，118

　中性类比　115~117

类推　86，112~117

理论　4~27，29~92，102，118，120~127，133，142~144，159，160，162，205，211~231，253~267，271~296，301~309，311~359，372，385~409

历史主义　28~38，50~79，227~229

历史唯物主义　252，253，261，273，311，347，401，407

理性　24，34，36，37，39，43，47，64，66，67，69，72~78，85，88，90，173~184，186，206，211，220~228，241~257，287，294，342，401

　辩证理性　242

　分析性理性　242

粒子说　24，88，244

量子力学　8，25，28，41，88，192，195，245~247，406

逻辑

　逻辑变项　83，84，93

　逻辑常项　83，84，93，153

　逻辑方法　30，45，48，94，137，142，151，158，184，222

　逻辑概率　42，214，215

　逻辑规律　92，94，95~102，135，154，156，165，177，203

　逻辑科学　83，92，94，95，99，149

　逻辑联系　98，99，101，102，191

　逻辑实证论　98

　逻辑实证主义　28~34，51，66~70，71~72，98

　逻辑数学化　84

　逻辑推演　16，97，98，191

　逻辑形式　33，92~99，135，136，154，165，174，177，205，207

　逻辑知识　98，99，100，103

　辩证逻辑　83，85，88，89，92，135~208

　传统逻辑　84，106，107，115，206，207

　发现的逻辑　30，39，84，85，211~213，222，227

　发展的逻辑　45，211，218

　非形式逻辑　84，85

　古代逻辑　84

　归纳逻辑　42，45，84，189，212，214，222

　检验的逻辑　211，213，227

　科学逻辑　42，85，109，211，221，

人名笔名索引